"十四五"普通高等教育本科规划教材

供基础、临床、护理、预防、口腔、中医、药学、医学技术类等专业用

有机化学

Organic Chemistry

第2版

主　编　徐　红

副主编　夏春辉　卞　伟　姚　遥　张茂生　刘玉衡

编　委（按姓名汉语拼音排序）

卞　伟（山西医科大学基础医学院）	肖世基（遵义医科大学药学院）
寇晓娣（天津中医药大学中药学院）	肖　竦（贵州医科大学基础医学院）
李俊波（长治医学院药学院）	徐　红（贵州医科大学基础医学院）
李　林（河北医科大学药学院）	姚　遥（宁夏医科大学基础医学院）
刘玉衡（河北医科大学药学院）	于姝燕（内蒙古医科大学药学院）
石秀梅（牡丹江医学院药学院）	张爱华（首都医科大学燕京医学院）
夏春辉（齐齐哈尔医学院药学院）	张茂生（遵义医科大学药学院）
向灿辉（遵义医科大学生物工程学院）	赵占义（哈尔滨医科大学药学院）

北京大学医学出版社

YOUJI HUAXUE

图书在版编目（CIP）数据

有机化学 / 徐红主编. —2 版. —北京：北京大学医学出版社，2024.1（2025.6 重印）
ISBN 978-7-5659-3056-0

Ⅰ. ①有… Ⅱ. ①徐… Ⅲ. ①有机化学 – 教材 Ⅳ. ① O62

中国国家版本馆 CIP 数据核字（2023）第 231967 号

有机化学（第 2 版）

主　　编：徐　红
出版发行：北京大学医学出版社
地　　址：（100191）北京市海淀区学院路 38 号　北京大学医学部院内
电　　话：发行部 010-82802230；图书邮购 010-82802495
网　　址：http://www.pumpress.com.cn
E-mail：booksale@bjmu.edu.cn
印　　刷：北京溢漾印刷有限公司
经　　销：新华书店
责任编辑：毛淑静　　责任校对：靳新强　　责任印制：李　啸
开　　本：850 mm×1168 mm　1/16　印张：16.5　字数：475 千字
版　　次：2015 年 2 月第 1 版　2024 年 1 月第 2 版　2025 年 6 月第 3 次印刷
书　　号：ISBN 978-7-5659-3056-0
定　　价：45.00 元
版权所有，违者必究
（凡属质量问题请与本社发行部联系退换）

第 5 轮修订说明

国务院办公厅印发的《关于加快医学教育创新发展的指导意见》提出以新理念谋划医学发展、以新定位推进医学教育发展、以新内涵强化医学生培养、以新医科统领医学教育创新，要求全力提升院校医学人才培养质量，培养仁心仁术的医学人才，发挥课程思政作用，着力培养医学生救死扶伤精神。《教育部关于深化本科教育教学改革全面提高人才培养质量的意见》要求严格教学管理，把思想政治教育贯穿人才培养全过程，全面提高课程建设质量，推动高水平教材编写使用，推动教材体系向教学体系转化。《普通高等学校教材管理办法》要求全面加强党的领导，落实国家事权，加强普通高等学校教材管理，打造精品教材。以上这些重要文件都对医学人才培养及教材建设提出了更高的要求，因此新时代本科临床医学教材建设面临更大的挑战。

北京大学医学出版社出版的本科临床医学专业教材，从 2001 年第 1 轮建设起始，历经多轮修订，高比例入选了教育部"十五""十一五""十二五"普通高等教育国家级规划教材。本套教材因骨干建设院校覆盖广，编委队伍水平高，教材体系种类完备，教材内容实用、衔接合理，编写体例符合人才培养需求，实现了由纸质教材向"纸质 + 数字"的新形态教材转变，得到了广大院校师生的好评，为我国高等医学教育人才培养做出了积极贡献。

为深入贯彻党的二十大精神，落实立德树人根本任务，更好地支持新时代高等医学教育事业发展，服务于我国本科临床医学专业人才培养，北京大学医学出版社有选择性地组织各地院校申报，通过广泛调研、综合论证，启动了第 5 轮教材建设，共计 53 种教材。

第 5 轮教材建设延续研究型与教学型院校相结合的特点，注重不同地区的院校代表性，调整优化编写队伍，遴选教学经验丰富的学院教师与临床教师参编，为教材的实用性、权威性、院校普适性奠定了基础。第 5 轮教材主要做了如下修订：

1. 更新知识体系

继续以"符合人才培养需求、体现教育改革成果、教材形式新颖创新"为指导思想，坚持"三基、五性、三特定"原则，对照教育部本科临床医学类专业教学质量国家标准，密切结合国家执业医师资格考试、全国硕士研究生入学考试大纲，结合各地院校教学实际更新教材知识体系，更新已有定论的理论及临床实践知识，力求使教材既符合多数院校教学现状，又适度引领教学改革。

2. 创新编写特色

以深化岗位胜任力培养为导向，坚持引入案例，使教材贴近情境式学习、基于案例的学习、问题导向学习，促进学生的临床评判性思维能力培养；部分医学基础课教材设置"临床联系"模块，临床专业课教材设置"基础回顾"模块，探索知识整合，体现学科交叉；启发创新思维，促进"新医科"人才培养；适当加入"知识拓展"模块，引导学生自学，探索学习目标设计。

3. 融入课程思政

将思政元素、党的二十大精神潜移默化地融入教材中，着力培养学生"敬佑生命、救死扶伤、甘于奉献、大爱无疆"的医者精神，引导学生始终把人民群众生命安全和身体健康放在首位。

4. 优化数字内容

在第4轮教材与二维码技术结合，实现融媒体新形态教材建设的基础上，改进二维码技术，优化激活及使用形式，按章（或节）设置一个数字资源二维码，融知识拓展、案例解析、微课、视频等于一体。

为便于教师教学、学生自学，编写了与教材配套的PPT课件。PPT课件统一制作成压缩包，用微信"扫一扫"扫描教材封底激活码，即可激活教材正文二维码，导出PPT课件。

第5轮教材主要供本科临床医学类专业使用，也可供基础、护理、预防、口腔、中医、药学、医学技术类等开设相同课程的专业使用，临床专业课教材同时可作为住院医师规范化培训辅导教材使用。希望广大师生多提宝贵意见，反馈使用信息，以便我们逐步完善教材内容，提高教材质量。

序

医学关乎人类生命的存在与繁衍，医学卫生事业的发展涉及国家安全、经济发展、社会文明和人民福祉。医者德为先，能为重，技为精。医学教育应既科学、严谨、规范，又充满温情与关怀。"健康中国"的美好愿景与目标，激励着医务工作者为之奋斗。医学教育要坚守为国育才、立德树人的根本任务，落实《关于深化新时代学校思想政治理论课改革创新的若干意见》《高等学校课程思政建设指导纲要》《教育部关于深化本科教育教学改革全面提高人才培养质量的意见》《关于深化医教协同进一步推进医学教育改革与发展的意见》《关于加快医学教育创新发展的指导意见》等文件精神，以适应我国"大医学、大卫生、大健康"的发展需求，为"健康中国"筑牢人才基础。

近年来，高等院校探索新医科建设，推进现代医学教育教学新模式，坚持以人和健康为中心，建立健全覆盖生命全周期和健康全过程、"促防诊控治康"一体化的人才培养体系，高度重视身心、社会、环境等要素，融通医工理文学科，提升新时代医学生的整体素养；运用现代数字信息技术，增强情境化教学，加强临床实践教学，有效地提高了学生专业胜任力。同时，高等院校深化落实党和国家关于加强大学生思想政治教育的指示精神，将思想政治教育贯穿于人才培养体系和课程教学，使习近平新时代中国特色社会主义思想进课堂、入头脑，培养人民群众满意的、医术精湛的社会主义卫生健康事业接班人。

北京大学是经历过百年洗礼的老校，为我国建设和发展做出了杰出贡献，与全国医学教育界的同道们共同努力，在医学教育教学研究、教师培养、教材建设、实践教学规范等多方面不断改革创新。北京大学医学出版社秉承医学教育宗旨，落实党和国家对教材建设的要求和任务，立足北大医学，服务全国高等医学教育，与各院校教师一起不懈努力，打造精品教材，以高质量完成课程教学活动的"最后一公里"。本套本科临床医学专业教材是在教育及卫生健康部门领导的关心指导下，由医学教育专家顶层设计，北京大学医学部携手全国各兄弟院校群策群力、共同建设的成果。本套教材多年来与高等医学教育改革相伴而行，与时俱进，历经多轮修订，体系日趋完善，符合专业要求，编写队伍与院校构成合理，编写体例不断优化创新，实现了纸质教材与数字教学资源结合的精品新形态教材建设。实践证明，这套教材满足本科医学教育的专业标准要求，在适应多数院校的教学能力与资源的情况下，能很好地引导、深化专业教学，已成为本科医学人才培养的精品教材，为我国高等医学教育事业发展做出了突出贡献。

第5轮教材建设坚持以习近平新时代中国特色社会主义思想为指引，积极探索思政元素融入教材，落实立德树人根本任务，坚持现代医学教育理念，体现生命全周期、健康全覆盖的整体要求，与相关学科恰当融合，全面更新了医学知识和能力体系，体现了"中国本科医学教育标准—临床医学专业（2022）"的要求，配合教学模式与方法的改革，吸收"金课程"建设经验，优化教材体例，融入医学文化，重视中华医学文明，强调适用、实用，行稳致远，开创新局，锤炼精品。

在第 5 轮教材出版之际，欣为之序。相信第 5 轮教材的高质量建设一定会为我国新时代高等医学教育人才培养和健康中国事业发展做出更大贡献。

前　言

有机化学与生命科学始终相伴前行，其活力来自生物的多样性。有机分子的性质和生物学功能的关系是人们认识生命过程及其本质的物质基础，从事医学及生命科学的工作者必须具备足够的有机化学知识。

有机化学历史悠久，内容丰富，很难在一本教材中就涵盖全部知识，本教材内容的选取基于基础有机化学内容的系统性与医学课程的关联性。全书共十六章，以有机化合物类别为主线，将涉及各类有机化合物的结构、命名、性质和反应的基本概念、基础知识和基本理论合理分布在前十二章；后四章以生物大分子为主体，体现了有机化学基本理论、研究方法与生命科学的交叉，强化了有机分子的生物学功能，并介绍了波谱学基础知识。为便于学生对相关知识的理解、强化和拓展，在教材中适当位置插入了"临床应用""知识拓展"模块，以激发学生学习有机化学的兴趣，拓宽知识面。通过在数字资源中放入学习目标，并在学习目标中体现立德树人宗旨，增强教材的思政性、人文性；此外，数字资源包中的教学课件、微视频、小结、习题参考答案等内容，为学生自主学习提供了方便。

本版教材在第 1 版《有机化学》的基础上进行了修订，在修订过程中以提高质量为中心，根据《有机化合物命名原则》(2017)，对全书的相关内容进行了修订，对部分章节的内容进行了适当的调整。力求文字简明扼要，准确易懂，对内容的叙述由浅入深，分步解析，适当体现"两性一度"。

在本教材的编写过程中，参考了国内外的一些相关教材，在此谨向编写这些教材的专家们致以崇高的敬意。本教材使用了第 1 版《有机化学》的部分图、表和资料，对未参加本次编写工作的原编者致以谢意。同时，编写工作得到了各编委所在院校及北京大学医学出版社的大力支持，在此一并致谢。

限于编者水平，书中难免有很多不妥之处，诚恳希望各位同行、专家和读者批评指正，以便重印或再版时纠正。

编　者

目 录

- **第一章　绪论** ……………… 1
  - 第一节　有机化合物和有机化学 …… 1
  - 第二节　有机化合物中的共价键 …… 2
  - 第三节　有机化合物分类和结构表示方式 …… 6
  - 第四节　有机化学反应的基本类型 …… 9
  - 第五节　有机化学的酸碱概念 …… 9
  - 第六节　共振论基本要点 …… 10

- **第二章　烷烃和环烷烃** ………… 12
  - 第一节　烷烃 …… 12
  - 第二节　环烷烃 …… 22

- **第三章　烯烃和炔烃** ………… 30
  - 第一节　烯烃 …… 30
  - 第二节　二烯烃 …… 39
  - 第三节　炔烃 …… 42

- **第四章　芳香烃** ………… 47
  - 第一节　单环芳香烃 …… 47
  - 第二节　多环芳香烃 …… 57
  - 第三节　非苯芳香烃 …… 61

- **第五章　对映异构** ………… 65
  - 第一节　手性分子和对映异构体 …… 65
  - 第二节　手性分子的特性——旋光性 …… 69
  - 第三节　外消旋体及其拆分 …… 71
  - 第四节　非对映体和内消旋化合物 …… 72
  - 第五节　对映异构体构型的标记 …… 73
  - 第六节　对映体的生物活性 …… 75

- **第六章　卤代烃** ………… 77
  - 第一节　卤代烃的结构、分类和命名 …… 77
  - 第二节　卤代烃的物理性质 …… 79
  - 第三节　卤代烃的化学性质 …… 80

- **第七章　醇、酚、醚** ………… 94
  - 第一节　醇 …… 94
  - 第二节　酚 …… 102
  - 第三节　醚 …… 107
  - 第四节　硫醇、硫酚和硫醚 …… 109

- **第八章　醛、酮** ………… 116
  - 第一节　分类和命名 …… 116
  - 第二节　结构 …… 117
  - 第三节　物理性质 …… 117
  - 第四节　化学性质 …… 118
  - 第五节　醌 …… 125

- **第九章　羧酸和羧酸衍生物** …… 128
  - 第一节　羧酸 …… 128
  - 第二节　羧酸衍生物 …… 135

- **第十章　胺和酰胺** ………… 142
  - 第一节　胺 …… 142
  - 第二节　酰胺 …… 153

第十一章 取代羧酸 ……… 157
- 第一节 羟基酸 ……… 157
- 第二节 酮酸 ……… 161
- 第三节 氨基酸 ……… 163

第十二章 杂环化合物和生物碱 …… 169
- 第一节 杂环化合物的分类与命名 … 169
- 第二节 五元杂环化合物 ……… 171
- 第三节 六元杂环化合物 ……… 175
- 第四节 稠杂环化合物 ……… 178
- 第五节 生物碱 ……… 180

第十三章 糖类 ……… 184
- 第一节 单糖 ……… 184
- 第二节 二糖 ……… 193
- 第三节 多糖 ……… 195

第十四章 脂类 ……… 199
- 第一节 油脂 ……… 199
- 第二节 磷脂 ……… 204
- 第三节 甾族化合物和激素 ……… 206

第十五章 蛋白质和核酸 ……… 213
- 第一节 肽 ……… 213
- 第二节 蛋白质 ……… 215
- 第三节 核酸 ……… 219

第十六章 波谱学基础 ……… 228
- 第一节 吸收光谱的基本原理 … 228
- 第二节 紫外光谱 ……… 229
- 第三节 红外光谱 ……… 231
- 第四节 ^{1}H 核磁共振谱 ……… 236
- 第五节 质谱 ……… 243

主要参考文献 ……… 247

附录一 常见烃基的中英文名称 …… 248

附录二 常见官能团作为主体基团的优先次序 ……… 249

附录三 常见官能团作为取代基的中英文名称 ……… 250

中英文专业词汇索引 ……… 251

第一章

绪 论

第一节 有机化合物和有机化学

有机化合物与人类的生产、生活息息相关。19世纪以前，人们把来源于有生命的动植物体的物质称为有机化合物（简称有机物），将从无生命的矿物中获得的物质称为无机化合物（简称无机物）。当时曾认为有机化合物只有在"生命力"的作用下才能产生，不可能由无机物合成。1828年，德国化学家 F. Wöhler 在实验室用典型的无机物氰酸钾和氯化铵加热得到了尿素（哺乳动物的代谢产物）。随后，更多的有机化合物由无机物合成出来，科学实验结果打破了"生命力"学说这个错误理念，而"有机化合物"这一名词却沿用了下来。

事实证明，有机化合物均含有碳元素，绝大多数还含有氢元素。从结构上看，可以认为有机化合物是碳氢化合物或以碳氢化合物为基础衍变而成的，因此把有机化合物（organic compound）定义为碳氢化合物及其衍生物。

有机化学（organic chemistry）是研究有机化合物的结构、性质、应用以及有关理论和方法的科学。有机化学是支撑生命科学的基础学科，医学研究的对象是复杂的人体，组成人体的物质除了水分子和一些无机离子外，几乎都是有机化合物，这些物质在体内进行的化学变化，维持着人体代谢过程，保证人体的基本生理和健康需求。有关生命的人工合成，遗传基因的控制，癌症、获得性免疫缺陷综合征（又称艾滋病）、新型病毒感染等的预防和治疗都是目前生命科学正在探索的重大课题，这些领域离不开有机化学的密切配合。因此，掌握有机化合物的基本知识及其结构与性质的关系，有助于认识蛋白质、核酸、糖等生命物质的结构和功能，为探索生命的奥秘打下基础。

> **临床应用**
>
> **牛胰岛素**
>
> 人和动物胰腺内有一种岛形细胞，该细胞分泌出的蛋白激素称为胰岛素，具有降低血糖和调节体内糖类代谢的作用。
>
> 1965年9月17日，中国完成了结晶牛胰岛素全合成，经严格鉴定，它的结构、生物活性、理化性质、结晶形状都与天然牛胰岛素完全一样。这是世界上第一个人工合成的蛋白质，为人类认识生命、揭开生命奥秘迈出了可喜的一大步。

牛胰岛素具有抗炎、抗动脉硬化、抗血小板聚集的作用。牛胰岛素可增强成骨细胞活性，合成胶原纤维，促进骨质对氨基酸的摄取，还可促进维生素 D 的合成和钙的吸收，有利于骨质形成，适合糖尿病合并骨质疏松的治疗。牛胰岛素低血糖疗法可用于中毒性精神病的精神错乱和震颤性谵妄，对焦虑、紧张和神经衰弱也有一定的疗效。

第二节 有机化合物中的共价键

有机化合物是含碳的化合物，碳原子的电子排布是 $1s^22s^22p^2$，最外层有 4 个价电子。当碳原子和其他原子形成化合物时，为了达到稳定的电子构型，采取与其他原子共用电子对的方式结合在一起，形成的化学键称为共价键（covalent bond）。碳原子之间可通过单键、双键和三键等共价方式相互结合，形成各种链状或环状结构，碳原子还能与氢、氧、硫、氮、磷和卤素等多种元素的原子通过共价键相结合。

一、Lewis 共价键理论

1916 年，G. N. Lewis 提出原子的价电子可以配对共用形成共价键，使每个原子的价电子层达到"八隅体"电子构型的学说，此学说称为 Lewis 共价键理论，又称电子配对法，共价键的数目等于配对电子对数。

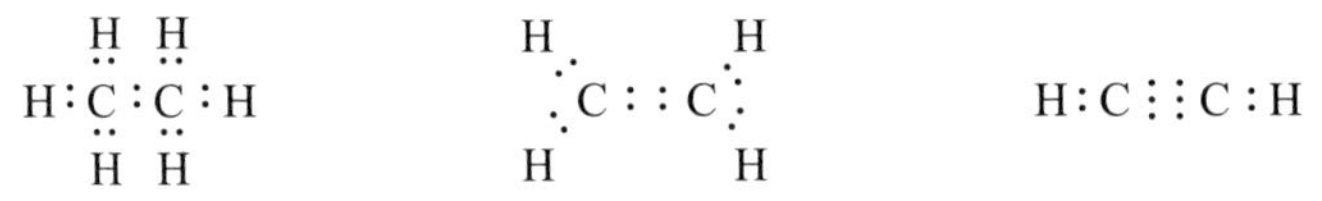

$$\begin{array}{ccc} \text{H H} & \text{H H} & \\ \text{H:C:C:H} & \text{:C::C:} & \text{H:C:::C:H} \\ \text{H H} & \text{H H} & \end{array}$$

二、现代共价键理论要点

1927 年，W. Heitler 和 F. London 运用量子力学的方法研究化学键，得出的结论成功地回答了共价键的形成问题，其要点如下。

（1）共价键的形成可以看成是原子轨道的重叠或自旋反平行的单电子配对的结果。即当两个原子相互接近到一定距离时，自旋方向相反的单电子相互配对，原子轨道相互重叠，两个原子核之间电子云密度增大，该电子云在吸引两个原子核的同时降低了两个原子之间核正电荷的排斥力，使体系能量降低形成稳定的共价键。

（2）原子形成共价键的数目取决于该原子的单电子数，即共价键具有饱和性。

（3）形成共价键的两个原子轨道重叠程度越大，共价键就越稳定。因此，原子总是尽可能地沿着原子轨道最大程度重叠的方向形成共价键，即共价键具有方向性。

共价键的饱和性和方向性决定了有机化合物分子是由一定数目的原子按一定的方式结合而成，并有特定的大小和立体形状。

三、杂化轨道理论——碳原子杂化轨道

> **知识拓展**
>
> ### L. C. Pauling
>
> L. C. Pauling（1901—1994）是美国著名化学家。Pauling 对现代化学发展所做的贡献是多方位和具有开创性的：他在蛋白质结构方面的研究成为现代生物化学的基础，第一个提出分子互补性的概念，据此形成了第一个免疫系统的模型；第一个提出有机化合物的杂化轨道理论和共振论，发表的《化学键的本质》是 20 世纪具有重要影响力的著作之一。1954 年，Pauling 因对现代结构理论的贡献获得诺贝尔化学奖；1963 年，Pauling 因在核试验禁止条约方面的努力获得诺贝尔和平奖。

Pauling 于 1931 年提出了杂化轨道理论：原子在成键过程中，形成分子的各原子间相互影响，使得同一核内不同类型、能量相近的原子轨道进行重新组合，形成能量、形状和空间方向与原轨道不同的新原子轨道。这种原子轨道重新组合的过程称为杂化（hybrid），形成的新原子轨道称为杂化轨道（hybrid orbital）。与未杂化的原子轨道相比，杂化轨道的方向性更强，成键能力增大，成键后能量降低，分子达到稳定状态。

在有机化合物中，碳原子有 sp^3、sp^2、sp 三种杂化方式。

（一）sp^3 杂化

基态碳原子的价电子构型为 $2s^2 2p_x^1 2p_y^1 2p_z^0$，即球形的 $2s$ 轨道有 2 个电子，哑铃形的 $2p_x$ 和 $2p_y$ 轨道分别有 1 个电子，轨道 $2p_z$ 是空的（图 1-1）。

碳原子在形成化学键时，$2s$ 轨道中的 1 个电子激发到 $2p_z$ 轨道中，形成碳原子的激发态 $2s^1 2p_x^1 2p_y^1 2p_z^1$，然后这 4 个轨道重新组合，形成 4 个能量相同的 sp^3 杂化轨道。每个杂化轨道有 1 个未成对的电子（图 1-2）。

图 1-1 基态碳原子价电子构型

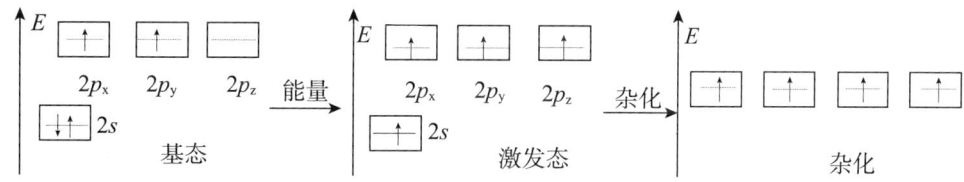

图 1-2 碳原子的 sp^3 杂化过程

由于每个 sp^3 杂化轨道中都含有 1/4 的 s 轨道成分和 3/4 的 p 轨道成分，所形成的 4 个 sp^3 杂化轨道为等性杂化轨道。sp^3 杂化轨道的空间伸展方向呈正四面体结构，碳原子位于正四面体中心，4 个 sp^3 杂化轨道分别指向正四面体的 4 个顶角，相邻两个杂化轨道之间的夹角为 109°28′（图 1-3）。

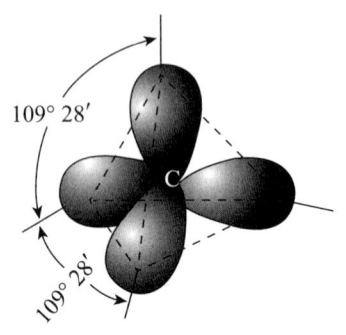

图 1-3 sp^3 杂化碳的电子构型

饱和烃中的碳原子均为 sp^3 杂化。

（二）sp^2 杂化

碳原子激发态中的 $2s$ 轨道与 2 个 $2p$ 轨道重新组合，形成 3 个相同的 sp^2 杂化轨道，其中每 1 个 sp^2 杂化轨道都含有 1/3 的 s 轨道成分和 2/3 的 p 轨道成分，还剩 1 个 $2p_z$ 轨道未参与杂化（图 1-4）。

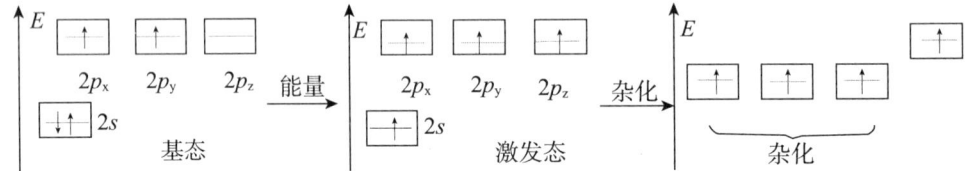

图 1-4 碳原子的 sp^2 杂化过程

3 个 sp^2 杂化轨道处于同一平面，彼此间的夹角为 120°，剩余的未参与杂化的 $2p_z$ 轨道垂直于 3 个 sp^2 杂化轨道所在的平面（图 1-5）。

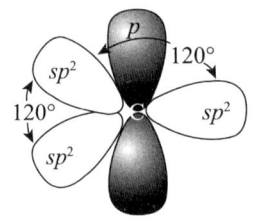

图 1-5 sp^2 杂化碳的电子构型

$\mathrm{C}=\mathrm{C}$、$\mathrm{C}=\mathrm{O}$ 等双键上的碳原子均为 sp^2 杂化。

（三）sp 杂化

碳原子激发态中的 $2s$ 轨道与 1 个 $2p$ 轨道组合形成 2 个相同的 sp 杂化轨道，其中每 1 个 sp 杂化轨道都含有 1/2 的 s 轨道成分和 1/2 的 p 轨道成分，$2p_y$ 和 $2p_z$ 轨道未参与杂化（图 1-6）。

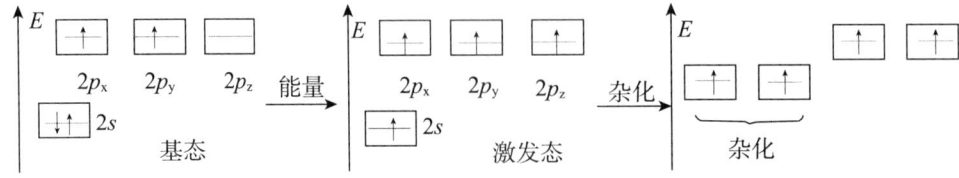

图 1-6 碳原子的 sp 杂化过程

2个 sp 杂化轨道处于同一直线上，夹角为180°，剩余的2个 p 轨道垂直于 sp 轨道且相互垂直（图1-7）。

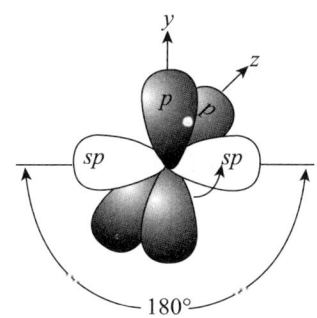

图1-7　sp 杂化碳的电子构型

—C≡C—、—C≡N 等三键上的碳原子及 CH_2=C=CH_2 中间的碳原子均为 sp 杂化。

四、共价键的基本属性

共价键属性是指键长、键角、键能和键的极性等表征共价键性质的物理量。

（一）键长

形成共价键的两个原子核之间的距离称为键长（bond length），其单位是皮米（pm）。共价键的长短与成键原子、键的类型有关。碳碳单键比碳碳双键长，碳碳双键比碳碳三键长。应用 X 射线衍射法和电子衍射法可测量各种共价键的键长。

（二）键角

分子中键和键之间的夹角称为键角（bond angle）。同种原子在不同分子中形成的键角不一定相同，这是分子中各原子间相互影响的结果。

（三）键能

标准状态下，A、B 两个气态原子结合成 1 mol 气态分子时所放出的能量称为键能（bond energy）。离解能是指裂解分子中某一个共价键时所需要吸收的能量。双原子分子的键能等于离解能。多原子分子的键能是同一类共价键的平均离解能。例如，甲烷分子中有4个 C—H 键，其先后断裂时所需的离解能是不同的，甲烷的键能是4个 C—H 键离解能的平均值。键能越大，表明两个原子结合越牢固，键越稳定。

（四）键的极性

相同原子形成的共价键是非极性共价键，其成键电子云对称地分布在两原子之间。由两个电负性不同的原子形成的共价键称为极性共价键（polar covalent bond），成键电子云靠近电负性较大的原子，使其带部分负电荷（以 δ^- 表示），电负性较小的原子带部分正电荷（以 δ^+ 表示），例如：$\overset{\delta^+}{C}$—$\overset{\delta^-}{Cl}$。

在极性共价键中，电子云偏移产生正负电荷中心，两个电荷中心所带电荷大小相同、符号相反，构成了一个偶极。正负电荷中心上的电荷量与正负电荷中心间距离的乘积称为偶极矩（dipole moment），用 μ 表示，其单位为德拜（D）。偶极矩是一个矢量，有大小和方向。偶极矩的大小说明键的极性大小，偶极矩的方向是由正电荷指向负电荷，用 ↦ 表示。例如：

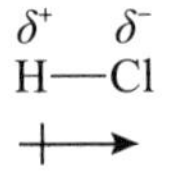

$$\overset{\delta^+ \quad \delta^-}{H\text{—}Cl}$$
$$\mu=1.03\ D$$

在双原子分子中，键的极性就是分子的极性，键的偶极矩就是分子的偶极矩。在多原子分子中，分子的偶极矩是分子中各个键的偶极矩的矢量和。

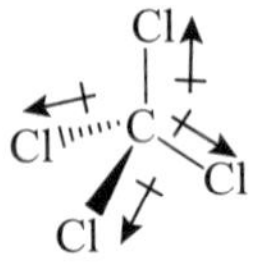

$$\mu=0\ D \qquad \mu=1.55\ D$$

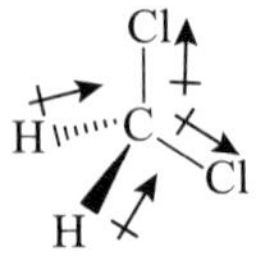

受外界电场影响，键的极性发生改变的现象，称为键的极化（polarization of bond）。共价键发生极化的能力称为极化度。当外界电场移去后，共价键的极性状态又恢复原状。因此，这种极化是暂时的。

键的极性不仅与物质的熔点、沸点及溶解度有关，还能决定在这个键上发生化学反应的类型和反应活性。

第三节 有机化合物分类和结构表示方式

一、有机化合物的分类

有机化合物通常按有机化合物的基本骨架和分子中的官能团（特性基团）来分类。

（一）按基本骨架分类

1. 开链化合物 分子中的碳原子与碳原子或碳原子与其他原子连接形成开放链状结构的物质，称为开链化合物（open chain compound）。这类化合物最初是在油脂中发现的，也称为脂肪族化合物（aliphatic compound）。例如：

$$CH_3CH_2CH_2CH_3 \qquad CH_3CH=CH_2 \qquad CH_3OCH_2CH_3 \qquad CH_3CH_2COOH$$

2. 碳环化合物 碳原子连接成环状结构的化合物称为碳环化合物（carbocyclic compound）。根据性质的不同又可分为脂环族化合物、芳香族化合物。

（1）脂环族化合物：性质与脂肪族化合物相似。

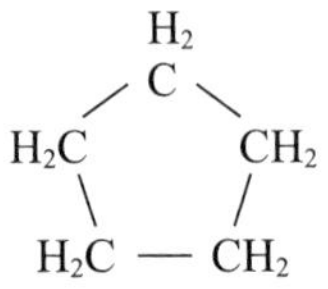

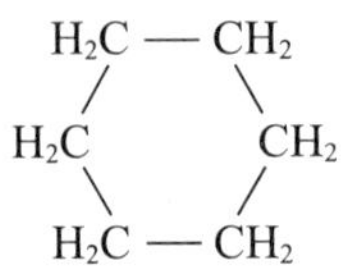

（2）芳香族化合物：分子中大多含有苯环，这类化合物具有特殊的性质。

3. **杂环化合物** 杂环化合物中含有由碳原子和杂原子（如 N、O、S）共同组成的环。

（二）按官能团分类

有机化合物分子中能表现一类化合物性质的原子或基团称为官能团（functional group），又称特性基团（characteristic group）。有机化学中常把含有相同官能团的化合物归为一类。有机化合物中常见的官能团见表 1-1。

表 1-1 有机化合物中常见的官能团

化合物类别	官能团名称	官能团结构	实例
烯烃	碳碳双键	C=C	$H_2C=CH_2$
炔烃	碳碳三键	—C≡C—	HC≡CH
卤代烃	卤素	—X（F、Cl、Br、I）	CH_3Cl
醇	羟基	—OH	C_2H_5OH
酚	羟基	—OH	苯酚—OH
醚	醚键	—C—O—C—	CH_3OCH_3
醛	醛基	—CHO	HCHO
酮	羰基	—C(=O)—	CH_3COCH_3
羧酸	羧基	—C(=O)OH	CH_3COOH
酯	酯键	—C(=O)—O—	CH_3COOCH_3
胺	氨基	—NH_2	苯—NH_2
酰胺	酰胺键	—C(=O)—N—	$H_3C—C(=O)—NH_2$

二、有机化合物的结构表示方式

有机化合物的结构是指分子中各原子的结合方式、连接次序和空间排布。为了准确地表示每一个有机化合物的结构，需要有合适的化学结构式。

（一）构造的表示

分子中原子相互连接的顺序和方式称为构造（constitution），表示有机化合物分子构造的化学式称为构造式（constitution formula）。常用于表示构造式的方式有 Lewis 结构式、蛛网式、缩写式、键线式（骨架式）（表 1-2）。缩写式和键线式的应用较广泛。

表 1-2 有机化合物构造式的表示方式

化合物	Lewis 结构式	蛛网式	缩写式	键线式
丙烷	H:C:C:C:H（含H）	H—C—C—C—H（含H）	CH₃CH₂CH₃	∧
丁-1-烯	H:C:C:C::C:H（含H）	H—C—C—C=C—H（含H）	CH₃CH₂CH=CH₂	∧=
丙醇	H:C:C:C:Ö:H（含H）	H—C—C—C—O—H（含H）	CH₃CH₂CH₂OH	∧∕OH
环丁烷	H:C:C:H / H:C:C:H	H—C—C—H / H—C—C—H	H₂C—CH₂ / H₂C—CH₂	□

（二）立体结构的表示

为了形象地了解分子中各原子在空间的排列情况，有机化合物的立体结构可使用各种模型来表示，如球棒模型、比例模型。当需要在纸面上表示三维空间结构时，常用楔线式表示，楔线式中用细实线表示该键在纸面上，楔形实线表示该键伸向纸面前方、虚线表示该键伸向纸面后方。图 1-8 是甲烷分子立体结构的几种表示。

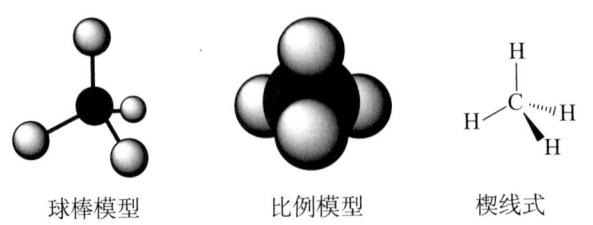

球棒模型　　　比例模型　　　楔线式

图 1-8 甲烷立体结构的几种表示

对于不同类型的立体异构体，还规定了利用特定的构象式、构型式来表示。

第四节　有机化学反应的基本类型

有机化学反应是旧键断裂和新键形成的过程，对化学反应发生过程的描述称为反应机理（reaction mechanism）。共价键的断裂方式主要有均裂和异裂两种，由此将有机反应分为自由基反应和离子型反应。

均裂（homolysis）是指在有机反应中共价键的一对电子均等地分布到形成共价键的两个原子上，形成带有单电子的原子或基团。

$$A \overset{\frown}{-} B \longrightarrow A \cdot + \cdot B$$

这种带有单电子的原子或基团称为自由基（free radical），由自由基引发的反应称为自由基反应（free radical reaction）。一般自由基反应在光、热或过氧化物存在下进行。自由基是均裂产生的活性中间体，它的寿命很短，只能在反应的瞬间存在，在生命过程中，许多重要的生物化学反应如衰变、损伤、致癌都与自由基有关。

异裂（heterolysis）是指在共价键断裂时，两原子间的共用电子对完全转移到其中的一个原子上，形成正、负离子。

$$A \overset{\frown}{-} B \longrightarrow A^+ + :B^-$$

异裂产生的正离子或负离子一般是反应活性中间体，会继续进行反应形成稳定产物，这类反应称为离子型反应（ionic type reaction）。

离子型反应根据进攻试剂性质不同分为亲电反应和亲核反应。亲电反应（electrophilic reaction）是由正离子或能接受一对电子的分子（如 $FeCl_3$、$AlCl_3$）进攻反应物分子中电子云密度高的原子引起的化学反应。亲核反应（nucleophilic reaction）是由负离子或带有孤对电子的分子（如 NH_3、H_2O）进攻反应物分子中电子云密度低的原子引起的化学反应。

有机化学反应常根据反应物与生成物之间的关系，有取代反应、加成反应、氧化反应、还原反应等区别，一般会结合基本反应类型分别定义为自由基取代反应、亲电取代反应、亲电加成反应、亲核加成反应等。

第五节　有机化学的酸碱概念

有机化学应用最多的酸碱概念源自 Brønsted-Lowry 酸碱质子理论和 Lewis 酸碱电子理论。

一、Brønsted-Lowry 酸碱质子理论

按照 Brønsted-Lowry 酸碱质子理论，酸是质子的给予体，碱是质子的接受体。酸给出质子后生成的物质称作该酸的共轭碱，而碱接受质子后生成的物质称作该碱的共轭酸。

化合物的酸性强弱通常用酸解离常数（K_a）或其负对数（pK_a）表示，K_a 越大或 pK_a 越小，酸性越强，一般 $K_a>1$ 或 $pK_a<0$ 为强酸，$K_a<10^{-4}$ 或 $pK_a>4$ 为弱酸。化合物的碱性强弱可以用碱解离常数（K_b）或其负对数（pK_b）表示，K_b 越大或 pK_b 越小，表示碱性越强。

二、Lewis 酸碱电子理论

Lewis 酸碱电子理论是通过电子对的转移来定义酸碱的。Lewis 酸是能接受电子对的物质，Lewis 碱是能提供电子对的物质。缺电子的分子或离子，如 H^+、Ag^+、RCH_2^+、BF_3、$AlCl_3$ 是 Lewis 酸。具有孤对电子、负离子或 π 电子对的分子或离子，如 NH_3、RNH_2、R—O—R、ROH、RO—、$RCH=CH_2$ 是 Lewis 碱。

许多极性化合物之间的反应都可以看作是电子供体和电子受体之间的反应，即可以归纳为电子理论的酸碱反应，几乎包括所有的离子型反应。

第六节 共振论基本要点

乙酸根的经典结构式为：

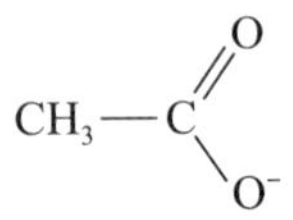

$$CH_3-C\overset{O}{\underset{O^-}{}}$$

其结构中有一个 C—O 单键和一个 C═O 双键。一般情况下，单键要比双键长，但 X 射线衍射证实乙酸根中两个碳氧键的键长相等，都是 127 pm。因此，上述结构式不能体现乙酸根的真实结构。为了解决这种问题，Pauling 提出了共振论：如果一个分子或离子可以用两个或者两个以上只是电子位置不同的 Lewis 式表示，这些 Lewis 式称为共振式，共振式通过电子共振形成共振杂化体。共振式群体（而不是任何一个共振式）或者共振杂化体代表分子的真实结构，因此乙酸根的真实结构用共振式可以表示如下：

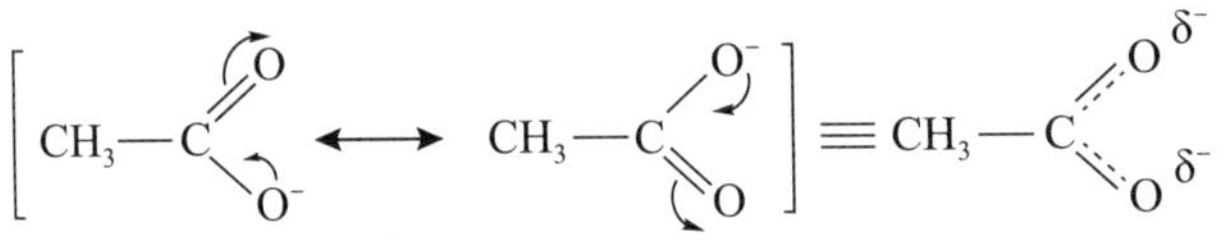

共振式　　　　　　　　　共振杂化体

其中弯箭头代表电子对移动的方向，双箭头表示共振符号，其两端的共振式代表同一个化合物的两个不同电子结构。共振杂化体中的碳氧键既不是单键，也不是双键，而是介于单键和双键之间的两个完全相同的键，两个氧原子各有 1/2 的机会带有负电荷。

习 题 一

1. 甲状腺素具有促进胆固醇分解代谢作用，请指出下列甲状腺素结构式中所有的官能团及其名称。

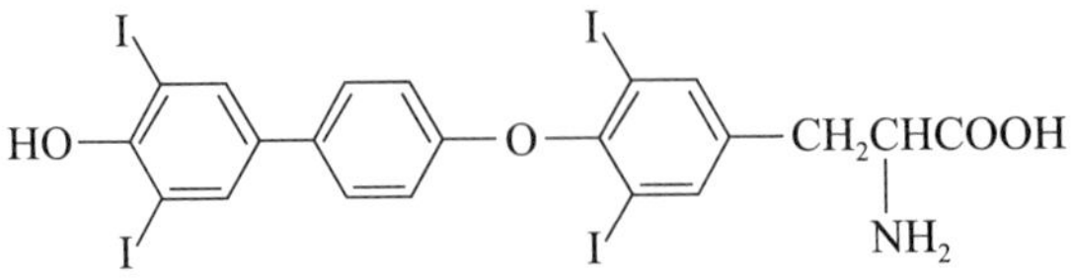

2. 指出下列化合物中 *C 的杂化类型。

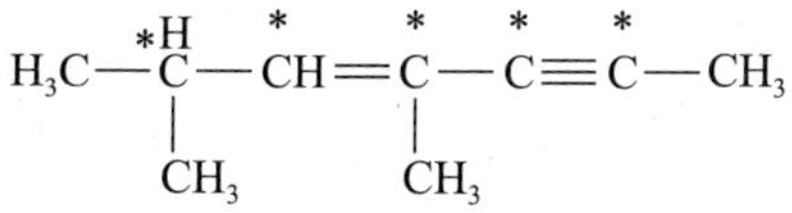

$$H_3C-\overset{*}{\underset{CH_3}{C}}H-\overset{*}{C}H=\overset{*}{\underset{CH_3}{C}}-\overset{*}{C}\equiv\overset{*}{C}-CH_3$$

3. 用键线式表示下列化合物的结构。

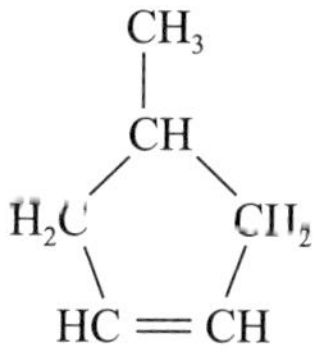

(1) 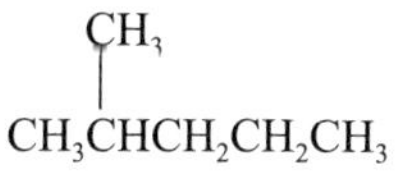 $CH_3CHCH_2CH_2CH_3$ 中间碳上接 CH_3

(2) 甲基环戊烯结构

(3) 1,1-二甲基环己烷结构

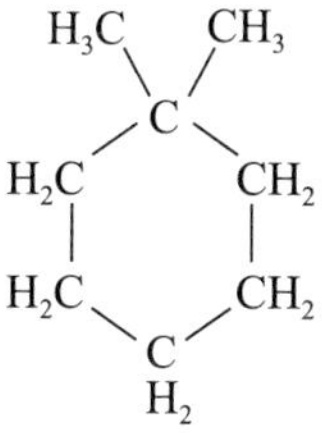

(4) 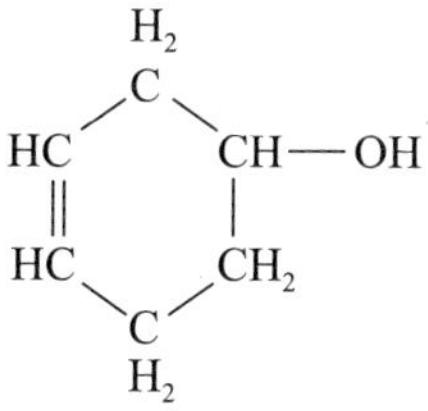 环己烯醇结构

4. 判断下列分子有无极性，若有，标明分子极性的方向。

(1) CH_3Cl (2) CH_4 (3) $CHCl_3$

(4) CH_3OCH_3 (5) CO_2

5. 指出自由基反应和离子型反应的区别。

6. 写出硝基甲烷（CH_3NO_2）的共振式和共振杂化体。

（徐　红）

第二章 烷烃和环烷烃

烃（hydrocarbon）由碳和氢两种元素组成，它是一切有机化合物的母体，其他有机化合物可以看作是烃的衍生物。碳碳原子之间均以共价单键连接的烃称为饱和烃；根据分子骨架不同，将开链饱和烃称为烷烃（alkane），环状饱和烃称为环烷烃（cycloalkane）。

第一节 烷 烃

一、烷烃的结构

烷烃的组成通式为C_nH_{2n+2}。甲烷（CH_4）是最简单的烷烃，碳原子的4个sp^3杂化轨道分别与氢原子的s轨道沿键轴方向"头对头"重叠形成4个C—H σ键，碳原子位于正四面体的中心，氢原子位于正四面体的4个顶点，分子中H—C—H之间的键角为109°28′，C—H键长110 pm。甲烷分子的结构如图2-1所示。

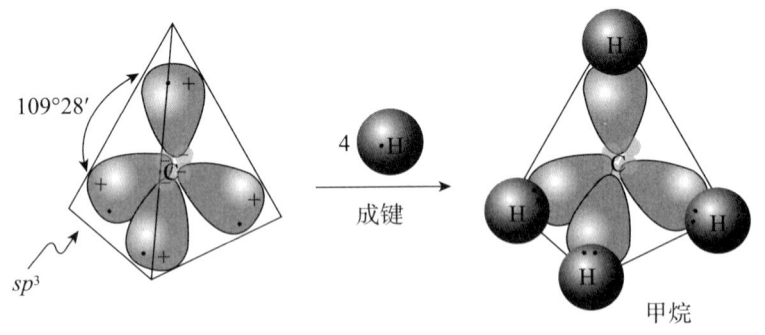

图 2-1 甲烷分子的结构示意图

乙烷中的2个碳原子各以1个sp^3杂化轨道"头对头"重叠形成C—C σ键，余下的杂化轨道分别和氢原子的s轨道"头对头"重叠形成6个C—H σ键，如图2-2所示。分子中C—C键长154 pm，C—H键长110 pm。

其他烷烃均以相同的方式成键。由于σ键是成键轨道间沿键轴方向"头对头"相互重叠而成的，电子云重叠程度最大，键牢固；同时电子云沿键轴呈圆柱形对称分布，键合的两个原子可以绕键轴自由旋转而不会影响键的重叠程度。

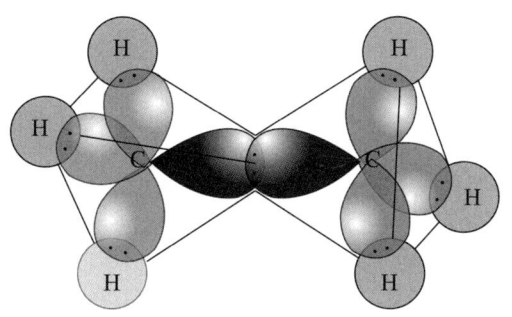

图 2-2　乙烷分子的结构示意图

具有相同的通式，在分子组成上相差一个或若干个 CH_2 的一系列化合物称为同系列（homologous series）。同系列中的化合物互称同系物（homolog），CH_2 称为同系差。同系物的结构相似，化学性质相似，物理性质则随碳原子数的增加而有规律性变化。

二、烷烃的构造异构

同分异构现象是有机化学中普遍存在的现象，分为构造异构和立体异构两大类。构造异构（constitutional isomerism）是指分子中原子的连接次序或连接方式不同而产生的异构，包括碳链异构、位置异构和官能团异构等。烷烃的构造异构是由于碳原子的连接次序不同而产生的碳链异构（carbon chain isomerism）。

烷烃同系物中，甲烷、乙烷、丙烷均只有一个构造式，从丁烷开始出现碳链异构体，例如：

C_4H_{10}　　　$CH_3CH_2CH_2CH_3$　　　CH_3CHCH_3
　　　　　　　　　　　　　　　　　　　　　　　$|$
　　　　　　　　　　　　　　　　　　　　　　　CH_3

C_5H_{12}　　　$CH_3CH_2CH_2CH_2CH_3$　　　$CH_3CHCH_2CH_3$　　　$CH_3\overset{CH_3}{\underset{CH_3}{C}}CH_3$
　　　　　　　　　　　　　　　　　　　　　$|$
　　　　　　　　　　　　　　　　　　　　　CH_3

烷烃中碳链异构体的数目随着碳原子数的增加而增多。例如，己烷（C_6H_{14}）有 5 个异构体，庚烷（C_7H_{16}）有 9 个异构体，癸烷（$C_{10}H_{22}$）有 75 个异构体，二十烷（$C_{20}H_{42}$）有 366 319 个异构体。

根据与碳原子直接相连的其他碳原子的数目，将烷烃分子中的碳原子分为四种类型：只与另外一个碳原子相连的碳原子称为伯碳原子或一级碳原子（primary carbon），用 1° 表示；与另外两个碳原子相连的碳原子称为仲碳原子或二级碳原子（secondary carbon），用 2° 表示；与另外三个碳原子相连的碳原子称为叔碳原子或三级碳原子（tertiary carbon），用 3° 表示；与另外四个碳原子相连的碳原子称为季碳原子或四级碳原子（quaternary carbon），用 4° 表示。

$$\overset{1°}{CH_3}-\overset{2°}{CH_2}-\overset{4°}{\underset{\underset{1°}{CH_3}}{\overset{\overset{1°}{CH_3}}{C}}}-\overset{3°}{\underset{\underset{1°}{CH_3}}{CH}}-\overset{1°}{CH_3}$$

伯、仲、叔碳原子上的氢原子，则相应地称为伯氢（1° H）、仲氢（2° H）、叔氢（3° H）。不同类型的氢原子在反应活性上存在一定的差异。

三、烷烃的命名

有机化合物的命名通常分为普通命名法和系统命名法。

（一）普通命名法

根据烷烃中碳原子的数目命名为某烷。碳原子数是 10 个或者 10 个以内的直链烷烃，分别用天干"甲、乙、丙、丁、戊、己、庚、辛、壬、癸"表示对应的碳原子数。10 个碳原子以上的烷烃用中文数字后加上"烷"进行命名。表 2-1 列出了含 1~12 个碳原子的直链烷烃的中英文名称。

表 2-1　一些直链烷烃的中英文名称

烷烃	中文名	英文名	烷烃	中文名	英文名
CH_4	甲烷	methane	$CH_3(CH_2)_5CH_3$	庚烷	heptane
CH_3CH_3	乙烷	ethane	$CH_3(CH_2)_6CH_3$	辛烷	octane
$CH_3CH_2CH_3$	丙烷	propane	$CH_3(CH_2)_7CH_3$	壬烷	nonane
$CH_3(CH_2)_2CH_3$	丁烷	butane	$CH_3(CH_2)_8CH_3$	癸烷	decane
$CH_3(CH_2)_3CH_3$	戊烷	pentane	$CH_3(CH_2)_9CH_3$	十一烷	undecane
$CH_3(CH_2)_4CH_3$	己烷	hexane	$CH_3(CH_2)_{10}CH_3$	十二烷	dodecane

烷烃异构体可以用"正""异""新"进行命名。直链烷烃前加一个"正"或"n-"（通常可以省略）；若烷烃第二位碳原子上连有一个甲基侧链，此外再无其他支链，则在名称前加一个"异"或"iso"；若烷烃第二位碳原子上连有两个甲基，此外再无其他支链，则在名称前加一个"新"或"neo"。例如：

$$CH_3CH_2CH_2CH_2CH_3 \qquad CH_3CHCH_2CH_3 \qquad CH_3CCH_3$$
$$\qquad\qquad\qquad\qquad\qquad\qquad | \qquad\qquad\quad |$$
$$\qquad\qquad\qquad\qquad\qquad\qquad CH_3 \qquad\qquad CH_3$$

正戊烷　　　　　　　异戊烷　　　　　　新戊烷
pentane　　　　　　isopentane　　　　neopentane

普通命名法仅适用于比较简单的烷烃，从含 6 个碳原子的烷烃开始，便不能用此法区分所有构造异构体了。

（二）系统命名法

有机化合物的英文命名是以国际纯粹与应用化学联合会（International Union of Pure and Applied Chemistry，IUPAC）制定的有机化学命名法为依据。中国化学会以 IUPAC 命名法为基础，结合汉字特点，发布了《有机化学命名原则》（1980）。2017 年，为有利于中文有机化学的信息交流，中国化学会组织修订并编写了《有机化合物命名原则》（2017）。随着有机化学的发展，有机化合物的命名原则也将不断更新和补充。需要说明的是，"命名原则"建议表达的有机化合物名称，不一定是该结构的唯一名称，可能还有俗名，还有不同命名途径得到的其他名称，但是无论以何种方式命名，化合物名称所表示的结构应是唯一的。

结合《有机化合物命名原则》（2017），在此对烷烃系统命名法做简要的介绍。

1. 取代基的命名　烷烃分子中去掉一个氢原子所剩下的基团称为烷基，常用 R— 表示。烷基的中文名称是将相应烷烃名称中的"烷"字改为"基"字；烷基的英文名称是将烷烃词尾的 -ane 改为 -yl。常见烷基的结构及名称见表 2-2。

表 2-2　常见烷基的结构及名称

烷基（R—）	中文名	英文名	缩写
CH_3-	甲基	methyl	Me
CH_3CH_2-	乙基	ethyl	Et
$CH_3CH_2CH_2-$	（正）丙基	n-propyl	n-Pr
CH_3CH- | CH_3	异丙基	isopropyl	i-Pr
$CH_3CH_2CH_2CH_2-$	（正）丁基	n-butyl	n-Bu

CH_3CH_2CH-
   |
  CH_3
	仲丁基	sec-butyl	s-Bu

CH_3CHCH_2- | CH_3	异丁基	isobutyl	i-Bu

CH_3
  |
CH_3-C-
  |
  CH_3
	叔丁基	tert-butyl	t-Bu

2. 命名规则　系统命名法的基本原则是选择一条主链作为母体，将主链上连接的支链作为取代基。

（1）选主链：选择最长的连续碳链作为主链，若有两条或两条以上等长的碳链，应选择连有取代基最多的碳链作为主链。根据主链碳原子的数目，母体名称为"某烷"。

（2）编号：按照最低系列原则，优先从离取代基较近的一端开始编号，使取代基的位次尽可能小。若主链上连有多个取代基，从不同方向对主链编号时，得到两种或者两种以上的编号系列，应顺次逐项比较各系列的位次，以最先遇到位次最小的系列为主，即"最低系列"。若两端不同的取代基编号相同时，则以取代基的英文首字母排序，使英文首字母顺序排在前面的取代基具有较小的编号。

（3）书写名称：取代基在前、母体在后。取代基的编号与名称之间用"-"连接，各编号间用","隔开。若有多个相同的取代基，将相同的取代基合并，用二、三、四……（di、tri、tetra……）表示写在取代基名称前面，这些表示取代基数目的前缀不参与排序。若有多个不同的取代基，则应按照取代基英文首字母的排列顺序先后列出。值得注意的是，叔丁基（tert-butyl）中"tert"为修饰前缀，故"t"不参与排序；异丙基（isopropyl）是一个整体单词，故"i"参与排序。例如：

$$\underset{1\ \ 2\ \ 3\ \ 4}{CH_3\underset{\underset{CH_3}{|}}{CH}CH_2\underset{\underset{\underset{CH_2CH_3}{}}{|}}{CH}CH_3}\overset{5\ \ 6\ \ 7}{}$$

           $CH_3CHCH_2CHCHCH_2CH_3$ 等

4-乙基-2-甲基庚烷　　　　　　　　5-乙基-2,4,6-三甲基辛烷

4-ethyl-2-methylheptane　　　　　5-ethyl-2,4,6-trimethyloctane

4-乙基-9-异丙基-6-甲基十二烷
4-ethyl-9-isopropyl-6-methyldodecane

四、烷烃的物理性质

有机化合物的物理性质主要包括沸点、熔点、密度、溶解度、折光率、比旋光度等。这些物理性质与结构密切相关，例如，熔点和沸点主要取决于分子间作用力的大小，溶解度取决于化合物的极性。

烷烃属于非极性分子，分子间的作用力只有范德瓦耳斯（van der waals）力，分子间的作用力较小。因此在常温常压下，1~4个碳原子的直链烷烃呈气态；5~16个碳原子的直链烷烃呈液态，低沸点的烷烃为无色液体，有特殊气味，高沸点的烷烃为黏稠油状液体，无味；17个碳原子以上的直链烷烃呈固态。

烷烃的沸点随着烷烃同系列分子量（又称相对分子质量，Mr）的增大、分子间作用力的增加而升高；同碳原子数的烷烃，直链烷烃的沸点高于支链异构体，且支链越多，分子间接触的表面积越小，分子间的作用力越小，沸点越低。低级烷烃每增加一个 CH_2，其分子量变化较大，故沸点相差较大，而高级烷烃的沸点差距逐渐减小（图2-3）。因此，低级烷烃容易分离，而高级烷烃不易分离。

烷烃的熔点不仅取决于分子间作用力的大小，而且取决于烷烃在晶格中排列的紧密程度，分子对称性越好，排列越紧密，熔点越高。烷烃的熔点随着碳原子数的增加而升高，偶数碳的烷烃较奇数碳的烷烃熔点升高幅度更大。

烷烃的密度一般为 $0.5~0.8\ g\cdot cm^{-3}$。随着分子量的增加，烷烃的密度也缓慢增大。

根据相似相溶原理，烷烃易溶于非极性或弱极性溶剂如苯、四氯化碳、乙醚，难溶于极性溶剂如水、醇。

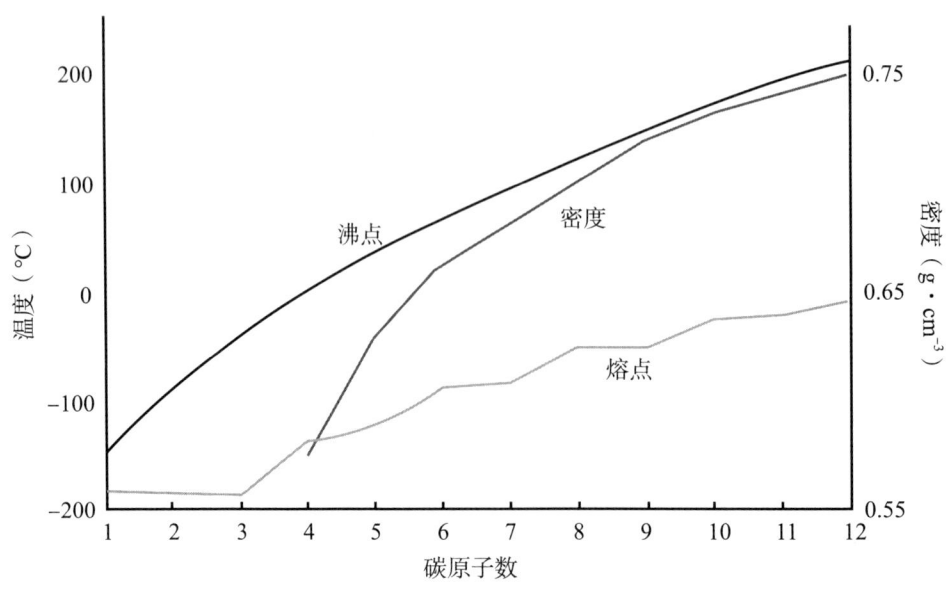

图 2-3　直链烷烃的熔点、沸点、密度与分子中碳原子数的关系

五、烷烃的化学性质

烷烃很稳定，很难与强酸、强碱、强氧化剂和强还原剂等发生化学反应，因此一些烷烃可作为有机反应的溶剂，医药上一些高级烷烃还被用作药物的基质。

> **临床应用**
>
> **外用药物的基质**
>
> 外用药物基质的一般要求：润滑无刺激性，性质稳定，耐酸败，不易长菌，不与主药发生作用，有良好的油水分配系数，不妨碍皮肤的正常功能，有良好的释药性能等。烷烃具有强疏水性，较好的化学稳定性，因而是外用软膏基质的良好选择。例如，凡士林（$C_{12} \sim C_{22}$ 的烷烃混合物）、液体石蜡（$C_{25} \sim C_{34}$ 的烷烃混合物）都是常见而优选的外用软膏的基质，它们具有疏水性强，化学性质稳定，与大多数药物均不发生作用，且有润滑、对皮肤刺激性小、保水保湿等诸多优点。临床常见的红霉素软膏、复方氧化锌软膏、复方醋酸地塞米松乳膏等大部分外用药膏都是以凡士林或者石蜡作为药物赋形剂，同时凡士林或者石蜡也充当药物载体，对外用药物的质量、药物的释放及吸收都有重要作用。

（一）卤代反应

在紫外光照射或高温条件下，烷烃分子中的氢原子被卤素原子取代，生成一卤代烃或多卤代烃的反应称为卤代反应（halogenation reaction）。

1. 甲烷的氯代反应　甲烷和氯气混合物在强紫外光照射或加热至 250~400 ℃条件下，发生氯代反应，生成一氯甲烷、二氯甲烷、氯仿及四氯化碳，最终得到不同氯代烷的混合物。

$$CH_4 + Cl_2 \xrightarrow[\text{或 300 ℃}]{h\nu} CH_3Cl + CH_2Cl_2 + CHCl_3 + CCl_4 + HCl$$

通过控制反应原料的相对用量，可以使其中一种氯代烷成为主要产物。

甲烷和其他卤素也可以发生取代反应，反应活性次序为 $F_2 > Cl_2 > Br_2 > I_2$。甲烷与氟的反应太剧烈而难以控制，甲烷与碘的反应很难进行。常见的具有实用意义的卤代反应就是氯代和溴代。

2. 卤代反应机理　反应机理又称反应机制或反应历程，是经过大量实验总结得到的对一个反应过程的描述，它有一定的适用范围，能解释很多实验事实，可用于预测反应的发生。

根据实验推测，甲烷氯代反应的反应机理是自由基链反应（free radical chain reaction），主要经历链引发、链增长和链终止三个阶段。

（1）链引发（chain initiation）：氯分子从紫外光或热源中获得能量，发生共价键的均裂，生成高能量的氯自由基，即单电子的氯原子。这一阶段生成了活泼的自由基，开启链反应。

$$\overset{\frown}{Cl - Cl} \xrightarrow{\triangle \text{ 或 } h\nu} 2\,Cl\cdot$$

（2）链增长（chain propagation）：氯自由基夺取甲烷分子中的一个 H 原子，形成甲基自由基，活泼的甲基自由基再夺取氯分子中的一个氯原子，又形成氯自由基。每一步消耗一个自由基，同时又为下一步反应生成一个新的自由基，整个反应就像一个链锁，一经引发，就一环扣一环地进行下去，所以称为自由基链反应。此反应属于放热反应，无需额外提供能量，反应就可持续下去。这一阶段不断形成新的自由基和产物，是整个链反应的重要阶段。

$$\cdot Cl + H\frown CH_3 \longrightarrow \cdot CH_3 + HCl \qquad \cdot CH_3 + Cl\frown Cl \longrightarrow \cdot Cl + CH_3Cl$$

（3）链终止（chain termination）：自由基相互碰撞结合成分子或加入自由基捕捉剂，自由基消失，反应逐渐终止。

$$\cdot Cl + \cdot Cl \longrightarrow Cl_2$$
$$\cdot CH_3 + \cdot CH_3 \longrightarrow CH_3CH_3$$
$$\cdot Cl + \cdot CH_3 \longrightarrow CH_3Cl$$

自由基反应比较难控制，可以向体系内加入少量能抑制自由基生成或降低自由基活性的抑制剂，使反应速率减慢或终止。

3. 自由基及其稳定性 自由基（free radical）是带有单电子的原子或基团，是非常活泼的中间体，有强烈的获取一个电子形成稳定的八隅体结构的倾向，只能短暂存在，反应活性很强。图 2-4 是甲基自由基的结构示意图，碳原子的 3 个 sp^2 杂化轨道分别与氢原子的 $1s$ 轨道形成 3 个 C—H σ 键并处于同一平面上，碳原子未参与杂化的 p 轨道垂直于该平面，且 p 轨道上只有一个单电子。其他烷基自由基也具有类似的结构。

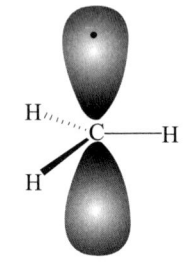

图 2-4 甲基自由基的结构示意图

自由基的稳定性可以从键的离解能来说明。同一类型的化学键发生均裂时，键的离解能越小，则自由基越容易生成，生成的自由基也越稳定。根据烷烃各种 C—H 键的离解能（表 2-3），得出碳自由基的稳定性顺序是 3° C·>2° C·>1° C·>CH$_3$·。烷基对自由基具有稳定作用，故烷基自由基中心碳原子上连接的烷基数目越多，烷基自由基越稳定。

表 2-3 烷烃各种 C—H 键的离解能

C—H 键断裂	自由基名称	离解能（kJ·mol^{-1}）
$CH_3-H \longrightarrow \cdot CH_3 + H\cdot$	甲基自由基	435.1
$CH_3CH_2-H \longrightarrow CH_3\dot{C}H_2 + H\cdot$	乙基自由基（1°）	410
$(CH_3)_2CH-H \longrightarrow CH_3\dot{C}HCH_3 + H\cdot$	异丙基自由基（2°）	397.5
$(CH_3)_3C-H \longrightarrow (CH_3)_3C\cdot + H\cdot$	叔丁基自由基（3°）	380.7

在有自由基生成的反应中，自由基的稳定性决定着反应方向和反应活性。

4. 卤代反应的取向和选择性 含有不同类型氢原子的烷烃发生卤代反应时，往往得到多种卤代烷异构体的混合物。烷烃中不同类型的氢原子反应活性不同，取代后得到的卤代烷的比例也不同。

丙烷和异丁烷发生氯代反应情况如下。

$$CH_3CH_2CH_3 + Cl_2 \xrightarrow[25\ ^\circ C]{h\nu} CH_3CH_2CH_2Cl + CH_3\underset{\underset{Cl}{|}}{C}HCH_3$$

$$\qquad\qquad\qquad\qquad\qquad\qquad 45\% \qquad\qquad 55\%$$

$$\text{CH}_3\text{CHCH}_3 + \text{Cl}_2 \xrightarrow[25\ ^\circ\text{C}]{h\nu} \underset{\underset{64\%}{\text{CH}_3}}{\text{CH}_3\text{CHCH}_2\text{Cl}} + \underset{\underset{36\%}{\text{CH}_3}}{\text{CH}_3\overset{\text{Cl}}{\underset{|}{\text{C}}}\text{CH}_3}$$

丙烷分子中含有 6 个伯氢原子和 2 个仲氢原子，伯氢取代产物与仲氢取代产物的收率之比为 45∶55，则仲氢原子与伯氢原子的相对反应活性为（55/2）∶（45/6）=3.8∶1。同理，通过异丁烷氯代反应产物收率可以得出叔氢与伯氢的相对活性之比约为 5∶1。综合以上数据，烷烃进行氯代反应时，氢原子的相对反应活性比为：3° H∶2° H∶1° H=5∶3.8∶1。

丙烷和异丁烷发生溴代反应情况如下。

$$\text{CH}_3\text{CH}_2\text{CH}_3 + \text{Br}_2 \xrightarrow[127\ ^\circ\text{C}]{h\nu} \underset{3\%}{\text{CH}_3\text{CH}_2\text{CH}_2\text{Br}} + \underset{\underset{97\%}{\text{Br}}}{\text{CH}_3\text{CCH}_3}$$

$$\text{CH}_3\text{CHCH}_3 + \text{Br}_2 \xrightarrow[127\ ^\circ\text{C}]{h\nu} \underset{\underset{<1\%}{\text{CH}_3}}{\text{CH}_3\text{CHCH}_2\text{Br}} + \underset{\underset{>99\%}{\text{CH}_3}}{\text{CH}_3\overset{\text{Br}}{\underset{|}{\text{C}}}\text{CH}_3}$$

采用上述计算方法得出溴代反应中氢原子的活性之比为：3° H∶2° H∶1° H =1600∶82∶1。

综上所述，烷烃发生卤代反应时氢原子的相对反应活性次序为：3° H＞2° H＞1° H。三种氢原子相对反应活性的差异可以从反应机理的角度加以解释。因为烷烃卤代反应中决定反应速率的步骤是生成烷基自由基中间体，自由基越稳定，越容易生成，与其相连的氢就越活泼，反应速率也就越快。自由基的稳定性次序为 3°＞2°＞1°，这与 3° H、2° H 和 1° H 被卤素取代的反应活性是一致的。

（二）氧化和燃烧

烷烃完全燃烧时生成 CO_2 和 H_2O，同时放出大量的热：

$$C_nH_{2n+2} + \frac{3n+1}{2}O_2 \longrightarrow nCO_2 + (n+1)H_2O + 热量$$

烷烃常用作燃料。天然气的主要成分是甲烷，汽油的成分是 $C_5 \sim C_{12}$ 的烷烃，煤油的成分是 $C_{11} \sim C_{16}$ 的烷烃，柴油的成分是 $C_{15} \sim C_{18}$ 的烷烃等。

六、烷烃的构象

由于碳碳单键旋转导致分子中的原子或基团在空间产生的不同的排列方式称为构象（conformation），产生的异构体称为构象异构体（conformation isomer）。构象异构体具有相同的构造，所以构象异构属于立体异构。

（一）乙烷的构象

乙烷分子中的 C—C σ 键旋转时，可以产生无数个构象异构体，其中重叠式构象（eclipsed conformation）和交叉式构象（staggered conformation）是两种极端情况，也称为极限构象。

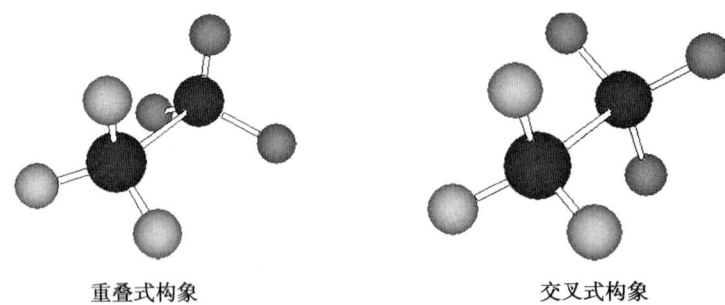

重叠式构象   交叉式构象

分子构象通常用楔线式、锯架式和纽曼（Newman）投影式来表示。锯架式是从 C—C 键轴斜侧面观察，每个碳原子上的其他三根键夹角均为120°。纽曼投影式是沿着 C—C 键轴观察，圆心代表离观察者视线较近的碳原子，从圆心向外伸出的三条线代表这个碳原子上所连接的三个 C—H 键；圆周及从圆周向外伸出的三条线代表离观察者远的碳原子及其所连接的三个 C—H 键。乙烷的重叠式构象和交叉式构象分别表示如下。

重叠式构象中两个碳原子上处于重叠的非键连的氢原子距离最近，分子的内能最高，最不稳定；交叉式构象中两个碳原子上非键连的氢原子相距最远，相互间斥力最小，分子的内能最低，最稳定。因此交叉式构象是乙烷分子的优势构象（preferred conformation）。图 2-5 是乙烷分子构象的能量变化曲线。

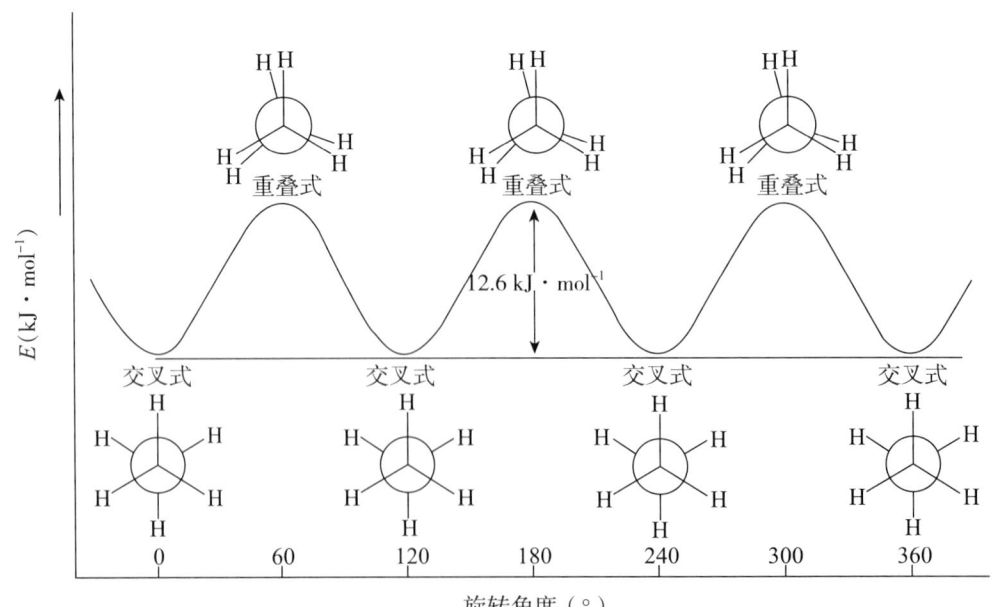

图 2-5　乙烷分子构象的能量变化

（二）丁烷的构象

丁烷构象比乙烷要复杂一些，这里只讨论围绕 C_2—C_3 键旋转所产生的构象情况。在丁烷 C_2—C_3 旋转产生的无数个构象异构体中，有 4 种极限构象：对位交叉式、邻位交叉式、部分重叠式和全重叠式。这 4 种构象的锯架式和纽曼投影式如下。

对位交叉式　　　　　　　　　邻位交叉式

部分重叠式　　　　　　　　　全重叠式

对位交叉式中两个体积较大的甲基相距最远，基团间的相互斥力最小，分子的内能最低，该构象是正丁烷分子的优势构象；邻位交叉式中两个甲基的距离比对位交叉式近，两个甲基之间的相互斥力使这种构象的能量较对位交叉式高；部分重叠式中，甲基和氢原子的重叠使其能量明显升高；全重叠式中的两个甲基相距最近，相互间的斥力最大，故分子的能量最高，最不稳定。故丁烷分子 4 种极限构象的稳定性次序是：对位交叉式＞邻位交叉式＞部分重叠式＞全重叠式。图 2-6 为正丁烷 C_2—C_3 旋转产生的构象的能量变化曲线。

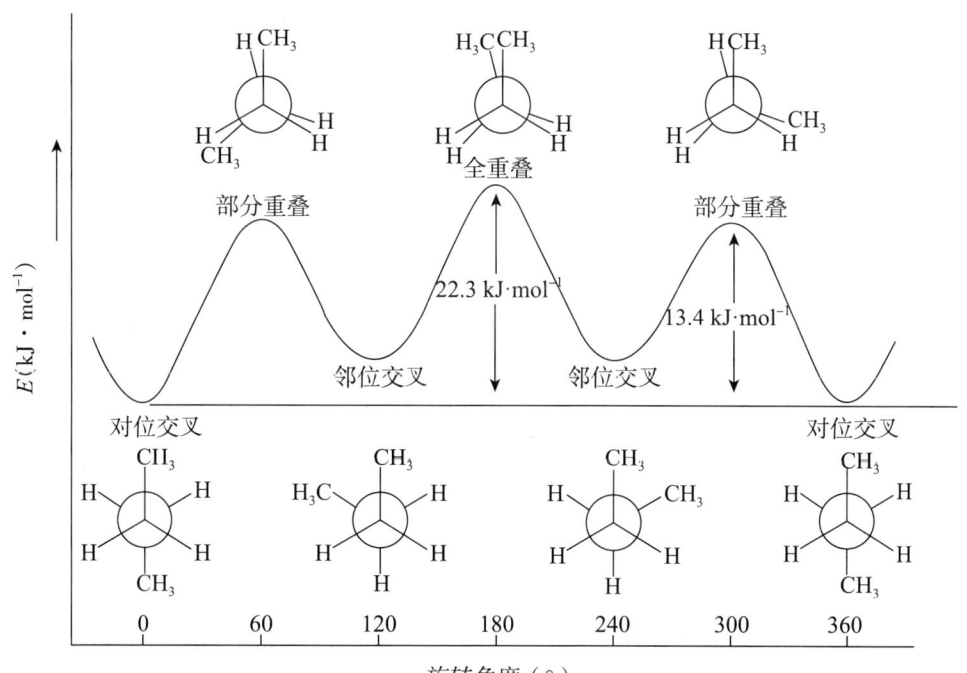

图 2-6　正丁烷 C_2—C_3 旋转产生的构象的能量变化曲线

烷烃碳原子数越多，构象越复杂，但其分子主要是以类似正丁烷的对位交叉式的优势构象存在（图 2-7），这种构象不仅能量较低，并且排列较紧密。因此在实际结构中，直链烷烃的碳链是锯齿形的,通常只是为了书写方便,才将结构式写成直链的形式。

图 2-7 壬烷分子的球棍模型

第二节 环烷烃

根据分子中所含碳环的数目,环烷烃分为单环环烷烃、双环环烷烃和多环环烷烃,在此只介绍单环环烷烃,其组成通式为 C_nH_{2n}。单环环烷烃根据分子中成环碳原子数又可分为小环(三、四元环)、普通环(五、六元环)、中环(七至十一元环)和大环(十二元环以上)环烷烃。

一、环烷烃的命名

单环环烷烃的命名与烷烃相似,在相应的烷烃名称前加"环"字,称为环某烷,英文前加"cyclo"。若环上连有一个简单的取代基,通常以环烷烃作为母体,将取代基的名称写在母体名称前;若环上所连基团过于复杂而难以命名取代基时,可将烷烃作为母体,环作为取代基命名。例如:

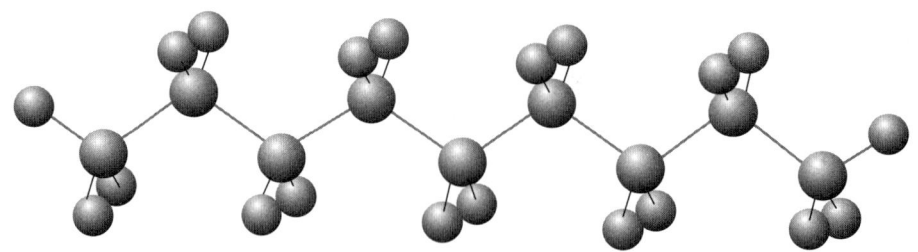

环丙烷　　环戊烷　　甲基环己烷　　5-环戊基-2-甲基辛烷
cyclopropane　cyclopentane　methylcyclohexane　5-cyclopentyl-2-methyloctane

若环上有两个或两个以上取代基,将取代基按最低系列原则编号,使连接取代基的成环碳原子的编号尽可能小,且英文名称首字母顺序靠前的取代基应有较小的编号,命名规则与烷烃一致。

1-异丙基-3-甲基环己烷　　　　　2-乙基-4-异丙基-1-甲基环己烷
1-isopropyl-3-methylcyclohexane　　2-ethyl-4-isopropyl-1-methylcyclohexane

环烷烃分子由于环的存在,碳碳单键的旋转受到限制,当环中两个碳原子各自连有不同取代基时,会因取代基在空间排布的差异而产生顺反异构(*cis-trans* isomerism)。例如,1,3-二甲基环丁烷有顺、反两种异构体：

顺-1,3-二甲基环丁烷　　　　　　　　反-1,3-二甲基环丁烷

命名顺反异构体时，两个相同的取代基位于环平面同侧的称为顺式（*cis*）；两个相同的取代基位于环平面异侧的称为反式（*trans*）。例如：

顺-1,4-二甲基环己烷　　反-1,4-二甲基环己烷
cis-1,4-dimethylcyclohexane　　*trans*-1,4-dimethylcyclohexane

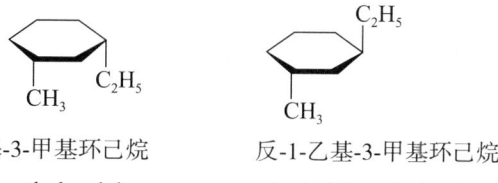

顺-1-乙基-3-甲基环己烷　　反-1-乙基-3-甲基环己烷
cis-1-ethyl-3-methylcyclohexane　　*trans*-1-ethyl-3-methylcyclohexane

二、环烷烃的结构与稳定性

环丙烷结构中 3 个碳原子在同一平面上，形成正三角形。由于 sp^3 杂化轨道的键角为 $109°28'$，环丙烷中碳碳键不能像开链烷烃那样沿着键轴方向最大程度重叠，只能部分重叠形成一种弯曲键，又称"香蕉键"（图 2-8）。这种弯曲键使环丙烷的碳碳键比开链烷烃中的碳碳键弱，存在较强的角张力。环丙烷的键角为 $105.5°$，键长为 0.152 nm，比正常的单键键长（0.154 nm）略短。

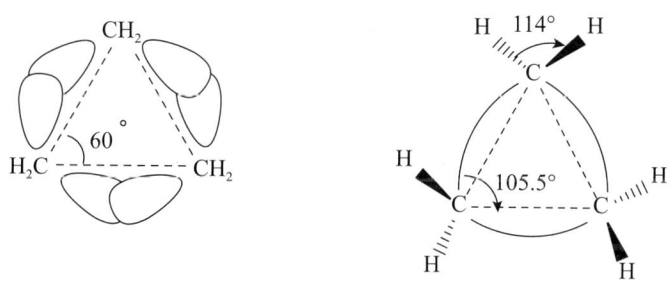

图 2-8　环丙烷的弯曲键结构

另外，环丙烷中相邻两个碳原子上的 C—H 键都是重叠式构象，产生扭转张力。这两个因素导致环丙烷具有较大的环张力和不稳定性，易受亲电试剂进攻，发生开环加成反应。

环丁烷与环丙烷类似，也能够发生开环加成反应，但是环丁烷分子中四个碳原子可以不在同一个平面上，成键轨道重叠程度比环丙烷分子大，角张力比环丙烷分子小，因此环丁烷比环丙烷稳定。

随着环碳原子数的增多,杂化轨道的重叠程度逐渐增加,环的稳定性也随之增大。环戊烷、环己烷可以通过环的扭曲使其环内键角接近 sp^3 杂化轨道的键角,角张力较小或无角张力,性质类似于烷烃。

三、环烷烃的物理性质

环烷烃的物理性质与烷烃相似。环烷烃是非极性化合物,不溶于水,易溶于苯、四氯化碳、氯仿等非极性或低极性的有机溶剂中。环烷烃的沸点、熔点和密度随碳原子数的增多而发生规律性变化,而且其沸点、熔点及密度都比同碳原子数的烷烃高。这主要是由于环烷烃碳碳单键旋转受阻而具有一定的刚性,对称性较好,分子间的作用力较强。

四、环烷烃的化学性质

环烷烃和烷烃都是饱和烃,化学性质相似,很难与强酸、强碱、强氧化剂(如高锰酸钾)和强还原剂(如金属钠)等发生化学反应。

(一)加成反应

1. 与氢气加成 在镍等金属催化作用下,环丙烷、环丁烷可以和氢气发生加成反应,开环生成烷烃。

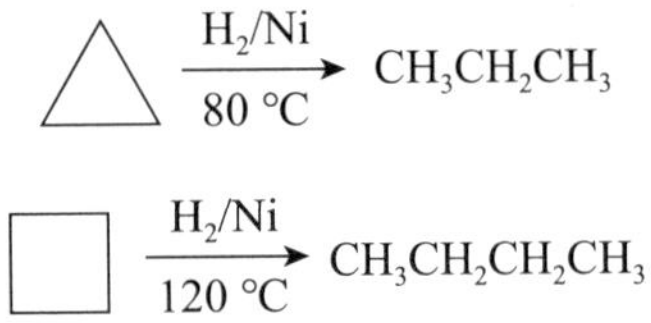

$$\triangle \xrightarrow[80\ ℃]{H_2/Ni} CH_3CH_2CH_3$$

$$\square \xrightarrow[120\ ℃]{H_2/Ni} CH_3CH_2CH_2CH_3$$

2. 与卤素、卤化氢加成 在室温下,环丙烷可与卤素、卤化氢发生加成反应;环丁烷必须在加热的条件下才可以开环发生加成反应。

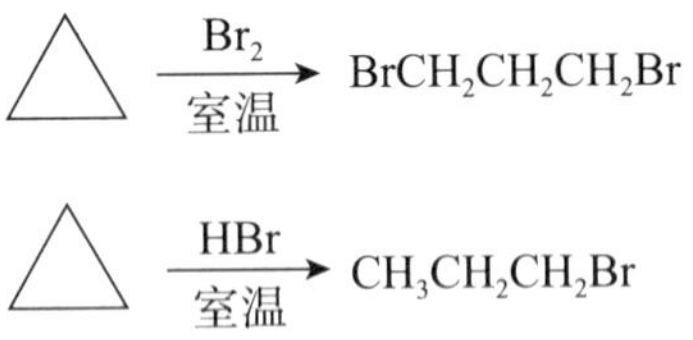

$$\triangle \xrightarrow[室温]{Br_2} BrCH_2CH_2CH_2Br$$

$$\triangle \xrightarrow[室温]{HBr} CH_3CH_2CH_2Br$$

当烷基取代环丙烷与溴化氢发生加成反应时,存在区域选择性,开环位置是在连氢原子最多和连氢原子最少的两个环碳原子之间,氢卤酸中的氢原子加在连氢原子较多的碳原子上,卤原子加在连氢原子较少的碳原子上,例如:

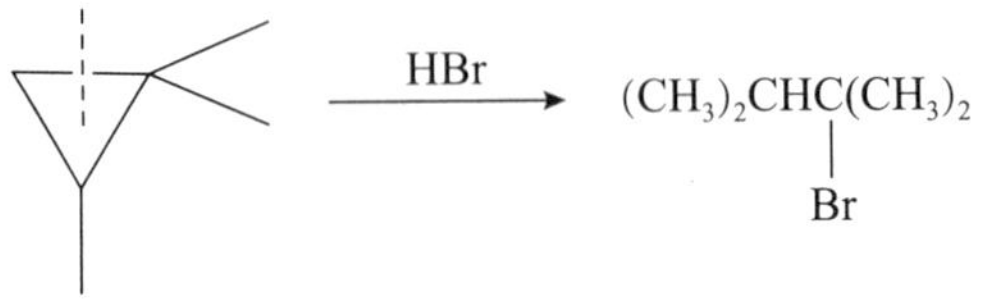

$$\xrightarrow{HBr} (CH_3)_2CHC(CH_3)_2 \\ Br$$

环戊烷、环己烷及大环烷烃在上述条件下很难发生加成反应。

（二）取代反应

在光照或高温条件下，环戊烷、环己烷可以与卤素发生自由基取代反应。

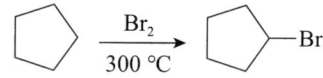

五、环己烷的构象

（一）椅式构象和船式构象

在环己烷分子中，虽然环中碳碳单键的旋转受到一定的限制，但仍然可以在环不断裂的范围内旋转，从而产生不同的构象。在环己烷无数个构象异构体中，椅式（chair form）和船式（boat form）是两种典型的构象。

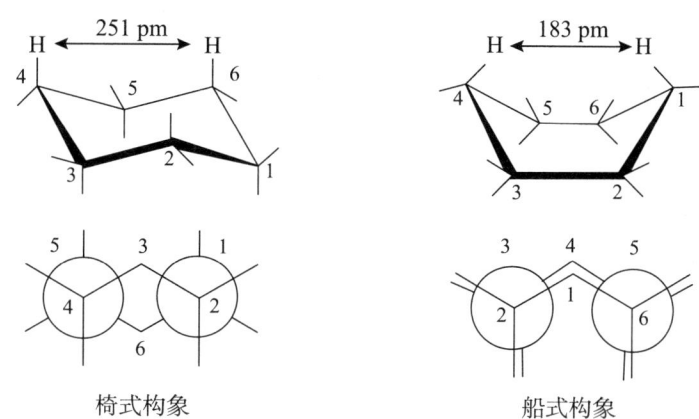

椅式构象　　　　　　　　　　船式构象

椅式构象中，由于环内键角均接近109°28′，不存在角张力；C_1、C_3、C_5（或 C_2、C_4、C_6）上的三个位于竖直键上的氢原子间的距离均为251 pm，大于两个氢原子的半径之和，无空间张力；环上所有相邻碳原子的C—H键和C—C键之间的构象均为交叉式构象，碳原子上的氢原子相距较远，几乎不产生扭转张力。因此，环己烷的椅式构象是内能最低、稳定性最好的优势构象。

船式构象中，环内键角也接近饱和碳原子的杂化轨道键角，不存在角张力；但C_1与C_4上两个朝向环内的"船头氢"之间的距离较近，只有183 pm，远小于两个氢原子的范德瓦耳斯半径之和240 pm，存在较大的排斥力；此外，船底四个碳原子在同一平面上，C_2与C_3、C_5与C_6两对碳原子之间的C—H键为全重叠式构象，有较大的扭转张力。因此，船式构象的能量较椅式构象的能量高，船式构象不如椅式构象稳定。

室温下环己烷分子间碰撞产生的能量能满足环己烷各种构象间转化所需要的能量，因此环己烷是各种构象的混合体，其中椅式构象约占99.9%。

（二）直立键和平伏键

在环己烷的椅式构象中，12个C—H键可分为两组：垂直于C_1、C_3、C_5（或 C_2、C_4、C_6）所在平面的6个C—H键，称为直立键（axial bond），用"a"表示，其中有3个向上、3个向下，6个直立键交替排列；另外6个C—H键与垂直于环平面的对称轴的夹角为109°28′，大致与环平行且伸出环外，称为平伏键（equatorial bond），用"e"表示，其中3个斜伸向上、3个斜伸向下，6个平伏键交替排列。环上的每个碳原子都有 1 个 a 键和 1 个 e 键。通过环内 C—C 键的转动，环己烷的各种构象可迅速互变，还可由一种椅式构象转变成另一种椅式构象，称为构象的翻环作用（ring inversion）。翻环后，原来的 a 键变成 e 键、e 键则变成 a 键，但其空间取向不变。翻环作用极为迅速，两种椅式构象可以形成动态平衡体系，如下所示：

（三）取代环己烷的构象

一元取代环己烷分子的椅式构象中，取代基既可以位于 a 键，也可以位于 e 键。当取代基位于 e 键时，取代基与相邻碳原子所连碳架处于对位交叉式，同时取代基与其他碳上所连氢原子距离较远，体系内能较低，分子稳定性强；当取代基位于 a 键上时，取代基与相邻碳原子所连碳架处于邻位交叉式，但取代基与相间直立键氢原子距离较近，相互间斥力较大，分子相对不稳定。因此，取代基位于椅式构象的 e 键上是一元取代环己烷的优势构象。

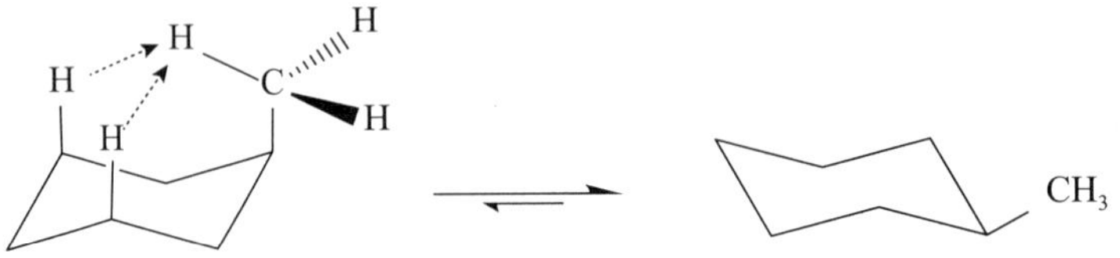

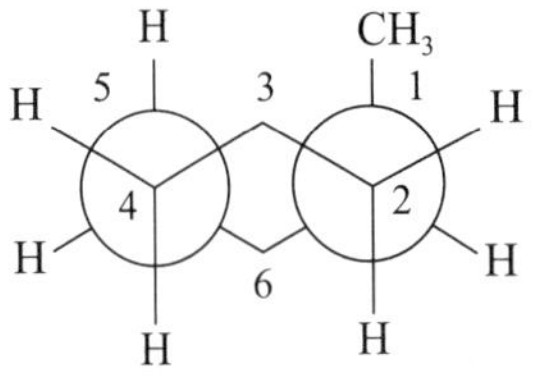

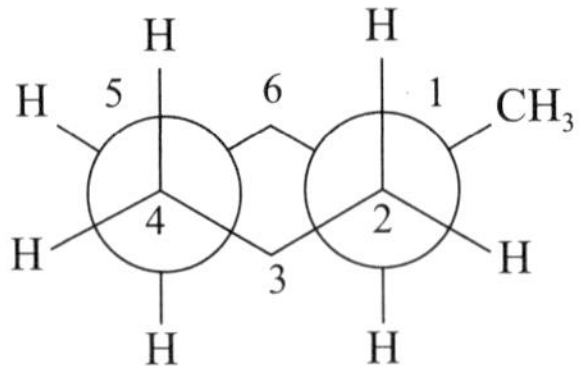

如果取代基是体积较大的叔丁基，叔丁基处于 e 键的椅式构象异构体几乎占据了整个平衡体系（>99.99%）。

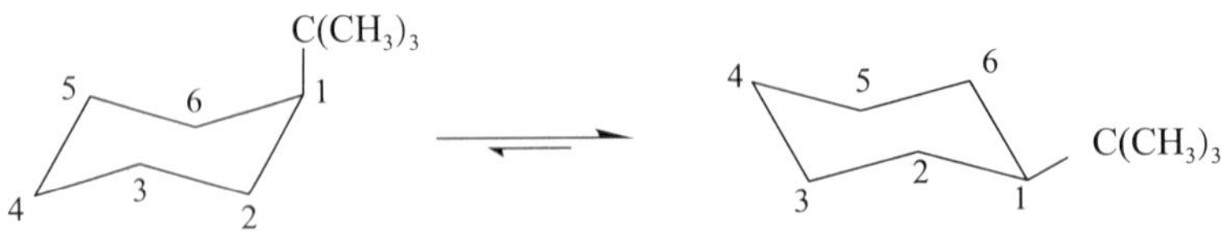

二元取代环己烷的两个取代基同时位于 e 键的椅式构象最稳定，是优势构象；当两个取代基不能同时位于 e 键时，较大基团位于 e 键的椅式构象是优势构象。例如：

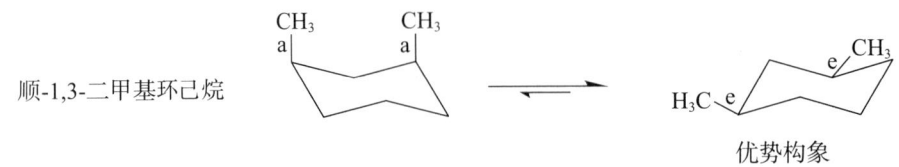

顺-1,3-二甲基环己烷　　　　　　　　　　　　　　　优势构象

反-1-乙基-4-甲基环己烷 ⇌ 优势构象

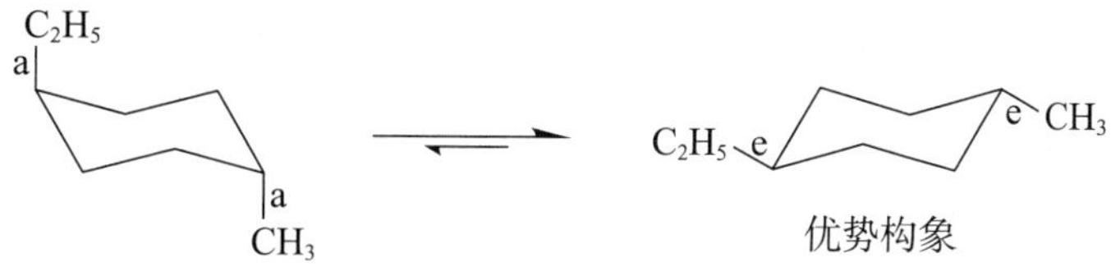

反-1-乙基-3-甲基环己烷 ⇌ 优势构象

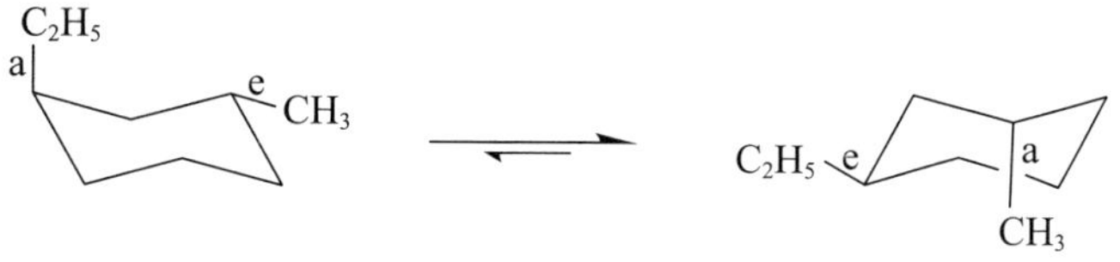

顺-1-乙基-4-叔丁基环己烷 ⇌ 优势构象

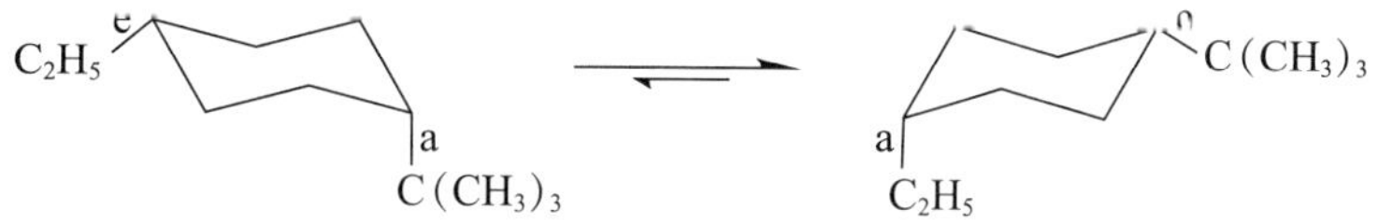

知识拓展

金刚烷

金刚烷（adamantine）分子式为 $C_{10}H_{16}$，因其碳架结构相当于金刚石晶格网络中的一个晶胞而得名。金刚烷是以椅式环己烷为基本结构单元组成的一种多环环烷烃，有类似樟脑的气味，其结构高度对称，分子接近球形。金刚烷具有毒性低、脂溶性好和稳定性高等特点，常用作药物的中间体。金刚烷胺是金刚烷的含氮衍生物，早已广泛应用于临床。金刚烷胺是一种常见的抗病毒药物，它可以有效对抗甲型流感病毒，还可以起到抗帕金森的作用，所以常用这种药物防治甲型流感，治疗帕金森病、帕金森综合征、因药物引起的锥体外系反应等，合理用药有很好的治疗效果。除此之外，目前应用于预防和治疗病毒感染的金刚烷类药物还有金刚乙胺、曲金刚胺等。

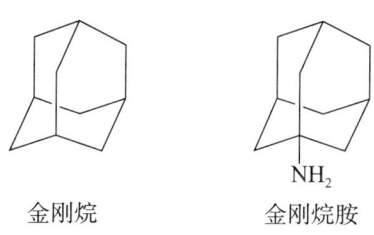

金刚烷　　金刚烷胺

（四）十氢化萘的构象

十氢化萘是两个环己烷稠合在一起的化合物，有顺式和反式两种构型异构体。反式十氢化萘的两个环相当于通过相邻的两个 e 键彼此稠和，因此反式十氢化萘比顺式十氢化萘稳定。

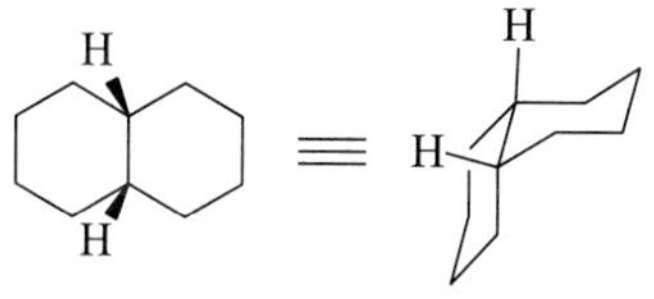

顺式十氢化萘 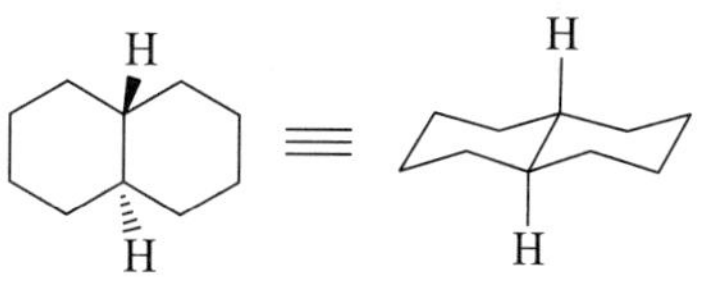　　　　　　　　　　反式十氢化萘

习 题 二

1. 用系统命名法命名下列化合物。

(1) $(CH_3)_3C-CH_2-CH-CH(CH_3)_2$
          $\quad\quad\quad\quad\quad\quad\quad\quad\;\;|$
          $\quad\quad\quad\quad\quad\quad\quad\quad CH_3$

(2) $CH_3CH_2CHCH_2CHCH_3$ 带有 CH_3 和 CH_3 支链，以及 CH_3CHCH_3 支链

(3) 环丙基-$CH_2CH_2CH_2$-环丙基

(4) $CH_3CHCH_2CHCH_3$，其中一个碳上连 CH_3，另一碳上连环己基

(5) 1,2-二甲基环丙烷（顺式结构，H 与 CH_3 标示）

(6) 1-甲基-4-乙基环己烷（H_3C 与 CH_2CH_3 在环己烷的 1,4-位）

2. 写出下列化合物的构造式。
   (1) 新戊烷
   (2) 3,6-二乙基-2,6-二甲基辛烷
   (3) 3-异丙基-2-甲基庚烷
   (4) 反-1-乙基-3-甲基环丁烷
   (5) 环丙基环戊烷
   (6) 2,3,3,5-四甲基己烷

3. 标出下列化合物中各碳原子的类型，并比较各碳原子上氢原子发生氯代反应的活性大小。

$$H_3C-\underset{\underset{CH_3}{|}}{\overset{\overset{CH_3}{|}}{C}}-CH_2-\underset{\underset{CH_3}{|}}{CH}-CH_3$$

4. 将下列烷烃按沸点由高到低排列成序。
   (1) 2-甲基戊烷； (2) 正己烷； (3) 正庚烷； (4) 十二烷

5. 用楔线式、锯架式和纽曼投影式表示下列化合物最稳定的构象式。

(1) 含 CH_2CH_3 和 CH_3 的化合物的楔线式
(2) 含 Cl、CH_3、H_3C、H 的楔线式
(3) 含 Br、Cl、H 的纽曼投影式

6. 写出符合下列条件的各化合物的构造式。
   (1) 分子式为 C_5H_{12}，只含有伯氢和仲氢的烷烃
   (2) 分子式为 C_8H_{18}，只仅含有伯氢的烷烃
   (3) 分子量为 100，同时含有伯、叔、季碳原子的烷烃

7. 写出下列化合物优势构象。
   (1) 顺-1-乙基-4-甲基环己烷
   (2) 反-1-乙基-4-甲基环己烷
   (3) 顺-1-叔丁基-3-甲基环己烷
   (4) 反-1-乙基-3-异丁基环己烷

8. 比较下列自由基的稳定性大小。

(1) A. 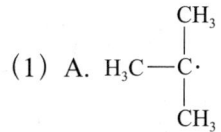　　B. 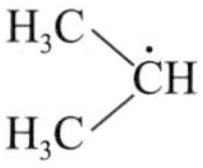 $(CH_3)_2\dot{C}H$　　C. $CH_3\dot{C}H_2$　　D. $\dot{C}H_3$

(2) A. 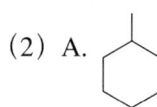　　B. 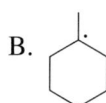　　C. 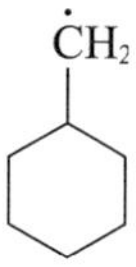 环己基$\dot{C}H_2$　　D. $\dot{C}H_3$

9. 写出下列反应的主要产物。

(1) 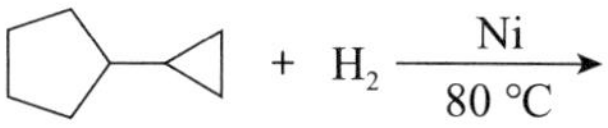 环戊基环丙烷 + H_2 $\xrightarrow{\text{Ni}}{80\ ^\circ\text{C}}$

(2) 1,1-二甲基-2-乙基环丙烷 + HBr ⟶

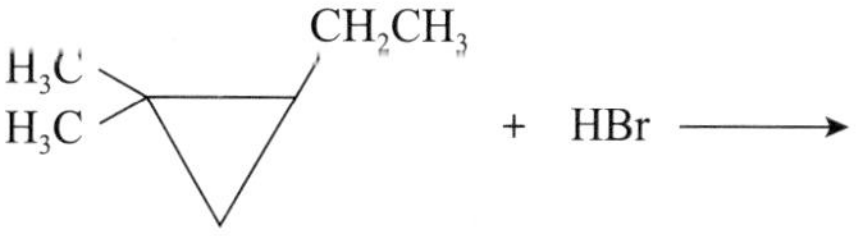

(3) 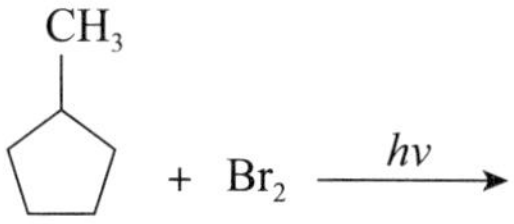 甲基环戊烷 + Br_2 $\xrightarrow{h\nu}$

(4) 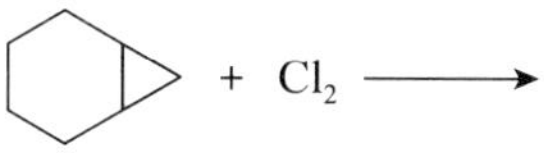 双环[4.1.0]庚烷 + Cl_2 ⟶

10. 化合物 A、B 的分子式均为 C_5H_8，A、B 分别在高温下与 Cl_2 发生自由基氯代反应，A 仅得到一种一氯代烃，而 B 得到三种一氯代烃的混合物，试推测 A、B 的结构，并写出相应的反应式。

（于姝燕）

第三章 烯烃和炔烃

烯烃、炔烃同属于不饱和烃，其分子结构中分别含有碳碳双键（C═C）、碳碳三键（C≡C）。烯烃、炔烃是重要的工业原料。

第一节 烯 烃

含有一个碳碳双键的不饱和烃称为单烯烃，通常称烯烃（alkene），含有两个碳碳双键的不饱和烃称为二烯烃（diene）。本节主要讨论开链单烯烃，其通式为 C_nH_{2n}。

一、烯烃的结构

乙烯（CH_2═CH_2）是最简单的烯烃，双键碳原子均为 sp^2 杂化，各自用 1 个 sp^2 杂化轨道沿键轴方向重叠形成 C—C σ 键，另外两个 sp^2 杂化轨道分别与氢原子的 $1s$ 轨道重叠形成两个 C—H σ 键。此外，双键碳原子还各有 1 个没参与杂化的 p 轨道，这两个 p 轨道均垂直于 sp^2 杂化轨道所在的平面，它们彼此平行且侧面重叠形成 π 键。因此，C═C 是由一个 σ 键与一个 π 键构成的，双键碳原子不能围绕键轴自由旋转。乙烯分子的结构如图 3-1 所示。

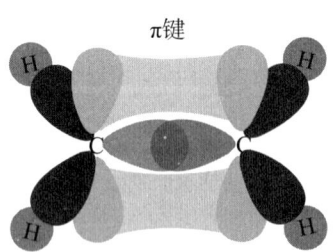

图 3-1 乙烯分子的结构示意图

C═C 的键能为 610.28 kJ·mol^{-1}，大于 C—C 键能（347 kJ·mol^{-1}），但明显小于单键键能的 2 倍。C═C 的键长为 134 pm，比 C—C 键长（154 pm）短。

二、烯烃的同分异构

（一）构造异构

烯烃的构造异构比烷烃复杂，它包括碳链异构与位置异构。例如，分子式为 C_4H_8 的烯烃有三个构造异构体：

$$H_2C=CH-CH_2-CH_3 \qquad H_3C-CH=CH-CH_3 \qquad H_2C=\underset{\underset{CH_3}{|}}{C}-CH_3$$
$$(1) \qquad\qquad\qquad (2) \qquad\qquad\qquad (3)$$

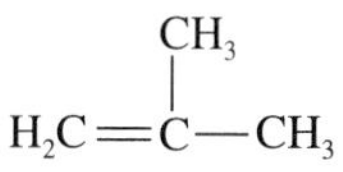

（1）（2）与（3）为碳链异构，而（1）与（2）为位置异构。

（二）顺反异构

由于烯烃分子中存在限制碳原子自由旋转的双键，若两个双键碳原子上分别连接不同的原子或基团，这些原子或基团就有不同的空间排列方式，从而产生顺反异构体。例如，丁-2-烯存在两种不同的空间排列方式：

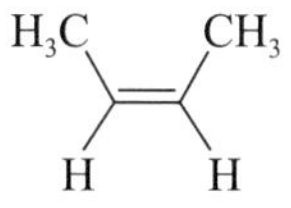

顺式 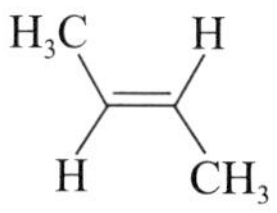　　　　反式

三、烯烃的命名

（一）普通命名法

简单的烯烃常用普通命名法，根据烯烃含有的碳原子数目，称为"某烯"。

$$H_2C=CH_2 \qquad\qquad H_2C=CH-CH_3 \qquad\qquad H_2C=\underset{\underset{CH_3}{|}}{C}-CH_3$$

乙烯　　　　　　　　　丙烯　　　　　　　　　异丁烯
ethylene　　　　　　　propylene　　　　　　　isobutylene

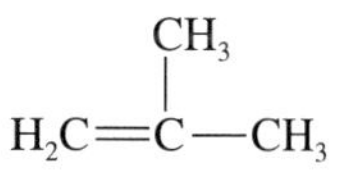

（二）系统命名法

烯烃的命名大多采用系统命名法，需要选择连续连接的最长碳链作为主链，根据碳碳双键是否在主链上，命名时分两种情况。

1. 碳碳双键在主链上　命名原则如下。

（1）按主链上的碳原子数目称为"某烯"，当主链上的碳原子数目多于10个时，命名时在中文数字后面加"碳烯"；英文名称后缀为 ene。

（2）从靠近双键的一端对主链进行编号，碳碳双键的位次以双键碳原子编号中较小的表示，命名时双键的位次数字写在"烯"前，前后用半字线相连。

$$H_2C=CHCH_2CH_3 \qquad H_3C(H_2C)_2HC=CH(CH_2)_5CH_3$$

丁-1-烯 　　　　　　　　　 十一碳-4-烯
but-1-ene 　　　　　　　　　 undec-4-ene

（3）取代基的位次和名称写在"某烯"之前，其原则和书写方法与烷烃相同。

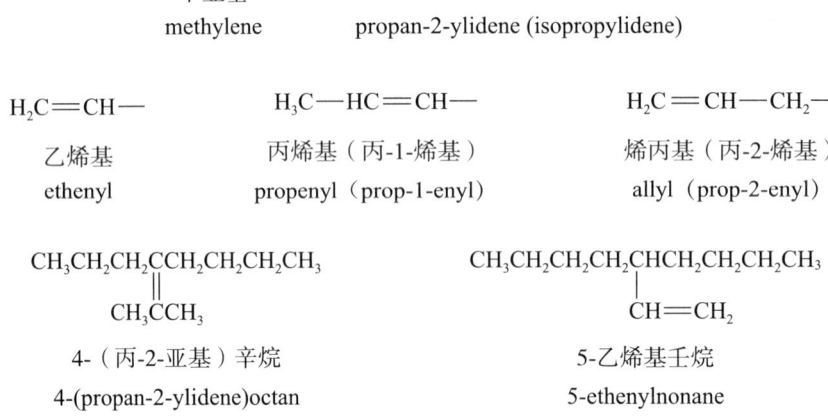

2. 碳碳双键没有在主链上　命名时将含有双键的基团（亚基或烯基）作为取代基。例如：

$$CH_2= \qquad\qquad (CH_3)_2C=$$

甲亚基 　　　　　　　　　 丙-2-亚基（异丙亚基）
methylene 　　　　　　propan-2-ylidene (isopropylidene)

$$H_2C=CH- \qquad H_3C-HC=CH- \qquad H_2C=CH-CH_2-$$

乙烯基 　　　　　 丙烯基（丙-1-烯基）　　　　　烯丙基（丙-2-烯基）
ethenyl 　　　　　 propenyl（prop-1-enyl）　　　 allyl（prop-2-enyl）

$$\underset{\underset{CH_3CCH_3}{\|}}{CH_3CH_2CH_2CCH_2CH_2CH_3} \qquad \underset{\underset{CH=CH_2}{|}}{CH_3CH_2CH_2CHCH_2CH_2CH_3}$$

4-（丙-2-亚基）辛烷 　　　　　　　5-乙烯基壬烷
4-(propan-2-ylidene)octan 　　　　　　5-ethenylnonane

（三）顺反异构体的命名

1. 顺反构型命名法　若两个双键碳原子上连接的相同原子或基团分布在双键键轴同侧，称为顺式（*cis*）；若相同原子或基团分布在双键键轴异侧，则称为反式（*trans*）。命名时，将"顺"或"反"放在烯烃名称的前面，并用半字线隔开。例如：

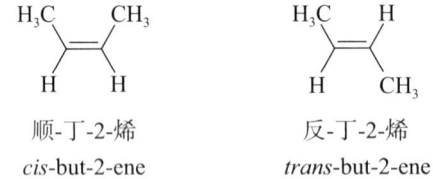

顺-丁-2-烯　　　　　　　反-丁-2-烯
cis-but-2-ene 　　　　　 *trans*-but-2-ene

显然，当两个双键碳原子所连接的四个原子或基团都不相同时，则无法使用顺反命名法。

2. Z/E 构型命名法　Z/E 构型命名法适用于所有顺反异构体的构型标记，其步骤为：首先将双键碳原子上各自连接的两个原子或基团按"次序规则"确定出优先次序，然后将两个碳原子上的较优基团在双键键轴同侧的异构体，用字母"Z"标记；反之，则以字母"E"标记。次序规则如下。

（1）比较与主链碳原子直接相连的第一个原子的原子序数，原子序数较大者称为优先基团或较优基团。例如：

（2）若与主链碳原子直接相连的第一个原子相同，则比较与第一原子相连的第二原子的原子序数，第二原子可能有多个，需选择原子序数最大的来比较，若相同，再依次比较居中的、最小的，以此类推直至比较出大小为止。例如，—CH₃、—CH₂CH₃、—CH（CH₃）₂、—C（CH₃）₃、—CH₂OH 的第一原子都是碳原子，则比较与碳原子直接相连的原子，—CH₃ 是—C（H，H，H），—CH₂CH₃ 是—C（C，H，H），—CH（CH₃）₂ 是—C（C，C，H）、—C（CH₃）₃ 是—C（C，C，C）、—CH₂OH 是—C（O，H，H），比较结果如下。

$$—CH_2OH > —C(CH_3)_3 > —CH(CH_3)_2 > —CH_2CH_3 > —CH_3$$

（3）为比较的方便，双键、三键分别视为与两个或三个相同的原子相连。例如：

$$—C{=}C— \text{ 看作 } —\underset{C}{\overset{C}{C}}—\underset{C}{\overset{C}{C}}—$$

$$—C{\equiv}C— \text{ 看作 } —\underset{\underset{C}{|}}{\overset{\overset{C}{|}}{C}}—\underset{\underset{C}{|}}{\overset{\overset{C}{|}}{C}}—$$

$$—C{=}O \text{ 看作 } —\underset{O}{\overset{O}{C}}—O$$

结合前两条原则，则有：

$$—\underset{H}{\overset{}{C}}{=}O \quad > \quad —C{\equiv}CH \quad > \quad —CH{=}CH_2$$

由次序规则可知：—CH₃ > —H，—CH₂CH₂CH₃ > —CH₂CH₃，故

（Z）-3-乙基己-2-烯　　　　（E）-3-乙基己-2-烯
（Z）-3-ethylhex-2-ene　　（E）-3-ethylhex-2-ene

顺反异构体的命名在没有特殊说明的情况下，用 Z/E 构型命名法或顺反构型命名法均可，这两种命名法之间没有必然的对应关系，即顺式不一定是 Z，反式不一定是 E。

四、烯烃的物理性质

在常温常压下，2~4 个碳原子的烯烃为气体，5~18 个碳原子的烯烃为液体，19 个碳原子以上的烯烃为固体。烯烃难溶于水，可溶于某些非极性溶剂，如苯、石油醚和四氯化碳。

烯烃的熔点和沸点都随着碳原子数的增多而升高。通常反式异构体的熔点比顺式异构体的熔点高，因为反式异构体比顺式异构体在晶体中排列更紧密。而顺式异构体的沸点却比反式的沸点高，因为顺式异构体的偶极矩比反式异构体的偶极矩大。一些烯烃的物理常数见表 3-1。

表 3-1　一些烯烃的物理常数

名称	结构式	沸点（℃）	熔点（℃）	密度（g·cm^{-3}）
乙烯	$CH_2=CH_2$	−103.7	−169.4	0.610
丙烯	$CH_3CH=CH_2$	−47.4	−185.2	0.610
2-甲基丙-1-烯	$(CH_3)_2C=CH_2$	−6.9	−140.3	0.600
丁-1-烯	$CH_3CH_2CH=CH_2$	−6.3	−185.3	0.626
顺-丁-2-烯	（顺式结构）	3.7	−138.9	0.621
反-丁-2-烯	（反式结构）	0.9	−105.5	0.604
戊-1-烯	$CH_3CH_2CH_2CH=CH_2$	30	−138	0.650

五、烯烃的化学性质

由于碳碳双键中 π 键键能较小，易断裂；且 π 电子云位于成键原子所在平面的上下方，离成键原子核相对较远，易受亲电试剂的进攻，因此烯烃的化学性质较烷烃活泼，易发生加成反应和氧化反应。

（一）亲电加成反应

烯烃 π 电子受到亲电试剂的进攻，π 键发生断裂，双键碳原子分别加上一个原子或基团，形成 σ 键的反应称为烯烃的亲电加成反应（electrophilic additive reaction）。缺电子（或带正电荷）的原子或基团称为亲电试剂（electrophilic reagent）。烯烃可与卤素、卤化氢、硫酸和水等发生亲电加成反应。

1. 与卤素加成　烯烃与卤素加成得到邻二卤代烷。

$$\text{C=C} + X_2 \longrightarrow \text{—C—C—}\text{（X, X）}$$

卤素的活性顺序为 $F_2>Cl_2>Br_2>I_2$。F_2 与烯烃的加成反应非常剧烈，同时伴随着其他副反应，而 I_2 很难与烯烃发生加成反应，所以烯烃与卤素的加成通常是指与 Cl_2 或 Br_2 的加成。

室温下将烯烃加入 Br_2 的四氯化碳溶液中，可使溴的红棕色褪去。

$$\text{C=C} + Br_2 \xrightarrow{CCl_4} \text{—C—C—}\text{（Br, Br）}$$

烯烃与 Br_2 的加成反应机理分为两步：第一步是烯烃与极化的 Br_2 中带正电荷的溴加成生成三元环状溴正离子与 Br^-，这步反应速率较慢，是加成反应的速率控制步骤。第二步是 Br^- 从背面进攻三元环状溴正离子中的两个碳原子之一，生成反式加成产物，这步反应速率较快。

$$\text{alkene} + \overset{+}{Br}—\overset{-}{Br} \xrightarrow{\text{慢}} \text{bromonium ion} \xrightarrow{\text{快}} \text{dibromide}$$

2. 与卤化氢加成

（1）烯烃与卤化氢加成：得到一卤代烷。

$$\mathrm{C{=}C} + HX \longrightarrow -\underset{H}{\overset{|}{C}}-\underset{X}{\overset{|}{C}}- \quad (X = Cl, Br, I)$$

为避免 H_2O 与烯烃的加成反应，常使用干燥的卤化氢气体与烯烃进行加成反应。卤化氢的活性顺序为 $HI > HBr > HCl$。

烯烃与卤化氢的加成反应机理同样分为两步：第一步是烯烃与卤化氢中的氢离子加成生成中间体碳正离子与卤离子，这步反应速率较慢，是加成反应的速率控制步骤。第二步是中间体碳正离子与卤离子生成卤代烷，这步反应速率较快。

$$\mathrm{C{=}C} + H^+{-}X^- \xrightarrow{\text{慢}} -\underset{H}{\overset{|}{C}}-\overset{|}{\underset{+}{C}}- \xrightarrow[X^-]{\text{快}} -\underset{H}{\overset{|}{C}}-\underset{X}{\overset{|}{C}}-$$

（2）不对称烯烃加成的方向：不对称烯烃与不对称试剂（如卤化氢）加成时，理论上可得到两种不同的加成产物，实际上以一种产物为主。俄国化学家 Markovnikov 总结到：不对称烯烃与卤化氢加成时，卤化氢中的氢离子总是优先加到双键中含氢较多的碳原子上，而卤离子加到双键中含氢较少的碳原子上。这一规则称为 Markovnikov 规则，简称马氏规则。例如：

$$H_3C{-}HC{=}CH_2 + HBr \longrightarrow H_3C-\underset{Br}{\overset{|}{C}}H-\underset{H}{\overset{|}{C}}H_2 + H_3C-\underset{H}{\overset{|}{C}}H-\underset{Br}{\overset{|}{C}}H_2$$

主要产物

（3）马氏规则的解释

1）诱导效应：由于受电负性不同的原子或基团的影响，导致分子中的成键电子对按一定方向偏移的效应称为诱导效应（inductive effect），用 I 表示。诱导效应沿着 σ 键传递，并逐渐减弱，一般经过三个 σ 键后可以忽略。例如，1-氯丁烷分子中的电荷分布情况如下：

$$CH_3 \xrightarrow{\delta\delta\delta^+} CH_2 \xrightarrow{\delta\delta^+} CH_2 \xrightarrow{\delta^+} CH_2 \longrightarrow Cl$$

由于 Cl 的电负性大于 C 的电负性，C_1 上带有部分正电荷 δ^+，诱导效应导致 C_1—C_2 键的共用电子对偏向 C_1，使 C_2 带有比 C_1 较少的正电荷 $\delta\delta^+$，C_2 又导致 C_3 带有比 C_2 更少的正电荷 $\delta\delta\delta^+$。

诱导效应通常以 H 作为比较标准。电负性大于 H 的原子或基团可引起吸电子诱导效应，用 –I 表示；电负性小于 H 的原子或基团可引起供电子诱导效应，用 +I 表示。用箭头"→"表示电子云移动方向。

X吸电子　　　　比较标准　　　　Y供电子

一些常见原子或基团引起的吸电子诱导效应相对大小顺序如下。

$$-NO_2 > -COOH > -COOR > -X > -OCH_3 > -OH > -C_6H_5$$

与 sp^2 杂化碳原子相连的烷基可引起供电子诱导效应，其相对大小顺序如下。

$$-C(CH_3)_3 > -CH(CH_3)_2 > -CH_2CH_3 > -CH_3$$

利用诱导效应可以解释马氏规则。以丙烯与 HBr 的加成反应为例，$-CH_3$ 的供电子诱导效应导致丙烯分子中碳碳双键的 π 电子对发生偏移，离 $-CH_3$ 较远的双键碳原子带部分负电荷，离 $-CH_3$ 较近的双键碳原子带部分正电荷。当 HBr 对丙烯进行亲电加成时，HBr 中的氢离子先加到带部分负电荷的双键碳原子上，形成碳正离子，然后 Br^- 与碳正离子结合生成 2-溴丙烷。

$$CH_3 \cdots \to \overset{\delta^+}{CH} = \overset{\delta^-}{CH_2} + \overset{\delta^+}{H} - \overset{\delta^-}{X} \xrightarrow{\text{慢}} [CH_3\overset{+}{C}HCH_3] + X^- \xrightarrow{\text{快}} CH_3CHCH_3 \atop\quad\ X$$

2）碳正离子中间体：碳正离子是指带 1 个正电荷的碳氢基团，其中带正电荷的碳原子外围只有 6 个电子，其杂化形式为 sp^2，其结构与烷基自由基类似，如图 3-2 所示。

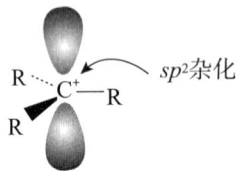

图 3-2　烷基碳正离子

烷基的供电子诱导效应使碳正离子上的正电荷得以分散，导致碳正离子的稳定性增大。因此，烷基碳正离子的稳定性次序为：

$$R_3\overset{+}{C} > R_2\overset{+}{CH} > R\overset{+}{CH_2} > \overset{+}{CH_3}$$

在产生碳正离子中间体的反应中，碳正离子越稳定，反应越易进行，并决定反应的主产物。

利用碳正离子稳定性也可以解释马氏规则。以丙烯与 HBr 的加成反应为例：首先氢原子加到双键碳原子上，分别得到仲碳正离子与伯碳正离子。然后 Br^- 加到稳定性较大的仲碳正离子中间体上，生成的 2-溴丙烷是反应的主要产物。

$$H_3C-HC=CH_2 + H-Br \longrightarrow \begin{cases} H_3C-\overset{+}{CH}-CH_2 \atop \qquad\quad\ |\ \ \quad H \xrightarrow{Br^-} H_3C-CH-CH_2 \atop \qquad\qquad\quad |\qquad\ | \atop \qquad\qquad\quad Br\quad\ H \quad \text{主要产物} \\ \\ H_3C-CH-\overset{+}{CH_2} \atop \qquad\ |\ \qquad H \xrightarrow{Br^-} H_3C-CH-CH_2 \atop \qquad\quad\ |\qquad\ | \atop \qquad\quad\ H\quad\ Br \end{cases}$$

（4）碳正离子的重排：在有机化学反应中，产物与反应物相比碳骨架发生的变化称为重排（rearragement）。碳正离子的重排是指带正电荷碳原子邻位碳原子上的氢或烷基带着一对电子迁移至带正电荷的碳原子上的过程。碳正离子重排后形成了更稳定的碳正离子。因此，在有机化学反应中，有碳正离子中间体生成的反应都有可能发生碳正离子的重排。利用碳正离子重排可解释烯烃加成反应中的重排产物，例如：

$$(CH_3)_3C-CH=CH_2 + HCl \longrightarrow (CH_3)_2C(CH_3)-CHCl-CH_2-H + (CH_3)_2CCl-CH(CH_3)-CH_2-H \text{（重排产物）}$$

反应机理：烯烃与 HCl 中的氢离子加成生成较稳定的中间体仲碳正离子与 Cl^-，这步反应速率较慢，是加成反应的速率控制步骤；然后带正电荷碳原子邻位碳原子上的氢或甲基带着一对电子迁移至带正电荷的碳原子上，形成了更稳定的中间体叔碳正离子，这步反应速率较快；最后中间体叔碳正离子与 Cl^- 生成重排产物。

$$(CH_3)_3C-CH=CH_2 + HCl \xrightarrow{慢} (CH_3)_2\overset{+}{C}(CH_3)-CH(H)-CH_2 \xrightarrow{快\ 重排} (CH_3)_2\overset{+}{C}-CH(CH_3)-CH_2 \xrightarrow{快\ Cl^-} (CH_3)_2CCl-CH(CH_3)-CH_2-H$$

3. 与 H_2SO_4 的加成　烯烃与 H_2SO_4 加成得到烷基硫酸氢酯。在加热条件下，烷基硫酸氢酯水解转变成相应的醇，称为间接水合法。不对称烯烃与 H_2SO_4 的加成反应遵循马氏规则。

$$H_2C=CH_2 + HOSO_2OH\ (98\%) \longrightarrow CH_3CH_2OSO_2OH \xrightarrow[\triangle]{H_2O} CH_3CH_2OH + H_2SO_4$$

$$H_3C-HC=CH_2 + HOSO_2OH\ (80\%) \longrightarrow H_3C-CH(OSO_2OH)-CH_3 \xrightarrow[\triangle]{H_2O} H_3C-CH(OH)-CH_3 + H_2SO_4$$

利用烯烃与 H_2SO_4 发生加成反应生成的烷基硫酸氢酯溶于硫酸的性质，可以除去烷烃等化合物中所含的少量的烯烃杂质。

4. 与 H_2O 的加成　在高温及酸催化下，烯烃与 H_2O 加成直接生成醇，称为直接水合法。另外，不对称烯烃与 H_2O 的加成反应也按马氏规则进行。

$$H_2C=CH_2 + H_2O \xrightarrow[300\ ℃,\ 7\ MPa]{H_3PO_4} CH_3CH_2OH$$

$$H_3C-HC=CH_2 + H_2O \xrightarrow[90\ ℃,\ 2\ MPa]{H_3PO_4} H_3C-CH(OH)-CH_3$$

水合法可用于工业上制备醇。除乙烯外，通过烯烃的直接水合法、间接水合法制得的醇均为仲醇或叔醇。

（二）自由基加成反应

在过氧化物（ROOR）存在下，不对称烯烃与 HBr 加成时，主要生成反马氏规则产物：

$$H_3C-HC=CH_2 + HBr \xrightarrow{ROOR} H_3C-CH_2-CH_2-Br$$

这种由过氧化物引起的反马氏规则加成称为过氧化物效应（peroxide effect）。在卤化氢中，只有 HBr 与烯烃的加成反应存在过氧化物效应。

研究证实,在过氧化物存在下,不对称烯烃与 HBr 加成反应是自由基加成反应。现以丙烯为例,说明自由基加成反应机理:ROOR 发生均裂生成自由基,该自由基夺取 HBr 中的氢,形成溴自由基;然后溴自由基与丙烯的双键加成,生成仲碳自由基与伯碳自由基;最后较稳定的仲碳自由基再与 HBr 分子中的 H 结合,主要生成反马氏规则产物 1-溴丙烷。

$$ROOR \longrightarrow 2RO\cdot$$

$$2RO\cdot + HBr \longrightarrow ROH + Br\cdot$$

$$Br\cdot + H_2C-HC=CH_2 \longrightarrow \begin{cases} H_3C-\overset{\cdot}{C}H-CH_2-Br \xrightarrow{HBr} H_3C-CH_2-CH_2-Br + Br\cdot \text{(主产物)} \\ H_3C-\underset{Br}{\overset{|}{CH}}-\overset{\cdot}{C}H_2 \xrightarrow{HBr} H_3C-\underset{Br}{\overset{|}{CH}}-CH_3 + Br\cdot \end{cases}$$

(三) 催化加氢

在催化剂（Pt、Pd、Ni 等）催化下,烯烃与氢气加成生成烷烃。

$$\diagup\!\!C\!=\!\!C\diagdown + H_2 \xrightarrow{\text{催化剂}} -\underset{H}{\overset{|}{C}}-\underset{H}{\overset{|}{C}}-$$

由于双键碳原子上的烷基具有空间位阻,可导致催化加氢速率降低。因此,不同烷基取代的烯烃加氢的相对速率为:

乙烯＞一烷基取代烯烃＞二烷基取代烯烃＞三烷基取代烯烃＞四烷基取代烯烃

(四) 氧化反应

1. KMnO₄ 氧化　低温下,稀的、碱性 KMnO₄ 可氧化烯烃的双键,生成邻二醇。KMnO₄ 的紫色褪去,生成褐色的 MnO₂。

$$\diagup\!\!C\!=\!\!C\diagdown \xrightarrow[H_2O]{KMnO_4} -\underset{OH}{\overset{|}{C}}-\underset{OH}{\overset{|}{C}}- + MnO_2\downarrow$$

用浓的、热的或酸性 KMnO₄ 氧化烯烃时,碳碳双键被氧化断裂,紫红色的 KMnO₄ 溶液褪为无色。氧化产物取决于双键碳原子所连接的原子或基团,R_2C＝被氧化成酮,RCH＝被氧化成羧酸,H_2C＝被氧化成二氧化碳。例如:

$$H_3CHC=CH_2 \xrightarrow[H_3O^+]{KMnO_4} CH_3COOH + CO_2$$

$$H_3C\underset{CH_3}{\overset{|}{C}}=CHCH_3 \xrightarrow[H_3O^+]{KMnO_4} H_3C-\overset{O}{\overset{\|}{C}}-CH_3 + CH_3COOH$$

通过分析产物的组成可以推测原来烯烃的结构；利用 $KMnO_4$ 溶液的颜色变化可鉴别烯烃。

2. O_3 氧化 O_3 可氧化烯烃的双键，生成不稳定的环氧化合物。在还原剂锌粉存在下，用水处理环氧化合物能生成醛或酮。

$$\begin{matrix} \diagdown \\ C_1 \end{matrix} = \begin{matrix} \diagup \\ C_2 \end{matrix} \xrightarrow{O_3} \begin{matrix} \diagdown & O & \diagup \\ & \diagdown \diagup & \\ & \diagup \diagdown & \\ & O—O & \end{matrix} \xrightarrow[H_2O]{Zn} \begin{matrix} O \\ \parallel \\ —C_1— \end{matrix} + \begin{matrix} O \\ \parallel \\ —C_2— \end{matrix}$$

氧化产物的结构取决于烯烃的结构。双键中，$R_2C=$ 被氧化成酮，$RCH=$ 被氧化成醛，$H_2C=$ 被氧化成甲醛。

（五）聚合反应

在一定条件下，烯烃分子之间相互加成生成长链大分子的反应，称为聚合反应（polymerization）。例如：

$$n\,H_2C=CH_2 \xrightarrow[65\ ℃,1\,000\ kPa]{TiCl_4\text{-}Al(C_2H_5)_3} \left[H_2C—CH_2 \right]_n$$

生成的大分子称为聚合物（polymer），发生聚合反应的烯烃分子称为单体（monomer），式中的 n 称为聚合物的聚合度。

第二节　二　烯　烃

开链二烯烃的通式为 C_nH_{2n-2}。二烯烃的命名与单烯烃基本一致，只是需要标示两个双键的位置，称为某二烯。二烯烃若存在顺反异构体，同样用 Z/E 或顺反构型命名法命名。

根据分子中两个 $C=C$ 的位置不同，二烯烃分为三类：两个 $C=C$ 连在同一碳原子上的二烯烃称为累积二烯烃，如丙二烯（$CH_2=C=CH_2$）；两个 $C=C$ 被两个或两个以上 $C—C$ 隔开的二烯烃称为隔离二烯烃，如戊 -1,4- 二烯（$CH_2=CH—CH_2—CH=CH_2$）；两个 $C=C$ 被一个 $C—C$ 隔开的二烯烃称为共轭二烯烃，如丁 -1,3- 二烯（$CH_2=CH—CH=CH_2$）。本节主要讨论共轭二烯烃。

一、共轭二烯烃的结构

丁 -1,3- 二烯是最简单的共轭二烯烃。在丁 -1,3- 二烯中，4 个碳原子均采取 sp^2 杂化，碳原子之间以 sp^2 杂化轨道相互重叠形成 3 个 $C—C$ σ 键，碳原子的 sp^2 杂化轨道与氢原子的 $1s$ 轨道形成 6 个 $C—H$ σ 键，这些 σ 键都在一个平面上，键角都接近 120°。同时，4 个碳原子上没参与杂化的 p 轨道都垂直于 σ 键所在的平面，它们彼此平行，侧面重叠形成一个四原子四电子的大 π 键。在丁 -1,3- 二烯分子中，π 电子不再局限在 $C_1—C_2$ 及 $C_3—C_4$ 之间，而是分布到 4 个碳原子上。丁 -1,3- 二烯分子的结构如图 3-3 所示。

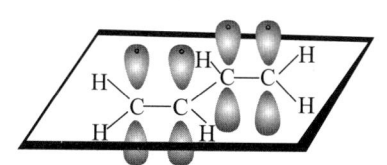

图 3-3　丁 -1,3- 二烯分子的结构示意图

在丁-1,3-二烯分子中，碳碳双键的键长为 137 pm，比乙烯的双键键长（134 pm）长；而碳碳单键键长为 146 pm，比烷烃的单键键长（154 pm）短。

二、共轭效应与超共轭效应

（一）共轭效应

分子中多个原子间相互平行的 p 轨道，彼此连贯重叠形成的 π 键称为共轭 π 键（或大 π 键），含有共轭 π 键的体系称为共轭体系（conjugative system）。在共轭体系中，由于原子间的相互影响而使体系内的 π 电子或 p 电子分布发生变化的电子效应称为共轭效应（conjugative effect）。共轭效应导致 π 电子的分布趋向平均化、分子能量降低、分子稳定性增加、键长趋于平均化，在外电场影响下共轭分子链发生正负电荷交替极化。

共轭效应分为吸电子共轭效应（用 –C 表示）和供电子共轭效应（用 +C 表示）。减小共轭体系 π 电子密度的取代基引起吸电子共轭效应，如—NO_2、—CN 和—CHO 等基团。增加共轭体系 π 电子密度的取代基引起供电子共轭效应，如—NH_2、—OH 和—OR 等基团。

常见的共轭体系包括 π-π 共轭体系和 p-π 共轭体系。由两个或两个以上 π 键所形成的共轭体系称为 π-π 共轭体系，丁-1,3-二烯分子属于 π-π 共轭体系。由 p 轨道与 π 键所形成的共轭体系称为 p-π 共轭体系，烯丙基正离子、烯丙基自由基和氯乙烯分子都属于 p-π 共轭体系，如图 3-4 所示。

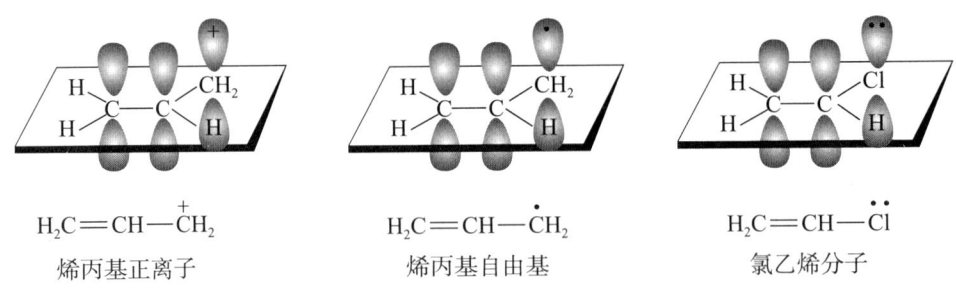

图 3-4　p-π 共轭体系

（二）超共轭效应

当 C—H σ 键与 π 键（或 p 轨道）处于共轭位置时产生的电子离域现象称为超共轭效应（hyperconjugative effect）。常见的超共轭体系包括 σ-π 超共轭体系和 σ-p 超共轭体系。由于 C—H σ 键与 π 键或 p 轨道重叠程度较小，所以超共轭效应弱于共轭效应。

由 C—H σ 键与 π 键所形成的共轭体系称为 σ-π 超共轭体系。例如，由于丙烯分子中的甲基可围绕 C—C σ 键自由旋转，所以三个 C—H σ 键都参与了超共轭效应，丙烯分子属于 σ-π 超共轭体系，如图 3-5 所示。

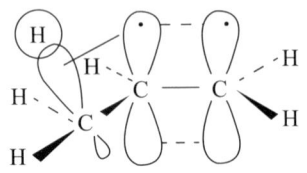

图 3-5　丙烯分子的超共轭体系

由 C—H σ 键与 p 轨道所形成的共轭体系称为 σ-p 超共轭体系。例如，烷基碳正离子和烷基自由基均属于 σ-p 超共轭体系，如图 3-6 所示。

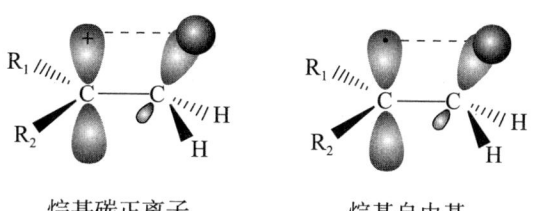

烷基碳正离子　　　　　烷基自由基

图 3-6　烷基碳正离子与烷基自由基的超共轭体系

在 σ-π 超共轭体系与 σ-p 超共轭体系中，能产生超共轭效应的 C—H σ 键越多，超共轭效应就越强，体系就越稳定。因此，烷基碳正离子与烷基自由基的稳定性大小顺序为：

$$(CH_3)_3\overset{+}{C} > (CH_3)_2\overset{+}{C}H > CH_3\overset{+}{C}H_2 > \overset{+}{C}H_3$$

$$\cdot C(CH_3)_3 > \cdot CH(CH_3)_2 > \cdot CH_2CH_3 > \cdot CH_3$$

三、共轭二烯烃的亲电加成反应

共轭二烯烃与亲电试剂发生加成时，主要得到 1,2- 加成产物与 1,4- 加成产物。

$$H_2C=CH-CH=CH_2 + HBr \longrightarrow \underset{\underset{Br\ H}{|\ \ |}}{CH_2=CH-CH_2} + \underset{\underset{Br\ \ \ \ \ \ H}{|\ \ \ \ \ \ \ \ \ |}}{CH_2-CH=CH-CH_2}$$

　　　　　　　　　　　　　　　　　　　1,2-加成产物　　　　1,4-加成产物

反应机理：H^+ 接近丁-1,3-二烯链上的 π 电子时，共轭分子链出现正、负电荷交替极化；H^+ 优先加到碳链末端的碳原子，生成较稳定的烯丙基型碳正离子中间体（p-π 共轭导致烯丙基碳正离子稳定性增加），如果 H^+ 加到中间碳原子上，生成的伯碳正离子不稳定；然后 Br^- 分别加到烯丙基型碳正离子共振杂化体中带部分正电荷的 2 位和 4 位碳原子上，得到 1,2- 加成与 1,4- 加成两种产物。

一般情况下，低温有利于 1,2- 加成（动力学控制），而高温有利于 1,4- 加成（热力学控制）。例如：

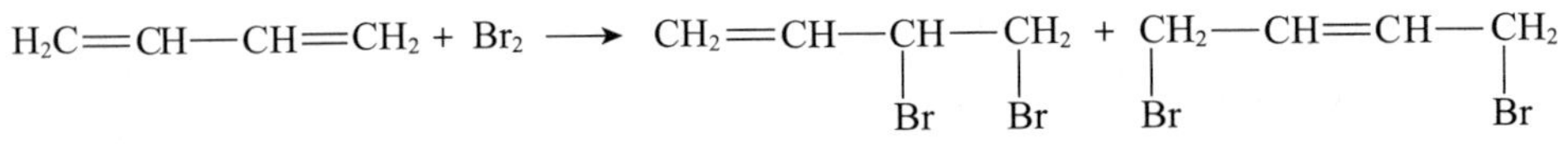

$$H_2C=CH-CH=CH_2 + Br_2 \longrightarrow CH_2=CH-\underset{Br}{CH}-\underset{Br}{CH_2} + \underset{Br}{CH_2}-CH=CH-\underset{Br}{CH_2}$$

	1,2-加成产物	1,4-加成产物
−15 ℃	55%	45%
60 ℃	10%	90%

临床应用

β-胡萝卜素

含有两个以上双键的烯烃称为多烯烃。具有生理活性的多烯烃有很多都是共轭烯烃。例如，存在于胡萝卜、番茄及其他水果和蔬菜中的 β-胡萝卜素就属于共轭烯烃。

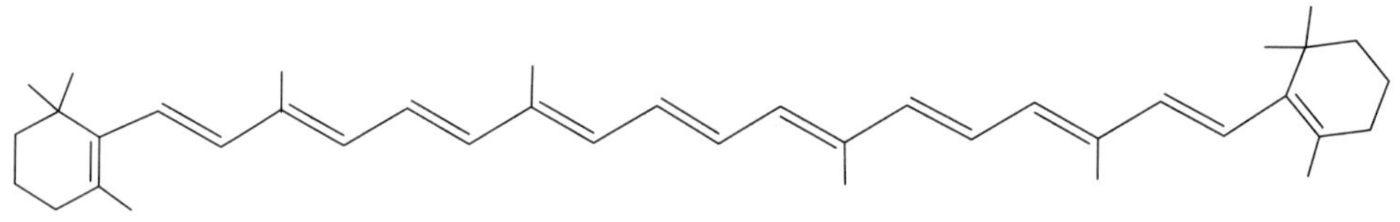

β-胡萝卜素

β-胡萝卜素在体内可被肠黏膜中的 β-胡萝卜素双加氧酶催化生成两分子视黄醛，视黄醛又可在醇脱氢酶的作用下还原成视黄醇（维生素 A_1）。视黄醛是眼睛视网膜中感光物质的重要的组成成分，因此吃富含胡萝卜素的水果和蔬菜有助于保护视力，使眼睛的结膜和角膜保持正常生理功能。

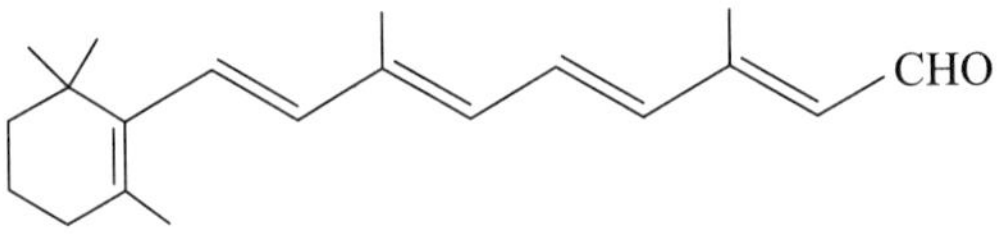

视黄醛

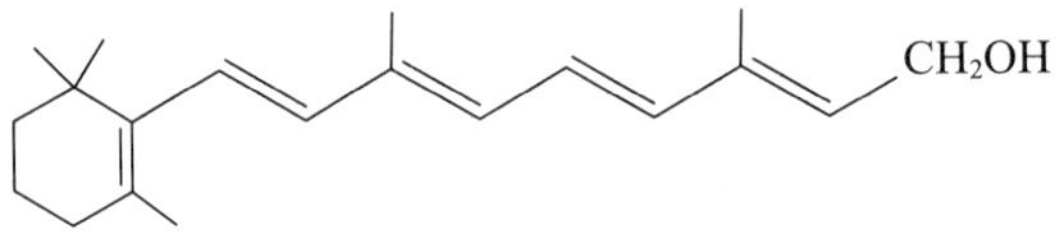

视黄醇（维生素 A_1）

第三节　炔　烃

一、炔烃的结构

分子中含有碳碳三键的不饱和烃称为炔烃（alkyne）。含有开链单炔烃的通式为 C_nH_{2n-2}。乙炔（CH≡CH）是最简单的炔烃。乙炔中 2 个三键碳原子均采取 sp 杂化，各自用 1 个 sp 杂化轨道相互重叠形成 C—C σ 键，再分别用 1 个 sp 杂化与氢原子的 $1s$ 轨道重叠形成 C—H σ

键。2个碳原子还各有2个没参与杂化且相互垂直的 p 轨道，分别从侧面重叠，形成2个相互垂直的 π 键。因此，C≡C 是由1个 σ 键与2个 π 键构成的，C≡C 不能自由旋转。乙炔分子的结构如图 3-7 所示。

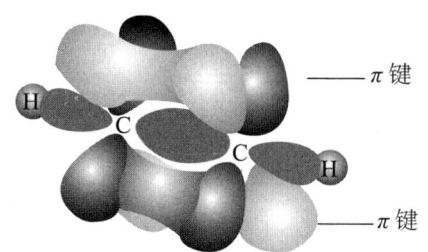

图 3-7 乙炔分子的结构示意图

C≡C 的键能为 837 kJ·mol^{-1}，大于 C═C 键能（610.28 kJ·mol^{-1}）及 C—C 键能（347 kJ·mol^{-1}）。C≡C 的键长为 120 pm，较 C═C 键长（134 pm）及 C—C 键长（154 pm）短。

二、炔烃的命名

炔烃的命名原则与烯烃相似，"某炔"的英文名称后缀为 yne。

HC≡C—CH$_2$—CH$_2$—CH$_2$—CH$_3$　　　　H$_3$C—C≡C—C(CH$_3$)$_2$—CH$_2$—CH$_3$

己-1-炔　　　　　　　　　　　　　　4,4-二甲基己-2-炔
hex-1-yne　　　　　　　　　　　　　4,4-dimethylhex-2-yne

当分子中同时含有碳碳双键和碳碳三键时，选含双键及三键在内的最长碳链为主链，按其碳原子数称"某烯炔"。若双键和三键离碳链末端的距离不同，则从靠近不饱和键的一端编号。若双键和三键离碳链末端的距离相同，则从双键端开始编号。例如：

H$_3$C—CH═CH—C≡CH　　　　　HC≡C—CH$_2$—CH$_2$—CH═CH$_2$

戊-3-烯-1-炔　　　　　　　　　　　　己-1-烯-5-炔
pent-3-en-1-yne　　　　　　　　　　hex-1-en-5-yne

三、炔烃的物理性质

炔烃的物理性质与碳原子数相同的烯烃相似。炔烃难溶于水，易溶于石油醚、苯等有机溶剂。一些炔烃的物理常数见表 3-2。

表 3-2　一些炔烃的物理常数

名称	结构式	沸点（℃）	熔点（℃）	密度（g·cm^{-3}）
乙炔	HC≡CH	−84	−80.8	0.6179
丙炔	CH$_3$C≡CH	−23.2	−101.5	0.6714
丁-1-炔	CH$_3$CH$_2$C≡CH	8.6	−122.5	0.6682

续表

名称	结构式	沸点（℃）	熔点（℃）	密度（g·cm^{-3}）
丁-2-炔	CH$_3$C≡CCH$_3$	27.0	-24.0	0.6937
戊-1-炔	CH$_3$CH$_2$CH$_2$C≡CH	39.7	-98.0	0.6950
戊-2-炔	CH$_3$CH$_2$C≡CCH$_3$	55.5	-101.0	0.7127

四、炔烃的化学性质

炔烃与烯烃同属于不饱和烃，化学性质与烯烃相似，可发生加成、氧化等反应，只是炔烃的 π 电子云离 sp 杂化碳原子核更近，受碳原子核的束缚较烯烃大，反应活性较烯烃低，此外，末端炔烃具有特殊性。

（一）加成反应

1. 与卤素加成　将炔烃加入 Br$_2$ 的 CCl$_4$ 溶液中，可使 Br$_2$ 的红棕色褪去，故常用 Br$_2$ 的 CCl$_4$ 溶液鉴别不饱和烃。

$$HC≡CH + Br_2 \xrightarrow{CCl_4} \begin{array}{c} Br\ Br \\ H-C-C-H \\ Br\ Br \end{array}$$

$$HC≡CH + Cl_2 \xrightarrow{FeCl_3} \begin{array}{c} Cl\ Cl \\ H-C-C-H \\ Cl\ Cl \end{array}$$

与烯烃相比，炔烃较难进行亲电加成反应，因此当分子内同时含有 C≡C 与 C=C 时，C=C 优先加成。例如：

$$HC≡C-CH_2-CH=CH_2 + Br_2 \xrightarrow[-20\ ℃]{CCl_4} HC≡C-CH_2-\underset{Br}{\underset{|}{CH}}-\underset{Br}{\underset{|}{CH_2}}$$

2. 与卤化氢加成　炔烃与卤化氢的加成反应遵守马氏规则。

$$HC≡C-CH_3 + HCl \xrightarrow{HgCl_2} \underset{H}{\underset{|}{HC}}=\underset{Cl}{\underset{|}{C}}-CH_3 + HCl \xrightarrow{HgCl_2} \underset{H}{\underset{|}{HC}}-\underset{Cl}{\underset{|}{C}}-CH_3$$

在过氧化物存在的情况下，炔烃与 HBr 反应生成反马氏规则加成产物。

3. 与 H$_2$O 加成　在稀 H$_2$SO$_4$ 溶液中，HgSO$_4$ 催化炔烃与 H$_2$O 发生的加成反应，称为炔烃的水合反应，该反应遵守马氏规则。

$$R-C≡CH + H-OH \xrightarrow[H_2SO_4]{HgSO_4} R-\underset{}{\overset{OH}{C}}=\overset{H}{CH} \underset{}{\overset{重排}{\rightleftharpoons}} R-\overset{O}{\overset{\|}{C}}-CH_3$$

烯醇　　　　　羰基化合物

该反应的第一步是生成烯醇，然后烯醇重排为更稳定的羰基化合物。乙炔与水的加成产物为乙醛，其他炔烃与水的加成产物为酮。

4. 催化加氢 在 Pt 或 Pd 等催化剂的催化下，炔烃与 H_2 反应生成烷烃。例如：

$$R-C\equiv CH + H_2 \xrightarrow{Pt\text{或}Pd} R-CH_2-CH_3$$

在 Lindlar 催化剂［用 Pb（$OOCCH_3$）$_2$ 溶液处理附着在 $CaCO_3$ 上的钯粉］的催化下，炔烃与 H_2 反应生成顺式烯烃。然而在液氨中用 Na 或 Li 还原炔烃则主要生成反式烯烃。

$$R-C\equiv C-R + H_2 \xrightarrow{Lindlar/Pd} \begin{array}{c}R\quad R\\ \diagup=\diagdown\\ H\quad H\end{array}$$

$$R-C\equiv C-R + H_2 \xrightarrow[\text{液氨}]{Na} \begin{array}{c}R\quad H\\ \diagup=\diagdown\\ H\quad R\end{array}$$

（二）氧化反应

炔烃被酸性 $KMnO_4$ 氧化，$C\equiv C$ 发生断裂，生成羧酸、CO_2。

$$HC\equiv CH \xrightarrow[H^+]{KMnO_4} CO_2$$

$$RC\equiv CR' \xrightarrow[H^+]{KMnO_4} RCOOH + R'COOH$$

根据氧化产物的结构可推测炔烃的结构。此外，利用 $KMnO_4$ 溶液的颜色变化可鉴别炔烃。

（三）炔氢的反应

与末端三键碳相连的氢原子称为炔氢（acetylenic hydrogen），含有炔氢的炔烃称为末端炔烃。炔氢具有弱酸性，如乙炔、乙烯与乙烷 pK_a 分别如下。

$$\begin{array}{cccc} & CH\equiv CH & CH_2=CH_2 & CH_3-CH_3 \\ pK_a: & 25 & 44 & 50 \end{array}$$

在液氨中，末端炔烃与 $NaNH_2$ 反应生成炔化钠：

$$RC\equiv CH + NaNH_2 \xrightarrow{\text{液氨}} RC\equiv CNa + NH_3$$

末端炔烃与 $AgNO_3$ 或 CuCl 的氨溶液反应，生成白色的炔化银或砖红色的炔化亚铜沉淀，该反应常用于鉴别末端炔烃。例如：

$$HC\equiv CH + 2[Ag(NH_3)_2]NO_3 \longrightarrow AgC\equiv CAg\downarrow + 2NH_3 + 2NH_4NO_3$$

$$HC\equiv CH + 2[Cu(NH_3)_2]Cl \longrightarrow CuC\equiv CCu\downarrow + 2NH_3 + 2NH_4Cl$$

干燥的金属炔化物容易发生爆炸，生成后应及时用稀酸处理。

习 题 三

1. 命名下列化合物。

(1) $H_3CH_2CHCHC=CHCH_3$
      |
      CH_3

(2) $HC\equiv CC(CH_3)_2CH_2CH_3$

(3) $(H_3C)_2C=CH-CH=CH_2$

(4) $H_3CHC=CHCHC\equiv CCH_3$
          |
         CH_3

(5) $H_2C=CHCHC\equiv CCH_3$
          |
         CH_3

(6)
$$\begin{array}{c} H_3C \\ \\ (H_3C)_3C \end{array} C=C \begin{array}{c} H \\ \\ \end{array} C=C \begin{array}{c} H \\ \\ CH_3 \end{array}$$

2. 写出下列化合物的结构式。

(1) 3-乙炔基己-1-烯

(2) 4,4-二甲基戊-2-炔

(3) 反-4-甲基戊-2-烯

(4) (Z)-3,4-二甲基己-2-烯

3. 写出下列反应的主要产物。

(1) $Cl_3C-CH=CH_2 + HBr \longrightarrow$

(2) $H_3C-C=CH_2 + HBr \xrightarrow{ROOR}$
         |
        CH_3

(3) $H_3C-C=CH_2 + H_2SO_4 \longrightarrow \xrightarrow[\triangle]{H_2O}$
         |
        CH_3

(4) $H_3C-C\equiv CH + [Ag(NH_3)_2]NO_3 \longrightarrow$

(5) $H_3C-C=CH_2 \xrightarrow[H_2SO_4]{KMnO_4}$
         |
        CH_3

(6) $HC\equiv C-CH_3 + H_2O \xrightarrow[H_2SO_4]{HgSO_4}$

4. 用化学方法鉴别下列化合物。

(1) 戊烷、戊烯、戊炔

(2) 戊烯、戊炔、戊-2-炔

5. 推断结构。

(1) 分子式为 C_4H_6 的链状化合物能使高锰酸钾溶液褪色，但不能与氯化亚铜的氨溶液发生反应，写出这个化合物可能的结构式。

(2) 某单烯烃经酸性高锰酸钾溶液氧化后得产物 CH_3CH_2COOH、CO_2 和 H_2O；另一单烯烃经酸性高锰酸钾溶液氧化后得产物 $C_2H_5COCH_3$ 和 $(CH_3)_2CHCOOH$，请写出这两个烯烃的结构式。

(夏春辉)

第四章 芳香烃

在有机化学发展的初期，人们从天然具有芳香气味的物质中发现了含有苯环的化合物，称其为芳香族化合物，尽管后来知道含有苯环结构的化合物并不一定有芳香气味，仍沿用此名称。随着研究的不断深入，还有一些不含苯环结构的有机化合物，由于具有与苯环"易取代、难加成、难氧化"（芳香性）的相似化学特性，也被归入芳香族化合物的范畴。因此，芳香烃（aromatic hydrocarbon）是指具有芳香性的碳氢化合物。根据结构中是否含有苯环，将芳香烃分为苯型芳香烃和非苯型芳香烃，根据含有苯环的数目，将苯型芳香烃分为单环芳香烃和多环芳香烃。

第一节 单环芳香烃

一、苯的结构

苯是最简单、最重要的芳香烃。元素分析和分子量测定结果表明苯的分子组成为 C_6H_6，与乙炔分子中碳氢比相同。实验表明，苯分子与高锰酸钾作用不被氧化，与溴、硫酸等亲电试剂不发生加成反应；在一定温度及催化作用下容易发生卤化、硝化等取代反应，并且苯发生取代反应得到 1 种一元取代产物、3 种二元取代产物。苯的特殊结构决定了其具有不同于开链不饱和烃的特殊性质。

（一）Kekule 结构式

1865 年，德国化学家 Kekule 以非凡的想象力提出：苯是含有交替单、双键的 6 个碳原子环状化合物，每个碳原子上连有 1 个氢原子。

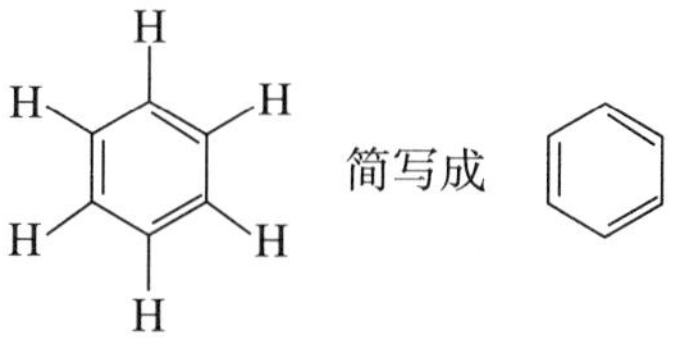

由于 6 个氢原子完全相同，因此在符合分子组成的同时也可以解释为什么苯只有 1 种一元取代产物。同时 Kekule 还认为，苯分子中双键位置不是固定的，单键和双键处于一种快速转化平衡之中，因此苯的二元取代产物共有 3 种。

Kekule结构式不尽完善,因为它仍然不能很好地解释苯环特有的稳定性,对苯环不易发生加成反应的解释也显牵强,但这一理论的提出对当时研究芳香族化合物的结构乃至对以后有机化学理论研究具有重要作用。Kekule结构式目前仍然是书刊中应用最多的苯的表达式。

(二)苯分子闭合共轭体系

近代物理学方法证明:苯分子中6个碳原子构成平面正六边形,每个碳原子连有1个氢原子,所有原子共平面。其中碳碳键的键长均为140 pm,介于碳碳单键键长(154 pm)和碳碳双键键长(134 pm)之间;6个碳氢键的键长均为108 pm;所有的键角均为120°。

根据杂化轨道理论,苯分子中的碳原子都采用sp^2杂化,每个碳原子都以3个sp^2杂化轨道分别与相邻2个碳原子和1个氢原子形成3个σ键。分子中所有σ键共平面,每个碳原子尚未参与杂化的p轨道都垂直于该平面且彼此相互平行,它们以"肩并肩"方式彼此重叠,形成一个闭合的六原子六电子共轭体系,如图4-1a、4-1b所示。在这个体系中,电子云对称、均匀地分布在环平面的上下方,因此苯分子中没有单、双键的区别;同时由于π电子高度离域,导致体系能量较低,因此苯环相对稳定,难以发生加成反应。图4-1c形象地表示了苯分子中的大π键。

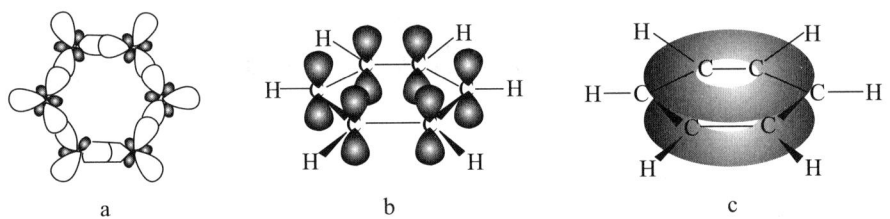

图4-1 苯分子结构示意图

由于在苯环的共轭体系中碳碳键完全相同,因此也常用正六边形内加一个圆圈来表示苯分子的结构,如下所示:

二、单环芳香烃的命名

苯环上只连接一个简单的烃基,命名时将烃基作为取代基,苯作为母体,称为某烃基苯("基"字常可省略)。若苯环上连接不饱和烃基、侧链取代程度较大或侧链含碳原子数较多的复杂烃基,常将苯基作为取代基。

乙苯
ethylbenzene

(1-甲基丙基)苯
(1-methylpropyl)benzene

2-甲基-4-苯基己烷
2-methyl-4-phenylhexane

苯乙烯
styrene(vinylbenzene)

当苯环上连接两个相同的烃基时，命名时用阿拉伯数字标明两个取代基的位次，常用"邻"(*o*)、"间"(*m*)、"对"(*p*)表示两个取代基连接在苯环上的相对位置。

1,2-二甲苯
1,2-dimethylbenzene
（邻二甲苯或*o*-二甲苯）
(*o*-xylene)

1,3-二甲苯
1,3-dimethylbenzene
（间二甲苯或*m*-二甲苯）
(*m*-xylene)

1,4-二甲苯
1,4-dimethylbenzene
（对二甲苯或*p*-二甲苯）
(*p*-xylene)

当苯环上连接两个或两个以上不同烃基时，苯环上碳原子的编号应符合最低系列原则，位次组相同时，编号要使排列在前的取代基位次低。书写时，烃基按其英文名称首字母顺序由前至后排列。

1-乙基-3-甲基苯
1-ethyl-3-methylbenzene

1-异丙基-2-甲基-4-丙基苯
1-isopropyl-2-methyl-4-propylbenzene

芳香烃分子中去掉一个氢原子后剩余的部分称为芳基，常用 Ar— 表示。最常见的芳基是苯基 C_6H_5—（phenyl，简写为 Ph—）和苄基 $C_6H_5CH_2$—（benzyl）。

三、单环芳香烃的物理性质

苯及其他大多数芳香烃为具有特殊气味的液体，难溶于水，易溶于乙醚、四氯化碳等非极性溶剂。苯、甲苯等芳香烃也可用作有机溶剂。大多数芳香烃具有一定毒性，如果长期接触会造成造血器官和神经系统的损伤，因此在使用时要采取防护措施。表4-1列出了常见单环芳香烃的部分物理性质。

表 4-1 常见单环芳香烃的物理性质

化合物	熔点（℃）	沸点（℃）	密度（g·cm^{-3}）
苯	5.5	80	0.879
甲苯	−95	111	0.866
邻二甲苯	−25	144	0.881

续表

化合物	熔点（℃）	沸点（℃）	密度（g·cm^{-3}）
间二甲苯	-48	139	0.864
对二甲苯	13	138	0.861
连三甲苯	-25	176	0.894
偏三甲苯	-44	169	0.876
均三甲苯	-45	165	0.865
乙苯	-95	136	0.867
正丙苯	-99	159	0.862
异丙苯	-96	152	0.864
苯乙烯	-31	145	0.907
苯乙炔	-45	142	0.929

四、单环芳香烃的化学性质

由于苯分子中存在共轭大 π 键，体系相对稳定，所以苯环难以发生加成反应和氧化反应。共轭大 π 键的离域程度较大，环平面电子云密度较高，导致苯环易受亲电试剂的进攻，发生亲电取代反应。芳香烃侧链具有脂肪烃的基本性质，受苯环的影响，侧链中与苯环直接相连的碳原子上的氢具有较高的反应活性，可以发生自由基取代反应和氧化反应。

（一）亲电取代反应

苯环上的亲电取代反应（electrophilic substitution reaction）是指亲电试剂在一定条件下与苯环作用，苯环上的氢原子被亲电试剂取代的反应。

$$\text{C}_6\text{H}_5\text{H} + E^+ \longrightarrow \text{C}_6\text{H}_5\text{E} + H^+$$

反应分为两步：第一步，亲电试剂 E^+ 进攻富含 π 电子的苯环，苯环向亲电试剂提供的一对电子是离域于整个苯环的，所以这步反应要比亲电试剂进攻烯烃困难。缺电子的亲电试剂首先从苯环上接受一对 π 电子，形成 π-络合物。紧接着 E^+ 利用从苯环上得到的一对电子与苯环上的一个碳原子以 σ 键结合，生成一个碳正离子活性中间体，也称 σ-络合物。第二步，与亲电试剂连在同一碳原子上的氢以质子形式从碳正离子中间体离去，恢复苯环的共轭体系，生成取代产物。亲电取代反应通常需要强的 Lewis 酸做催化剂，因为 Lewis 酸有助于产生活性足够强的亲电试剂。整个亲电取代反应的机理可用下式表示：

$$\bigcirc + E^+ \rightleftharpoons \bigcirc\!\!-\!E^+ \underset{\text{慢}}{\rightleftharpoons} \bigoplus\!\!\overset{H}{\underset{E}{\diagup}} \longrightarrow \bigcirc\!\!-\!E + H^+$$

π-络合物　　σ-络合物　　取代产物

常见的芳香族化合物亲电取代反应包括卤代反应、硝化反应、磺化反应、傅-克反应等。下面结合上述反应机理逐一介绍这些反应。

1. 卤代反应　以 $FeCl_3$（$FeBr_3$）为催化剂，苯与 Cl_2（Br_2）在加热条件下发生反应，苯环上的氢原子被卤原子取代生成氯苯（溴苯）。

$$\text{C}_6\text{H}_6 + Cl_2 \xrightarrow[55\sim60\ ℃]{FeCl_3} \text{C}_6\text{H}_5Cl\ (氯苯) + HCl$$

$$\text{C}_6\text{H}_6 + Br_2 \xrightarrow[55\sim60\ ℃]{FeBr_3} \text{C}_6\text{H}_5Br\ (溴苯) + HBr$$

铁粉可以与 Cl_2 或 Br_2 反应生成 $FeCl_3$ 或 $FeBr_3$，因此也可以直接用铁粉做催化剂。三卤化铁在这里作为 Lewis 酸而起作用，它可以接受一个卤负离子而生成亲电试剂，即卤正离子。以氯代反应为例，反应机理如下。

$$Cl_2 + FeCl_3 \rightleftharpoons FeCl_4^- + Cl^+$$

$$\text{C}_6\text{H}_6 + Cl^+ \rightleftharpoons [\text{C}_6\text{H}_6Cl]^+ \longrightarrow \text{C}_6\text{H}_5Cl + H^+$$

$$H^+ + FeCl_4^- \longrightarrow HCl + FeCl_3$$

2. 硝化反应　苯与浓 HNO_3 和浓 H_2SO_4（经常被称为混酸）在 55～60 ℃ 下共热，苯环上的氢原子被—NO_2 取代，生成硝基苯。

$$\text{C}_6\text{H}_6 + HNO_3(浓) \xrightarrow[55\sim60\ ℃]{浓 H_2SO_4} \text{C}_6\text{H}_5NO_2\ (硝基苯) + H_2O$$

浓 H_2SO_4 的作用是通过与 HNO_3 反应产生亲电试剂——硝基正离子（NO_2^+）。硝基正离子进攻苯环生成 σ-络合物，然后 σ-络合物失去一个 H^+ 生成硝基苯。

$$H_2SO_4 + HONO_2 \rightleftharpoons NO_2^+ + HSO_4^- + H_2O$$

$$\text{C}_6\text{H}_6 + NO_2^+ \rightleftharpoons [\text{C}_6\text{H}_6NO_2]^+ \longrightarrow \text{C}_6\text{H}_5NO_2 + H^+$$

硝基苯是一种重要的化工原料，硝基苯经铁粉与 HCl 等还原剂还原后生成苯胺。

$$\text{C}_6\text{H}_5NO_2 \xrightarrow[HCl]{Fe(Sn)} \text{C}_6\text{H}_5NH_2$$

3. 磺化反应　在有机化合物分子中引入磺酸基（—SO_3H）的反应称为磺化反应。苯与浓 H_2SO_4 或发烟 H_2SO_4 作用，苯环上的氢原子被磺酸基取代生成苯磺酸。

$$\text{C}_6\text{H}_6 + \text{H}_2\text{SO}_4(\text{浓}) \rightleftharpoons \text{C}_6\text{H}_5\text{SO}_3\text{H} + \text{H}_2\text{O}$$

苯磺酸

磺化反应中的亲电试剂是 SO_3。浓硫酸存在下列平衡：

$$2\text{H}_2\text{SO}_4 \rightleftharpoons \text{SO}_3 + \text{H}_3\text{O}^+ + \text{HSO}_4^-$$

虽然 SO_3 不是正离子，但硫原子由于与三个氧原子相连而带部分正电荷，可以将它看成是一个缺电子中心，整个分子可作为亲电试剂。苯环磺化反应的机理如下。

$$\text{C}_6\text{H}_6 + \text{SO}_3 \rightleftharpoons [\text{C}_6\text{H}_6\text{SO}_3^-]^+ \rightleftharpoons \text{C}_6\text{H}_5\text{SO}_3^- + \text{H}^+$$

$$\text{C}_6\text{H}_5\text{SO}_3^- + \text{H}^+ \rightleftharpoons \text{C}_6\text{H}_5\text{SO}_3\text{H}$$

与卤代反应或硝化反应不同的是，苯的磺化反应是可逆反应，即苯磺酸在加热条件下与稀 H_2SO_4 或稀 HCl 作用，可以失去磺酸基生成苯。例如：

$$\text{C}_6\text{H}_5\text{SO}_3\text{H} + \text{H}_2\text{O} \xrightarrow[150\ ^\circ\text{C}]{\text{稀}\text{H}_2\text{SO}_4} \text{C}_6\text{H}_6 + \text{H}_2\text{SO}_4$$

在有机合成中，可利用苯的磺化反应的可逆性，在某些特定位置上先引入磺酸基，待其他反应完成后再将磺酸基脱去。

4. 傅-克（Friedel-Crafts）反应　苯环上的氢原子被烷基取代生成烷基苯的反应称作傅-克烷基化反应（alkylation reaction）；苯环上的氢原子被酰基（RCO—）取代生成芳香酮的反应称作傅-克酰基化反应（acylation reaction）。

（1）烷基化反应：在无水 $AlCl_3$ 等的催化作用下，苯与卤代烷反应，生成烷基苯。例如：

$$\text{C}_6\text{H}_6 + \text{CH}_3\text{Cl} \xrightarrow{\text{AlCl}_3} \text{C}_6\text{H}_5\text{CH}_3 + \text{HCl}$$

$$\text{C}_6\text{H}_6 + \text{CH}_3\text{CH}_2\text{Cl} \xrightarrow{\text{AlCl}_3} \text{C}_6\text{H}_5\text{CH}_2\text{CH}_3 + \text{HCl}$$

烷基化反应的机理与硝化反应、卤代反应很相似，首先是卤代烷在催化剂作用下产生碳正离子，碳正离子作为亲电试剂进攻苯环产生 σ-络合物，然后 σ-络合物失去 H^+ 生成烷基苯。其中碳正离子的产生过程如下。

$$\text{RCl} + \text{AlCl}_3 \longrightarrow \text{R}^+ + \text{AlCl}_4^-$$

在烷基化反应中，亲电试剂为碳正离子，因此可能产生碳正离子重排所导致的烷基异构化产物。例如，1-氯丙烷与苯反应，得到的主要产物是异丙苯：

$$\text{C}_6\text{H}_6 + \text{CH}_3\text{CH}_2\text{CH}_2\text{Cl} \xrightarrow{\text{AlCl}_3} \text{C}_6\text{H}_5\text{CH(CH}_3)_2 \,(70\%) + \text{C}_6\text{H}_5\text{CH}_2\text{CH}_2\text{CH}_3 \,(30\%)$$

除了在 $AlCl_3$ 催化下卤代烷可与苯环发生烷基化反应外，在其他可以形成碳正离子的条件下，如醇和烯烃在酸催化下，卤代烷也能与苯环发生烷基化反应。

$$\text{C}_6\text{H}_6 + (\text{CH}_3)_2\text{CHOH} \xrightarrow[65\,^\circ\text{C}]{\text{H}_2\text{SO}_4} \text{C}_6\text{H}_5\text{CH(CH}_3)_2$$

$$\text{C}_6\text{H}_6 + \text{CH}_3\text{CH}_2\text{CH}=\text{CH}_2 \xrightarrow{\text{H}_2\text{SO}_4} \text{C}_6\text{H}_5\text{CH(CH}_3)\text{CH}_2\text{CH}_3$$

（2）酰基化反应：酰卤或酸酐在 $AlCl_3$ 催化下与苯反应生成芳香酮（也称酰基苯）。例如：

$$\text{C}_6\text{H}_6 + \text{CH}_3\text{COCl} \xrightarrow{\text{AlCl}_3} \text{C}_6\text{H}_5\text{COCH}_3 + \text{HCl}$$

$$\text{C}_6\text{H}_6 + (\text{CH}_3\text{CO})_2\text{O} \xrightarrow{\text{AlCl}_3} \text{C}_6\text{H}_5\text{COCH}_3 + \text{CH}_3\text{COOH}$$

酰基化反应的机理与烷基化反应相似，酰卤或酸酐首先在催化剂作用下生成酰基正离子，然后酰基正离子和芳香环发生亲电取代反应。与烷基化反应不同的是，酰基化反应不发生异构化。当苯环上连接较强的吸电子基团（如—NO_2、—SO_3H、—$COOH$）时，傅-克反应难以发生。

（二）苯环侧链的反应

1. α-卤代反应 当苯环上连有烃基侧链时，与苯环直接相连的碳原子称为 α-C，该碳原子上连接的氢原子称为 α-H。在高温或紫外光照射下，烷基苯与卤素分子（通常是氯或溴）作用，α-H 被卤原子取代。例如：

$$\text{C}_6\text{H}_5\text{CH}_2\text{CH}_3 + \text{Cl}_2 \xrightarrow{h\nu} \text{C}_6\text{H}_5\text{CHClCH}_3 + \text{HCl}$$

该反应属于自由基反应，由于苄基自由基中存在 $p\text{-}\pi$ 共轭效应而具有特殊的稳定性，所以按照自由基反应机理，α-H 最容易被取代。

N-溴代丁二酰亚胺（NBS）是常用的溴代试剂，可用于苯环侧链的 α-溴代反应。

$$\text{C}_6\text{H}_5\text{CH}_3 + \underset{\text{Br}}{\text{丁二酰亚胺}} \longrightarrow \text{C}_6\text{H}_5\text{CH}_2\text{Br} + \underset{\text{H}}{\text{丁二酰亚胺}}$$

2. 氧化反应 苯环对氧化剂具有相对稳定性，但是烷基苯中的侧链烷基却容易被 $KMnO_4$、$K_2Cr_2O_7$ 等氧化。只要有 α-H，无论烃基侧链长短，最后都被氧化成与苯环直接相连的羧基。例如：

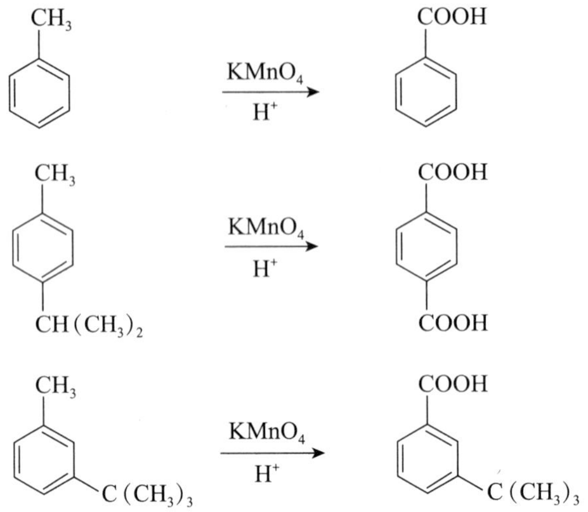

$$\text{甲苯} \xrightarrow[H^+]{KMnO_4} \text{苯甲酸}$$

$$\text{对异丙基甲苯} \xrightarrow[H^+]{KMnO_4} \text{对苯二甲酸}$$

$$\text{间叔丁基甲苯} \xrightarrow[H^+]{KMnO_4} \text{间叔丁基苯甲酸}$$

（三）加成反应

芳香烃由于其特殊的稳定性而较难发生加成反应。苯与氢气在高温和催化剂存在下，加成生成环己烷。在紫外光照射下，苯与氯气发生自由基加成反应，生成 1,2,3,4,5,6-六氯环己烷（简称六六六）。

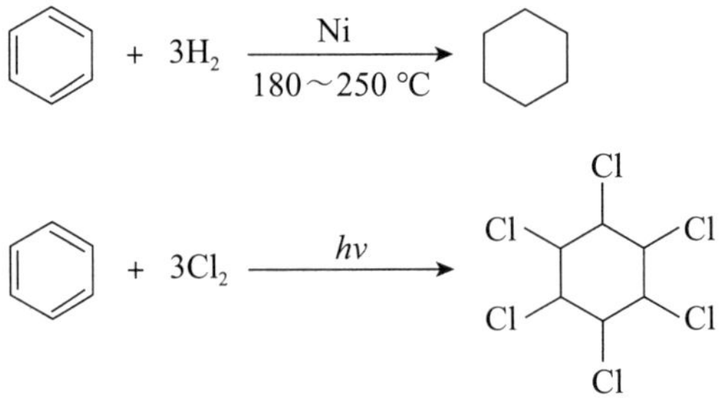

$$\text{苯} + 3H_2 \xrightarrow[180 \sim 250\ ℃]{Ni} \text{环己烷}$$

$$\text{苯} + 3Cl_2 \xrightarrow{h\nu} \text{六氯环己烷}$$

六六六曾是被大量使用的一种杀虫剂，由于它的化学性质稳定，残留毒性大，容易对环境造成污染，现已禁止使用。

五、苯环亲电取代反应的取代基效应

当一元取代苯发生亲电取代反应时，原有取代基会对即将发生的取代反应产生影响，这种影响被称作亲电取代反应中的取代基效应。取代基效应体现在两个方面：影响苯环亲电取代反应活性；影响第二个取代基进入苯环的位置。

（一）致活基团与致钝基团

与苯分子相比，不同的一元取代苯发生亲电取代反应时反应速率明显不同。以硝化反应为例，假设苯分子硝化反应速率为 1，苯酚、甲苯、氯苯、硝基苯的硝化反应速率分别如下所示：

	OH	CH₃		Cl	NO₂
相对反应速率：	1000	25	1	0.033	6×10⁻⁸

从上述数据可以看出，和苯相比，苯酚和甲苯的硝化反应速率分别提高了 1000 倍和 25 倍（需要说明的是，苯酚硝化时尽管反应速率较高，但产物收率较低），说明羟基和甲基具有使苯环上亲电取代反应活性提高的作用，这种作用被称为致活作用，具有致活作用的基团被称为致活基团。相反，氯原子和硝基则使苯环上亲电取代反应活性降低，这种作用被称为致钝作用，具有致钝作用的基团被称为致钝基团。

从相对反应速率数据还可以看出，同一类基团的致活或致钝作用的强弱是有区别的。常见的致活基团按其致活作用由强至弱大致排列为：—NH$_2$（—NHR，—NR$_2$），—OH，—OR，—NHCOR，—OCOR，—R，—Ar。从结构特点上看，这类取代基要么是与苯环直接相连的原子具有孤对电子，要么为供电子的烃基。从对苯环产生的电子效应看，这些基团的共同特点是使苯环电子云密度变大，从而使苯环上的亲电取代反应更容易发生。

常见的致钝基团按其致钝作用由强至弱大致排列如下：—NR$_3^+$，—NO$_2$，—CF$_3$，—CN，—SO$_3$H，—CHO，—COOH，—COOR。从结构特点上看，这类取代基与苯环直接相连的原子或带正电荷，或连有多个吸电子基，或以不饱和键与电负性较大的原子相连。从对苯环产生的电子效应看，这些基团的共同特点是使苯环电子云密度变小，从而使苯环上的亲电取代反应更难发生。卤原子是一类特殊的弱致钝基团。

（二）邻对位定位基与间位定位基

当一元取代苯进行亲电取代反应时，从理论上讲第二个取代基可以进入原取代基的邻位、间位和对位，但实验结果表明苯环上原有取代基对新导入取代基的位置产生较大影响。例如，甲苯和苯甲酸进行硝化反应时三种不同产物的收率分别如下。

甲苯 $\xrightarrow{HNO_3 / H_2SO_4}$ 邻硝基甲苯(59%) + 对硝基甲苯(37%) + 间硝基甲苯(4%)

苯甲酸 $\xrightarrow{HNO_3 / H_2SO_4}$ 间硝基苯甲酸(80%) + 邻硝基苯甲酸(19%) + 对硝基苯甲酸(1%)

在甲苯的硝化反应产物中，硝基主要位于甲基的邻位和对位；而在苯甲酸的硝化反应产物中，硝基主要位于羧基的间位。这说明不同的取代苯进行亲电取代反应时，第二个取代基的取代位置取决于原有取代基，因此原有取代基也被称作定位基（orienting group），这种原有基团对后来基团进入苯环位置所产生的影响称为取代基的定位效应（orienting effect），也称作苯环上亲电取代反应的定位规律。定位基通常被分为两大类：像甲基这样主要生成邻、对位产物的取代基称为邻对位定位基，在苯环亲电取代反应中具有邻、对位定位效应；而像羧基这样主要生成间位产物的取代基称为间位定位基，在苯环亲电取代反应中具有间位定位效应。

研究表明取代基的定位效应与其致活、致钝作用之间存在一定规律。所有的间位定位基均为致钝基团，其定位能力与其致钝作用强弱顺序一致；除了卤原子以外，所有的邻对位定位基均为致活基团，其定位能力与其致活作用强弱顺序一致。卤原子是邻对位定位基，同时又是弱致钝基团。表 4-2 为常见基团的取代基效应小结。

表 4-2 常见基团的取代基效应

邻对位定位基					间位定位基	
强	中	弱	弱		强	最强
—NH₂, —NHR, —NR₂, —OH, —OR	—NHCOR, —OCOR	—R, —Ar	—F, —Cl, —Br, —I, —CH₂Cl		—NO₂, —CF₃, —CN, —SO₃H, —CHO, —COOH, —COOR	—N⁺R₃
致活基团			致钝基团		致钝基团	

（三）二元取代苯的定位规则

二元取代苯发生亲电取代反应时，如果两个定位基的定位效应是协同的，则容易得到较纯的取代产物。例如，下列化合物引入第三个基团时，第三个基团主要进入箭头所示位置：

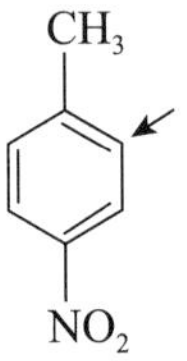

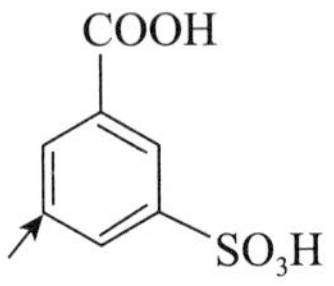

如果两个定位基的定位效应不协同，则通常分为下列几种情况。

1. 原有的两个取代基均为邻对位定位基时　第三个取代基的位置主要取决于定位能力更强的定位基。例如：与甲基相比，甲氧基是更强的致活基团和邻对位定位基，所以第三个基团进攻位置由甲氧基决定。

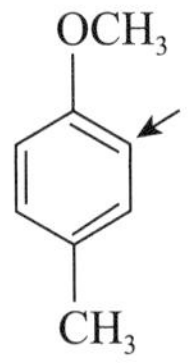

2. 原有的两个基团分别为致活基团和致钝基团时　第三个取代基的位置主要由致活基团决定。例如：

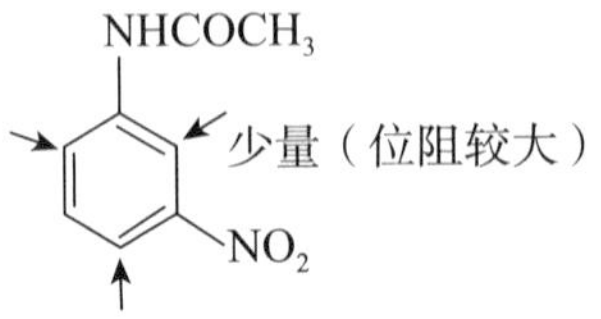

3. 原有的两个取代基均为间位定位基时　由于苯环已被两个基团钝化，再加上定位矛盾，则反应难以发生且产物复杂。

临床应用

对乙酰氨基酚

临床常用的解热镇痛药物对乙酰氨基酚（扑热息痛）、抗感染和平喘的药物原儿茶酸（3,4-二羟基苯甲酸）等都是含有苯环的化合物。

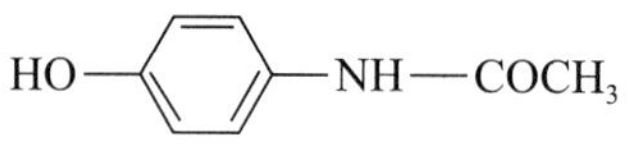

对乙酰氨基酚 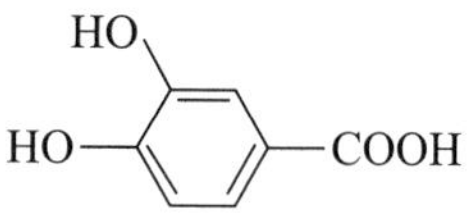　　　　　　　3,4-二羟基苯甲酸

对乙酰氨基酚（paracetamol）是非那西丁的体内代谢产物，通过抑制下丘脑体温调节中枢前列腺素合成酶，减少前列腺素 PGE_1、缓激肽和组胺等的合成和释放。PGE_1 主要作用于神经中枢，它的减少将导致中枢体温调定点下降，体表温度感受器感觉相对较热，进而通过神经调节引起外周血管扩张、出汗而达到解热的作用。对乙酰氨基酚用于感冒发热、关节痛、神经痛、偏头痛、癌性痛及手术后镇痛；还可用于对阿司匹林过敏、不耐受或不适于应用阿司匹林的患者（如水痘、血友病及其他出血性疾病患者）。

第二节　多环芳香烃

一、多环芳香烃的分类和命名

分子中含有两个或两个以上苯环的芳香烃称为多环芳香烃。根据苯环的连接方式不同，多环芳香烃分为多苯代脂肪烃、联苯型化合物和稠环芳香烃。

（一）多苯代脂肪烃

开链烃分子中的两个或多个氢原子被苯基取代的多环芳香烃称为多苯代脂肪烃，命名时将苯基作为取代基，脂肪烃作为母体。例如：

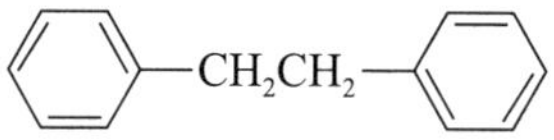

1,2-二苯基乙烷 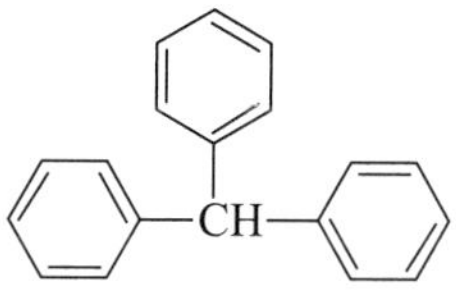　　　　　　三苯甲烷

在多苯代脂肪烃中，苯环与致活基团直接相连，因此更容易发生苯环上的亲电取代反应。同时，与苯环直接相连的碳原子受苯环的影响容易形成稳定的苄型碳自由基或碳正离子，因此该部位也有较强的反应活性。

（二）联苯型化合物

两个或多个苯环以单键直接相连形成的化合物称为联苯型化合物，其中最简单的是联二苯，简称联苯。联苯型化合物的编号从苯环与单键直接连接的碳原子开始，第二个苯环的位次编号上方加上一撇（'）。联苯的结构及其环上碳原子编号如下。

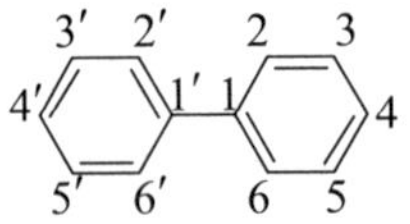

（三）稠环芳香烃

苯环之间通过共用两个相邻碳原子而形成的多环芳香烃称为稠环芳香烃。萘、蒽、菲是最常见的稠环芳香烃，它们的结构及碳原子的编号如下。

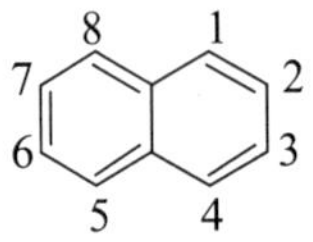

萘 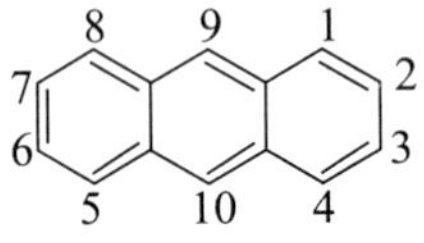　　　　　蒽 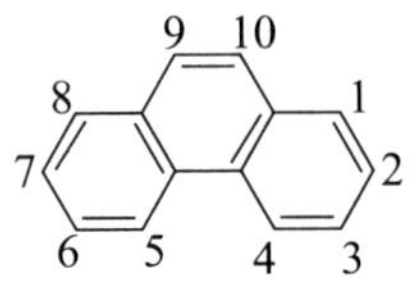　　　　　菲

在萘分子中，1、4、5、8位等同，被称作 α- 位；2、3、6、7位等同，被称作 β- 位。在蒽分子中，1、4、5、8位等同，被称作 α- 位；2、3、6、7位等同，被称作 β- 位；9、10位等同，被称作 γ- 位。取代稠环芳香烃的命名与单环芳香烃类似，例如：

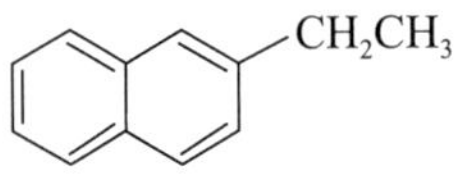

2-乙基萘（β-乙基萘） 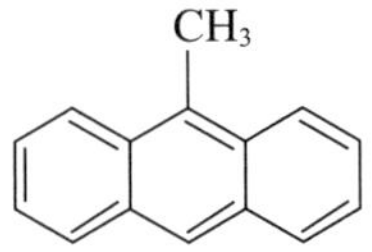　　　9-甲基蒽（γ-甲基蒽）

稠环芳香烃具有与苯相似的结构特征，同时由于多个苯环相互稠合，又使稠环芳香烃在结构和性质上具有一些特殊性。本节介绍几种常见的稠环芳香烃。

二、萘

萘为白色片状结晶，熔点为 80 ℃，沸点为 218 ℃，难溶于水，易溶于乙醇、乙醚、苯等有机溶剂。萘易升华，具有特殊气味，曾被广泛用作防虫蛀剂。

萘分子由两个苯环稠合而成，分子式为 $C_{10}H_8$。每个碳原子均为 sp^2 杂化，3 个 sp^2 杂化轨道和 1 个未参与杂化的 p 轨道中各含有 1 个电子，每个碳原子都用 3 个 sp^2 杂化轨道分别与相邻碳原子的 sp^2 杂化轨道或氢原子的 $1s$ 轨道重叠，形成 3 个 σ 键，因此 10 个碳原子和 8 个氢原子共处同一平面。每个碳原子的 p 轨道垂直于分子所在平面并以"肩并肩"方式重叠，10 个原子和 10 个电子形成了一个共轭 π 键。图 4-2 分别表示萘分子中 σ 键和 π 键的形成。

与苯分子不同的是，萘分子中的 π 电子云在 10 个碳原子上的分布是不均匀的，使萘分子中 C—C 键键长不完全相等。这种电子云的不均匀分布还导致萘的化学性质比苯活泼，而且不同位置体现出不同的反应活性。

σ键的形成　　　　　　π键的形成

图 4-2　萘分子结构示意图

（一）亲电取代反应

由于萘的 α- 位上电子云密度大于 β- 位，导致亲电试剂更容易进攻 α- 位。

1. 卤代反应　在 $FeCl_3$ 存在下，将 Cl_2 通入萘的苯溶液中，主要生成 α- 氯萘。

2. 硝化反应　萘在混酸条件下发生硝化反应，主要生成 α- 硝基萘。

3. 磺化反应　萘可以与浓 H_2SO_4 发生可逆的磺化反应。在较低温度磺化时，主要生成 α- 萘磺酸；而在较高温度磺化时，主要生成 β- 萘磺酸。α- 萘磺酸受热能转变成 β- 萘磺酸。

萘的 α- 位电子云密度较高，更容易受到亲电试剂的进攻，反应速率较快，活化能较低，所以在较低温度下主要产物是 α- 萘磺酸，这是动力学控制产物。但是由于磺酸基体积较大，与异环同侧 α- 位上的氢原子之间的距离小于它们的范德瓦耳斯半径之和，以致产生空间拥挤，因此 α- 萘磺酸稳定性较差。而 β- 萘磺酸相对稳定，温度升高提供了生成 β- 萘磺酸所需要的高活化能，主要产物为 β- 萘磺酸，这是热力学控制产物。

4. 定位规律　萘环上原有基团为邻对位致活基团时，取代反应发生在同环，如果定位基在 1 位，则第二个基团优先进入 4 位；如果定位基在 2 位，则第二个基团优先进入 1 位。原有基团为致钝基团时，取代反应主要发生在异环的 5 位或 8 位。例如：

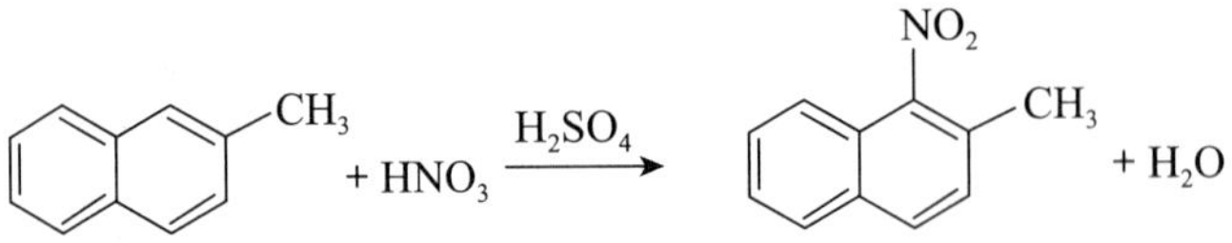

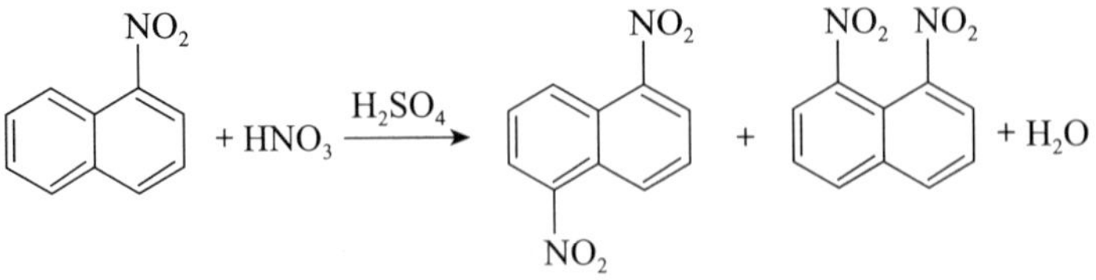

[反应式：2-甲基萘 + HNO₃ →(H₂SO₄) 1-硝基-2-甲基萘 + H₂O]

[反应式：1-硝基萘 + HNO₃ →(H₂SO₄) 1,5-二硝基萘 + 1,8-二硝基萘 + H₂O]

（二）加成反应

萘比苯容易发生加成反应，在不同条件下可以得到不同加成产物。例如，萘可以通过催化加氢生成四氢化萘和十氢化萘。

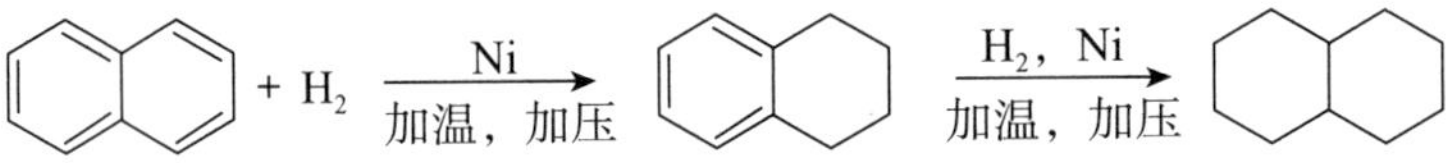

[反应式：萘 + H₂ →(Ni, 加温, 加压) 四氢化萘 →(H₂, Ni, 加温, 加压) 十氢化萘]

（三）氧化反应

萘比苯容易发生氧化反应。例如，在 V_2O_5 的催化下，萘可以被空气中的 O_2 氧化为邻苯二甲酸酐，这是一种重要的化工原料。

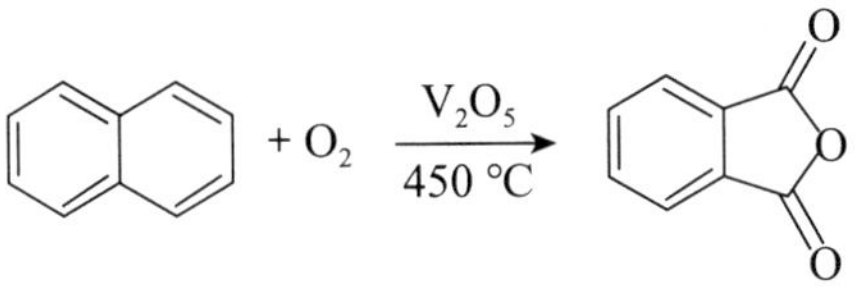

[反应式：萘 + O₂ →(V_2O_5, 450 °C) 邻苯二甲酸酐]

三、蒽和菲

蒽是无色片状晶体，熔点为 216 ℃，沸点为 342 ℃，不溶于水，易溶于苯等有机溶剂；菲是带有光泽的无色片状晶体，熔点为 101 ℃，沸点为 340 ℃，不溶于水，易溶于苯等有机溶剂，溶液有蓝色荧光。

蒽和菲比萘更容易发生氧化反应和还原反应，而且无论是被氧化还是被还原，反应都主要发生在两种化合物的 9 位和 10 位。例如：

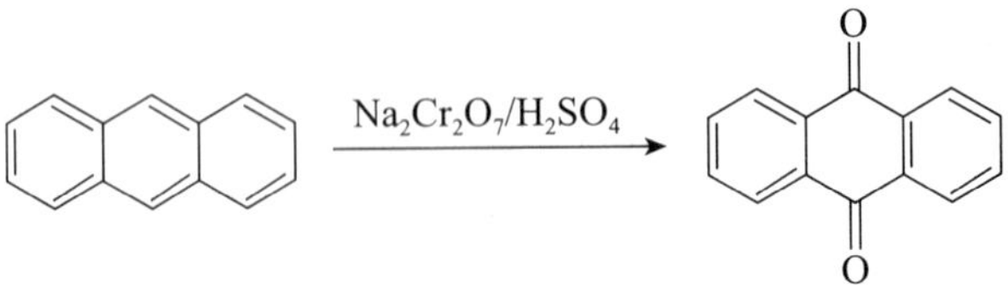

[反应式：蒽 →($Na_2Cr_2O_7/H_2SO_4$) 9,10-蒽醌]

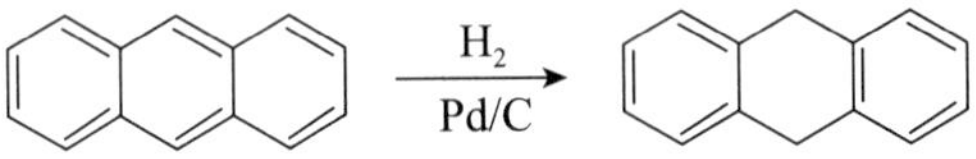

[反应式：蒽 →(H_2, Pd/C) 9,10-二氢蒽]

$$\underset{\text{}}{\bigcirc}\xrightarrow[\text{CH}_3\text{COOH}]{\text{CrO}_3}\underset{\text{9,10-菲醌}}{\bigcirc}$$

$$\underset{\text{}}{\bigcirc}\xrightarrow[\text{Pd/C}]{\text{H}_2}\underset{\text{9,10-二氢菲}}{\bigcirc}$$

蒽和菲也能够发生芳香环的亲电取代反应，但往往伴随着加成反应等副反应的发生。例如：

$$\text{蒽}\xrightarrow[\text{FeCl}_3]{\text{Cl}_2} \text{9-氯蒽} + \text{9,10-二氯-9,10-二氢蒽}$$

知识拓展

致癌稠环芳香烃

致癌物质是指会造成动物细胞 DNA 受损、突变或使细胞内的化学反应不正常化的物质。有些稠环芳香烃已被确认具有致癌作用，例如：

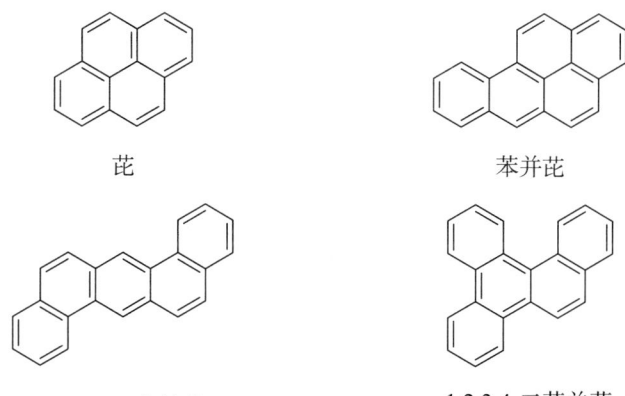

芘　　　　　　　　　　苯并芘

1,2,5,6-二苯并蒽　　　　1,2,3,4-二苯并菲

苯并芘是第一个被发现的化学致癌物，而且它的致癌性很强。这些致癌稠环芳香烃主要来自煤炭、木材、烟草、石油等的不完全燃烧，也可能产生于食物的加工方式，如烟熏、火烤、油煎。稠环芳香烃脂溶性强，化学性质相对稳定，长期通过呼吸道或者皮肤直接接触可使人体致癌，包括肺癌、消化道癌、膀胱癌、乳腺癌等。为预防稠环芳香烃对人体的损害，应该采取一系列的措施，包括治理环境污染、避免不合理的烹调方式、远离烟草等。

第三节　非苯芳香烃

苯、萘、蒽、菲等苯型芳香烃，在结构上均为闭合的共轭体系，在化学性质上均具有芳香性。在了解苯型芳香烃的结构和性质以后，人们很容易从价键理论的观点出发产生这样一种推测：环丁二烯和环辛四烯分子是否也具有芳香性呢？

但研究结果表明：环丁二烯很不稳定，难以合成；环辛四烯具有烯烃的典型性质，也就是说这两种化合物都不具有芳香性。事实上，有许多不含苯环的环状共轭烯烃具有芳香性，它们被称为非苯芳香烃。那么如何判断一个化合物是否具有芳香性呢？

一、Hückel 规则

首先提出芳香性判断规则的是德国化学家 E. Hückel。Hückel 于 1931 年提出了下列理论，又称为 Hückel 规则：离域 π 电子数等于 $4n+2$（$n=0，1，2，3\cdots\cdots$）的单环平面共轭多烯（即平面、闭合、共轭）具有芳香性。例如，苯分子中成环原子共平面，离域 π 电子数为 6，符合 $4n+2$（$n=1$），因此具有芳香性；萘、蒽、菲的成环原子均共平面，π 电子数为 10 或 14，也具有芳香性。

二、常见非苯芳香烃

（一）单环芳香离子

某些环烃本身没有芳香性，但将其转变成正离子或负离子后，由于环中带正电和带负电的碳原子均为 sp^2 杂化，因此可能符合 Hückel 规则并具有芳香性。例如，环戊二烯分子不具有芳香性，但其负离子却具有芳香性，因为成环的 5 个碳原子共平面，离域 π 电子数等于 6，符合 Hückel 规则（$n=1$）。

常见的单环芳香性离子及其 π 电子数如下。

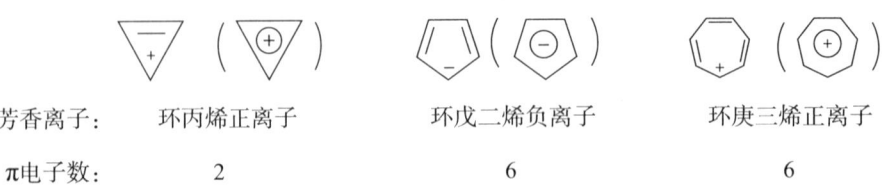

（二）轮烯

轮烯是指具有交替单双键结构的单环共轭多烯。轮烯的组成通式为 C_nH_n（$n\geq 10$），命名时将成环碳原子数放在方括号内，称为某轮烯。例如：

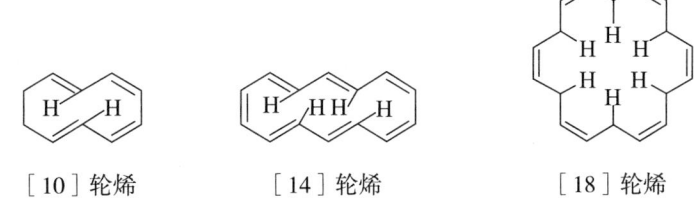

[10]轮烯　　　　[14]轮烯　　　　[18]轮烯

根据共轭π电子数，[10]轮烯、[14]轮烯、[18]轮烯都应该具有芳香性。但事实上，[10]轮烯、[14]轮烯由于环内氢原子相距很近，彼此之间的斥力使成环原子不能共平面，因此它们不符合Hückel规则，不具有芳香性。而[18]轮烯由于环内空间较大，分子仍保持平面结构，所以具有芳香性。

（三）稠环

薁是典型的非苯稠环芳香烃，它由一个五元碳环和一个七元碳环稠合而成，具有平面结构，且π电子数等于10，符合Hückel规则（$n=2$）。

薁

习 题 四

1. 用系统命名法命名下列化合物。

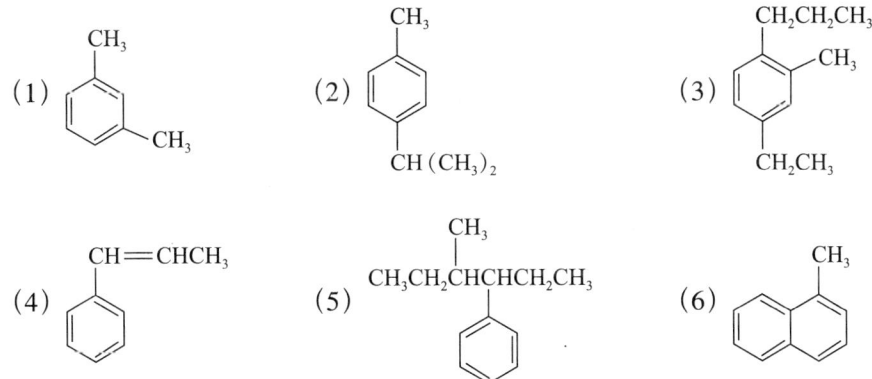

2. 将下列各组化合物按亲电取代反应活性大小进行排序。

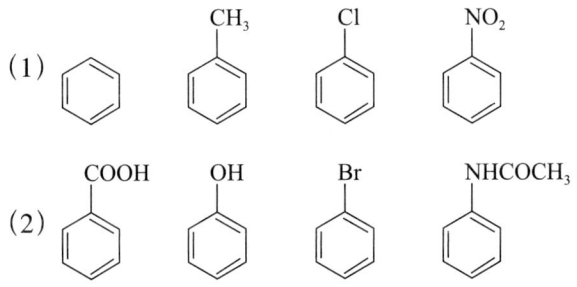

3. 完成下列反应式。

(1) 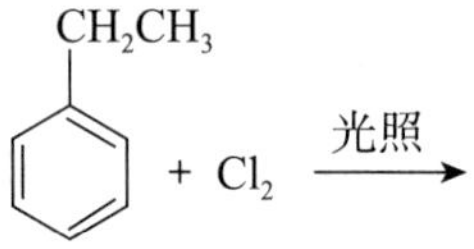 C₆H₅CH₂CH₃ + Cl₂ —光照→

(2) 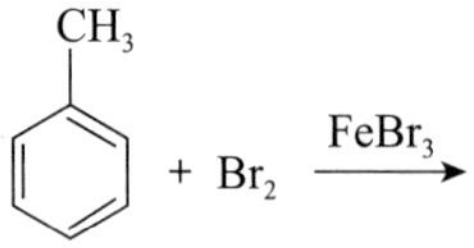 C₆H₅CH₃ + Br₂ —FeBr₃→

(3)  C₆H₆ + CH₃CH₂Cl —AlCl₃→

(4) 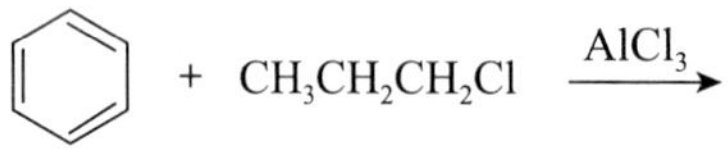 C₆H₆ + CH₃CH₂CH₂Cl —AlCl₃→

(5) 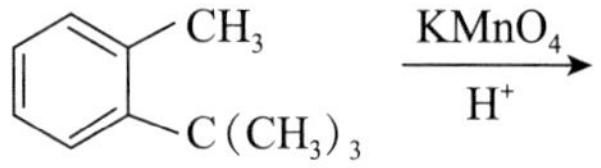 邻-CH₃-C₆H₄-C(CH₃)₃ —KMnO₄/H⁺→

(6) 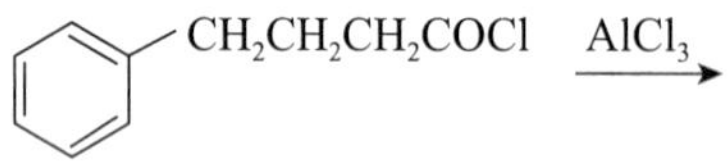 C₆H₅CH₂CH₂CH₂COCl —AlCl₃→

(7) 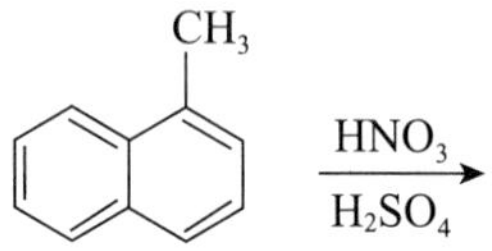 1-甲基萘 —HNO₃/H₂SO₄→

(8) 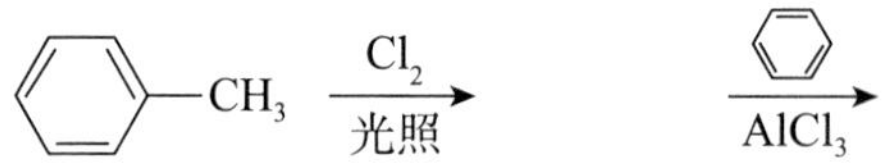 C₆H₅CH₃ —Cl₂/光照→ ? —C₆H₆/AlCl₃→

4. 以苯为原料合成下列化合物。

(1) 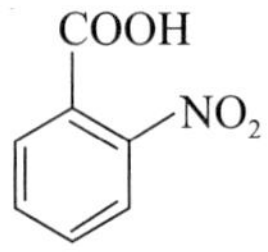 邻硝基苯甲酸　(2) 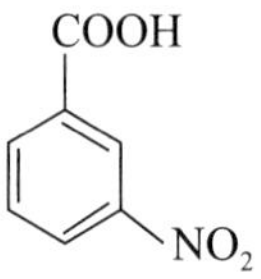 间硝基苯甲酸　(3) 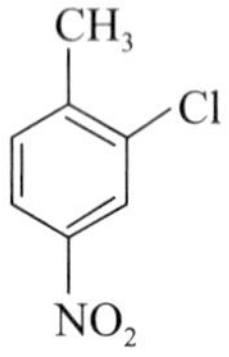 2-氯-4-硝基甲苯　(4) 4-溴-3-硝基苯甲酸

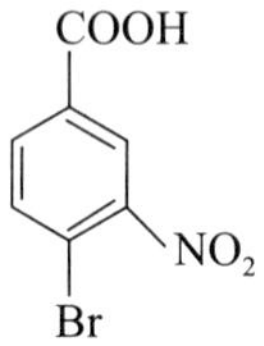

5. 芳香烃化合物 A、B、C 的分子式均为 C_9H_{12}，分别用 KMnO₄ 酸性溶液氧化，A 生成一元羧酸，B 生成二元羧酸，C 生成三元羧酸；A、B、C 三种物质分别进行硝化反应时，A 和 B 均生成两种收率较高的一硝基化合物，而 C 只生成一种一硝基化合物，试推断 A、B、C 的结构式。

6. 化合物 A（C_9H_{10}）在室温下能使 Br₂/CCl₄ 溶液褪色；1 mol A 在温和条件下与 1 mol H₂ 加成生成化合物 B；A 在强烈条件下氢化可以与 4 mol H₂ 加成；A 用酸性高锰酸钾溶液氧化时生成邻苯二甲酸，试推测 A 和 B 的结构式。

7. 判断下列化合物哪些具有芳香性。

(1) 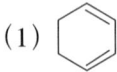　(2) 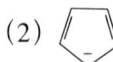　(3)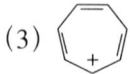

(4) 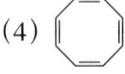　(5) 　(6)

（赵占义）

第五章 对映异构

有机化合物的同分异构可分为构造异构和立体异构。构造异构是指分子中原子的连接次序或连接方式不同而产生的异构,立体异构(stereoisomerism)是指分子中原子的连接次序或连接方式相同,但原子或基团在空间的排列方式不同而产生的异构。具体分类如下。

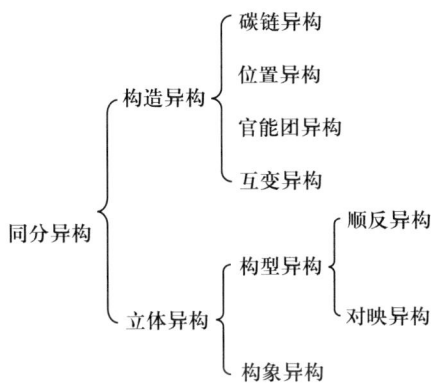

对映异构(enantiomerism)又称光学异构,是一种与物质的光学性质有关的立体异构现象。对映异构体之间理化性质及生理活性有着明显的差异。本章将系统介绍对映异构的基础知识,为学习糖类、脂类、氨基酸、蛋白质及核酸等生物大分子奠定必要的立体化学基础。

第一节 手性分子和对映异构体

一、手性

人的左右手看似没有差别,可是如果将一只左手手套戴在右手上就会感觉很不舒服,这表明左手和右手是有差异的。那么左右手到底是什么关系呢?把右手放在镜子前,镜子中的镜像恰恰是左手;同样道理,把左手放在镜子前,镜子中的镜像恰恰是右手,左手和右手互为实物与镜像关系。图 5-1 为左右手的关系(手性关系)图。

像左右手这种互为镜像与实物的关系,彼此又不能重合的现象称为手性(chirality)。自然界中有许多宏观手性物体,如左(右)脚、螺丝钉、牵牛花。

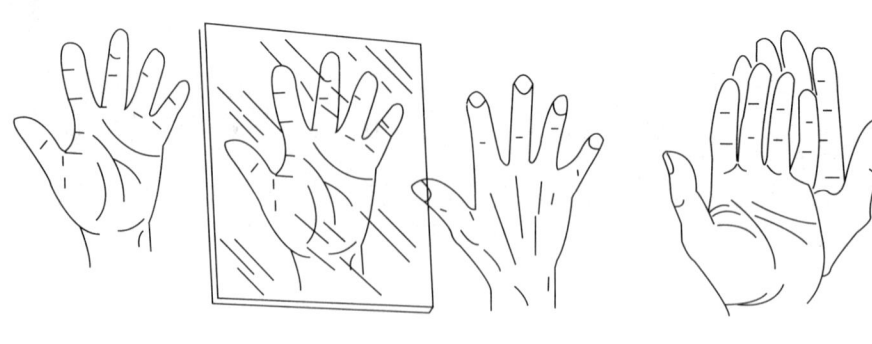

(a) 左右手互为镜像与实物关系　　　　　（b) 左右手不能重合

图 5-1　手性关系

二、手性分子和对映体

微观世界的分子中同样存在着手性现象，许多化合物分子具有手性。

（一）含手性碳原子的手性分子

手性化合物的立体结构通常用楔线式表示，用楔线式表示乳酸分子的立体结构有如下两种情况：

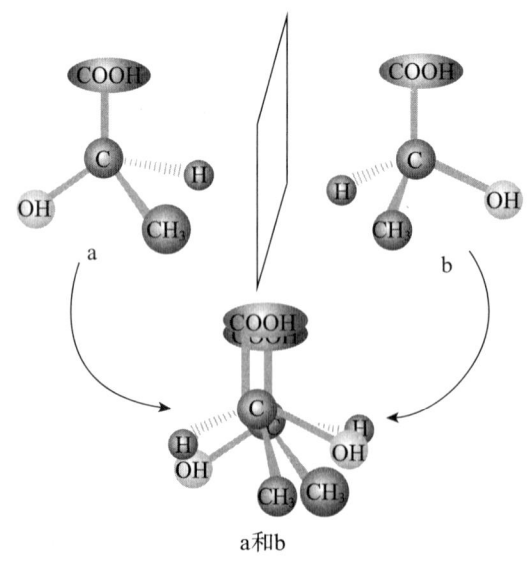

立体结构 a 和 b 之间是何种关系？通过观察 a 和 b 的球棒模型（图 5-2），可以了解两者间的关系。

图 5-2　乳酸分子两种立体结构的关系

乳酸分子立体结构式 a 和 b 的关系正如人左右手的关系，互为镜像和实物，又不能重合，它们是两个不同的化合物。像 a 和 b 这种不能与自己的镜像重合的分子称为手性分子（chiral molecule）。乳酸分子中有 1 个碳原子连有 4 个不同的原子或基团（—H、—CH₃、—COOH、—OH），这个碳原子称为手性碳原子（chiral carbon atom），也称为手性中心，通常用"*"标明。

（二）不含手性碳原子的手性分子

大多数具有手性的化合物分子中都含有手性碳原子，但也存在一些不含手性碳原子的手性分子。例如，某些丙二烯型和联苯型化合物，虽然没有手性碳原子，但分子仍有手性。

丙二烯型化合物（ $\diagdown\!\!C\!=\!C\!=\!C\!\diagdown$ ）的结构特点是与中心碳原子（sp 杂化）相连的两个 π 键所处的平面彼此相互垂直，如图 5-3 所示。

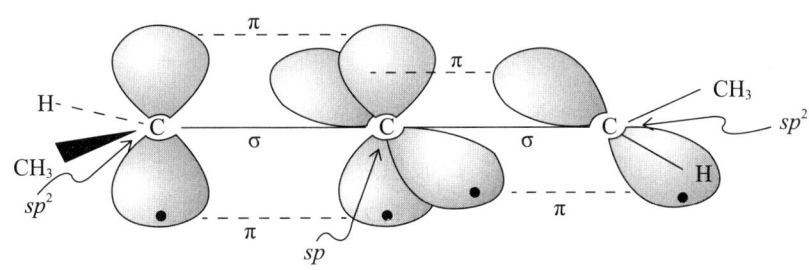

图 5-3　丙二烯分子成键轨道示意图

当丙二烯型化合物两端的双键碳原子上各自连有两个不同的原子或基团时，该分子具有手性，例如：

$$\begin{array}{cc} c & d \end{array}$$

联苯分子中两个苯环在同一平面上，为非手性分子。但当联苯分子中每个苯环相连的碳原子邻位上的氢原子被不同的较大基团（如—COOH、—NO₂）取代时，取代基的空间位阻使两个苯环不再处于同一平面内成为优势构象，这种分子构象使取代的联苯不能和自己的镜像重合。例如，6,6′-二硝基-2,2′-联苯二甲酸就是这样的手性化合物：

$$\begin{array}{cc} e & f \end{array}$$

（三）对映异构体

凡是手性分子，必有互为镜像与实物关系而彼此又不能重合的两种构型，这两种构型就称为一对对映异构体，简称对映体（enantiomer）。上述提到的乳酸 a 和 b、丙二烯型化合物 c 和 d、联苯型化合物 e 和 f 均互为对映体。含有一个手性碳原子的化合物有一对对映体。

三、分子中常见的对称因素

分子的手性产生于分子的内部结构，与分子的对称性有关。判断一个分子是否具有手性，一般只需考虑其是否具有对称因素，常见的对称因素有对称面和对称中心。

（一）对称面

如果一个分子能被一个假想的平面切分为具有实物与镜像关系的两个部分，该假想的平面就称为这个分子的对称面（symmetric plane）。例如，丙酸分子中有一个沿着羧基、甲基和通过中心碳原子的对称面（图5-4）。由于丙酸分子与它的镜像可以重合，所以丙酸分子无手性。有对称面的分子是非手性分子。

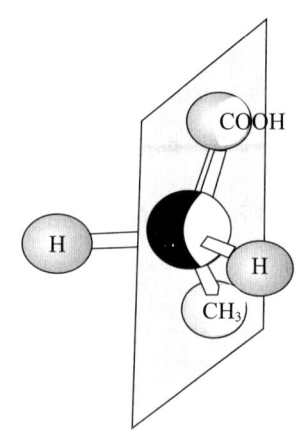

（二）对称中心

如果分子中有一个假想的点，当任意直线通过此点时在与此点等距离处的两端遇到相同的原子或基团，此假想点称为该分子的对称中心（symmetric center）。有对称中心的化合物分子也能与它的镜像重合，是非手性分子。

图 5-4　丙酸分子的对称面

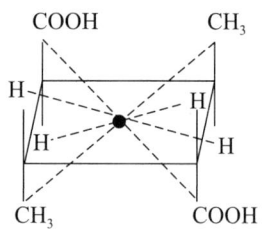

四、判断对映异构体的方法

判断一个化合物是否存在对映体，可采用以下三种方法：一是搭建一个分子和它的镜像的模型，如果两者不能重合，则该分子存在对映体；反之，该分子无对映体。二是寻找目标分子的对称面或对称中心。如果该分子中有对称面或对称中心，则该分子和它的镜像就能重合，为非手性分子，无对映体。三是寻找手性碳原子（手性中心）。如果目标分子有一个手性碳原子，该分子具有手性，有一对对映体。需要注意，含有两个或两个以上手性碳原子的化合物有例外情况（见本章第四节）。

五、手性分子的构型表示方法——Fischer 投影式

构型（configuration）是指一个立体异构体分子中原子或基团在空间的排列方式。对映异构体的构型常用 Fischer 投影式表示。该投影式是德国化学家 Fischer 在 1891 年提出的，投影方法是将有机化合物分子的立体结构投影在平面上，向前的键投影在横键上，向后的键投影在竖键上，如图5-5 所示。

书写手性分子的 Fischer 投影式时，必须注意下列要点。

（1）主链竖向排列：编号最小的基团放在最上端，习惯将分子的主链垂直投影在纸面上；

（2）横前竖后：手性碳原子的两个横键所连的原子或基团，代表伸向纸平面的前方，两个竖键所连的原子或基团，代表伸向纸平面的后方；

（3）交叉点代表手性碳原子；

（4）Fischer 投影式只能在纸平面内旋转 180°，构型保持不变。不能将分子离开纸平面旋转，否则就会改变原分子的构型。

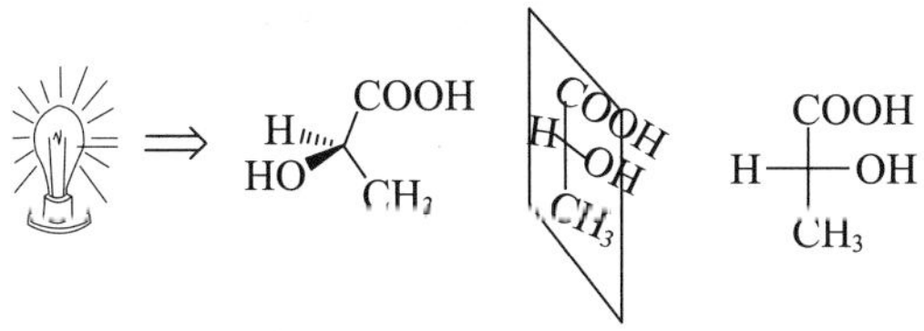

图 5-5 Fischer 投影式示意图

根据投影方法，一个化合物是可以写出多个 Fischer 投影式的。但一般习惯将分子的主链垂直投影在纸面上，同时把编号最小的基团放在最上端。例如，乳酸的一对对映体的 Fischer 投影式通常写成下列形式：

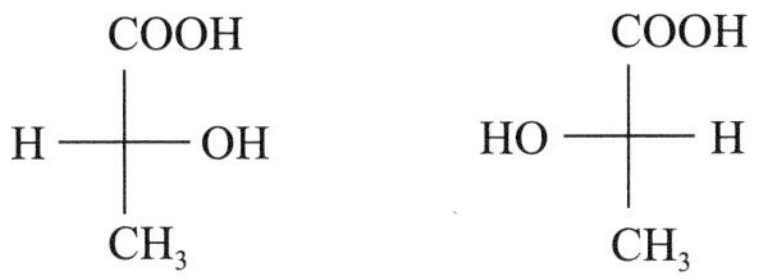

第二节 手性分子的特性——旋光性

一、偏振光和旋光性

光是电磁波，其振动方向与前进方向相垂直。当普通光通过 Nicol 棱镜时，只有振动方向与棱镜晶轴平行的光才能通过，而在其他平面振动的光被阻挡不能通过。通过 Nicol 棱镜后，获得只在一个平面上振动的光称为平面偏振光，简称偏振光（polarized light），偏振光的振动平面称为偏振面。

当偏振光通过某些有机化合物的溶液后，偏振光的偏振面会向右或向左旋转一定的角度。这种能使偏振光的偏振面旋转的性质称为旋光性（optical activity），具有旋光性的物质称为旋光性物质，手性化合物都具有旋光性。

二、旋光度与比旋光度

（一）旋光仪和旋光度

在实际工作中通常用旋光仪测定物质的旋光性。旋光仪的基本结构包括一个光源、两个 Nicol 棱镜和一个样品管（旋光管），图 5-6 为旋光仪的原理简图。

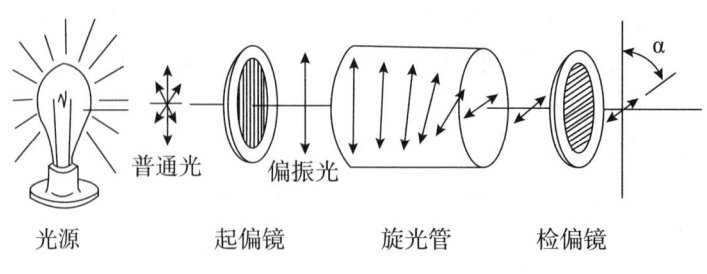

图 5-6 旋光仪的原理简图

左侧的棱镜称为起偏镜，从光源投射来的普通光经过起偏镜转变为平面偏振光；右侧的棱镜称为检偏镜，检偏镜可以旋转，它的作用是测量被测物质旋转偏振光偏振面的角度。

使用旋光仪测定物质的旋光度时，可将被测物质配成溶液（若是液体化合物，可以直接用纯样品）装入旋光管里进行测量。若被测物质无旋光性，则平面偏振光通过旋光管后，偏振光的偏振面不被旋转，偏振光可以直接通过检偏镜，视场光亮度不会改变；如果被测物质具有旋光性，则平面偏振光通过旋光管后，偏振光的偏振面就会被向右或向左旋转一个角度 α，这时视场变暗，只有检偏镜也向右或向左旋转相同的角度 α，才能看到光亮的视场。此时检偏镜上的刻度盘所旋转的角度，即为该旋光性物质的旋光度（optical rotation），用"α"表示。偏振面被向右（顺时针）旋转的称为右旋，用符号"+"表示；向左（逆时针）旋转的称为左旋，用符号"-"表示。

（二）比旋光度

物质的旋光度除了与它的分子结构有关外，还与测定时溶液的浓度、旋光管长度、光的波长、测定时的温度及所用的溶剂有关，因此常用比旋光度表示某一物质的旋光性。比旋光度（specific rotation）是指在一定温度下，待测物质的浓度为 1 g·ml^{-1}、旋光管长度为 1 dm、固定光源波长所测得的旋光度。旋光度与比旋光度之间的关系可用下式表示：

$$[\alpha]_D^t = \frac{\alpha}{l \times C}$$

式中：t 为测定时的温度（℃），常默认为 20 ℃；D 表示使用钠光 D- 线（λ = 589 nm）作光源；α 为实测的旋光度值（°）；l 为旋光管长度（dm）；C 为待测物质溶液的浓度（g·ml^{-1}）[纯液体用密度（g·cm^{-3}）]。

比旋光度是光学活性物质的一种物理常数。通过测定比旋光度可以了解已知化合物的纯度或未知化合物的旋光性。因此，掌握比旋光度的表示方法及其含义是十分必要的。文献报道化合物的比旋光度值时，在 $[\alpha]_D^t$ 值之后的括号内，常标出测定旋光度所使用的溶剂及溶液的浓度（以小写字母 c 表示百分浓度）。例如，药物地尔硫䓬，$[\alpha]_D^t$ = + 98.3°（c 1.0，CH$_3$OH），表示地尔硫䓬的比旋光度为右旋 98.3°，测定时的温度为 20 ℃，使用钠光 D- 线作光源，溶剂为甲醇，溶液浓度为 1%。

一对对映体的比旋光度绝对值相等，旋光方向相反。除此以外，它们的其他物理性质如熔点、沸点、密度、折光率及在非手性溶剂中的溶解度均相同；化学性质也几乎是相同的（与手性试剂反应除外）。

> **知识拓展**
>
> **旋光法在药物分析中的应用**
>
> 旋光法是利用药物的旋光性差异,通过测定旋光度或比旋光度来控制杂质限量的方法。例如,由左旋体莨菪碱经消旋化制得的硫酸阿托品为外消旋体,无旋光性;若消旋化不完全,则莨菪碱成为硫酸阿托品药物中的旋光性杂质。《中华人民共和国药典》(2015版)规定:取硫酸阿托品,按干燥品计算,加水溶解并制成 50 g·ml^{-1} 的溶液,依标准方法测定旋光度,旋光度不得超过 −0.40°,以此来控制莨菪碱的杂质含量。

第三节 外消旋体及其拆分

一、外消旋体

外消旋体(racemate)是指一对对映体的等量混合物。外消旋体无旋光性,这是因为一对对映体对平面偏振光的影响是旋光度相等,旋光方向相反,将一对对映体等量混合后,这对对映体对偏振光偏振面产生的影响正好抵消。

外消旋体通常用"±"或"dl"表示。外消旋体与纯的单一对映体的物理性质有一些差异,如不同旋光性乳酸的一些理化常数有所不同(表 5-1)。

表 5-1 不同旋光性乳酸的一些理化常数

名称	熔点(℃)	$[\alpha]_D^{25}$	pK_a	溶解度 [g·(100 ml H$_2$O)$^{-1}$]
(+)-乳酸	26.0	+3.8°	3.76	∞
(−)-乳酸	26.0	−3.8°	3.76	∞
(±)-乳酸	18.0	0°	3.76	∞

二、外消旋体的拆分

外消旋体中的一对对映体的熔点、沸点和溶解度等物理性质相同,因此无法直接通过分步结晶、蒸馏等物理方法进行分离。目前最常用的拆分外消旋体的方法是化学拆分法。化学拆分法是将外消旋体中的对映体转化为非对映体,然后利用两者溶解度或熔点、沸点等物理性质的差异将其分离。最后再将单一的非对映异构体还原为原来的光学异构体,从而达到拆分的目的。

将对映体转化成非对映体的方法之一是利用酸碱中和反应。如果拆分的外消旋体是酸,可用光学纯的碱处理,形成非对映体的盐。例如,(±)-乳酸与光学纯的碱(+)-奎宁结合成非对映体的盐,利用分步结晶法将盐分开,再用无机酸处理得到纯的乳酸。

$$(\pm)\text{-乳酸} + (+)\text{-奎宁} \longrightarrow \begin{cases} (+)\text{-乳酸}(+)\text{-奎宁盐} \xrightarrow{H^+} (+)\text{-乳酸} \\ (-)\text{-乳酸}(+)\text{-奎宁盐} \xrightarrow{H^+} (-)\text{-乳酸} \end{cases}$$

如果要拆分的外消旋体是碱，通常采用光学纯的酸（如酒石酸）与之反应。如果要拆分的外消旋体既不是酸也不是碱，可以先设法将它转变为酸或碱，然后再进行拆分。

第四节　非对映体和内消旋化合物

一、非对映体

含有1个手性碳原子的化合物有2个光学异构体（一对对映体）；含有 n 个手性碳原子的化合物最多有 2^n 个光学异构体。例如，2,3,4-三羟基丁醛分子中含有2个构造不相同的手性碳原子，存在4个光学异构体（$2^2 = 4$），它们的Fischer投影式为：

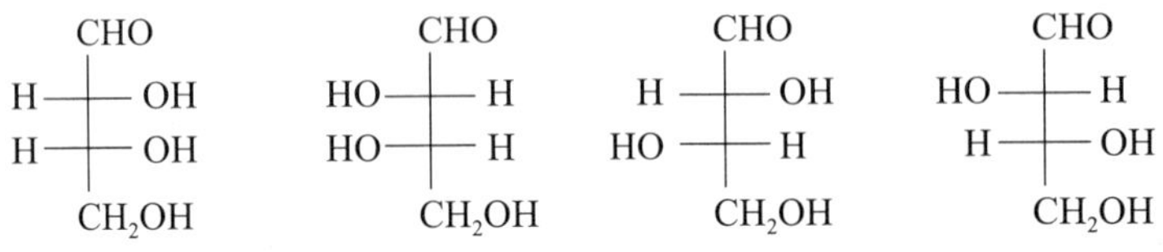

```
    CHO           CHO           CHO           CHO
H ──┼── OH    HO ──┼── H     H ──┼── OH    HO ──┼── H
H ──┼── OH    HO ──┼── H    HO ──┼── H     H ──┼── OH
    CH₂OH         CH₂OH         CH₂OH         CH₂OH
    （1）          （2）          （3）          （4）
```

其中（1）和（2）、（3）和（4）互为对映体。化合物（1）和（3）之间、（1）和（4）之间、（2）和（3）之间、（2）和（4）之间是什么关系呢？它们是彼此不成镜像关系的光学异构体，称为非对映体（diastereomer）。非对映体具有不同的物理性质，它们的沸点、熔点、溶解度等都不相同，因此可以通过蒸馏、重结晶等物理方法将非对映体的混合物分离、纯化。

二、内消旋化合物

酒石酸（2,3-二羟基丁二酸）分子中含有2个构造相同的手性碳原子。按照 2^n 规则，酒石酸分子可能有4个光学异构体：

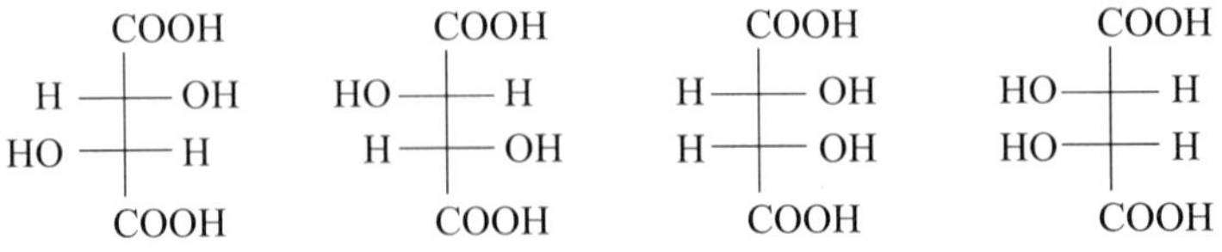

```
    COOH          COOH          COOH          COOH
H ──┼── OH    HO ──┼── H     H ──┼── OH    HO ──┼── H
HO ──┼── H     H ──┼── OH    H ──┼── OH    HO ──┼── H
    COOH          COOH          COOH          COOH
    （1）          （2）          （3）          （4）
```

分析这4个光学异构体的结构，发现（1）和（2）互为对映体；（3）和（4）是同一化合物，因为将（3）在纸平面内旋转180°，就与（4）完全相同。酒石酸的（3）或（4）这种有两个手性中心，镜像和实物相重合的分子称为内消旋化合物（meso compound），或内消旋体，常在化合物名称前用"meso-"表示。

内消旋化合物不具有旋光性，属于非手性分子。进一步分析内消旋酒石酸分子的结构可知其分子中有一对称面，如图5-7所示。

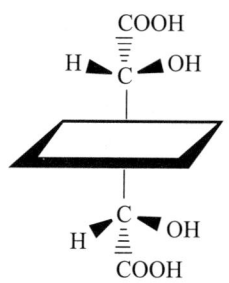

图 5-7 内消旋酒石酸

其对称面的上下两部分互为实物和镜像的关系，分子的上下两部分对平面偏振光的旋光性的影响相互抵消，整个分子不具有旋光性。通过寻找对称面可以简便地辨认内消旋化合物。表 5-2 为酒石酸立体异构体的部分理化常数。

表 5-2　酒石酸立体异构体的部分理化常数

名称	熔点（°C）	$[\alpha]_D^{25}$	溶解度 [g·(100 ml H$_2$O)$^{-1}$]	pK_{a1}	pK_{a2}
（+）- 酒石酸	170.0	+12.0°	139.0	2.93	4.23
（−）- 酒石酸	170.0	−12.0°	139.0	2.93	4.23
（±）- 酒石酸	206.0	0°	20.6	2.96	4.24
meso- 酒石酸	140.0	0°	125.0	3.11	4.80

第五节　对映异构体构型的标记

一、D/L 构型标记法

D/L 构型标记法又称相对构型标记法。Fischer 选定（+）- 甘油醛为标准物，在 Fischer 投影式中，将主链竖向排列，醛基位于竖键上端，（+）- 甘油醛 C$_2$ 上的羟基正好位于右侧，规定为 D- 构型；（−）- 甘油醛的羟基位于左侧，规定为 L- 构型。

$$\begin{array}{cc} \text{CHO} & \text{CHO} \\ \text{H}{-}\!\!\!\!-\text{OH} & \text{HO}{-}\!\!\!\!-\text{H} \\ \text{CH}_2\text{OH} & \text{CH}_2\text{OH} \\ \text{D-（+）- 甘油醛} & \text{L-（−）- 甘油醛} \end{array}$$

以甘油醛为底物，通过适当的化学反应转化为其他的旋光性化合物，若在反应过程中，不涉及与手性碳原子直接相连的化学键的断裂，则所得的化合物的构型与原甘油醛的构型相同。例如：

$$\begin{array}{ccc} \text{CHO} & & \text{COOH} \\ \text{H}{-}\!\!\!\!-\text{OH} & \xrightarrow{\text{Br}_2/\text{H}_2\text{O}} & \text{H}{-}\!\!\!\!-\text{OH} \\ \text{CH}_2\text{OH} & & \text{CH}_2\text{OH} \\ \text{D-（+）- 甘油醛} & & \text{D-（−）- 甘油酸} \end{array}$$

D-甘油醛与 Br_2/H_2O 反应，醛基被氧化成羧基（—COOH），生成甘油酸。由于在氧化过程中与手性碳原子直接相连的键没有发生断裂，因此甘油酸的构型应与甘油醛相同，也是 D-构型，但甘油酸的旋光方向却为左旋。这一事实说明化合物的构型与旋光方向没有直接的关系，D-构型不一定是右旋的。化合物的旋光方向是通过旋光仪测定的。

D/L 构型标记法有一定的局限性，一般只适用于与甘油醛结构类似的化合物。目前主要用于糖和氨基酸类化合物的构型标记。

二、R/S 构型标记法

R/S 构型标记法使用更为广泛。该标记法的命名规则：首先排列与手性碳原子相连的 4 个原子或基团的优先顺序，并将最小的基团远离观察者（指向后方），然后将其余的朝向观察者的 3 个基团从大到小排列，若按顺时针排列则为 R 构型，按逆时针排列则为 S 构型，如图 5-8 所示。

图 5-8　R/S 构型判断示意图

例如，标记下列化合物的 R/S 构型：

（1）　　　　（2）

化合物（1）依据次序规则（—OH>—CHO>—CH_2OH>—H），将最小的基团指向后方（远离观察者），其余的 3 个基团由—OH 到—CHO 再到—CH_2OH 为顺时针排列，化合物（1）为 R 构型。

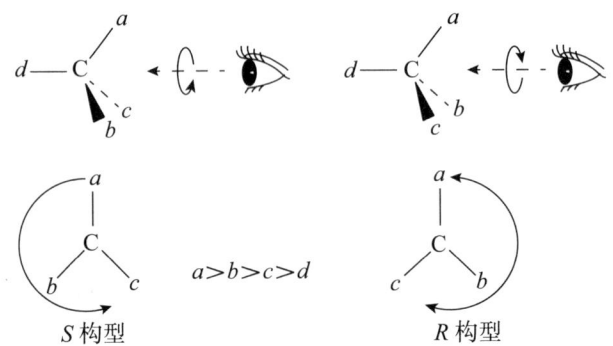

化合物（2）依据次序规则（—I>—Br>—Cl>—H），将最小的基团—H 远离观察者，其余的三个基团由—I 到—Br 再到—Cl 为逆时针排列，化合物（2）为 S 构型。

R/S 构型标记法也可直接应用于 Fischer 投影式。首先比较与手性碳原子相连的 4 个原子或基团的大小；若最小基团在竖键上，判断其余 3 个基团由大到小的旋转方向，顺时针排列为

R 构型, 逆时针排列为 S 构型; 若最小基团在横键上, 则顺时针排列为 S 构型, 逆时针排列为 R 构型。例如:

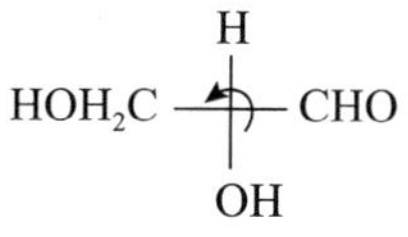

S-甘油醛 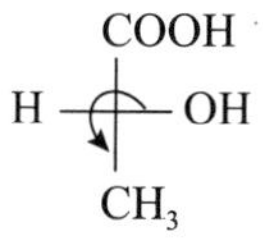　　　R-乳酸

第六节　对映体的生物活性

一对对映体构型上的差异, 有时会产生截然不同的生理活性。例如, 多巴 (dopa) 分子中有一个手性中心, 存在一对对映体。左旋多巴广泛用于治疗帕金森病, 然而右旋多巴则无此生理活性。

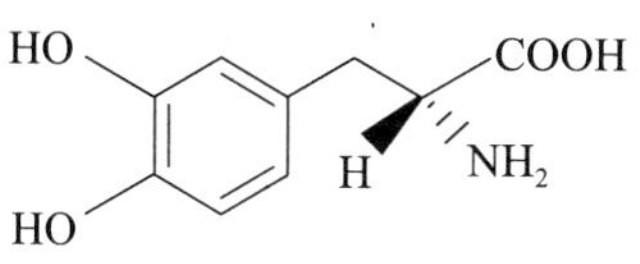

(+)-多巴 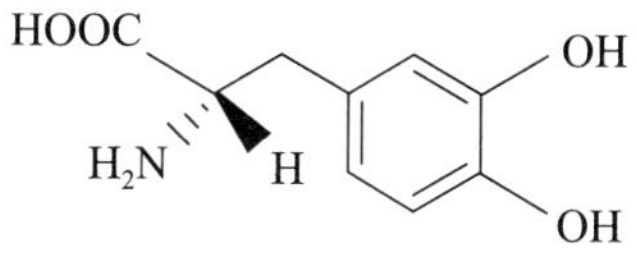　　　(−)-多巴

> **临床应用**
>
> ### 单一对映体药物
>
> 　　手性药物单一对映体可减少用药剂量, 减轻代谢负担, 减少与其他药物的相互作用, 增加药理活性, 提高专一性并减少由其对映体所引起的副作用。因此, 以单一对映体供药的方式引起广泛重视。如左旋多巴广泛用于治疗帕金森病, 而右旋多巴则无此生理活性; 抗炎镇痛药布洛芬, 只有右旋布洛芬具有抗炎和镇痛的功效, 而左旋布洛芬无活性。左旋多巴、右旋布洛芬等都是手性药物的单一对映体。 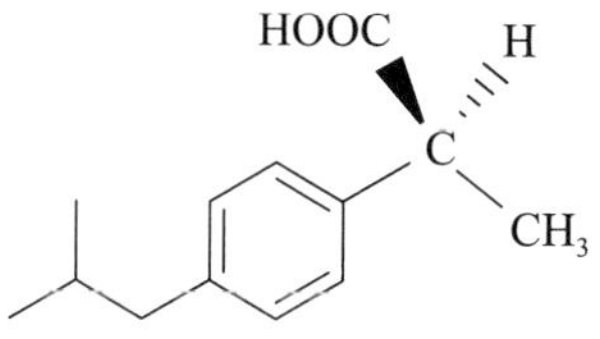
>
> S-(+)-布洛芬 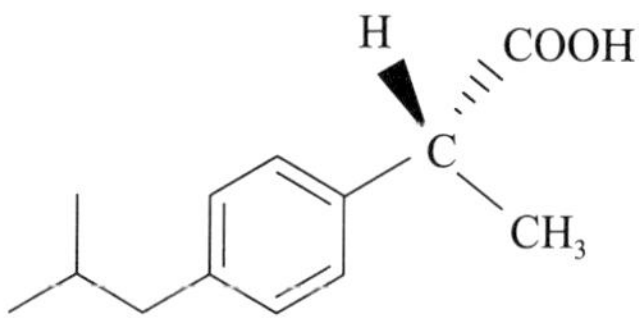　　　R-(−)-布洛芬

一对对映体的构型差异为什么会导致如此大的生理活性差异呢? 因为一种药物要发挥药理作用, 必须与蛋白质受体结合, 药物与受体的关系就好比手与手套的关系, 对映体与受体互补才能结合, 产生药理活性。蛋白质受体是手性的, 不同的对映体由于基团的空间排列不同, 与受体结合的程度不同, 甚至完全不能结合, 致使不同的对映体会有不同的甚至是相反的生理活性。

生物体中的蛋白质、糖、氨基酸、核酸等都是手性化合物，多以单一的对映体存在，如糜蛋白酶（chymotrypsin）有 251 个手性碳原子，理论上应有 2^{251} 个异构体，但只有 1 个异构体存在于有机体中。

习 题 五

1. 解释下列概念。
   （1）手性　　　　（2）手性分子　　　（3）手性碳原子　　　（4）对映体
   （5）非对映体　　（6）内消旋化合物　（7）外消旋体　　　　（8）平面偏振光
   （9）旋光性　　　（10）旋光性物质

2. 将 500 mg 可的松溶解在 100 ml 乙醇中，注满 25 cm 长的旋光管，在 20 ℃测得旋光度为 +2.16°，计算可的松的比旋光度。

3. C_6H_{12} 是一个具有旋光性的不饱和烃，加氢后生成相应的饱和烃。C_6H_{12} 不饱和烃是什么？生成的饱和烃有无旋光性？

4. 写出下列化合物的 Fischer 投影式，并用 R/S、D/L 构型标记法命名。
   （1）乳酸　　　　　　　（2）2-羟基丁酸　　　　　（3）2-氨基丙酸

5. 写出满足下列条件的开链化合物。
   （1）具有手性碳原子的炔烃 C_6H_{10}；
   （2）具有手性碳原子的羧酸 $C_5H_{10}O_2$。

6. 下列化合物中，哪些存在内消旋化合物？
   （1）2,3-二溴丁烷　　　（2）2,3-二溴戊烷　　　（3）2,4-二溴戊烷

（张爱华）

第六章 卤代烃

烃分子中的氢原子被一个或多个卤原子取代后得到的化合物称为卤代烃（halohydrocarbon），常用通式 R—X 表示，卤原子—X 为官能团。

天然卤代烃主要存在于一些海洋生物如海藻、海绵及软体动物体内。绝大多数卤代烃是人工合成产物，目前商品卤代烃达数万种，有的卤代烃可用作溶剂、麻醉剂、制冷剂、灭火剂、合成塑料和农药的原料等。有的卤代烃具有较大的污染性或毒性，使用时需注意防护。此外，含卤素药物常在临床上使用。

> **临床应用**
>
> **含卤素药物**
>
> 分析已有的临床小分子药物的结构，不难发现很多药物分子中含卤素，2021年FDA批准的50种药物中有14种含有卤素。卤素的引入将影响药物分子间的电荷分布、脂溶性、代谢性质等，从而改变药物分子的活性、毒性、副作用、作用时间等。相比氟和氯，溴和碘具有较大的原子量、原子半径及相对较弱的电负性，因此，临床治疗药物分子引入的卤素基团常见氟原子，多见氯原子，而少见溴原子，罕见碘原子。如含氟药物：5-氟尿嘧啶（抗癌药物）、西格列汀（降糖药物）、左氧氟沙星（抗菌药物）；含氯药物：氨氯地平（抗高血压药物）、氯苯那敏（抗过敏药物）；含溴药物：苯溴马隆（抗痛风药物）；含碘药物：胺碘酮（抗心律失常药物）。

卤代烃在有机合成方面具有桥梁和纽带作用，其化学反应及反应机理在有机化学中占有重要地位。

第一节 卤代烃的结构、分类和命名

一、卤代烃的结构

卤代烃中卤原子与碳原子通过 σ 键相连。由于卤原子的电负性大于碳原子的电负性，因此，C—X 键为极性共价键，且成键电子对偏向卤原子，偶极方向由碳原子指向卤原子，碳、卤原子分别带部分正、负电荷。

$$\overset{X}{\underset{}{C}}\uparrow \quad (X=F, Cl, Br, I)$$

由于卤原子的电负性和原子半径不同，卤原子与饱和碳原子相连的 4 种卤代烃（氟代烃、氯代烃、溴代烃和碘代烃）中碳卤键的键长也不相同。表 6-1 为卤代烃中碳卤键的键长和偶极矩。

表 6-1　卤代烃中碳卤键的键长和偶极矩

碳卤键	键长（pm）	偶极矩（D）
C—F	139	1.81
C—Cl	176	1.96
C—Br	194	1.78
C—I	214	1.64

二、卤代烃的分类

根据分子中卤素的种类不同，将卤代烃分为氟代烃、氯代烃、溴代烃和碘代烃，其中氯代烃和溴代烃最为常见。根据分子中所含卤原子的数目不同，将卤代烃分为一卤代烃、二卤代烃和多卤代烃。根据与卤原子相连的烃基结构不同，将卤代烃分为饱和卤代烃、不饱和卤代烃（卤代芳香烃）。

$$\underset{\text{卤代烷烃}}{RCH_2-X} \quad \underset{\text{卤代烯烃}}{RCH=CH(CH_2)_n-X} \quad \underset{\text{卤代炔烃}}{RC\equiv C(CH_2)_n-X} \quad \underset{\text{卤代芳香烃}}{C_6H_5-X}$$

饱和卤代烃　　　　　　　　　　　不饱和卤代烃

在卤代烯烃中，当 $n=0$ 时，卤素直接连在双键碳原子上，称为乙烯型卤代烃；当 $n=1$ 时，为烯丙基型卤代烃；当 $n\geq 2$ 时，为孤立型卤代烯烃。

$$\underset{\text{乙烯型卤代烃}}{RCH=CH-X} \quad \underset{\text{烯丙基型卤代烃}}{RCH=CHCH_2-X} \quad \underset{\text{孤立型卤代烯烃}}{RCH=CHCH_2CH_2-X}$$

根据与卤原子直接相连的碳原子的类型不同，将卤代烃分为伯（1°）卤代烃、仲（2°）卤代烃和叔（3°）卤代烃。

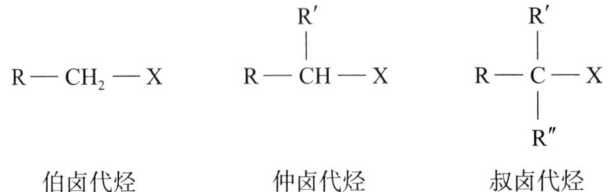

伯卤代烃　　　　　仲卤代烃　　　　　叔卤代烃

三、卤代烃的命名

有些卤代烃常用俗名，例如氯仿（CHCl₃）、碘仿（CHI₃）。结构简单的卤代烃，用普通命名法直接称为"某基卤"。

H₂C═CHCH₂Br   (CH₃)₃CBr

烯丙基溴   叔丁基溴   苄基氯
allyl bromide   tert-butyl bromide   benzyl chloride

卤代烃的系统命名法是把卤原子作为取代基，相应的烃为母体，按照烷烃、烯烃或芳香烃等化合物的命名原则给主链编号并命名，取代基则按照其英文首字母的排列顺序先后列出。

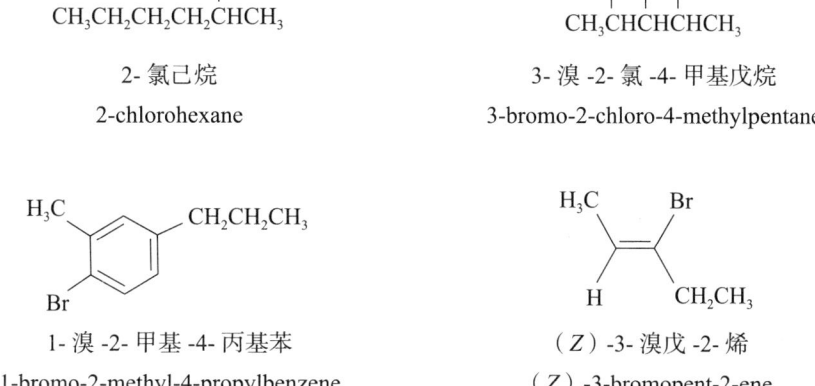

2-氯己烷
2-chlorohexane

3-溴-2-氯-4-甲基戊烷
3-bromo-2-chloro-4-methylpentane

1-溴-2-甲基-4-丙基苯
1-bromo-2-methyl-4-propylbenzene

（Z）-3-溴戊-2-烯
（Z）-3-bromopent-2-ene

第二节　卤代烃的物理性质

常温下，4个碳原子以下的氟代烷、2个碳原子以下的一氯代烷和一溴代烷为气体，15个碳原子以上的卤代烃为固体，其余卤代烃为液体。

除一氟代烷和一氯代烷外，大多数卤代烃密度都大于 1 g·cm⁻³，并按 F、Cl、Br、I 的顺序增加；分子中的卤素原子越多，密度越大。

卤代烷的沸点随碳链的增长和卤素原子序数的增加而升高；在同分异构体中，支链分子的沸点较直链的低，支链越多，沸点越低。卤代烃的熔点随着分子量的增大而升高。

卤代烃均不溶于水，但能溶于大多数有机溶剂。许多有机化合物能溶于卤代烃，常用 CH₂Cl₂、CHCl₃ 作溶剂，从水溶液中提取和分离有机化合物。表 6-2 列出了一些常见卤代烃的沸点和密度。

表 6-2　常见卤代烃的沸点和密度

名称	英文名	结构式	沸点（℃）	密度（g·cm⁻³）
氯甲烷	chloromethane	CH₃Cl	−24.2	0.94
溴甲烷	bromomethane	CH₃Br	3.6	1.68

续表

名称	英文名	结构式	沸点（℃）	密度（g·cm^{-3}）
碘甲烷	iodomethane	CH_3I	42.4	2.28
氯乙烷	chloroethane	CH_3CH_2Cl	12.3	0.90
溴乙烷	bromoethane	CH_3CH_2Br	38.4	1.46
碘乙烷	iodoethane	CH_3CH_2I	72.3	1.94
氯苯	chlorobenzene	C_6H_5Cl	132	1.11
溴苯	bromobenzene	C_6H_5Br	155.5	1.50
碘苯	iodobenzene	C_6H_5I	188.5	1.83
二氯甲烷	dichloromethane	CH_2Cl_2	40	1.34
三氯甲烷	trichloromethane	$CHCl_3$	61	1.49
四氯化碳	tetrachloromethane	CCl_4	77	1.60

纯的一卤代烷没有颜色，但碘代烷久置可见光分解产生游离 I_2，因此碘代烷应存放于棕色瓶中。

第三节　卤代烃的化学性质

一、卤代烷的亲核取代反应

卤代烷烃是药物合成反应中使用非常广泛的烷基化试剂。由于卤原子电负性较碳原子大，一卤代烷分子中与卤原子直接相连的碳原子（也称作中心碳原子）带部分正电荷，容易受到负离子或含孤对电子的亲核试剂的进攻，使碳卤键发生异裂，卤原子以负离子的形式离去，生成卤代烷中卤原子被其他原子或基团取代的产物。

$$R-X + \begin{cases} NaOH \xrightarrow[\triangle]{H_2O} R-OH + NaX \quad \text{醇} \\ NaOR' \xrightarrow{\triangle} R-OR' + NaX \quad \text{醚} \\ NaCN \xrightarrow{C_2H_5OH} R-CN + NaX \quad \text{腈} \\ NH_3 \xrightarrow{\triangle} R-NH_2 + HX \quad \text{胺} \\ AgNO_3 \xrightarrow{\triangle} R-ONO_2 + AgX\downarrow \quad \text{硝酸酯} \end{cases}$$

卤代烷与氢氧化钠（钾）的水溶液共热，卤原子被羟基取代生成醇，该反应称为卤代烷的水解反应（hydrolysis reaction），该反应可用于某些醇类化合物的制备。

卤代烷与氰化钾（钠）在醇溶液中反应，卤原子被氰基取代生成腈。腈可以在酸性条件下水解生成羧酸，得到的羧酸比卤代烷增加了一个碳原子，这是有机合成中增长碳链的方法之一。

$$R-X + NaCN \xrightarrow{C_2H_5OH} R-CN \xrightarrow[\triangle]{H_3^+O} R-COOH$$

卤代烷与醇钠或酚钠的醇溶液共热，卤原子被烷氧基（—OR）取代生成醚，这是合成混醚常用的方法，称为 Williamson 合成法。

卤代烷与过量的氨溶液共热，卤原子被氨基取代可制得胺或铵盐，由于生成的胺还可以继续与卤代烷反应，所以产物是各级胺的混合物。

$$R-X + NH_3 \xrightarrow{\triangle} R-NH_2 \xrightarrow{R-X} R-\underset{}{N}H + R-\underset{}{N}-R + R-\overset{+}{\underset{}{N}}-RX^-$$

卤代烷与硝酸银的醇溶液共热生成硝酸酯和卤化银沉淀，此反应可用于鉴别卤代烃。

上述反应具有共同特点，试剂中带有负电荷的原子团或含有未共用电子对的离子或分子（如 OH⁻、CN⁻、OR⁻、ONO₂⁻、NH₃、H₂O），即亲核试剂（nucleophilic reagent），首先进攻卤代烷分子中带部分正电荷的碳原子引起的取代反应，称为亲核取代反应（nucleophilic substitution reaction），用 S_N 表示。反应通式如下：

$$R-\overset{\delta^+}{CH_2}\longrightarrow \overset{\delta^-}{X} \ + \ :Nu^- \longrightarrow R-CH_2-Nu \ + \ :X^-$$

卤代烃　　　亲核试剂　　　　　产物　　离去基团
（底物）

其中，:Nu⁻ 为亲核试剂，提供一对电子与卤原子所连碳原子生成 C—Nu 共价单键（产物）；卤原子则带着一对电子离去，称为离去基团（leaving group）；受到亲核试剂进攻的卤代烷称为底物；卤代烷中与卤原子连接的碳原子称为反应中心。

二、卤代烷亲核取代反应机理

卤代烷水解反应动力学研究表明，卤代烷的水解存在两种反应机制。一些卤代烷的水解反应速率仅与卤代烷的浓度有关；而另一些卤代烷的水解反应速率不仅与卤代烷的浓度有关，还与水解时亲核试剂的浓度有关。1937 年，英国化学家 C. Ingold 和 E. D. Hughes 合作研究，共同提出了亲核取代反应的两种机理，即单分子亲核取代反应机理和双分子亲核取代反应机理，分别用 S_N1 和 S_N2 表示。

（一）单分子亲核取代反应（S_N1 反应）

1. 反应机理　卤代烷水解涉及旧键（C—X）的断裂和新键（C—O）的形成。实验表明：叔丁基溴在稀碱溶液中的水解，反应速率 υ 仅与叔丁基溴的浓度成正比，而与亲核试剂（OH⁻）的浓度无关。

$$(H_3C)_3C-Br + OH^- \longrightarrow (CH_3)_3C-OH + Br^-$$

$$\upsilon = k\,[(H_3C)_3CBr]$$

该反应在动力学上属于一级反应，k 为速率常数。通过对反应结果和实验事实的分析推出上述反应分两步进行：

第一步：$(H_3C)_3C \longrightarrow Br \xrightarrow{慢} [(H_3C)_3\overset{\delta+}{C} \cdots \overset{\delta-}{Br}] \longrightarrow (CH_3)_3C^+ + Br^-$
过渡态（Ⅰ）

第二步：$(CH_3)_3C^+ + OH^- \xrightarrow{快} [(H_3C)_3\overset{\delta+}{C} \cdots \overset{\delta-}{OH}] \longrightarrow (CH_3)_3C - OH$
过渡态（Ⅱ）

反应的第一步是叔丁基溴在溶剂中离解为活性中间体（叔丁基碳正离子）和溴负离子，这一步为慢反应。第二步是叔丁基碳正离子与 OH^- 生成叔丁醇，这一步反应较快。决定整个反应的限速步骤是第一步，而第一步反应只与叔丁基溴的浓度有关，与 OH^- 的浓度无关，所以称之为单分子亲核取代反应（S_N1 反应）。

2. 能量变化 图 6-1 所示为叔丁基溴按 S_N1 反应机理进行水解反应的能量变化。从图中可以看出，第一步 C—Br 键逐渐变长、减弱，成键电子对逐渐转移到溴原子上，经过一个能量较高的过渡态（Ⅰ），且体系能量增大（E_{a1}）；随后 C—Br 键异裂生成叔丁基碳正离子和溴负离子，且能量下降。第二步叔丁基碳正离子立即与 OH^- 结合形成过渡态（Ⅱ），在 C—O 键形成过程中能量上升（E_{a2}），完全形成叔丁醇后能量下降到最低。第一步反应的活化能 E_{a1} 大于第二步反应的活化能 E_{a2}，表明第一步形成碳正离子是决定反应速率的关键一步。

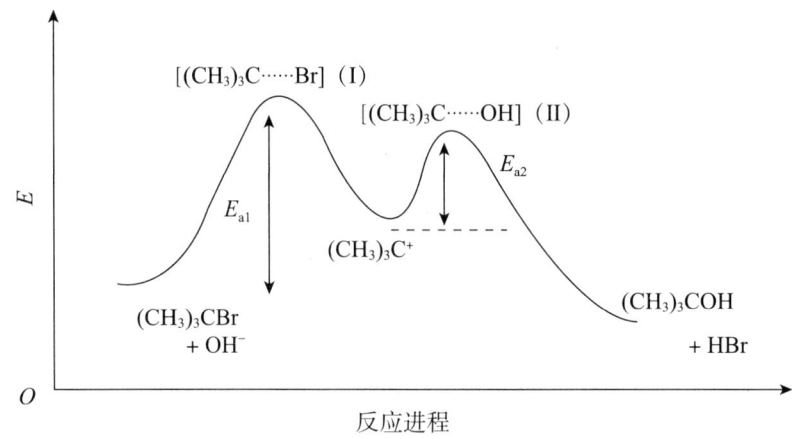

图 6-1　叔丁基溴水解反应（S_N1 反应）的能量变化

3. 立体化学 在卤代烷的 S_N1 反应中，关键的一步是卤离子离去，生成碳正离子。碳正离子呈平面构型，中心碳原子为 sp^2 杂化，使亲核试剂可以从平面两侧进攻，当中心碳原子为手性碳时，则得到构型保持和构型反转的两种产物，即外消旋体。例如，（R）-3-氯-3-甲基己烷的水解反应过程及产物如下所示：

有些卤代烷发生亲核取代反应时有重排产物生成，例如，2-氯-3-甲基丁烷水解时得到93%的2-甲基-丁-2-醇：

$$\underset{\underset{CH_3}{|}}{CH_3CHCHCH_3} \overset{Cl}{\underset{}{|}} \xrightarrow{H_2O} \underset{\underset{CH_3}{|}}{CH_3CCH_2CH_3} \overset{OH}{\underset{}{|}} \quad (93\%)$$

该反应是 S_N1 反应，反应中间体碳正离子经历了下列重排过程：

$$\underset{\underset{CH_3}{|}}{CH_3CHCHCH_3} \overset{Cl}{\underset{}{|}} \xrightarrow{慢} \underset{\underset{CH_3}{|}}{CH_3CHCHCH_3} \overset{+}{\underset{}{}}$$
（1）

$$\underset{\underset{CH_3}{|}}{CH_3CHCHCH_3} \overset{+}{\underset{}{}} \xrightarrow{重排} \underset{\underset{CH_3}{|}}{CH_3CCH_2CH_3} \overset{+}{\underset{}{}}$$
（2）

$$\underset{\underset{CH_3}{|}}{CH_3CCH_2CH_3} \overset{+}{\underset{}{}} + OH^- \xrightarrow{快} \underset{\underset{CH_3}{|}}{CH_3CCH_2CH_3} \overset{OH}{\underset{}{|}}$$
（3）

第一步氯离子离去生成仲碳正离子（1），然后叔碳上的氢带着一对电子迁移到带正电荷的碳原子上，形成更稳定的叔碳正离子（2），最后（2）与 OH^- 反应生成产物。

综上所述，S_N1 反应机理的特点包括：单分子反应，反应速率仅与卤代烷的浓度有关；反应分两步进行，反应涉及碳正离子中间体生成，可能伴随重排反应产物的生成；若卤代烷中心碳原子为手性碳，则反应产物为外消旋混合物。

（二）双分子亲核取代反应（S_N2 反应）

1. 反应机理　实验表明，溴甲烷在碱性溶液中的水解速率不仅与卤代烷的浓度成正比，还与亲核试剂（OH^-）的浓度成正比，在动力学上属于二级反应。

$$H_3C—Br + OH^- \longrightarrow H_3C—OH + Br^-$$

$$v = k[CH_3Br][OH^-]$$

研究表明溴甲烷的水解反应机理如下。

$$OH^- + \underset{H}{\overset{H}{\underset{|}{|}}}C—Br \xrightarrow{慢} \left[HO\overset{\delta^-}{\cdots}\underset{H}{\overset{H}{\underset{|}{|}}}C\cdots\overset{\delta^-}{Br} \right] \xrightarrow{快} HO—\underset{H}{\overset{H}{\underset{|}{|}}}C—H + Br^-$$

过渡态

在反应过程中，OH^- 从溴的背面接近溴甲烷带有部分正电荷的中心碳原子，并与之逐渐

结合且部分成键，同时 C—Br 键逐渐变长、变弱，形成反应过渡态，此时，中心碳原子由 sp^3 杂化转变为 sp^2 杂化，3 个氢原子和中心碳原子共平面，氧、碳、溴原子处于同一直线上，且体系能量达到最高值。随着 OH^- 继续接近碳原子，O—C 键形成，溴离子带一对电子离去，体系能量逐渐降低，反应完成。反应过程中形成过渡态的速率与溴甲烷和碱的浓度都有关，因此这一反应称为双分子亲核取代反应（S_N2 反应）。

2. 能量变化 图 6-2 所示为溴甲烷按 S_N2 反应机理进行水解反应的能量变化。从图中可以看出，O—C 键即将形成和 C—Br 键即将断开的过渡态能量最高，至形成甲醇后能量达到最低点。

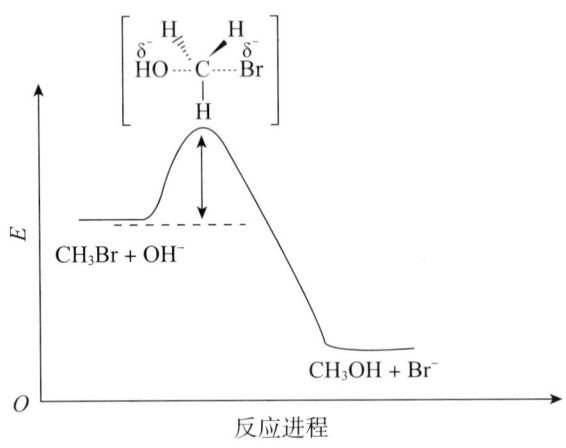

图 6-2 溴甲烷水解反应（S_N2 反应）的能量变化

3. 立体化学 从 S_N2 反应机理可以得知，亲核试剂是从离去基团的背面进攻中心碳原子，如果中心碳原子为手性碳，则反应产物的构型发生了翻转，即构型转化。这一机理可以通过测定产物和反应底物的旋光度证实。在 S_N2 反应过程中，产物构型完全翻转，就像在暴风雨中雨伞被大风吹翻一样，称为 Walden 转换。（S）-2-溴丁烷在碱性条件下的水解反应如下所示：

（S）-2-溴丁烷   过渡态   （R）-丁-2-醇

综上所述，S_N2 反应的特点包括：双分子反应，反应速率与卤代烃和亲核试剂浓度均有关；反应一步完成，即旧键断裂和新键形成同时完成；如果中心碳原子是手性碳，则反应产物伴有构型转化。

（三）影响亲核取代反应的因素

卤代烃的亲核取代反应是按 S_N1 还是 S_N2 反应机理进行，与卤代烃的分子结构、亲核试剂及溶剂性质等因素都有密切的关系。下面分别讨论上述因素的具体影响。

1. 卤代烃的分子结构

（1）烃基结构的影响：卤代烃中烃基的电子效应和空间效应对亲核取代反应有明显的影响。①电子效应：烷基的 +I 诱导效应能增加碳正离子的稳定性，因此，碳正离子上的烷基越多越稳定。②空间效应：中心碳原子连有多个烷基时，空间较为拥挤，当中心碳原子上的卤原子离去后，变为平面的碳正离子，拥挤程度降低，因此，中心碳原子上的烷基越多，对 S_N1 反应越有利，即不

同类型的一卤代烷 S_N1 反应活性大小顺序为：叔卤代烷＞仲卤代烷＞伯卤代烷＞卤代甲烷。

在 S_N2 反应机理中，反应一步完成，亲核试剂从离去基团的背面进攻带部分正电荷的中心碳原子形成过渡态，如果中心碳原子所连的烷基越多、体积越大，就越不利于亲核试剂接近中心碳原子形成过渡态，反应活性就越低。因此在 S_N2 反应中，一卤代烷反应活性大小顺序为：卤代甲烷＞伯卤代烷＞仲卤代烷＞叔卤代烷。

通常情况下，伯卤代烷倾向于发生 S_N2 反应；叔卤代烷则倾向于发生 S_N1 反应；仲卤代烷既可以按 S_N1 也可以按 S_N2 反应机理进行，且往往在一个反应中两种机理共存，并受亲核试剂和溶剂的影响。

$$\xrightarrow{S_N1\text{反应增加}}$$
$$RX = CH_3X, 1°, 2°, 3°$$
$$\xleftarrow{S_N2\text{反应增加}}$$

（2）离去基团的性质：一卤代烷无论按哪种机理发生亲核取代反应，关键步骤中都涉及离去基团的离去，因此，底物中离去基团的离去能力强，对于 S_N1 和 S_N2 反应都有利，但 S_N1 反应机理受离去基团的影响更为明显，因为 S_N1 机理的反应速率主要取决于形成碳正离子的这一步，而 S_N2 反应机理还需要亲核试剂的进攻参与才能反应。离去基团的离去能力主要取决于 C—X 键的键能大小和离去基团的稳定性。对于一卤代烷来说，C—X 键的键能大小顺序为：C—F＞C—Cl＞C—Br＞C—I；卤负离子的稳定性顺序为：$I^->Br^->Cl^->F^-$。因此，当烷基相同而卤素原子不同时，一卤代烷的反应活性顺序为：RI＞RBr＞RCl＞RF，氟代烷难以发生亲核取代反应。例如，几种叔卤代烷在 80% 乙醇水溶液中进行 S_N1 反应的相对速率为：

$$(CH_3)_3C-X + H_2O \xrightarrow{C_2H_5OH} (CH_3)_3C-OH + (CH_3)_3C-OC_2H_5 + HX$$

X：	Cl	Br	I
相对速率：	1.0	39	99

2. 亲核试剂的影响 在亲核取代反应中，亲核试剂进攻中心碳原子的能力称为试剂的亲核性。在 S_N1 反应中，反应速率只取决于卤负离子解离后生成碳正离子中间体的稳定性，亲核试剂的亲核性强弱和浓度大小对反应速率影响不大。而在 S_N2 反应中，增加亲核试剂的亲核性和浓度将有利于反应的进行；亲核试剂的空间位阻小，有利于试剂从卤素的背面进攻底物的中心碳原子，形成过渡态，反应速率加快。表 6-3 列出了一些常见亲核试剂在甲醇溶液中与碘甲烷发生 S_N2 反应的相对速率。

表 6-3 一些常见亲核试剂在甲醇溶液中与碘甲烷发生 S_N2 反应的相对速率

亲核试剂	相对速率	亲核试剂	相对速率
CH_3OH	1	CN^-	5×10^6
F^-	5×10^2	I^-	3×10^7
Cl^-	2×10^4	CH_3S^-	1×10^8
NH_3	3×10^5	$C_6H_5O^-$	$\sim10^5$
Br^-	6×10^5	CH_3COO^-	$\sim10^4$
CH_3O^-	2×10^6	CH_3COOH	$\sim10^{-2}$

3. 溶剂性质的影响 常见的溶剂包括极性溶剂和非极性溶剂，其中极性溶剂又可以分为质子性溶剂（如水、醇）和非质子性溶剂。在 S_N1 反应中，极性较大的溶剂对碳卤键的异裂和

碳正离子的稳定均有利,因此增加溶剂的极性对 S_N1 反应有利。S_N2 反应要求亲核试剂的亲核性较强,通常情况下亲核试剂为负离子,而极性质子性溶剂容易使负离子溶剂化,阻碍亲核试剂接近中心碳原子,不利于过渡态的形成,因此增加溶剂的极性对 S_N2 反应不利。

三、卤代烷的消除反应

在有机化合物中与官能团直接相连的碳原子称为 α-C,与 α-C 相连的碳原子称为 β-C,依此类推(γ、δ……),因卤原子的吸电子诱导效应,卤代烷 β-C 上的氢显酸性,易受碱性试剂进攻,脱去卤原子和 β-H 生成烯烃。这种由分子中脱去小分子(如水、卤化氢、卤素)生成含不饱和键化合物的反应称为消除反应(elimination reaction),简称 E 反应。

一卤代烷与氢氧化钠(钾)醇溶液共热,脱去一分子卤化氢生成烯烃。

$$R-\underset{H}{\underset{|}{CH}}-\underset{Cl}{\underset{|}{CH_2}} + NaOH \xrightarrow[\Delta]{C_2H_5OH} R-CH=CH_2 + NaCl + H_2O$$

反应中,卤代烷失去卤原子和 β-H,所以也称为 β- 消除反应。消除反应是制备烯烃或炔烃的方法之一,通常在强碱(如氢氧化钠、醇钠、氨基钠)和极性较小的溶剂(如醇类)中进行。卤代烷消除反应动力学的研究表明,该类反应也存在两种消除机理,即单分子消除反应(E1 反应)和双分子消除反应(E2 反应)。

(一)E1 反应机理

在 E1 反应中,反应速率与卤代烷的浓度成正比,与碱的浓度无关,反应分两步进行。第一步与 S_N1 反应相同,碳卤键发生异裂生成碳正离子和卤负离子。第二步,碱性试剂(B^-)进攻 β-H,失去质子的 β-C 变成碳负离子,其 p 轨道与 α-C 的 p 轨道平行重叠形成 π 键,生成烯烃。决定反应速率的是第一步碳正离子的生成,所以为单分子消除(unimolecular elimination,E1)反应。E1 反应机理如下所示:

$$-\overset{|}{\underset{|}{C}}-\overset{H}{\underset{|}{C}}-X \xrightarrow[\text{慢}]{-X^-} -\overset{|}{\underset{|}{C}}-\overset{H}{\underset{|}{C}}{}^+$$

$$B^- + -\overset{\curvearrowright H}{\underset{|}{C}}-\overset{|}{\underset{|}{C}}{}^+ \xrightarrow{\text{快}} C=C + HB$$

由此可见,E1 和 S_N1 反应的第一步都是生成碳正离子,不同的是第二步反应,在 S_N1 反应中是亲核试剂进攻中心碳原子,而在 E1 反应中是碱性试剂进攻 β-H。

由于生成碳正离子这一步是决定反应速率的关键步骤,因此卤代烷发生 E1 反应的活性顺序为:叔卤代烷>仲卤代烷>伯卤代烷。此外,在 E1 或 S_N1 反应中生成的碳正离子可以发生重排,转变为更稳定的碳正离子,然后再发生消除或取代反应,所以反应常常伴随重排反应和取代反应两种产物。重排反应也是 E1 或 S_N1 反应机理的证据之一,例如:

$$H_3C-\underset{\underset{CH_3}{|}}{\overset{\overset{CH_3}{|}}{C}}-CH_2Br \xrightarrow{-Br^-} H_3C-\underset{\underset{CH_3}{|}}{\overset{\overset{CH_3}{|}}{C}}-\overset{+}{C}H_2 \xrightarrow[\text{重排}]{\text{甲基迁移}} H_3C-\underset{\underset{CH_3}{|}}{\overset{+}{C}}-CH_2CH_3 \begin{cases} \xrightarrow[E1]{-H^+} H_3C-\underset{\underset{CH_3}{|}}{\overset{\overset{CH_3}{|}}{C}}=CHCH_3 \\ \xrightarrow[S_N1]{C_2H_5OH} H_3C-\underset{\underset{OC_2H_5}{|}}{\overset{\overset{CH_3}{|}}{C}}-CH_2CH_3 \end{cases}$$

（二）E2 反应机理

在 E2 反应中，反应速率与卤代烷的浓度和碱的浓度的乘积成正比，反应一步完成。碱性试剂 B⁻ 进攻卤代烷的 β-H，使该氢原子以质子的形式与试剂结合而脱去，同时卤原子带着一对电子离去，α-C 和 β-C 之间形成碳碳双键而生成烯烃。由于过渡态的形成有碱性试剂参与，旧键断裂与新键形成同时进行，所以称为双分子消除（bimolecular elimination，E2）反应。

$$B^- + -\overset{|}{\underset{|}{C}}-\overset{|}{\underset{|}{C}}-X \xrightarrow{\text{慢}} \left[-\overset{|}{\underset{|}{C}}=\overset{|}{\underset{|}{C}}\cdots X \right] \longrightarrow \overset{}{\underset{}{C}}=\overset{}{\underset{}{C}} + HB + X^-$$

过渡态

E2 和 S_N2 反应机理有相似之处。二者的差异在于：在 S_N2 反应中是亲核试剂进攻 α-C，而在 E2 反应中是碱性试剂进攻 β-H，两者经常相伴发生。

由于 E2 反应是一步完成的，同时碱性试剂进攻 β-H 较少受空间位阻的影响，且双键碳原子上连有的烃基越多，烯烃越稳定，所以卤代烷发生 E2 反应的活性顺序为：叔卤代烷＞仲卤代烷＞伯卤代烷，即卤代烷按两种不同机理发生消除反应时卤代烷的活性顺序是一致的。

（三）消除反应的取向

卤代烃进行消除反应时，如果分子中存在 2 个以上 β-H，消除反应可得到不同烯烃的混合物。实验证明，当分子中存在 2 个或 2 个以上的 β-H 时，优先生成双键碳原子上连有较多烃基的烯烃，这一规律首先由俄国化学家 A. Saytzeff 在 1875 年提出，被称为 Saytzeff 规则。例如：

$$H_3C-\underset{\underset{Br}{|}}{\overset{\overset{H}{|}}{C}}-CH_2CH_3 \xrightarrow[\triangle]{KOH/C_2H_5OH} H_3C-CH=CHCH_3 + H_2C=CHCH_2CH_3$$

2- 溴丁烷 \qquad\qquad 丁 -2- 烯（81%） \quad 丁 -1- 烯（19%）

$$H_3C-\underset{\underset{Br}{|}}{\overset{\overset{CH_3}{|}}{C}}-CH_2CH_3 \xrightarrow[\triangle]{KOH/C_2H_5OH} H_3C-\overset{\overset{CH_3}{|}}{C}=CHCH_3 + H_2C=\overset{\overset{CH_3}{|}}{C}-CH_2CH_3$$

2- 溴 -2- 甲基丁烷 \qquad 2- 甲基丁 -2- 烯（70%） \quad 2- 甲基丁 -1- 烯（30%）

消除反应的取向规律与生成烯烃的稳定性有关，生成的烯烃双键碳原子上连有的烃基越多，分子的对称性越好，内能就越低，烯烃越稳定，反应就越容易进行。烯烃稳定性次序为：

$$R_2C=CR_2 > R_2C=CHR > R_2C=CH_2 > RCH=CHR > H_2C=CH_2$$

知识拓展

札依采夫

札依采夫（Saytzeff，1841—1910），俄国化学家。札依采夫的父亲是一名经营糖与茶叶生意的商人，他父亲希望子承父业，因此札依采夫在父亲的期望中进入喀山大学学习经济学。当时俄罗斯学习法律和经济学专业的大学生必须学习 2 年的化学，所以札依采夫跟随化学家 Butlerov 学习。1862 年，札依采夫来到西欧，先后师从化学家 H. Kölber 和 C. A. Wurtz。1869 年，札依采夫成为喀山大学特聘化学教授，他在 1875 年发表的论文中提出了预测有机消除反应产物的"札依采夫规则"，他在喀山大学任教直到 1910 年逝世。尽管札依采夫不是俄罗斯化学学会的创始成员，但他担任了三届学会主席和会长（1905 年、1909 年和 1910 年）。1903 年，他被选为俄罗斯科学院通讯委员，并在大、小布特列罗夫奖颁奖委员会任职。1909 年，他因对化学的贡献而获得了大布特列罗夫奖。

四、亲核取代反应和消除反应的关系

卤代烷的亲核取代反应和消除反应通常同时发生，又相互竞争，两类反应哪种占优势取决于卤代烷的结构、试剂、溶剂、温度等因素。选择适当的反应物和控制反应条件，可以得到收率较高的预期产物，对有机合成具有重要意义。

（一）卤代烷结构的影响

强亲核试剂与无支链的伯卤代烷一般发生 S_N2 反应，这是因为亲核取代反应的活化能较消除反应的活化能低。叔卤代烷在强碱性条件下主要发生 E2 反应，无强碱性试剂时主要发生 S_N1 反应。仲卤代烷的情况较复杂，与反应条件有关。一般来说，卤代烷消除反应产物的比例为 3° 卤代烷 > 2° 卤代烷 > 1° 卤代烷。

（二）亲核试剂的影响

亲核试剂的中心原子一般都具有未共用电子对，所以既表现亲核性，也表现为碱性。在与卤代烷的反应中，碱性强弱是指试剂与质子的结合能力；而亲核性强弱则是指试剂与带部分正电荷的中心碳原子的结合能力。

试剂的亲核性强、碱性弱有利于取代反应；亲核性弱、碱性强有利于消除反应。试剂的碱性强、浓度大有利于E2反应；亲核性强、浓度大有利于 S_N2 反应。

$$(CH_3)_3C-Br + C_2H_5ONa \xrightarrow[C_2H_5OH]{25\ ℃} (CH_3)_2C=CH_2 + (CH_3)_3C-OC_2H_5$$

$$\qquad\qquad\qquad\qquad\qquad\qquad\qquad（83\%）\qquad（17\%）$$

$$(CH_3)_3C-Br + C_2H_5OH \xrightarrow{25\ ℃} (CH_3)_2C=CH_2 + (CH_3)_3C-OC_2H_5$$
$$(19\%) \qquad\qquad (81\%)$$

（三）溶剂和温度的影响

通常增大溶剂的极性有利于卤代烷的取代反应，减小溶剂的极性有利于消除反应的发生。因此，卤代烷的水解反应常在水溶液中易进行，而脱卤化氢反应则在醇溶液中易进行。

一般情况下，升高温度会增加消除反应产物的比例，这是由于消除反应比取代反应有较高的活化能。例如：

$$CH_3CHCH_3 \xrightarrow[C_2H_5OH,\ H_2O]{NaOH} \begin{array}{l} \xrightarrow{45\ ℃} H_3CHC=CH_2 + (CH_3)_2CHOC_2H_5 \\ \qquad\qquad (53\%) \qquad\qquad (47\%) \\ \xrightarrow{100\ ℃} H_3CHC=CH_2 + (CH_3)_2CHOC_2H_5 \\ \qquad\qquad (64\%) \qquad\qquad (36\%) \end{array}$$
（Br 在 CH 上）

综上所述，伯卤代烷与强亲核试剂反应主要按 S_N2 反应进行，叔卤代烷与强碱性试剂反应主要发生 E2 反应；仲卤代烷介于两者之间，但有强碱存在时，主要进行 E2 反应。

五、不饱和卤代烃的亲核取代反应

（一）乙烯型卤代烃和卤代芳烃

卤原子与 C=C 直接相连的卤代烃称为乙烯型卤代烃；卤原子与芳香环直接相连的卤代烃称为卤代芳烃。例如：

$$H_2C=CH-Cl \qquad\qquad \text{1-氯环己烯} \qquad\qquad \text{氯苯}$$

氯乙烯　　　　　1-氯环己烯　　　　氯苯

上述卤代烃中的卤原子极不活泼，不易发生取代反应，与硝酸银的醇溶液即使在加热条件下也不发生取代反应。这是因为卤原子的孤对电子与烯烃 C=C 键或苯环的大 π 键形成 p-π 共轭体系，p 电子离域到 π 键中，C—X 键介于单键和双键之间，C—X 键键能增大，C—X 键难以异裂。氯乙烯和氯苯分子中形成的 p-π 共轭体系如图 6-3 所示。

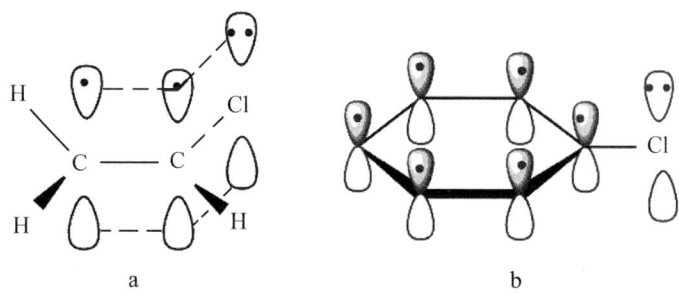

图 6-3　氯乙烯（a）和氯苯（b）分子中形成的 p-π 共轭体系

（二）烯丙基型卤代烃和苄基型卤代烃

烯丙基型卤代烃中卤原子与 C═C 相隔一个饱和碳原子，苄基型卤代烃中芳香基与卤原子相隔一个饱和碳原子。例如：

$H_2C═CHCH_2Cl$　　　环己烯-Cl　　　苯环-CH_2Cl

3-氯丙-1-烯　　　3-氯环己-1-烯　　　苄基氯

烯丙基型和苄基型卤代烃分子中卤原子反应活性很大，非常容易发生亲核取代反应，在室温下就能与硝酸银的乙醇溶液发生反应生成卤化银沉淀。这类卤代烃的卤原子和 π 键不存在 p-π 共轭效应，其 C—X 键有极性。当按 S_N1 反应进行时，卤原子带着一对电子离去后，形成烯丙基碳正离子或苄基碳正离子，因中心碳原子的 $2p$ 空轨道与 π 键或苯环大 π 键形成 p-π 共轭体系（图 6-4），正电荷得以分散，碳正离子比较稳定，有利于亲核取代反应。

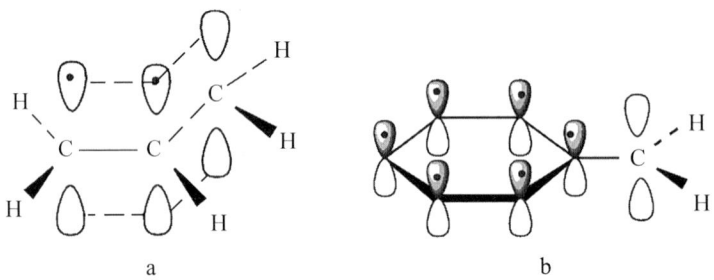

图 6-4　烯丙基碳正离子（a）和苄基碳正离子（b）的 p-π 共轭体系

（三）孤立型不饱和卤代烃

分子中卤原子与 C═C（或苯环）相隔两个或两个以上饱和碳原子的卤代烃为孤立型不饱和卤代烃。例如：

$H_2C═CHCH_2CH_2Cl$　　　环己烯-Cl　　　苯-CH_2CH_2Cl

4-氯丁-1-烯　　　4-氯环己-1-烯　　　2-氯乙基苯

孤立型不饱和卤代烃因双键碳原子或芳环碳原子离卤原子较远，相互影响较小，卤原子的活泼性基本上与卤代烷中的卤原子相似，在加热条件下此类卤代烃与硝酸银醇溶液反应生成卤化银沉淀。

综上所述，不饱和卤代烃进行亲核取代反应的活性次序是：烯丙型卤代烃（苄基型卤代烃）＞孤立型不饱和卤代烃＞乙烯型卤代烃（卤代芳烃）。

六、卤代烃与金属反应

卤代烃可与 Mg、Li、K、Na、Al、Cd 等活泼金属反应，生成金属直接与碳原子相连的有机金属化合物（organometallic compound）。其中，卤代烃与金属镁反应生成的烃基卤化镁称为格林雅试剂，简称格氏试剂（Grignard reagent）。格氏试剂是卤代烃与金属镁在无水乙醚中反应制得的：

$$R—X + Mg \xrightarrow{\text{无水乙醚}} RMgX$$

格氏试剂中，R 可以是各类型烷基、不饱和烃基或芳基；卤素为氯、溴、碘；氟代烃不能生成格氏试剂。

格氏试剂中具有一个极性很大的 C—Mg 键，带明显负电荷的碳原子具有很强的亲核性，可以作为亲核试剂参与许多化学反应，如利用格氏试剂与二氧化碳反应可以制备比原来卤代烃多一个碳原子的羧酸。格氏试剂的化学活性很强，遇到含活泼氢的化合物（如水、醇、酸、氨、末端炔烃）立即分解成相应的烃。因此在制备和使用格氏试剂时，除需要干燥仪器、试剂及避免与空气接触外，也不能用含活泼氢的化合物做溶剂。

$$RMgX \begin{cases} \xrightarrow{H_2O} RH + Mg(OH)X \\ \xrightarrow{R'OH} RH + Mg(OR')X \\ \xrightarrow{NH_3} RH + Mg(NH_2)X \\ \xrightarrow{R'COOH} RH + R'COOMgX \\ \xrightarrow{HC\equiv CR'} RH + R'C\equiv CMgX \end{cases}$$

习 题 六

1. 用系统命名法命名下列化合物。

（1）$(CH_3)_3CCH(CH_3)CH_2Cl$　　（2）CHI_3　　（3）$ClCH_2CH(CH_3)CH=CHCH_3$

（4） 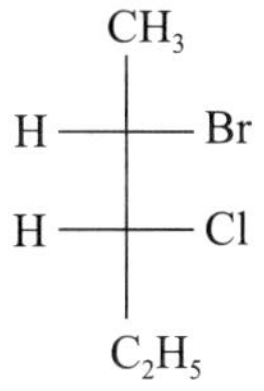
```
      CH₃
      |
  H—  —Br
      |
  H—  —Cl
      |
      C₂H₅
```

（5）Br—⟨benzene⟩—CH_2Cl　　（6）⟨phenyl⟩$C(CH_3)CH_2CH_3$ / CH_2CH_2Cl

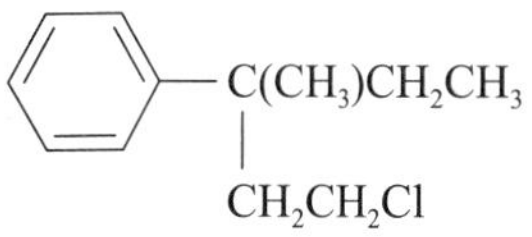

（7）$(CH_3)_3CCH(CH_3)CH_2Br$　　（8）$(CH_3)_3CCl$

（9）$(CH_3)_3CC(Cl)(CH_3)CHCH_3$ / CH_2CH_2Cl　　（10）$Cl—C(CH_2Br)(H)—CH_2CH_3$

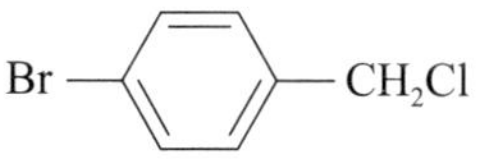

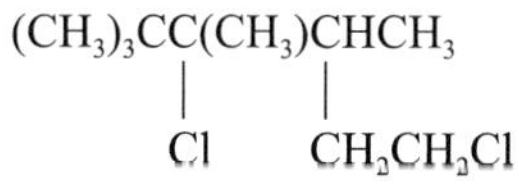

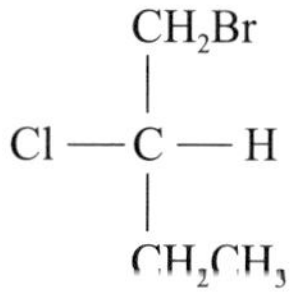

2. 写出下列化合物的结构式。

（1）溴化苄　　（2）烯丙基氯　　（3）(R)-2-碘戊烷

（4）1-氯环己烯　　（5）(E)-2-氯-3-甲基戊-2-烯

3. 用化学方法区别下列化合物。

（A）$CH_3C=CHBr$ / CH_3　　（B）$H_2C=CCH_2Br$ / Br　　（C）CH_3CHCH_2Br / CH_3

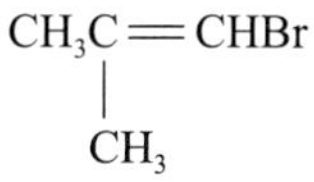

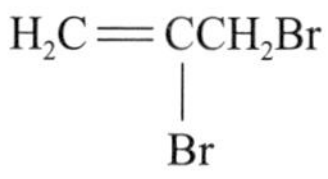

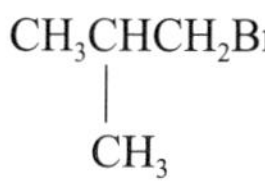

4. 完成下列反应式。

(1) 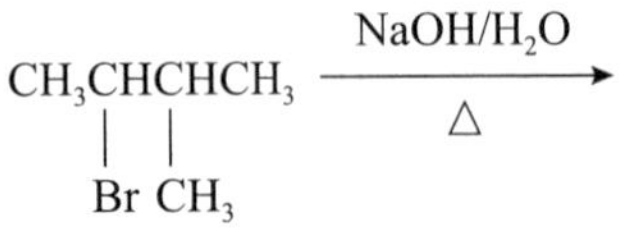 $\underset{\underset{Br}{|}\underset{CH_3}{|}}{CH_3CHCHCH_3} \xrightarrow[\triangle]{NaOH/H_2O}$

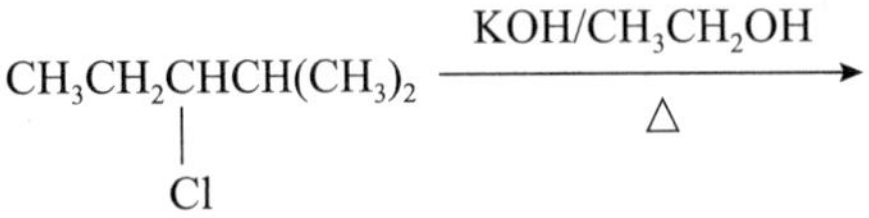

(2) $\underset{\underset{Cl}{|}}{CH_3CH_2CHCH(CH_3)_2} \xrightarrow[\triangle]{KOH/CH_3CH_2OH}$

(3) $\underset{\underset{C_2H_5}{|}}{\overset{\overset{CH_3}{|}}{H-C-Cl}} \xrightarrow{CH_3ONa/CH_3OH}$

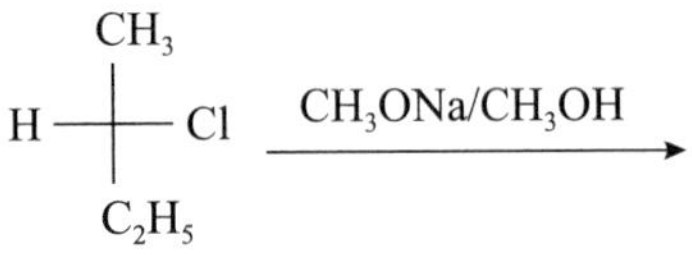

(4) $(H_3C)_2C=CH_2 \xrightarrow{HBr} \xrightarrow{NaCN} \xrightarrow{H_3O^+}$

(5) $Ph-CH=CH_2 \xrightarrow{HBr} \xrightarrow[\text{无水乙醚}]{Mg} \xrightarrow[(2)H_3O^+]{(1)CO_2}$

(6) 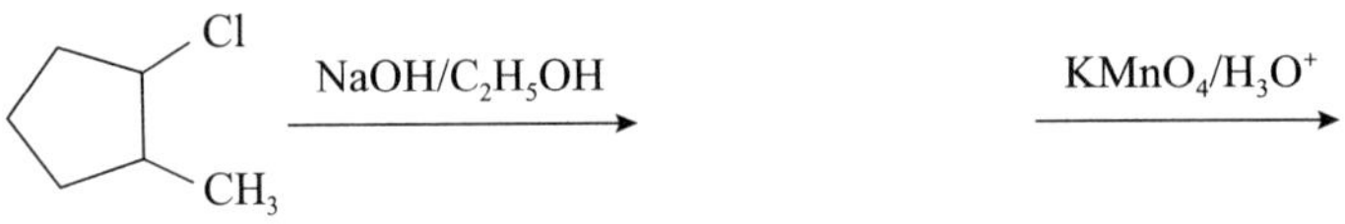 顺-1-氯-2-甲基环戊烷 $\xrightarrow{NaOH/C_2H_5OH} \xrightarrow{KMnO_4/H_3O^+}$

(7) 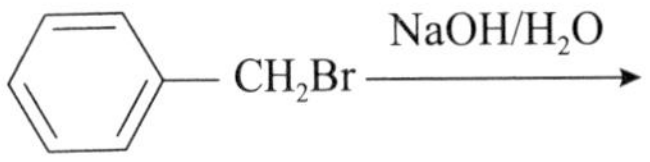 $Ph-CH_2Br \xrightarrow{NaOH/H_2O}$

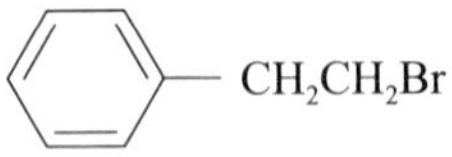

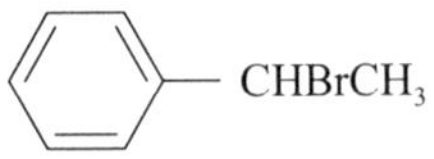

(8) 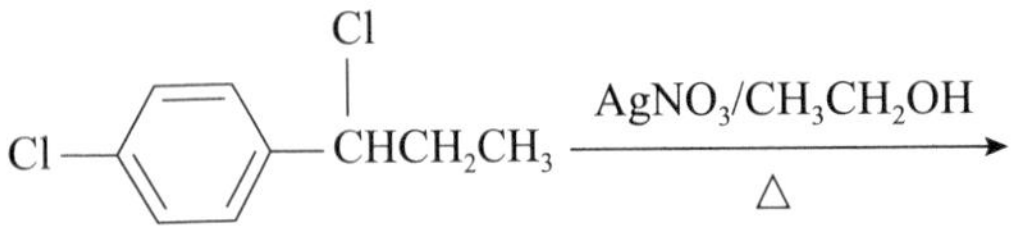 $Cl-\underset{}{C_6H_4}-\underset{\underset{}{\overset{\overset{Cl}{|}}{CHCH_2CH_3}}}{} \xrightarrow[\triangle]{AgNO_3/CH_3CH_2OH}$

5. 将下列各组卤代烃按反应速率大小排序。

(1) S_N1 反应

a. 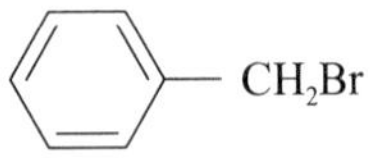 $C_6H_5-CH_2Br$ b. $C_6H_5-CH_2CH_2Br$

c. $C_6H_5-CHBrCH_3$ d. 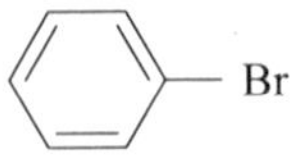 C_6H_5-Br

(2) S_N2 反应

a. $CH_3CH_2CH_2CH_2Br$ b. $(CH_3)_3CBr$

c. $CH_3CH_2CHBrCH_3$ d. $CH_3CH_2CH(CH_3)CH_2Br$

（3）E1 或 E2 反应
a. $CH_3CH_2CH_2CH_2Br$ b. $(CH_3)_3CBr$
c. $CH_3CH_2CHBrCH_3$ d. $CH_3CH_2CH(CH_3)CH_2Br$

6. 卤代烷与氢氧化钠在 H_2O/C_2H_5OH 中反应，指出下列现象属于 S_N1 还是 S_N2 反应机理。
（1）反应分步进行   （2）反应一步完成
（3）产物构型完全反转   （4）有重排产物
（5）反应速率伯卤代烷比仲卤代烷快   （6）反应速率叔卤代烷比仲卤代烷快
（7）增加氢氧化钠浓度反应速率加快

7. 判断下列卤代烃与硝酸银的乙醇溶液能否反应，并注明需加热与否。
（1）$BrCH_2CH=CHCH_2CH_3$ （2）$CH_3BrC=CHCH_2CH_3$
（3）$CH_3CH=CBrCH_2CH_3$ （4）$CH_3CH=CHCH_2CH_2Br$

8. 化合物 A（C_5H_{10}）与溴水不反应，在紫外光照射下与溴发生等摩尔自由基取代，得到产物 B（C_5H_9Br），B 与 KOH/CH_3OH 反应得到产物 C，C 与 $KMnO_4/H^+$ 反应得到戊二酸。写出 A、B、C 的结构式及各步反应式。

（张茂生）

第七章

醇、酚、醚

羟基连在脂肪烃基上的化合物称为醇（alcohol），羟基连在芳香环上的化合物称为酚（phenol）。醚（ether）是两个烃基通过氧原子连接而成的化合物。醇、酚、醚在生产和生活中应用广泛，如乙醇常用作饮料、燃料、消毒液；消毒剂"来苏尔"中的主要成分为甲酚；有些醚是常用的溶剂，有些醚在医学上用作麻醉剂。

本章主要讨论醇、酚、醚。由于硫醇（thiol）、硫酚（thiophenol）和硫醚（thioether）可分别看作醇、酚、醚分子中的氧原子被硫原子代替的化合物，也作简要介绍。

第一节 醇

一、醇的结构

醇的结构通式为 R—OH，羟基（hydroxy group）是醇的官能团。醇羟基的氧原子为 sp^3 杂化，其中两个杂化轨道被孤对电子占据，另外两个杂化轨道分别与氢原子的 $1s$ 轨道和碳原子的 sp^3 杂化轨道重叠形成 O—H σ 键和 C—O σ 键。甲醇的结构如图 7-1 所示，其 H—O—H 键角为 119°，H—C—O 键角为 110°，C—O—H 键角为 108.9°，C—O 键的键能为 360 kJ·mol^{-1}，O—H 键的键能为 463 kJ·mol^{-1}。

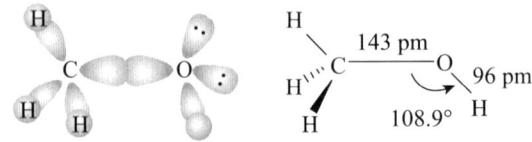

图 7-1 甲醇的结构

由于氧原子的电负性强于碳原子和氢原子，甲醇分子中的 C—O 键和 O—H 键的电子云均偏向于氧原子，因此 C—O 键和 O—H 键均为极性键。甲醇为极性分子，偶极矩为 1.71 D，偶极方向指向羟基。

二、醇的分类

根据分子中羟基的数目，将醇分为一元醇、二元醇、三元醇等。例如：

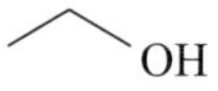

一元醇 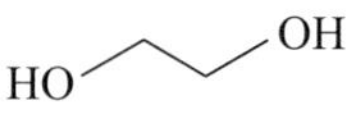　　　　二元醇 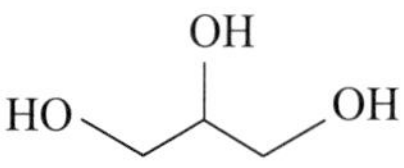　　　　三元醇

根据分子中烃基的不同，将醇分为脂肪醇、脂环醇和芳香醇。

CH_3CH_2OH　　　　　　　　　　　　　　　CH_2OH
脂肪醇　　　　脂环醇 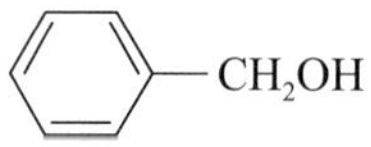　　　　芳香醇

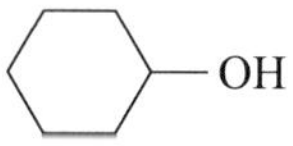

根据分子中烃基是否含有不饱和键，将醇分为饱和醇和不饱和醇。

CH_3CH_2OH　　　　　$CH_2=CHCH_2OH$　　　$CH=CHCH_2OH$
　　饱和醇　　　　　　　　　　不饱和醇

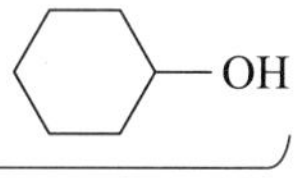

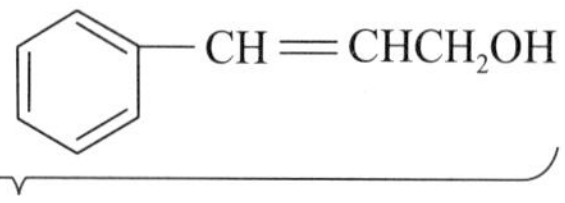

根据羟基连接的碳原子的类型，又可将醇分为伯醇（1°醇）、仲醇（2°醇）和叔醇（3°醇）。例如：

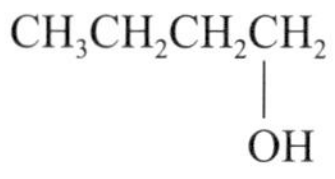

$CH_3CH_2CH_2$　　　　$CH_3CH_2CHCH_3$　　　CH_3CCH_3
　　|　　　　　　　　　　|　　　　　　　　　　|
　　OH　　　　　　　　　OH　　　　　　　　　OH
伯醇（1°醇） 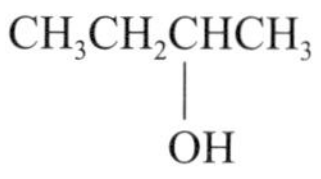　　　　仲醇（2°醇） 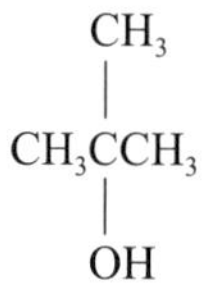　　　　叔醇（3°醇）

三、醇的命名

（一）普通命名法

普通命名法适用于结构简单的醇。根据取代基的名称，命名为"某醇"，相应的英文名称是取代基的英文名称加"alcohol"。

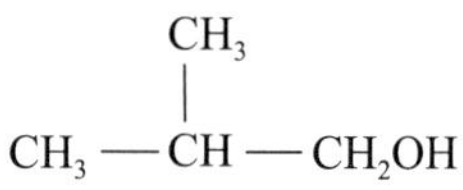

异丁醇　　　　　叔丁醇　　　　　　环己醇　　　　　苄醇
isobutyl alcohol　　tert-butyl alcohol　　cyclohexanol　　benzyl alcohol

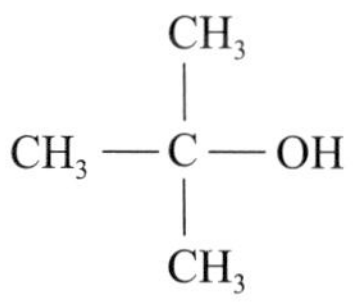

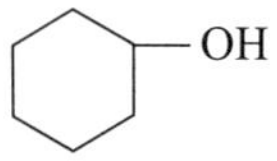

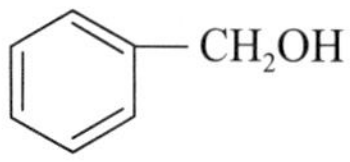

（二）系统命名法

选择含有羟基所连的碳原子在内的最长碳链作为主链，按主链中的碳原子数称为"某醇"；从靠近羟基一端开始给主链编号；并将羟基位次、数目写在母体名称之前。相应的英文名称是将烃英文名称的最后一个字母"e"变换为"ol"，二元醇是在烃英文名称的后面加"diol"。例如：

$$\underset{\underset{CH_3}{|}}{\overset{\overset{CH_3}{|}}{CH_3CCH_2CH_2CHCH_3}}\underset{OH}{}$$

5,5-二甲基己-2-醇
5,5-dimethylhex-2-ol

$$\underset{\underset{H_3C}{|}\ \ \underset{OH}{|}}{\overset{\overset{CH_2CH_3}{|}}{CH_3CH_2CHCHCH_3}}$$

4-乙基-3-甲基己-2-醇
4-ethyl-3-methylhex-2-ol

2-乙基-环己-1-醇
2-ethyl-cyclohex-1-ol

$$\underset{\underset{OH}{|}\ \ \underset{OH}{|}}{CH_3CHCH_2CHCH_3}$$

戊-2,4-二醇
pentan-2,4-diol

命名不饱和醇时，要选择含有不饱和键和羟基所连的碳原子在内的最长碳链为主链，根据主链碳原子数称为"某烯（炔）醇"；从靠近羟基一端开始编号；在母体名称前面标明不饱和键及羟基的位置。

$$CH_3-C\equiv C-CH_2OH$$

丁-2-炔-1-醇
but-2-yne-1-ol

5-甲基己-4-烯-2-醇
5-methylhex-4-en-2-ol

1-苯基丙-2-烯-1-醇
1-phenylpropyl-2-en-1-ol

四、醇的物理性质

1~4个碳原子的饱和一元醇为无色、易挥发、具有特殊气味的液体，5~11个碳原子的醇为黏稠液体，11个碳原子以上的高级醇为无臭无味的蜡状固体。直链饱和一元醇的沸点随分子量的增大而升高，醇的同分异构体中，支链越多沸点越低。

醇分子间可以形成氢键，烃、醚等化合物分子间只存在范德瓦耳斯力。因此，醇的沸点比分子量接近的烃高得多，例如，甲醇沸点（64.7 ℃）高于乙烷沸点（−88.5 ℃）。但随着分子量增大，这种差距会变小。多元醇随着羟基的增多，所能形成氢键的数目也增多，沸点更高（表7-1）。

表7-1 部分常见醇的物理常数

化合物	结构式	沸点（℃）	熔点（℃）	溶解度 [g·(100 ml H_2O)$^{-1}$，20 ℃]	密度（g·cm^{-3}）
甲醇	CH_3OH	64.7	−97.8	∞	0.792
乙醇	CH_3CH_2OH	78.3	−115.3	∞	0.789
丙醇	$CH_3(CH_2)_2OH$	97.8	−126.0	∞	0.804
正丁醇	$CH_3(CH_2)_3OH$	117.8	−90.0	7.9	0.810
正戊醇	$CH_3(CH_2)_4OH$	138.0	−79.0	2.4	0.817

续表

化合物	结构式	沸点(°C)	熔点(°C)	溶解度[g·(100 ml H₂O)⁻¹, 20°C]	密度(g·cm⁻³)
正己醇	CH₃(CH₂)₅OH	155.8	−52.0	0.6	0.820
异丙醇	(CH₃)₂CHOH	82.3	−88	∞	0.786
环己醇	⬡—OH	161.5	24	3.6	0.949
乙二醇	HOCH₂CH₂OH	197.5	−12.6	∞	1.113
丙三醇	CH₂CHCH₂ | | | OH OH OH	290	−59	∞	1.261
苯甲醇	C₆H₅CH₂OH	205	−15	4.0	1.046

由于醇可以通过羟基和水分子之间形成氢键，分子量低的甲醇、乙醇、丙醇能与水以任意比例混溶。随着分子量的增大，增大的烃基会影响氢键的形成，水分子和醇分子缔合程度逐渐减弱，导致醇的水溶性减小，脂溶性增大，例如，正己醇在水中的溶解度只有 6 g·L⁻¹。相同碳原子数目的多元醇，随着羟基数量的增多，水溶性增大。

醇分子间通过氢键缔合

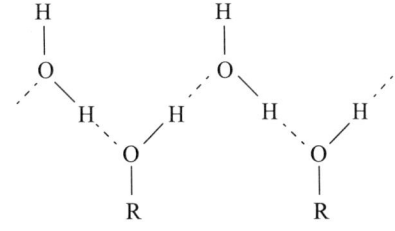

醇分子与水分子间通过氢键缔合

 知识拓展

叔丁醇

叔丁醇具有高结晶温度、高蒸汽压的特点，在冻干过程中易于升华而去除，常用于难溶药物冻干制剂的助溶剂、冻干溶媒和冰晶生长引导剂，还应用于纳米药物、包合物和气凝胶等制剂中。

脂质体是一种重要的药物靶向递送载体，可改善溶解度，降低药物毒性和副作用，并能表现出药物的长效作用。但是脂质体产品难于产业化，阻碍了脂质体的广泛应用。叔丁醇-水共溶剂法可直接溶解和包载难溶于水的药物，利用冻干工艺可一步去除叔丁醇与水，不仅易于无菌生产，也易于大规模制备和工艺放大，有望解决脂质体制备的瓶颈问题。

以叔丁醇为溶剂，通过搅拌将水相与有机相混合均匀后，冷冻干燥获得磷脂包裹的纳米粒，纳米粒的平均粒径为 150 nm，多分散性指数（PDI）值仅 0.1，方法简便，重现性好。

五、醇的化学性质

在不同的反应条件下，醇的 O—H 键和 C—O 键均可以发生异裂，表现出不同的化学性质。醇的 α-H 和 β-H 受羟基吸电子诱导效应的影响，活性增大，在一定条件下，α-H 发生氧化反应，β-H 发生消除反应。

（一）与活泼金属的反应

醇和水类似，能与活泼金属（Li、Na、K、Mg、Ca、Ba 等）反应，放出氢气并生成醇盐。

$$ROH + Na \longrightarrow RONa + H_2\uparrow$$

$$CH_3CH_2OH + Na \longrightarrow CH_3CH_2ONa + H_2\uparrow$$

醇的酸性（$pK_a = 16 \sim 18$）比水（$pK_a = 15.7$）弱，因此醇与钠的反应比较温和。在液相中，不同饱和醇的酸性大小次序为：

$$CH_3OH > RCH_2OH > R_2CHOH > R_3COH$$

醇钠是弱酸强碱盐，故遇水立即水解，生成氢氧化钠和醇。

$$RONa + H_2O \longrightarrow ROH + NaOH$$

上式说明醇钠的碱性强于 NaOH。醇盐作为强碱在有机合成中得到广泛应用。

（二）与氢卤酸的反应

醇可以与氢卤酸发生取代反应，羟基被卤原子取代，生成卤代烃。

$$ROH + HX \longrightarrow RX + H_2O \quad (X = Cl, Br, I)$$

在酸性条件下质子与羟基氧原子结合形成质子化的醇，使 C—O 键的极性增强，同时形成了更好的离去基团 H_2O，发生亲核取代反应。亲核取代反应速率取决于醇的结构和氢卤酸的种类。不同类型醇的反应活性顺序为：

$$3°醇 > 2°醇 > 1°醇 > 甲醇$$

氢氟酸一般不反应，其他氢卤酸活性顺序与其亲核性一致：

$$HI > HBr > HCl$$

HCl 的反应活性相对较小，在无水 $ZnCl_2$（Lewis 酸）的催化作用下反应活性得到提高。无水 $ZnCl_2$ 的浓盐酸溶液称为 Lucas 试剂，可用于鉴别 6 个及 6 个以下碳原子的伯、仲、叔醇，因为低级脂肪醇一般易溶于水，反应产物卤代烃难溶于水。在室温条件下，叔醇与 Lucas 试剂作用立即出现浑浊，仲醇与其作用一般在数分钟后出现浑浊，而伯醇与其作用室温下反应极慢，加热一段时间后才可能出现浑浊。

$$CH_3CHCH_2CH_3 + HCl（浓）\xrightarrow{ZnCl_2} CH_3CHCH_2CH_3 + H_2O$$
$$\quad\quad |\qquad\qquad\qquad\qquad\qquad\qquad\quad |$$
$$\quad\ OH\qquad\qquad\qquad\qquad\qquad\qquad\ Cl$$

$$(CH_3)_3COH + HCl(浓) \xrightarrow{ZnCl_2} (CH_3)_3CCl + H_2O$$

（三）与无机含氧酸的酯化反应

醇与无机含氧酸反应生成无机酸酯。

$$(CH_3)_2CHCH_2CH_2OH + HONO \xrightarrow{H^+} (CH_3)_2CHCH_2CH_2ONO + H_2O$$
亚硝酸异戊酯

$$\begin{array}{c} CH_2OH \\ | \\ CHOH \\ | \\ CH_2OH \end{array} + 3HONO_2 \xrightarrow[10\ ℃]{H_2SO_4} \begin{array}{c} CH_2—ONO_2 \\ | \\ CH—ONO_2 \\ | \\ CH_2—ONO_2 \end{array} + 3H_2O$$
甘油三硝酸酯

小剂量的亚硝酸异戊酯和甘油三硝酸酯（又称硝酸甘油）在临床上被用作缓解心绞痛。甘油三硝酸酯遇到震动还会发生猛烈爆炸，这就是 Nobel 发明的硝酸甘油炸药，将它与一些惰性材料混合后，可提高使用安全性。

硫酸为二元酸，与一元醇反应时可生成两种硫酸酯。人体内软骨中的硫酸软骨素含有硫酸酯结构。硫酸二甲酯可用作甲基化试剂，醇与有机酸反应生成有机酸酯。

$$CH_3O—SO_2OH \qquad CH_3O—SO_2—OCH_3$$
硫酸氢甲酯 　　　　　硫酸二甲酯

磷酸是三元酸，与一元醇反应可生成三种磷酸酯。生物体内广泛存在着具有磷酸酯结构的物质，对生物体的生长和代谢起着重要的作用。例如：生物体内的供能物质三磷酸腺苷（ATP）、细胞膜的成分中的磷脂、遗传物质 DNA 和 RNA 均具有与磷酸酯类似的结构。

$$\underset{\text{磷酸烷基二氢酯}}{RO-\underset{\underset{OH}{|}}{\overset{\overset{O}{\|}}{P}}-OH} \qquad \underset{\text{磷酸二烷基一氢酯}}{RO-\underset{\underset{OH}{|}}{\overset{\overset{O}{\|}}{P}}-OR} \qquad \underset{\text{磷酸三烷基酯}}{RO-\underset{\underset{OR}{|}}{\overset{\overset{O}{\|}}{P}}-OR} \qquad \underset{\text{烷基三磷酸酯}}{RO-\underset{\underset{OH}{|}}{\overset{\overset{O}{\|}}{P}}-O-\underset{\underset{OH}{|}}{\overset{\overset{O}{\|}}{P}}-O-\underset{\underset{OH}{|}}{\overset{\overset{O}{\|}}{P}}-OH}$$

（四）脱水反应

在 H_2SO_4、H_3PO_4 等催化下加热，醇发生脱水反应，脱水方式与反应温度及醇的结构有关。

1. 分子内脱水　　在酸的催化作用下，醇的 α-C 脱羟基，β-C 脱氢，发生分子内消除反应生成烯烃，β-H 消除反应取向遵循 Saytzeff 规则。例如：

$$CH_3—CH—CH_2—CH_3 \xrightarrow[100\ ℃]{66\%\ H_2SO_4} \underset{81\%}{CH_3—CH=CH—CH_3} + \underset{19\%}{CH_2=CH—CH_2—CH_3}$$
$$\overset{|}{\underset{}{OH}}$$

[环己醇衍生物脱水反应] $\xrightarrow[165\sim170\ ℃]{75\%\ H_2SO_4}$ [甲基环己烯] $+ H_2O$

$$\underset{\text{OH}}{\text{PhCH}_2\text{CH(OH)CH}_3} \xrightarrow[100\ ^\circ\text{C}]{75\%\ \text{H}_2\text{SO}_4} \text{PhCH=CHCH}_3 + \text{H}_2\text{O}$$

醇分子内脱水生成烯烃的反应遵循 E1 反应机理：

$$\underset{\text{H}\ \ \text{OH}}{\text{R—CH—CH—R}'} \xrightarrow[\text{快}]{\text{H}^+} \underset{\text{H}\ \ \text{OH}_2^+}{\text{R—CH—CH—R}'} \xrightarrow[\text{慢}]{-\text{H}_2\text{O}} \underset{\text{H}}{\text{R—CH—CH}_2\text{—R}'^+} \xrightarrow[\text{快}]{-\text{H}^+} \text{R—CH=CH—R}'$$

反应的速率主要取决于中间体碳正离子的生成速率。碳正离子越稳定，生成速率越快。例如：

$$\text{CH}_3\text{CH}_2\text{OH} \xrightarrow[170\ ^\circ\text{C}]{96\%\ \text{H}_2\text{SO}_4} \text{CH}_2=\text{CH}_2$$

$$(\text{CH}_3)_2\text{CHOH} \xrightarrow[100\ ^\circ\text{C}]{66\%\ \text{H}_2\text{SO}_4} \text{CH}_3\text{CH}=\text{CH}_2$$

$$(\text{CH}_3)_3\text{COH} \xrightarrow[80\sim90\ ^\circ\text{C}]{20\%\ \text{H}_2\text{SO}_4} (\text{CH}_3)_2\text{C}=\text{CH}_2$$

由上述三种醇发生脱水生成烯烃所需要的反应条件可见，不同类型的醇发生分子内脱水反应的活性顺序为：3°醇 > 2°醇 > 1°醇。

2. 分子间脱水 在酸的催化作用下，两个醇分子之间脱去一分子水生成醚。反应以亲核取代反应机理进行。

$$\text{CH}_3\text{CH}_2\text{—OH} + \text{H—OCH}_2\text{CH}_3 \xrightarrow[140\ ^\circ\text{C}]{\text{浓 H}_2\text{SO}_4} \text{CH}_3\text{CH}_2\text{OCH}_2\text{CH}_3 + \text{H}_2\text{O}$$

醇的取代反应和消除反应是并存和互相竞争的，通常伯醇容易发生取代反应生成醚，仲醇和叔醇容易发生消除反应生成烯烃；温度高更有利于消除反应。

（五）氧化反应

在有机分子中引入氧原子或脱去氢原子的反应称为氧化反应（oxidation reaction）；而引入氢原子或脱去氧原子的反应称为还原反应（reduction reaction）。

在强氧化剂（高锰酸钾、铬酸等）作用下，醇分子同时脱去羟基氢和 α-H，伯醇被氧化生成醛，进一步被氧化成羧酸；仲醇被氧化生成酮；叔醇没有 α-H，一般情况下不被氧化。

$$\underset{\text{伯醇}}{\text{RCH}_2\text{OH}} \xrightarrow[\text{或 K}_2\text{Cr}_2\text{O}_7/\text{H}^+]{\text{KMnO}_4/\text{H}^+} \underset{\text{醛}}{\text{R—CHO}} \xrightarrow[\text{或 K}_2\text{Cr}_2\text{O}_7/\text{H}^+]{\text{KMnO}_4/\text{H}^+} \underset{\text{羧酸}}{\text{R—COOH}}$$

$$\underset{\text{仲醇}}{\text{R—CH(OH)—R}'} \xrightarrow[\text{或 K}_2\text{Cr}_2\text{O}_7/\text{H}^+]{\text{KMnO}_4/\text{H}^+} \underset{\text{酮}}{\text{R—CO—R}'}$$

$K_2Cr_2O_7/H^+$ 和 $KMnO_4/H^+$ 是常用的氧化剂，反应发生时，溶液颜色会发生变化，可用于叔醇与伯醇、仲醇的鉴别。

$$CH_3CH_2OH + Cr_2O_7^{2-} \xrightarrow{H_2SO_4} CH_3CHO + Cr^{3+}$$
橙红 　　　　　　　　　绿色

$$CH_3CHO \xrightarrow{K_2Cr_2O_7/H^+} CH_3COOH$$

$K_2Cr_2O_7/H^+$ 将乙醇氧化，溶液颜色由橙红色变为绿色，这就是检查酒后驾驶的"酒精分析仪"的原理。

伯醇氧化生成的醛很容易进一步氧化生成羧酸，因此如果要想得到醛，则须将生成的醛立即蒸出反应体系，或选用较温和的氧化剂使伯醇的氧化停留在生成醛的阶段。如 Collins 试剂（CrO_3 与吡啶的配合物，CH_2Cl_2 作溶剂）只把醇羟基氧化成醛基，醇分子中的不饱和键不受影响。

$$CH_2=CHCH_2OH \xrightarrow{\text{collins试剂}} CH_2=CHCHO$$

生物体内在脱氢酶（dehydrogenase）的催化下，能发生羟基化合物的氧化反应。例如，人饮酒后，在乙醇脱氢酶的催化下，乙醇被氧化为乙醛，乙醛经过乙醛脱氢酶作用转化为乙酸，乙酸以乙酰辅酶 A 的形式进入三羧酸循环，最后被氧化成 H_2O 和 CO_2 排出体外，同时释放出大量 ATP。因此，适度饮酒对人体无害，但过量饮酒会导致乙醇摄入的速率大于被氧化的速率，则过量的乙醇在血液中滞留而产生酒精中毒；同时也导致乙醇氧化为乙醛的速率加快，超过了乙醛氧化为乙酸的速率，乙醛蓄积产生组织器官毒性。如果摄入甲醇，甲醇在脱氢酶的作用下被氧化成甲醛，甲醛不能进入三羧酸循环而被氧化，导致视神经和视网膜损伤，因此服用 10 ml 甲醇即可致人失明，30 ml 甲醇即可致死。

（六）邻二醇的特殊反应

相邻两个碳原子上连有羟基的醇称为邻二醇。邻二醇除具有一元醇的性质外，还具有一些特殊的化学性质。

1. 与高碘酸的反应　高碘酸可使邻二醇中连有羟基的两个碳原子之间的 C—C 键断裂，生成 2 个羰基化合物。

$$\underset{\underset{OH}{|}}{RCH}-\underset{\underset{OH}{|}}{CH_2} + HIO_4 \longrightarrow RCHO + HCHO + HIO_3$$

如果分子中含有多个相邻的羟基，则相应的 C—C 键都发生断裂。

$$\underset{\underset{OH}{|}}{RCH}-\underset{\underset{OH}{|}}{CH}-\underset{\underset{OH}{|}}{CH_2} + HIO_4 \longrightarrow RCHO + HCOOH + HCHO + HIO_3$$

上述反应能够定量进行，每断裂 1 mol C—C 键，则消耗 1 mol HIO_4，通过分析 HIO_4 的用量和产物的结构，可以推测具有相邻羟基的多元醇结构。

2. 与氢氧化铜的反应　将邻二醇与浅蓝色的氢氧化铜沉淀混合后，沉淀消失，并生成一种绛蓝色的配合物溶液。实验室中常用此反应鉴别具有相邻羟基的多元醇。

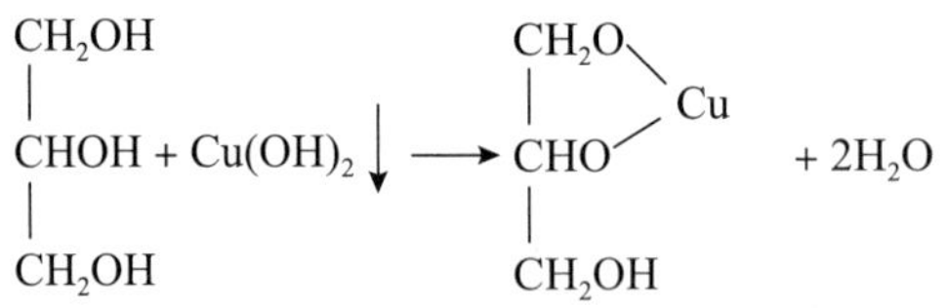

$$\begin{array}{c}CH_2OH\\|\\CHOH\\|\\CH_2OH\end{array} + Cu(OH)_2 \downarrow \longrightarrow \begin{array}{c}CH_2O\\|\\CHO\\|\\CH_2OH\end{array}\!\!\!\!\!\diagdown_{\!\!Cu} + 2H_2O$$

绛蓝色溶液

临床应用

甘露醇

　　临床上 20% 的甘露醇（mannitol）高渗溶液常用于减轻水肿和渗透性利尿药。静脉注射甘露醇高渗溶液后，能迅速提高血浆渗透压，使组织内（包括眼、脑、脑脊液等）水分向血浆转移，产生组织脱水，从而减轻水肿，是脑瘤、颅脑外伤后缺氧等多种原因引起的脑水肿的首选药；短期也用于急性青光眼，或术前使用以降低眼内压。

　　甘露醇能增加血容量，并促进前列腺素 I_2 分泌，从而扩张肾血管，增加肾血流量（包括肾髓质血流量）。甘露醇通过肾时，能提高肾小管内液渗透浓度，减少肾小管对水及 Na^+、Cl^-、K^+、Ca^{2+}、Mg^{2+} 和其他溶质的重吸收，使髓质内尿素和 Na^+ 流失增多，从而破坏了髓质渗透压梯度差，有助于降低髓质高渗区的渗透压而利尿，保护肾小管，因此，临床上可用于预防急性肾衰竭。

第二节　酚

一、酚的结构

　　酚的结构通式为 Ar—OH。以苯酚为例，苯酚是平面分子，C—O—H 键角为 109°，C—O 键的键长为 136 pm，比甲醇中的 C—O 键（142 pm）短。图 7-2 为苯酚和甲醇的结构。

图 7-2　苯酚和甲醇的结构

　　苯酚的氧原子采取 sp^2 杂化，未杂化的 p 轨道（带孤对电子）与苯环大 π 键形成 p-π 共轭体系，如图 7-3 所示。氧原子上的孤对电子向苯环偏移，导致 O—H 键之间的电子云进一步向氧原子偏移，O—H 键的极性增强，氢原子较易离去。C—O 键介于单键与双键之间，难于断裂；酚羟基氧原子上的电子云密度比醇的电子云密度低，酚的苯环上的电子云密度较苯有增加。

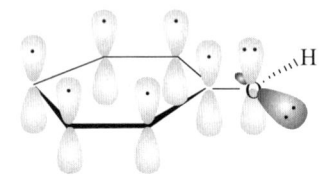

图 7-3　苯酚的 p-π 共轭体系

二、酚的分类和命名

根据酚羟基所连接的芳基种类的不同，将酚分为苯酚、萘酚等；根据酚羟基的数目多少，将酚分为一元酚、二元酚、多元酚等。

酚的命名通常是以酚为母体，在"酚"字之前加上芳环名称，再标明取代基的位次、数目和名称。取代基则按英文首字母顺序排列，置于母体名称前。例如：

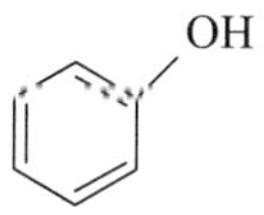

苯酚
phenol

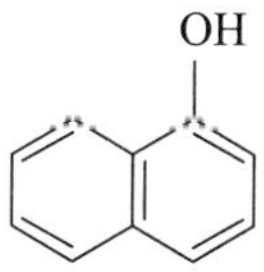

萘-1-酚
naphthalen-1-ol

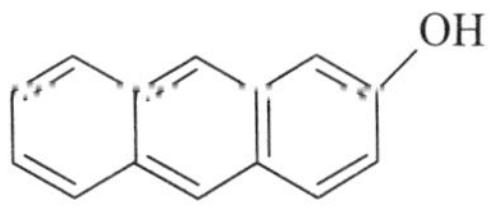

蒽-2-酚
anthracen-2-ol

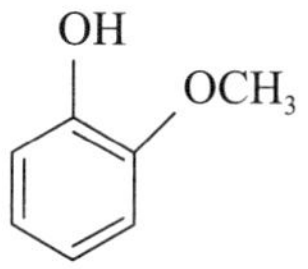

2-甲氧基苯酚
2-methoxyphenyl

苯-1,4-二酚（对苯二酚）
benzene-1,4-diol

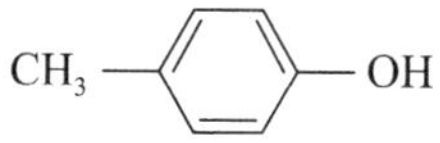

4-甲基苯酚
4-methylphenol

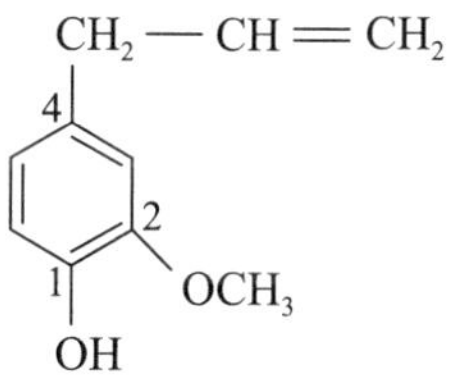

4-烯丙基-2-甲氧基苯酚
4-allyl-2-methoxyphenol

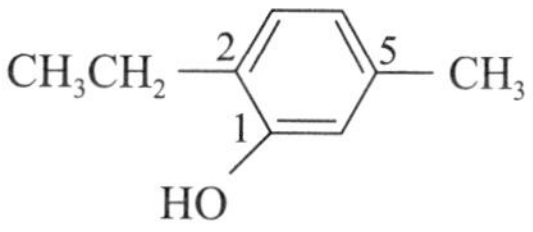

2-乙基-5-甲基苯酚
2-ethyl-5-methylphenol

三、酚的物理性质

常温下多数酚为无色结晶状固体，但放置过程中会被空气逐渐氧化，颜色逐渐呈粉红色至褐色。多数酚具有难闻气味，少数有香味。由于酚羟基之间、酚羟基与水分子之间可以形成氢键，所以酚类化合物的熔点和沸点较高，在水中也有一定的溶解度。酚类化合物一般可溶于乙醇、乙醚、苯等有机溶剂。一些常见酚的物理常数见表 7-2。

表 7-2 一些常见酚的物理常数

化合物	熔点（℃）	沸点（℃）	溶解度 [g·(100 ml H$_2$O)$^{-1}$, 20 ℃]	pK_a（25 ℃）
苯酚	41	182	9.3	9.96
邻甲苯酚	31	191	2.5	10.29
间甲苯酚	12	203	2.6	10.09

续表

化合物	熔点（°C）	沸点（°C）	溶解度 [g·(100 ml H$_2$O)$^{-1}$, 20 °C]	pK_a（25 °C）
对甲苯酚	35	202	2.3	10.26
邻氯苯酚	9	173	2.8	8.48
对氯苯酚	43	217	2.6	9.38
间氯苯酚	33	214	2.6	9.02
邻硝基苯酚	45	214	0.2	7.22
对硝基苯酚	114	279（分解）	1.7	7.15
间硝基苯酚	96	—	1.4	8.39
2,4-二硝基苯酚	113	升华	0.6	4.09
邻苯二酚（儿茶酚）	105	245	45.1	9.48
间苯二酚	110	281	12.3	9.44
对苯二酚（氢醌）	170	287	8.0	9.96
2,4,6-三硝基苯酚（苦味酸）	122	300（爆炸）	1.4	0.25

四、酚的化学性质

由于苯酚分子中存在氧原子与苯环形成的 p-π 共轭体系，导致 C—O 键难于断裂，酚羟基酸性增加，芳环上亲电取代反应活性增大。

（一）酸性

苯酚的酸性（pK_a = 9.96）比水（pK_a = 15.74）和醇（pK_a = 16~18）强，可与 NaOH 和 Na$_2$CO$_3$ 反应生成苯酚钠。

C$_6$H$_5$—OH + NaOH ⟶ C$_6$H$_5$—ONa + H$_2$O

C$_6$H$_5$—OH + Na$_2$CO$_3$ ⟶ C$_6$H$_5$—ONa + NaHCO$_3$

C$_6$H$_5$—ONa + CO$_2$ + H$_2$O ⟶ C$_6$H$_5$—OH + NaHCO$_3$

向苯酚钠溶液中通入 CO$_2$ 又能析出苯酚，这表明苯酚的酸性比碳酸（pK_{a1} = 6.35；pK_{a2} = 10.33）弱。利用酚的这一性质可对其进行分离纯化。

芳环上的取代基对酚的酸性影响很大。当酚的芳环上连接了吸电子基时，芳环上的电子云密度降低，使 O—H 键的极性增加，氢离子更容易解离；同时芳环上吸电子基的存在有助于酚氧负离子的稳定，使酚的酸性增强。相反，当酚的芳环上连有供电子基团时，酚的酸性减弱。例如：

	OH	OH (CH₃)	OH (NO₂)	OH (2,4,6-trinitro)
pK_a:	9.96	10.28	7.15	0.38

（二）芳环上的亲电取代反应

酚羟基是强致活的邻对位取代基。因此，苯酚的亲电取代反应要比苯容易很多，且常得到多取代化合物。

1. 卤代反应 室温下，苯酚与溴水立即反应，生成 2,4,6- 三溴苯酚白色沉淀。该反应十分灵敏，现象明显，且定量进行，可用于苯酚的定性和定量检测。

$$\text{C}_6\text{H}_5\text{OH} + \text{Br}_2 \xrightarrow{\text{H}_2\text{O}} \text{2,4,6-tribromophenol} \downarrow + \text{HBr}$$

低温时，苯酚在二硫化碳等非极性溶剂中进行溴代反应，可得到一溴代产物。

$$\text{C}_6\text{H}_5\text{OH} + \text{Br}_2 \xrightarrow[0\ ℃]{\text{CS}_2} \text{p-bromophenol} + \text{HBr}$$

2. 硝化反应 苯酚在室温下很容易和稀硝酸进行硝化反应，生成邻硝基苯酚和对硝基苯酚，可以采用水蒸气蒸馏的方法对产物进行分离。因为邻硝基苯酚的羟基和硝基能形成分子内氢键，使其水溶性减小，挥发性增大，容易随水蒸气蒸出；而对硝基苯酚不仅能形成分子间氢键，也能与水分子间形成氢键，使其水溶性增大，挥发性减小。

$$\text{C}_6\text{H}_5\text{OH} \xrightarrow{20\%\ \text{HNO}_3} \text{o-nitrophenol} + \text{p-nitrophenol}$$

3. 磺化反应 苯酚与浓硫酸作用，在 15～25 ℃下反应，主要得到邻位产物（受动力学控制）；在 100 ℃下反应，主要得到对位产物（受热力学控制）。

$$\text{C}_6\text{H}_5\text{OH} \xrightarrow{\text{浓H}_2\text{SO}_4} \begin{cases} 25\ ℃ \to \text{o-HOC}_6\text{H}_4\text{SO}_3\text{H}\ (49\%) \\ 100\ ℃ \to \text{p-HOC}_6\text{H}_4\text{SO}_3\text{H}\ (90\%) \end{cases}$$

邻位产物在浓H₂SO₄、100 ℃条件下可转化为对位产物。

(三) 与 FeCl₃ 的显色反应

羟基与碳碳双键相连的结构称为烯醇式 (enol form) 结构。

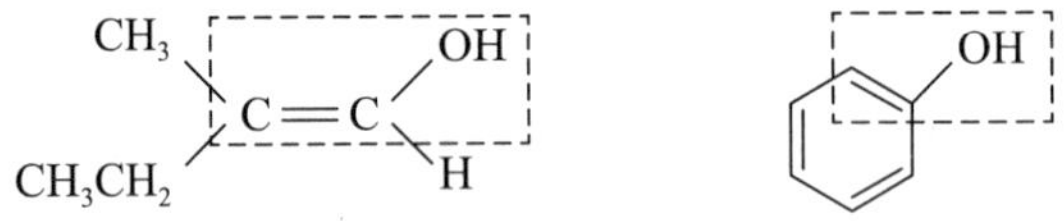

$$\underset{CH_3CH_2}{\overset{CH_3}{>}}C=C\underset{H}{\overset{OH}{<}} \qquad \qquad C_6H_5\text{-}OH$$

具有烯醇式结构的化合物通常与 FeCl₃ 溶液反应会生成有色化合物。酚类化合物具有烯醇式的特征，酚氧负离子可以作为配体，大多数酚能与 FeCl₃ 溶液作用生成有色配合物。

$$6ArOH + FeCl_3 \longrightarrow [Fe(OAr)_6]^{3-} + 3H^+ + 3Cl^-$$

苯酚、苯-1,3,5-三酚、间苯二酚与 FeCl₃ 反应显紫色；甲苯酚与 FeCl₃ 反应显蓝色；邻苯二酚、对苯二酚与 FeCl₃ 反应显绿色和暗绿色。此反应可用于酚类化合物的鉴别。

(四) 氧化反应

酚类很容易被氧化，KMnO₄、K₂Cr₂O₇ 及空气中的 O₂ 都可氧化酚。酚被氧化颜色变深，产物主要是醌类化合物。

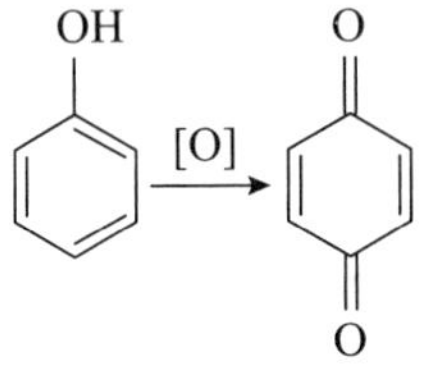

$$\text{苯酚} \xrightarrow{[O]} \text{对苯醌}$$

多元酚更容易被氧化，如对苯二酚能够使溴化银在曝光后还原生成单质银，可用作照相底片后的显影剂。

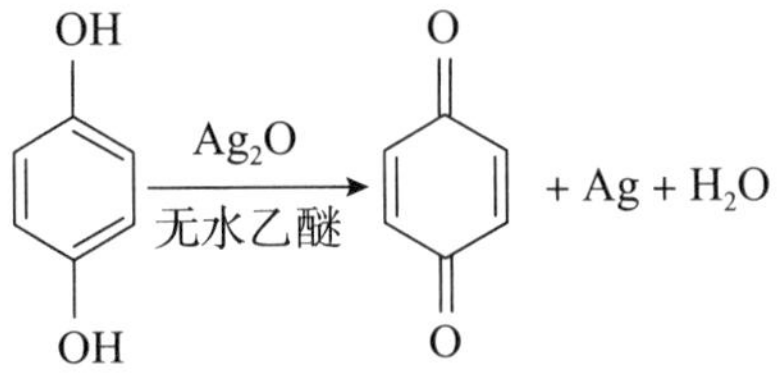

$$\text{对苯二酚} \xrightarrow[\text{无水乙醚}]{Ag_2O} \text{对苯醌} + Ag + H_2O$$

一些酚类化合物可以作为抗氧化剂。生物体内也存在一些酚类抗氧化剂，如维生素 E (俗称生育酚)，其结构为：

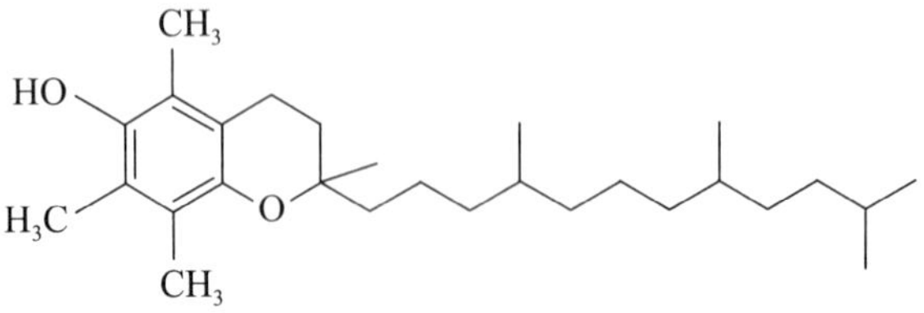

维生素 E 可防御自由基对机体的损害，维持机体正常的生理功能。它们抗氧化的机制是与活泼的自由基反应，生成相对稳定的酚氧自由基，阻断了自由基的链反应，从而保护体内的正常组织、细胞或分子不受活泼自由基的攻击。

$$\text{ROO} \cdot + \underset{}{\underset{}{\bigcirc}}\text{-OH} \longrightarrow \text{ROOH} + \underset{}{\underset{}{\bigcirc}}\text{-O} \cdot$$

一些植物中含有的多酚类物质，如存在于绿茶中的茶多酚，红葡萄籽、花生皮中的葡萄多酚等都具有抗氧化、清除自由基、抑制肿瘤、抗诱变的作用，目前引起了各国的植物化学家、食品化学家及医学专家的广泛关注。

第三节　醚

一、醚的结构

醚的结构通式为 R—O—R′，官能团称为醚键（C—O—C）。脂肪醚是非线型分子，醚键中的氧原子为 sp^3 杂化，它用两个 sp^3 杂化轨道分别与两个碳原子的 sp^3 杂化轨道重叠，形成两个 σ 键；两对孤对电子分别占据另外两个 sp^3 杂化轨道，键角接近 112°。以甲醚为例，其醚键的键角为 111.7°，C—O 键的键长约为 142 pm。甲醚的结构如图 7-4 所示。

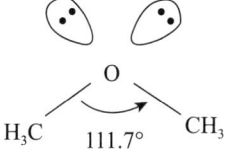

图 7-4　甲醚的结构

二、醚的分类和命名

开链醚中若氧原子所连接的两个烃基相同，称为单醚；两个烃基不同，则称为混醚。当醚分子的两个烃基均为脂肪烃基时称为脂肪醚，若两个烃基中至少有一个是芳香烃基，则称为芳香醚。烃基与氧原子形成环状则称为环醚。

结构简单的开链醚称为"某某醚"。单醚的两个烃基相同，通常将"二"字省略，在烃基名称后加"醚"字即可；混醚则按烃基英文名称的首字母顺序列出。相应的英文名称为取代基英文名称加上后缀"ether"。

$C_2H_5OC_2H_5$	$CH_3OC_2H_5$	$\bigcirc$—OCH_3	$\bigcirc$—OCH_2CH_3
乙醚	乙基甲基醚	甲基苯基醚	环己基乙基醚
ethyl ether	ethyl methyl ether	methyl phenyl ether	cyclohexyl ethyl ether

结构较复杂的醚则是将—OR（环氧基或芳氧基）作为取代基，用系统命名法来命名。

环戊氧基苯　　　　3-甲氧基-丙-1-烯　　　　4-甲氧基苯酚
cyclopentyloxybenz　3-methoxyprop-1-ene　　4-methoxy phenol

环醚常称作"环氧某烷"，也可将其当作杂环化合物的衍生物来命名。

$$\underset{\underset{\text{1,2-epoxyethane}}{\text{1,2- 环氧乙烷}}}{H_2C\underset{O}{-}CH_2}\qquad\underset{\underset{\text{1,4-epoxybutane (tetrahydrofuran)}}{\text{1,4- 环氧丁烷(四氢呋喃)}}}{\bigcirc}$$

三、醚的物理性质

醚的氧原子两边连有两个烃基，没有活泼的氢原子，醚分子之间不能形成氢键，所以醚的沸点与分子量接近的烷烃沸点相近，低于异构体的醇，例如：正庚烷（Mr = 100）沸点为98 ℃，甲基正戊基醚（Mr = 102）沸点为100 ℃、正己醇（Mr = 102）沸点为157 ℃。

醚分子中的氧原子可以和水分子中的氢原子形成氢键，所以低级醚在水中的溶解度与分子量接近的醇相近。例如，甲醚和乙醇一样，可以与水混溶；乙醚和正丁醇在水中的溶解度都约为 80 g·L^{-1}，但一般高级醚难溶于水。一些常见醚的部分物理常数如表 7-3 所列。

表 7-3　常见醚的部分物理常数

化学名	分子式	熔点（℃）	沸点（℃）	密度（g·cm^{-3}，20 ℃）
甲醚	CH$_3$OCH$_3$	−138	−24.9	0.661
乙醚	C$_2$H$_5$OC$_2$H$_5$	−116	34.6	0.714
苯甲醚	C$_6$H$_5$OCH$_3$	−37	154	0.995
正丙醚	C$_3$H$_7$OC$_3$H$_7$	−112	90.5	0.736
异丙醚	C$_3$H$_7$OC$_3$H$_7$	−86	68	0.724
四氢呋喃		−108	65.4	0.889

醚在工业和实验室中广泛用作溶剂和萃取剂。但是醚经过光照或长期与空气接触，α - 碳上的氢可能被氧化，生成有机过氧化物（peroxide）。过氧化物很不稳定，受热容易分解而发生爆炸。因此，蒸馏醚时应避免蒸干，防止发生爆炸。

低级醚具有很强的挥发性和易燃性。乙醚是无色透明液体，具有刺激性气味，沸点 34.6 ℃，极易挥发，非常容易燃烧。乙醚蒸气密度比空气大，易沉积于地面，当空气中含有 1.85%～3.65%（体积比）的乙醚时，即能引起燃烧和爆炸，因此使用乙醚时应保持高度警惕，远离明火，保持良好通风。

四、醚的化学性质

醚的化学性质与醇、酚有很大不同，除少数环醚外，醚的化学性质相对稳定，在常温下很难与活泼金属、还原剂、氧化剂、碱溶液和稀酸溶液发生反应。

（一）生成盐

醚分子中的氧原子上有未共用电子对，在浓强酸条件下，氧原子可以接受质子生成𬭸盐（oxonium salt）。

$$R-\ddot{\underset{\cdot\cdot}{O}}-R' + H_2SO_4\text{（浓）} \longrightarrow \left[R-\underset{\cdot\cdot}{\overset{H}{\underset{|}{O}}}-R'\right]^+ HSO_4^-$$

生成的盐与浓强酸互溶，加水分解又转变为原来的醚。利用这一性质可以鉴定或分离醚与其他不溶于浓强酸的有机化合物（如烷烃）。

（二）醚键的断裂

醚与氢卤酸（氢碘酸最常用）一起加热，醚键发生断裂，生成醇和卤代烃。若加入过量的氢卤酸，则生成的醇可进一步反应生成卤代烃。

$$R-\ddot{\underset{\cdot\cdot}{O}}-R' + HX \longrightarrow RX + R'OH \xrightarrow{HX} R'X + H_2O$$

由于苯与醚键氧原子形成 p-π 共轭，苯基的 C—O 键结合得较为牢固，所以苯基烷基醚与氢卤酸反应时，醚键的断裂总是发生在烷基与氧之间，生成卤代烷和酚。

Ph—O—CH$_3$ + HI ⟶ Ph—OH + CH$_3$I

二苯基醚的醚键很稳定，通常不易与氢卤酸发生醚键的断裂反应，常用作高温反应的非极性溶剂。

第四节 硫醇、硫酚和硫醚

一、甲硫醇的结构

硫醇和硫酚的价电子在第三层，与氢原子的 $1s$ 轨道的重叠程度较小，则硫基中的 S—H 键比醇、酚中的 O—H 键更容易离解。甲硫醇结构如图 7-5 所示，其中 S—H 键的键长为 134 pm，C—S—H 键角为 96°。

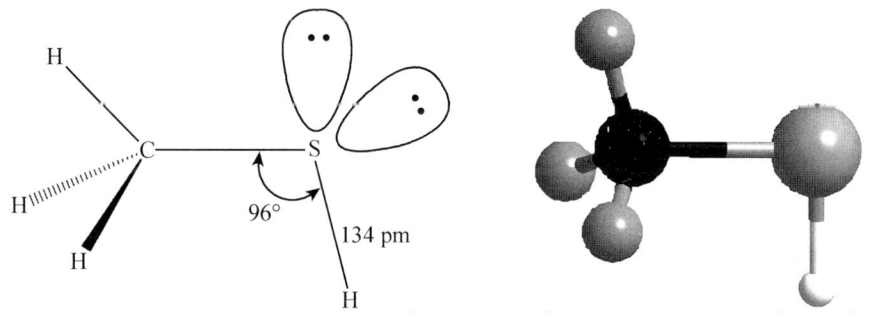

图 7-5　甲硫醇的结构

二、命名

简单结构的硫醇、硫酚、硫醚的命名与醇、酚和醚的命名类似，只需将"某醇"改称"某硫醇"、"某酚"改称"某硫酚"、"某醚"改称"某硫醚"。在复杂结构或多官能团化合物中，将—SH（巯基）、—SR（烃硫基）作为取代基，例如：

$$\underset{\substack{\text{甲硫醇}\\ \text{methanthiol}}}{CH_3SH} \qquad \underset{\substack{\text{4-甲基苯硫酚}\\ \text{4-methylbenzenethiol}}}{CH_3-\underset{}{\bigcirc}-SH} \qquad \underset{\substack{\text{乙硫醚}\\ \text{ethyl sulfide}}}{C_2H_5SC_2H_5} \qquad \underset{\substack{\text{2,3-二巯基丙醇}\\ \text{2,3-dimercaprol}}}{\underset{SH\ \ SH\ \ OH}{CH_2-CH-CH_2}}$$

三、物理性质

多数硫醇是挥发性液体，有毒且有恶臭，易挥发。硫醇可以作为臭味剂。在天然气中加入极少量的叔丁硫醇，当密封不严发生泄露时，其散发的臭味可起到预警作用。黄鼠狼受到攻击时，能分泌出含多种硫醇的臭气，防御外敌。硫醇的臭味随着分子量的增加而逐渐减弱，大于9个碳原子的硫醇没有恶臭气味。

硫酚与硫醇近似，也是无色液体，气味也很难闻。尽管硫醇和硫酚的分子量比含碳数相同的醇或酚高，但沸点和水溶性却比相应的醇或酚低。如乙醇能与水以任何比例混溶，而乙硫醇在 100 ml 水中的溶解度仅为 1.5 g。因为硫原子的电负性比氧原子小，硫醇、硫酚分子间不能形成氢键，也难与水分子形成氢键。硫醇和硫酚都易溶于乙醇、乙醚等有机溶剂。表 7-4 可以看出它们沸点的变化规律。

表 7-4 常见醇、酚化合物的沸点

项目	甲硫醇	甲醇	乙硫醇	乙醇	硫 酚	苯 酚
沸点（℃）	6	65	37	78	168	181.4

四、化学性质

（一）生成锍盐

与氧相比，硫更容易给出电子对，故硫醚可与卤代烃反应生成锍盐（sulfonium salt）。

$$RSR' + R''X \longrightarrow \begin{bmatrix} R'' \\ | \\ RSR' \end{bmatrix}^+ X^-$$

（二）酸性

硫醇、硫酚的酸性比相应的醇和酚强。

	H_2CO_3	ArSH	ArOH	RSH	ROH
pK_a:	6.38	7.8	10	10.5	15～19

$$C_2H_5SH + NaOH \longrightarrow C_2H_5SNa + H_2O$$

苯酚能溶于碳酸钠溶液而不能溶于碳酸氢钠溶液，但苯硫酚的酸性比碳酸强，可溶于碳酸氢钠溶液生成苯硫酚钠。例如：

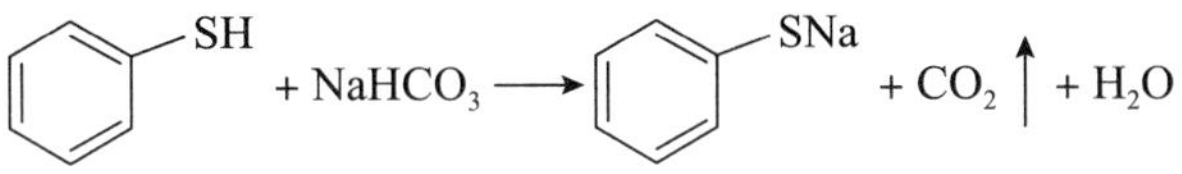

$$\text{C}_6\text{H}_5\text{SH} + NaHCO_3 \longrightarrow \text{C}_6\text{H}_5\text{SNa} + CO_2\uparrow + H_2O$$

（三）与重金属成盐

硫醇除了可以与苛性碱成盐外，还可与某些重金属盐、金属氧化物反应，生成不溶于水的沉淀。

$$2RSH + HgO \longrightarrow (RS)_2Hg\downarrow + H_2O$$

$$2C_2H_5SH + Pb(COOCCH_3)_2 \longrightarrow Pb(SC_2H_5)_2\downarrow + 2CH_3COOH$$

所谓的重金属中毒，即体内酶的巯基与铅或汞等重金属离子发生了上述反应，导致酶失去活性而引起中毒。

利用硫醇与重金属离子能形成稳定的不溶性盐的性质，可以向体内注射含有巯基的化合物作为重金属盐类中毒的解毒剂。硫原子含有孤电子对，可与金属离子络合形成配位键。巯基与金属离子络合，释放出酶，则能恢复酶的生理活性，反应所生成的环硫化合物无毒，解离度小，可随尿液排出体外，从而达到解毒作用。二巯基丙醇在医药上称为巴尔（BAL），其解毒原理可表示如下。

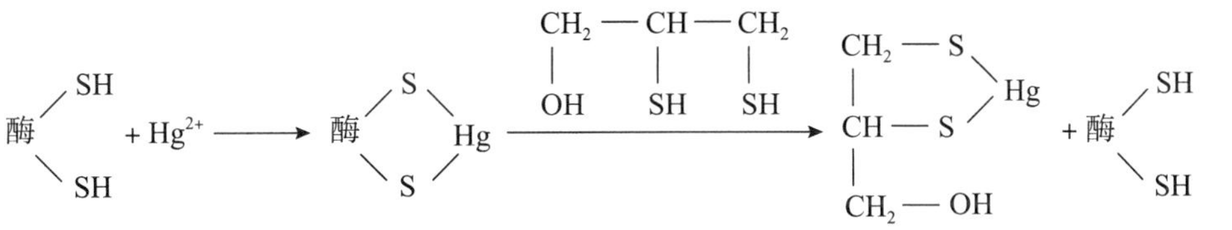

酶(SH)₂ + Hg²⁺ ⟶ 酶(S)₂Hg + CH₂(OH)—CH(SH)—CH₂(SH) ⟶ 环状螯合物 + 酶(SH)₂

活性酶　　　失活酶　　　　　　　　　　　　　　　活性酶

由于二巯基丙醇的毒性较大，临床上常用二巯基丙磺酸钠、二巯基丁二酸钠做重金属解毒剂。

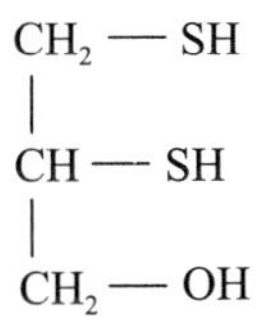

二巯基丙醇（BAL）：CH₂(SH)—CH(SH)—CH₂(OH)

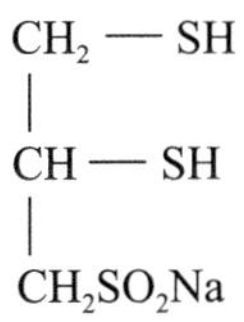

二巯基丙磺酸钠：CH₂(SH)—CH(SH)—CH₂SO₂Na

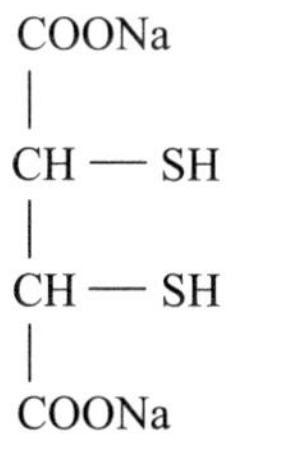

二巯基丁二酸钠：NaOOC—CH(SH)—CH(SH)—COONa

（四）氧化反应

硫原子有空 d 轨道，硫氢键又易断裂，因此硫醇远比醇易被氧化，氧化反应发生在硫原子上。在低温下，空气中的氧气即可将其氧化成为二硫化合物（含二硫键：—S—S—）。

$$2RSH + O_2 \longrightarrow RSSR + H_2O$$

实验室中常用氧化剂（I_2 或稀 H_2O_2）将硫醇氧化成二硫化合物。

$$RSH + I_2 \xrightarrow[25\ ℃]{C_2H_5OH/H_2O} RSSR + 2HI$$

硫醇被氧化成二硫化物的反应在蛋白质化学中很重要。一些多肽本身含巯基，它可以通过体内氧化形成含二硫键的蛋白质。在生物体中，二硫键对保持蛋白质分子的特殊构型具有重要的作用，例如，胱氨酸就是半胱氨酸的过硫化物，它们在酶的作用下互相转化：

$$2HOOCCHCH_2SH \underset{[H]}{\overset{[O]}{\longrightarrow}} HOOCCHCH_2S-SCH_2CHCOOH$$
$$\quad\ |\qquad\qquad\qquad\qquad\ \ |\qquad\qquad\quad\ |$$
$$\quad NH_2\qquad\qquad\qquad\quad NH_2\qquad\qquad NH_2$$

硫酚也很容易被氧化成二硫醚。将硫酚溶解于二甲亚砜（DMSO）中，在 80~90 ℃ 反应至无色，可得二芳基二硫醚。

$$X-\!\!\!\left\langle\!\!\!\bigcirc\!\!\!\right\rangle\!\!\!-SH \xrightarrow[80\sim90\ ℃]{DMSO} X-\!\!\!\left\langle\!\!\!\bigcirc\!\!\!\right\rangle\!\!\!-S-S-\!\!\!\left\langle\!\!\!\bigcirc\!\!\!\right\rangle\!\!\!-X$$

硫醚分子中的 S 原子上有两对孤对电子，能与 O 原子成键，因此硫醚在不同条件下易被氧化成含有四价硫的亚砜（sulfoxide）或六价硫的砜（sulfone）。弱氧化产物为亚砜，强氧化产物为砜。甲硫醚氧化的产物二甲亚砜（DMSO）为无色液体，沸点 189 ℃，溶于水，是常用的非质子极性有机溶剂。

$$R-S-R' \xrightarrow[[弱]]{[O]} R-\overset{\overset{O}{\|}}{S}-R' \xrightarrow[[强]]{[O]} R-\overset{\overset{O}{\|}}{\underset{\underset{O}{\|}}{S}}-R'$$
$$\qquad\qquad\qquad\quad 亚砜\qquad\qquad\quad 砜$$

$$CH_3-S-CH_3 \xrightarrow{[O]} CH_3-\overset{\overset{O}{\|}}{S}-CH_3 \xrightarrow{[O]} CH_3-\overset{\overset{O}{\|}}{\underset{\underset{O}{\|}}{S}}-CH_3$$
$$\qquad\qquad\qquad\quad\text{二甲亚砜（DMSO）}\qquad\text{二甲砜}$$
$$\qquad\qquad\qquad\quad\text{dimethylsulfoxide}\qquad\text{dimethylsulfone}$$

习题 七

1. 用系统命名法命名下列化合物。

（1） CH₃CH₂CH(OH)CH₃ （结构式） （2） (CH₃)₂C(OH)CH₃ （结构式） （3） (Z/E)-CH₃CH₂CH=CHCH₂CH₂OH （结构式）

（4） C₂H₅OC₂H₅　　（5） 4-溴苯酚（结构式）　　（6） 4-乙基邻苯二酚（结构式）

（7） 3-溴-4-甲基苯酚（结构式）　　（8） 5-硝基-2-萘酚（结构式）　　（9） CH₃CH₂CH₂SH　　（10） CH₃SCH₃

2. 写出丙-2-醇与下列试剂作用的反应式。

（1） Na　　　　　　　　　（2） 冷浓 H_2SO_4　　　　　　（3） H_2SO_4，>160 ℃

（4） H_2SO_4，<140 ℃　　（5）（4）的产物与过量 HI

3. 根据题目要求回答下列问题。

（1） 将下列化合物按与金属钠反应的活性大小排序。

（A） CH_3OH　　　　　　（B） $(CH_3)_2CHOH$　　　　　　（C） $(CH_3)_3COH$

（2） 指出下列与 Lucas 试剂反应速率最快的醇。

（A） $CH_3CH_2CH_2CH_2OH$　　（B） $(CH_3)_3COH$　　（C） $CH_3CH_2CH(OH)CH_3$

（3） 将下列化合物按沸点高低排列成序。

（A） $CH_3CH_2CH_3$　　　　（B） CH_3Cl　　　　（C） CH_3CH_2OH

（4） 比较下列醇与 HCl 反应的活性大小。

（A） CH₂=CH-C(CH₃)(OH)-　　（B） CH₂=CH-CH(OH)CH₃　　（C） CH₃-CH=CH-CH(CH₃)-CH₂OH

（5） 将下列化合物按酸性大小排列成序。

（A） 苯酚　　（B） 间硝基苯酚　　（C） 间氯苯酚　　（D） 间甲苯酚

（6） 将下列化合物按酸性大小排列成序。

（A） 苯酚　　（B） 间硝基苯酚　　（C） 对硝基苯酚

（7） 将下列化合物按酸性大小排列成序。

（A） HO-C₆H₄-CN　　（B） HO-C₆H₄-NO₂　　（C） HO-C₆H₅

（8）比较下列化合物的酸性大小。

（A）HO—C₆H₄—NO₂ （B）HO—C₆H₄—CH₃ （C）HO—C₆H₅

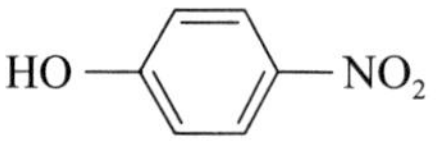

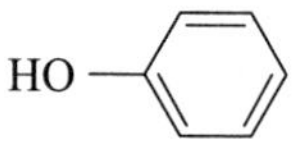

（9）将下列试剂按亲核性强弱排列成序。

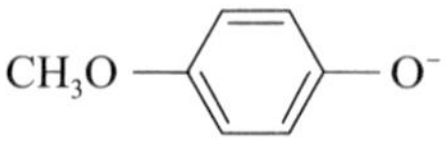

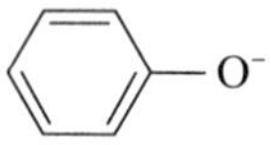

（A）CH₃O—C₆H₄—O⁻ （B）C₆H₅—O⁻ （C）间-NO₂—C₆H₄—O⁻

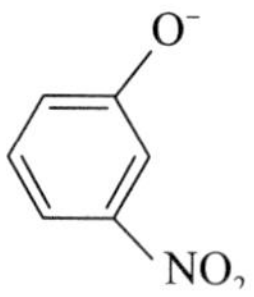

（10）下列化合物进行脱水反应时按活性大小排列成序。

（A）C₆H₅—CH(OH)—CH₃ （B）环己醇 （C）CH₃CH₂CH₂OH

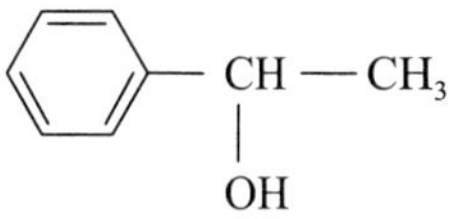

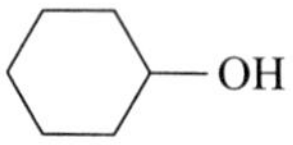

4. 完成下列反应式。

（1）$(CH_3)_2CHCH_2CH_2OH + HBr \longrightarrow$

（2）环己醇 $+ HCl \xrightarrow{\text{无水}ZnCl_2}$

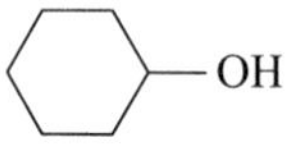

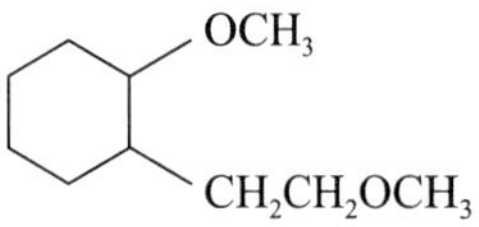

（3）2-甲氧基-1-(2-甲氧乙基)环己烷 $+ HI（过量）\longrightarrow$

（4）$CH_3(CH_2)_3CH(OH)CH_3 \xrightarrow{KMnO_4/H^+}$

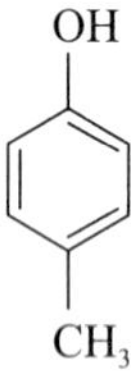

（5）对甲基苯酚 $+ Br_2 \longrightarrow$

（6）$CH_3CH_2CH(OH)CH_3 \xrightarrow[\Delta]{\text{浓}H_2SO_4}$

（7）对苯二酚 $\xrightarrow[H_2SO_4]{K_2Cr_2O_7}$

（8）CH₃CH=CHCH₂OH $\xrightarrow{\text{KMnO}_4/\text{H}^+}$

（9）$\begin{matrix}\text{CH}_2\text{OH}\\|\\\text{CH}_2\text{OH}\end{matrix}$ $\xrightarrow{2\text{H}_3\text{PO}_4}$

（10）C₆H₅—CH=CHCH₂OH $\xrightarrow{\text{Collins试剂}}$

5. 用化学方法区别下列各组化合物。
（1）甲酚、苄醇、苯甲醚
（2）正丁醇、苯酚、丁醚
（3）叔丁醇、3-甲基丁-2-醇、正丁醇
（4） 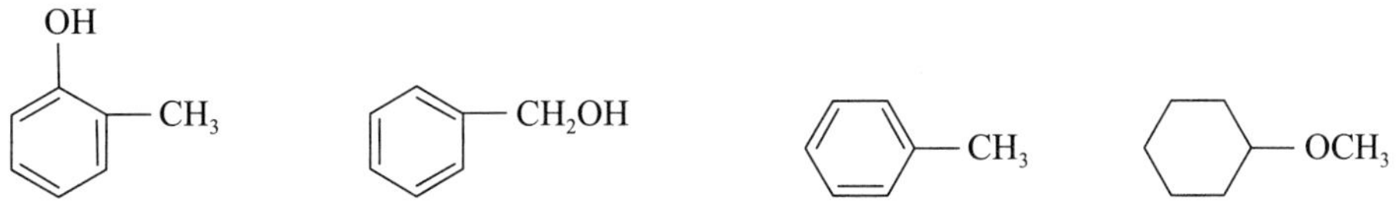 邻甲基苯酚、苄醇、甲苯、环己基甲醚

（5）丙三醇、丁-1,4-二醇

6. 某醇与以下试剂发生反应：HBr、KOH（醇溶液）、H₂O（H₂SO₄催化）、K₂Cr₂O₇/H₂SO₄，最后得产物2-丁酮。推测此醇可能的结构，写出各步反应式。

7. 某化合物A分子式为C₅H₁₂O，与金属钠反应放出H₂。A与浓H₂SO₄共热能生成烯烃B（C₅H₁₀）。（B）在酸性条件下，被KMnO₄氧化，得丙酮和乙酸。B与HBr反应生成产物C（C₅H₁₁Br）。C与NaOH水溶液反应后又得到A。推导A、B、C可能的构造式，写出各步反应式。

8. 某化合物A的分子式为C₇H₈O，A不溶于水和NaHCO₃溶液中，但能溶于NaOH溶液中，并可与溴水反应生成化合物B，分子式为C₇H₅OBr₃，试写出A和B的结构式。若A不能溶于NaOH溶液中，试推测A可能是什么结构。

9. 分子式为C₇H₈O的化合物A，与金属Na不发生反应，但与浓氢碘酸可以生成B和C，B能溶于NaOH溶液，且与FeCl₃反应显紫色；C与AgNO₃的乙醇作用，生成AgI沉淀，试推测A、B、C的结构。

（肖　竦）

第八章

醛、酮

醛、酮属于羰基化合物。羰基（carbonyl group）两端至少连接有一个氢的化合物称为醛（aldehyde），官能团—CHO 称为醛基；羰基与两个烃基相连的化合物称为酮（ketone），酮中的羰基又称为酮基。

$$\underset{\text{羰基}}{\overset{O}{\underset{\|}{C}}} \quad \underset{\text{醛}}{\overset{O}{\underset{\|}{R-C-H}}} \quad \underset{\text{酮}}{\overset{O}{\underset{\|}{R-C-R'}}}$$

许多醛、酮是重要的工业原料，有的醛、酮可用作药物和香料。羰基是高反应活性的官能团，使醛、酮在有机合成中具有重要作用。

第一节 分类和命名

醛、酮根据烃基的不同，分为脂肪醛、酮和芳香醛、酮；根据烃基是否含有不饱和键，分为饱和醛、酮和不饱和醛、酮；根据羰基的数目，分为一元、二元及多元醛、酮等。例如：

$$\underset{\text{饱和脂肪醛}}{H_3C-CHO} \quad \underset{\text{饱和脂肪酮（二元酮）}}{H_3C-\overset{O}{\underset{\|}{C}}-\overset{O}{\underset{\|}{C}}-CH_3} \quad \underset{\text{不饱和脂肪醛}}{H_2C=\overset{}{\underset{H}{C}}-CHO} \quad \underset{\text{芳香醛}}{C_6H_5-CHO} \quad \underset{\text{芳香酮}}{C_6H_5-\overset{O}{\underset{\|}{C}}-CH_3}$$

醛、酮的系统命名法是选择含有羰基的最长碳链作为主链，从醛基碳原子或靠近酮基的一端开始编号。由于醛基始终处于链端，不必用数字标明位次，但酮基的位次必须标明。命名时将取代基的位次和名称写在母体名称之前，取代基按其英文名称的首字母顺序依次列出。醛取代基的位次也可用希腊字母来表示，与醛基直接相连的碳原子为 α 位，后续依次为 β、γ、δ 等。醛、酮英文名称的后缀为 "al" 或 "one"。

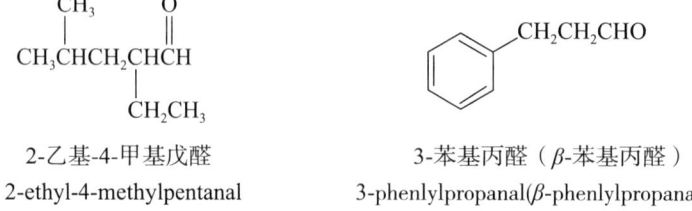

2-乙基-4-甲基戊醛　　　　　3-苯基丙醛（β-苯基丙醛）
2-ethyl-4-methylpentanal　　3-phenylpropanal(β-phenylpropanal)

$$\underset{\text{己-3-酮}}{\underset{\text{hexan-3-one}}{CH_3CH_2\overset{\overset{O}{\|}}{C}CH_2CH_3}} \qquad \underset{\text{2,5-二甲基庚-4-酮}}{\underset{\text{2,5-dimethylheptan-4-one}}{CH_3CH_2\overset{CH_3}{\underset{\,}{CH}}-\overset{\overset{O}{\|}}{C}-\overset{CH_3}{\underset{\,}{CH}}CH_3}}$$

不饱和醛、酮是选择含有羰基的最长碳链作主链，并使羰基编号最小，当不饱和键也在主链上时称为"某烯醛（酮）"，并标出不饱和键和羰基的位次。

$$\underset{\text{丁-2-烯醛}}{\underset{\text{but-2-enal}}{CH_3CH\!=\!CHCHO}} \qquad \underset{\text{己-3-烯-2-酮}}{\underset{\text{hex-3-en-2-one}}{CH_3CH_2CH\!=\!CH\overset{\overset{O}{\|}}{C}CH_3}}$$

对于脂环醛、酮，若羰基碳参与成环，则根据成环总碳原子数称为环某酮；若羰基在环外，则将脂环作为取代基。对于芳香醛、酮，把芳香烃基作为取代基。

4-甲基环己酮　　　环己烷甲醛　　　苯甲醛
4-methylcyclohexanone　cyclohexanecarbaldehyde　benzaldehyde

命名多元醛、酮时，选择含羰基最多的最长碳链作主链，并使羰基的编号位次尽可能小。根据主链上醛基或酮基的数目，称为二醛（dial）、三醛（tricarbalhyde）、二酮（dione）、三酮（trione）并标明其位次。＝O 作为取代基时，称其为"氧亚基"。

$$\underset{\text{丙二醛}}{\underset{\text{propanedial}}{OHCCH_2CHO}} \qquad \underset{\text{庚-2,5-二酮}}{\underset{\text{heptane-2,5-dione}}{CH_3\overset{\overset{O}{\|}}{C}CH_2CH_2\overset{\overset{O}{\|}}{C}CH_3}} \qquad \underset{\text{4-氧亚基戊醛}}{\underset{\text{4-oxopentanal}}{CH_3\overset{\overset{O}{\|}}{C}CH_2CH_2CHO}}$$

第二节　结　构

醛、酮中羰基碳为 sp^2 杂化，3 个 sp^2 杂化轨道分别与氧、碳或氢原子形成 3 个 σ 键，呈平面构型，键角近似于 120°，碳原子上未参与杂化的 p 轨道与氧原子的 p 轨道形成 π 键，并垂直于 3 个 σ 键所在的平面。因此，羰基中的碳氧双键是由一个 σ 键和一个 π 键组成的。

$$\begin{array}{c}R'\delta^+\delta^-\\ \diagdown\\ C\!=\!O\\ \diagup\\ R\end{array}$$

由于氧原子电负性大于碳原子，成键电子云偏向氧原子，使氧原子带部分负电荷（δ^-），碳原子带部分正电荷（δ^+），所以羰基是极性不饱和键，表现出较强的反应活性。

第三节　物理性质

常温下，甲醛是气体，12 个碳原子以下的醛、酮都是液体，高级醛、酮是固体。醛、酮分子间不能形成氢键，分子间的作用力主要表现为偶极-偶极作用力，使醛、酮的沸点比分子量

相当的烃、醚高，但比醇低。羰基氧原子可以与水形成氢键，所以低级醛、酮可以与水混溶，随着醛、酮分子中烃基增大，其水溶性迅速降低。表8-1列出了部分常见醛、酮的物理性质。

表 8-1 常见醛和酮的物理性质

化合物	结构式	熔点（℃）	沸点（℃）	溶解度 [g · (100 ml H_2O) $^{-1}$]
甲醛	HCHO	-92	-21	易溶
乙醛	CH_3CHO	-121	21	16
丙醛	CH_3CH_2CHO	-81	49	7
丁醛	$CH_3(CH_2)_2CHO$	-99	76	微溶
戊醛	$CH_3(CH_2)_3CHO$	-92	103	微溶
苯甲醛	C$_6$H$_5$—CHO	-26	178	0.3
丙酮	H_3C—CO—CH_3	-95	56	∞
丁酮	H_3C—CO—CH_2CH_3	-86	80	26
戊-2-酮	H_3C—CO—$(CH_2)_2CH_3$	-78	102	6.3
戊-3-酮	H_3CH_2C—CO—CH_2CH_3	-40	102	5
环己酮	环己酮=O	-45	155	2.4
苯乙酮	C$_6$H$_5$—CO—CH_3	21	202	不溶
苯丙酮	C$_6$H$_5$—CO—CH_2CH_3	21	218	不溶
二苯酮	C$_6$H$_5$—CO—C$_6$H$_5$	48	306	不溶

第四节 化学性质

由于氧原子的电负性比碳原子大，碳氧双键中碳原子带部分正电荷，氧原子带部分负电荷，使羰基易受亲核试剂的进攻而发生亲核加成反应（nucleophilic addition reaction）；羰基的吸电子诱导效应使 α-H 有一定的弱酸性；此外，羰基还可发生还原反应，醛基容易发生氧化反应。

一、亲核加成反应

一般认为，羰基上的加成反应分两步进行：第一步，亲核试剂中负离子或偶极负端首先进攻羰基带部分正电荷的碳原子，生成氧负离子中间体；第二步，氧负离子与试剂中带正电荷的部分结合生成加成产物。其反应机理如下。

$$\underset{R'}{\overset{R}{>}}C\overset{\delta^+}{=}\overset{\delta^-}{O} + Nu\!:\!A \xrightleftharpoons{\text{慢}} \left[\underset{R'}{\overset{R}{>}}\underset{Nu}{\overset{O^-}{C}}\right] \xrightleftharpoons[\text{快}]{A^+} \underset{R'}{\overset{R}{>}}\underset{Nu}{\overset{OA}{C}}$$

醛、酮发生亲核加成反应的难易除了与亲核试剂的性质有关外，还与羰基碳原子上连接的原子或基团的电子效应和空间效应有关。通常，醛、酮连有吸电子基团时，羰基碳原子的正电性提高，有利于亲核试剂的进攻；连有供电子基团时，羰基碳原子的正电性下降，不利于亲核试剂的进攻；当羰基与碳碳双键或芳环直接相连时，羰基碳原子上的部分正电荷离域到双键或芳环上，降低了羰基碳的正电性，不利于亲核加成反应进行。此外，羰基碳原子连有基团的体积越大，空间位阻越大，也不利于亲核试剂的进攻。

结合实验事实，综合考虑电子效应和空间效应，醛、酮发生亲核反应的活性是：醛大于酮，脂肪醛大于芳香醛；常见醛、酮亲核加成反应活性顺序大致为：

$$\underset{H}{\overset{H}{>}}C=O > \underset{CH_3}{\overset{H}{>}}C=O > \underset{C_6H_5}{\overset{H}{>}}C=O > \underset{CH_3}{\overset{CH_3}{>}}C=O > \text{环戊酮} = O > \underset{C_6H_5}{\overset{CH_3}{>}}C=O > \underset{C_6H_5}{\overset{C_6H_5}{>}}C=O$$

（一）与 HCN 的加成

醛、酮与 HCN 加成，生成 α-羟基腈（α-氰醇）。

$$\underset{(R')H}{\overset{R}{>}}C=O + HCN \longrightarrow \underset{(R')H}{\overset{R}{>}}\underset{CN}{\overset{OH}{C}}$$

α-羟基腈（α-氰醇）

α-氰醇不仅比原料多了一个 C 原子，而且引入了醇羟基和氰基，醇羟基可用来生成烯烃、醚或卤化物，氰基可被还原为胺或水解成羧基。

该反应的适用范围：所有醛、脂肪族甲基酮、8 个碳原子以下的环酮。

（二）与饱和亚硫酸氢钠的加成

醛、酮与饱和亚硫酸氢钠溶液（40%）作用，生成稳定的 α-羟基磺酸钠白色沉淀。由于硫原子的亲核性强，反应不需要催化剂。

$$\underset{H}{\overset{R}{>}}C=O + H-O-\overset{O}{\underset{O^-}{S}}-Na^+ \rightleftharpoons \underset{H}{\overset{R}{>}}\underset{OH}{\overset{SO_3Na}{C}}$$

这是一个可逆反应，产物 α-羟基磺酸钠为白色结晶，不溶于饱和的亚硫酸氢钠溶液中，若与酸或碱共热，又可分解为原来的醛或酮。故可利用此反应分离提纯醛、酮。

醛、脂肪族甲基酮、8 个碳原子以下的环酮都可与亚硫酸氢钠反应，而空间位阻大的其他酮则与亚硫酸氢钠不发生反应。

（三）与醇的加成

醛在干燥的氯化氢气体或无水强酸催化剂存在下，能与一分子醇发生加成生成半缩醛（hemiacetal）。半缩醛在酸性或碱性溶液中都不稳定，一般很难分离出来，它可与另一分子醇继续缩合，生成缩醛（acetal）。

$$R\underset{H}{\overset{}{C}}=O + HOR' \underset{}{\overset{H^+}{\rightleftharpoons}} R\underset{H}{\overset{OR'}{C}}OH + HOR' \underset{}{\overset{H^+}{\rightleftharpoons}} R\underset{H}{\overset{OR'}{C}}OR'$$

半缩醛　　　　　　　缩醛

为了使平衡向生成缩醛的方向移动，须使用过量的醇或从反应体系中把水及时蒸出。如果一个分子中同时含有羟基和醛基，二者位置适当，可生成环状半缩醛，例如：

$$HOH_2CH_2CH_2C-CH \rightleftharpoons \text{(环状半缩醛)}$$

1,2- 或 1,3- 二醇和醛反应可生成环状缩醛，例如：

$$C_6H_{13}CH=O + HOCH_2CH_2OH \xrightarrow[\text{苯}]{\text{对甲苯磺酸}} \text{环状缩醛（81%）}$$

酮与醇生成半缩酮或缩酮的反应比较困难，反应平衡倾向反应物酮一侧，若采用特殊装置，除去反应中生成的水，可使反应平衡向产物方向移动而制得缩酮。例如，酮与乙二醇在对甲苯磺酸催化下，用苯或甲苯作为脱水剂，可得环状缩酮。

$$C_6H_5CH_2\underset{CH_3}{\overset{}{C}}=O + \underset{HO-CH_2}{\overset{HO-CH_2}{}} \xrightarrow[\text{甲苯}]{CH_3-C_6H_4-SO_3H} \text{环状缩酮（78%）}$$

缩醛（酮）的化学性质与醚相似，对碱、氧化剂、还原剂都非常稳定，但在稀酸中易水解成原来的醛（酮）和醇。利用这一性质在有机合成中常用来保护醛基或酮基。

（四）与水加成

羰基化合物与水加成生成偕二醇（geminal diol），由于水是相当弱的亲核试剂，在大多数情况下该可逆反应的平衡远远偏向于反应物一侧。当羰基碳上连接有强吸电子基团时，由于羰基碳的正电性增大，生成的水合物可以稳定存在。例如，三氯乙醛由于羰基连三个强吸电子的氯原子，可形成稳定的水合氯醛。

$$H\underset{H}{\overset{}{C}}=O + H_2O \rightleftharpoons H\underset{H}{\overset{OH}{C}}OH$$

$$Cl_3C-CHO + H_2O \rightarrow Cl_3C-CH(OH)_2$$

三氯乙醛

（五）与格氏试剂的加成

格氏试剂与醛、酮加成，水解后生成醇，这是制备醇的重要手段之一。除甲醛生成 1° 醇外，其他的醛都生成 2° 醇，酮生成 3° 醇。需要注意的是，羰基两侧的基团和空间位阻都不能太大。

$$\begin{matrix} R' \\ H(R'') \end{matrix} C=O + RMgX \longrightarrow \begin{matrix} R' & R \\ & C \\ H(R'') & OMgX \end{matrix} \xrightarrow{H_3O^+} \begin{matrix} R' & R \\ & C \\ H(R'') & OH \end{matrix}$$

环己酮 + CH₃CH₂MgBr $\xrightarrow[2.H_3O^+]{1.Et_2O}$ 1-乙基环己醇

（六）与氨衍生物的加成

氨衍生物如羟胺、肼、苯肼、2,4-二硝基苯肼、氨基脲等（用 H_2N-Y 表示），可作为亲核试剂与羰基加成，加成产物极不稳定，立即失去一分子水，生成稳定的含有碳氮双键的化合物（表 8-2）。此反应过程可表示如下。

$$\diagdown C=O + H_2N-Y \longrightarrow \left[\begin{matrix} OH & H \\ | & | \\ -C-N-Y \end{matrix} \right] \xrightarrow{-H_2O} \diagdown C=N-Y$$

反应产物一般是晶体，且具有一定熔点，此反应可用来鉴别羰基，所以氨衍生物又常称为羰基试剂，尤其是 2,4-二硝基苯肼，它与醛、酮反应生成的 2,4-二硝基苯腙为黄色结晶，反应现象明显。

表 8-2 常见氨衍生物与醛和酮反应的产物

氨衍生物	氨衍生物结构式	反应产物结构式	反应产物的名称
伯胺	H_2N-R''	$\diagdown C=N-R''$	席夫碱
羟胺	H_2N-OH	$\diagdown C=N-OH$	肟
肼	H_2N-NH_2	$\diagdown C=N-NH_2$	腙
苯肼	$H_2N-NHC_6H_5$	$\diagdown C=N-NHC_6H_5$	苯腙
氨基脲	$H_2N-NHCONH_2$	$\diagdown C=N-NHCONH_2$	缩氨基脲
2,4-二硝基苯肼	$H_2N-NHC_6H_3(NO_2)_2$	$\diagdown C=N-NHC_6H_3(NO_2)_2$	2,4-二硝基苯腙

二、α-H 的反应

（一）酮式和烯醇式互变异构

受羰基吸电子诱导效应的影响，醛、酮的 α-H 表现出一定的酸性，α-H 可以质子的形式离去生成碳负离子，碳负离子再经过共振成为烯醇负离子后得到一个质子，形成烯醇式。

$$\begin{matrix} H & O \\ | & \| \\ -C-C- \end{matrix} \xrightleftharpoons{-H^+} \begin{matrix} & O \\ & \| \\ -C^--C- \end{matrix} \rightleftharpoons \begin{matrix} & O^- \\ & | \\ C=C \end{matrix} \xrightleftharpoons{+H^+} \begin{matrix} & OH \\ & | \\ C=C \end{matrix}$$

酮式　　　碳负离子　　　烯醇负离子　　　烯醇式

这种酮式和烯醇式之间的互变称为酮式-烯醇式互变异构。理论上，具有 α-H 的羰基化合物都存在酮式和烯醇式两种互变异构体，烯醇化程度与分子结构有关，α-H 酸性越大，亚甲基越活泼，烯醇化程度越高。例如，丙酮在液态时含有 $1.5×10^{-4}\%$ 的烯醇式（$pK_a=20$），而戊-2,4-二酮的烯醇式含量在互变平衡体系中占比高达 80%，酸性较丙酮大得多（$pK_a=9$）。原因包括：戊-2,4-二酮的亚甲基受两个羰基吸电子诱导效应的影响，α-H 酸性增强；形成烯醇式后，共轭体系增大，分子内能降低；该烯醇式通过分子内氢键形成六元螯环，稳定性增强。

$$H_3C-\overset{O}{\underset{}{C}}-CH_2-\overset{O}{\underset{}{C}}-CH_3 \rightleftharpoons H_3C-\overset{O}{\underset{}{C}}=CH-\overset{O\cdots H}{\underset{}{C}}-CH_3$$

酮式（20%）　　　　烯醇式（80%）

（二）α-卤代反应

含有活泼 α-H 的醛、酮在酸或碱催化下可与卤素作用，发生卤代反应。在酸催化下，主要产生单卤代醛或酮。

$$(H)R-\overset{O}{\underset{}{C}}-CH_3 + X_2 \xrightarrow{H^+} (H)R-\overset{O}{\underset{}{C}}-CH_2X + HX$$

在碱催化下，α-C 上的氢原子可以全部被卤代。当 α-C 上连接有 3 个活泼氢原子的乙醛或甲基酮与卤素的氢氧化钠溶液（或次卤酸钠溶液）反应时，先生成 α-三卤代物，然后在碱性溶液中分解生成三卤甲烷（俗称卤仿）和羧酸盐，这个反应又称卤仿反应（haloform reaction）。

$$H_3C-\overset{O}{\underset{}{C}}-R(H) \xrightarrow{X_2,\ OH^-} X_3C-\overset{O}{\underset{}{C}}-R(H) \xrightarrow{OH^-} CHX_3 + R(H)-COO^-$$

如果用碘和氢氧化钠（或次碘酸钠）为试剂，则生成碘仿（CHI_3），由于碘仿是不溶于 NaOH 溶液的黄色沉淀物且具有特殊气味，现象很明显，特称此反应为碘仿反应（iodoform reaction）。常用碘仿反应来鉴别乙醛、甲基酮类化合物。此外，乙醇、异丙醇等能被次碘酸钠氧化成乙醛、丙酮等甲基酮结构，也能发生此反应。

（三）羟醛缩合反应

在稀碱作用下，含 α-H 的醛与另一个醛发生亲核加成反应，形成 β-羟基醛。反应生成的羟醛中如果还有一个 α-H，可与 β-C 上的羟基失去一分子水形成 α,β-不饱和醛。

$$R-H_2C-\overset{O}{\underset{}{CH}} + H-\overset{R}{\underset{}{CH}}-\overset{O}{\underset{}{C}}-H \xrightarrow{OH^-} R-H_2C-\underset{\beta}{\overset{OH}{\underset{}{HC}}}-\underset{\alpha}{\overset{R}{\underset{}{CH}}}-\overset{O}{\underset{}{C}}-H \xrightarrow{-H_2O} R-H_2C-CH=\overset{R}{\underset{}{C}}-\overset{O}{\underset{}{C}}-H$$

β-羟基醛　　　　　　　　　α,β-不饱和醛

反应机理如下：

$$RCH_2-\overset{O}{\underset{}{C}}-H \xrightarrow[-H^+]{OH^-} \left[R\overset{}{\underset{}{CH}}-\overset{O}{\underset{}{C}}-H \longleftrightarrow RCH=\overset{O^-}{\underset{}{CH}} \right]$$

$$RCH_2-\overset{O}{\overset{\|}{C}}-H + R\bar{C}H-\overset{O}{\overset{\|}{C}}-H \rightleftharpoons RCH_2-\overset{O^-}{\overset{|}{C}}-\overset{}{\underset{R}{C}}H-\overset{O}{\overset{\|}{C}}-H$$

$$RCH_2-\overset{O^-}{\overset{|}{C}}-\overset{}{\underset{R}{C}}H-\overset{O}{\overset{\|}{C}}-H + H_2O \rightleftharpoons RCH_2-\overset{OH}{\overset{|}{C}}-\overset{}{\underset{R}{C}}H-\overset{O}{\overset{\|}{C}}-H + OH^-$$

首先，一分子醛被碱夺取活泼 α-H 成为碳负离子，然后与另一分子的醛发生亲核加成。羟醛缩合反应为可逆反应，但平衡有利于形成羟醛。而且在许多情况下，脱水步骤紧接着羟醛缩合步骤自发进行，往往只能分离得到 α，β- 不饱和醛。羟醛缩合的结果是延长了碳链，其产物 α，β- 不饱和醛可进一步转化为许多有用的化合物。

两个含有 α-H 的不同醛或酮分子发生羟醛缩合反应，可生成四种缩合产物，不具有合成意义。利用不含 α-H 的醛与含有 α-H 的醛发生羟醛缩合反应，可获得较单一的产物。

$$\overset{H}{\underset{H}{C}}=O + H-CH_2-CHO \xrightarrow{OH^-} \underset{OH}{\overset{}{CH_2}}-CH_2-CHO \xrightarrow{-H_2O} CH_2=CH-CHO$$
丙烯醛

$$C_6H_5CHO + H-CH_2-CHO \xrightarrow{OH^-} C_6H_5-\underset{OH}{\overset{}{CH}}-CH_2-CHO \xrightarrow{-H_2O} C_6H_5-CH=CH-CHO$$
肉桂醛

三、还原反应

1. 金属氢化物还原 醛、酮可被 $LiAlH_4$、$NaBH_4$ 等金属氢化物还原为醇。

$$H_3CO-\langle\bigcirc\rangle-CHO \xrightarrow[CH_3OH]{NaBH_4} H_3CO-\langle\bigcirc\rangle-CH_2OH$$
对甲氧基苯甲醛　　　　　　　　　　对甲氧基苄醇（96%）

$$CH_3CH=CHCH_2CH_2CHO \xrightarrow[(2) H_3O^+]{(1) LiAlH_4/乙醚} CH_3CH=CHCH_2CH_2CH_2OH$$

$LiAlH_4$ 还原羰基的同时，化合物中若有腈基（—CN）和硝基（—NO_2），这些基团也会被还原，而这些基团不会被 $NaBH_4$ 还原。$NaBH_4$ 可以在水或醇溶液中使用，而 $LiAlH_4$ 遇水或醇分解，必须在无水溶剂中进行第一步加成反应，然后进行第二步水解反应。此外，$NaBH_4$ 和 $LiAlH_4$ 都不能将分子中的碳碳双键和碳碳三键还原。

2. 催化氢化 在铂、镍等催化剂存在下，醛加氢还原为伯醇，酮加氢还原成仲醇。若分子中有其他不饱和基团，这些基团将同时被还原。

$$R-\overset{O}{\overset{\|}{C}}-R'(H) + H_2 \xrightarrow{Ni} R-\underset{H}{\overset{OH}{\overset{|}{C}}}-R'(H)$$

$$CH_3CH=CHCHO + H_2 \xrightarrow{Ni} CH_3CH_2CH_2CH_2OH$$

3. Clemmensen 还原法　醛、酮与锌汞齐和浓盐酸一起回流反应，其羰基可被还原为甲叉基，该反应机理尚不清楚。

$$C_6H_5-\overset{O}{\underset{}{C}}-CH_2CH_3 \xrightarrow[\Delta]{Zn-Hg, HCl} C_6H_5CH_2CH_2CH_3$$
$$88\%$$

4. Wolff-Kishner-黄鸣龙还原法　醛或酮在高沸点溶剂（如一缩二乙二醇）中，以肼为还原剂，在浓碱条件下加热，羰基可被还原成甲叉基。

$$C_6H_5-\underset{O}{\overset{}{C}}CH_2CH_3 \xrightarrow[(HOCH_2CH_2)_2O, \Delta]{H_2NNH_2, NaOH} C_6H_5-CH_2CH_3$$

黄鸣龙改良的 Wolff-Kishner 还原法，是第一个用中国人名字命名的有机反应，简称为黄鸣龙还原法。

四、氧化反应

实验室中常用一些弱氧化剂来鉴别醛和酮。最常用的弱氧化剂有 Tollens 试剂、Fehling 试剂、Benedict 试剂。

Tollens 试剂是硝酸银的氨溶液，与醛共热时，Ag^+ 被还原成金属银，附着在管壁上形成光亮的银镜，故此反应又称银镜反应。

$$R-CHO + 2[Ag(NH_3)_2]OH \xrightarrow{\Delta} R-COONH_4 + 2Ag\downarrow + 3NH_3\uparrow + H_2O$$

Fehling 试剂是由硫酸铜和酒石酸钠的碱溶液混合而成，与醛共热时，Cu^{2+} 被还原生成砖红色的氧化亚铜沉淀。Benedict 试剂是硫酸铜、柠檬酸钠和碳酸钠的混合溶液，反应机理和现象与 Fehling 试剂相似，但其稳定性更好，便于长期储存。

$$R-CHO + Cu^{2+} \xrightarrow{\Delta} R-COONH_4 + Cu_2O\downarrow$$

上述几种弱氧化剂只氧化醛基，对酮基、羟基、碳碳双键等都没有作用。另外，芳香醛能与 Tollens 试剂反应，不与 Fehling 及 Benedict 试剂反应。

临床应用

中药黄酮类化合物的抗糖尿病潜力

糖尿病（DM）是一种代谢紊乱疾病。西医治疗方法包括注射或口服降糖药物，这些药物对患者有一定的不良反应和经济压力。为解决这一难题，许多研究人员将研究方向转向从天然产物或中药中发现新药。黄酮类化合物广泛分布于植物中，许多研究表明黄酮类化合物不仅具有抗糖尿病活性，还具有治疗糖尿病并发症的作用。目前已有 13 种黄酮类化合物因其自身具有抗糖尿病特性而被应用，例如，芹菜素、黄芩素、儿茶素主要通过抗氧化作用降低血糖；橙皮苷可能对糖尿病神经病变具有有益效果；甘草黄酮对治疗妊娠期糖尿病有显著作用。目前大多数关于黄酮类化合物抗糖尿病的研究仍处于动物实验阶段，有待进一步探索。

第五节 醌

醌（quinone）是一类具有共轭体系的环己烯二酮类化合物。醌类化合物不是芳香族化合物，但根据其碳环骨架可分为苯醌、萘醌、蒽醌和菲醌四大类。

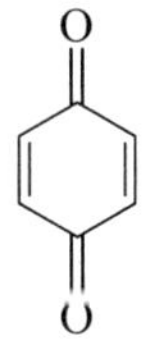

对苯醌
p-benzoquinone

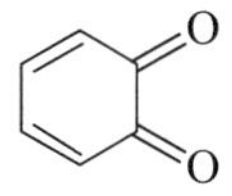

邻苯醌
o-benzoquinone

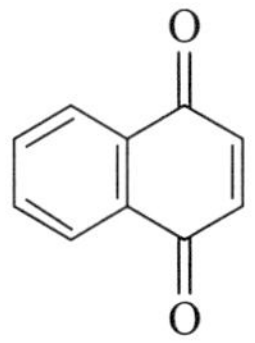

萘-1,4-醌
naphthalene-1,4-dione

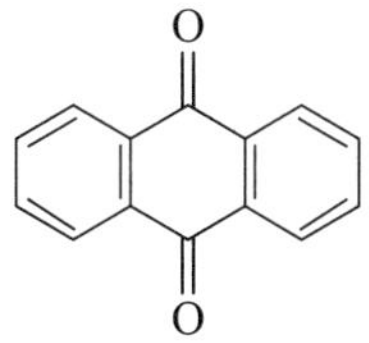

蒽-9,10-醌
anthracene-9,10-dione

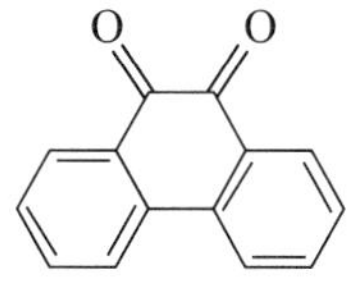

菲-9,10-醌
phenanthrene-9,10-dione

醌类化合物一般来讲都具有颜色，对位醌大多是黄色，邻位醌大多是红色或橙色。自然界中很多花的色素和生物体内的部分辅酶都具有醌型结构，如茜草中分离出来的红色染料茜素、有抗菌作用的大黄素、抗肿瘤药物米托蒽醌、有凝血功能的维生素 K 类化合物、脂溶性辅酶 Q。

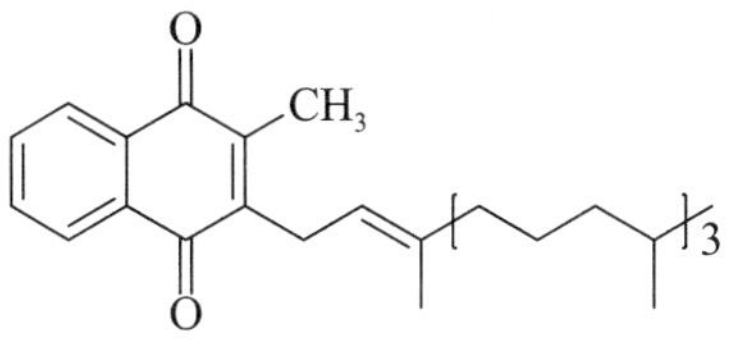

维生素K₁

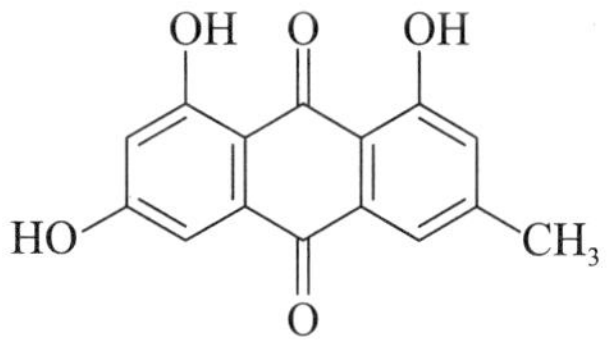

大黄素

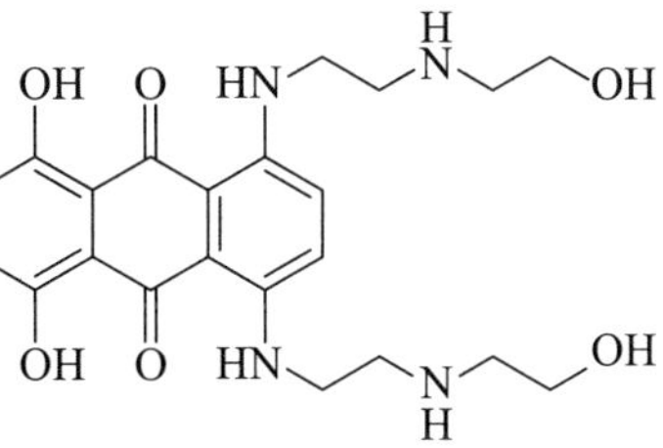

米托蒽醌

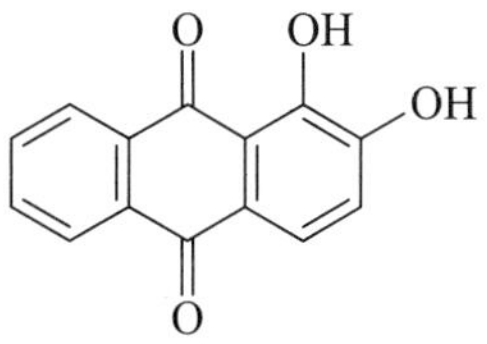

茜素

醌容易被还原成相应的酚。例如，对苯醌容易被还原为对苯二酚（或称氢醌），这是对苯二酚氧化反应的逆反应。在电化学上，利用两者之间的氧化还原反应可以制成醌-氢醌电极，用来测定 H^+ 的浓度。

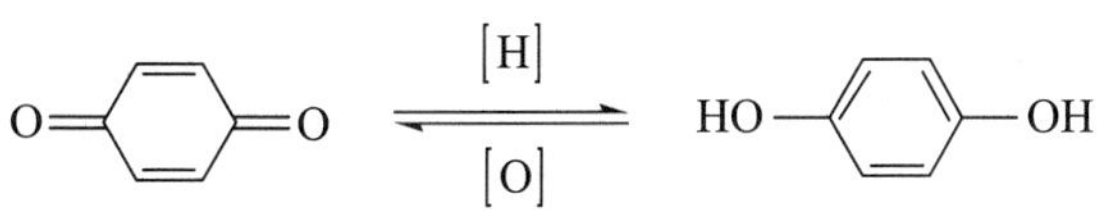

知识拓展

醌类化合物与水电池

醌类化合物作为一种来源丰富、成本低廉的通用负极材料，适用于各类水系电池。水系电池以不可燃的水溶液作为电解液，与锂离子等非水系电池相比，具有安全、廉价、环保等特点；再加上水系电池经过数十年的使用所确立的系统可靠性，非常适用于大规模的储能领域。

具有邻苯醌或对苯醌结构的醌类化合物，在充放电过程中能发生化学和结构上高度可逆的离子配位反应。由于醌类的电位可调节、化学稳定性好、反应速率快、对离子选择广泛，它们能在任意酸碱度、多种载流离子、大温度范围下稳定工作，可与任何成熟的正极材料搭配，组成稳定的醌基水系电池。

醌类负极材料的共同特点是性能稳定、价格廉价、原料资源近乎无限。借助更优化的分子结构设计和正极材料搭配，电池的能量还有望成倍提高。

习 题 八

1. 写出下列有机化合物的名称。

(1) $H_3C-CH(CH_3)-CH_2-CHO$

(2) $H_3C-CH(CH_3)-CH_2-CO-CH_3$

(3) $C_6H_5-CO-CH_2CH_3$

(4) $H_3C-C_6H_4-CHO$（对位）

(5) 顺-1-甲基-2-甲酰基环己烷

(6) (1-甲基-4-甲基环己酮，带立体构型)

2. 写出下列有机化合物的结构式。
   (1) 丙酮
   (2) 苯甲醛
   (3) 2-溴-4-甲基苯乙酮
   (4) 4-甲基戊-3-烯-2-酮

3. 下列化合物中，哪些化合物既能发生碘仿反应，又能与亚硫酸氢钠发生加成反应？
   (1) $C_6H_5COCH_3$
   (2) CH_3CH_2OH
   (3) $CH_3CH_2COCH_3$
   (4) $CH_3CH_2COC_6H_5$
   (5) $CH_3CH(OH)CH_2CH_3$
   (6) CH_3CH_2CHO
   (7) 环己基-CHO
   (8) 环己酮

4. 下列哪些能发生碘仿反应？
   (1) 乙醇　　(2) 戊-2-醇　　(3) 戊-3-醇　　(4) 丙-1-醇
   (5) 丁-2-醇　　(6) 异丙醇　　(7) 丙醛　　(8) 苯乙酮

5. 将下列羰基化合物按发生亲核加成由易到难的顺序排序。
   CH_3CHO、$CH_3CH_2COCH_2CH_3$、CF_3CHO、CH_3COCH_3、CH_2ClCHO、$HCHO$

6. 给出采用不同羰基化合物与格氏试剂反应生成下列各醇的可能途径，并指出哪些醇尚可用醛或酮还原制得。

(1) $(CH_3)_2CH-CH_2-CH_2-\underset{OH}{CH}-CH_2-CH_3$

(2) $(CH_3)_3C-CH_2-OH$

(3) 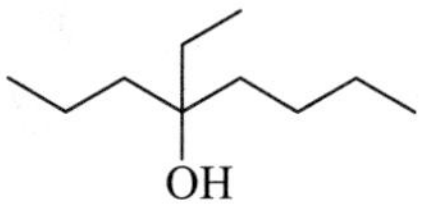 3-乙基-3-己醇结构 (CH₃CH₂CH₂)(CH₃CH₂)(CH₃CH₂CH₂)C—OH

7. 写出下列反应的主要生成物。

(1) 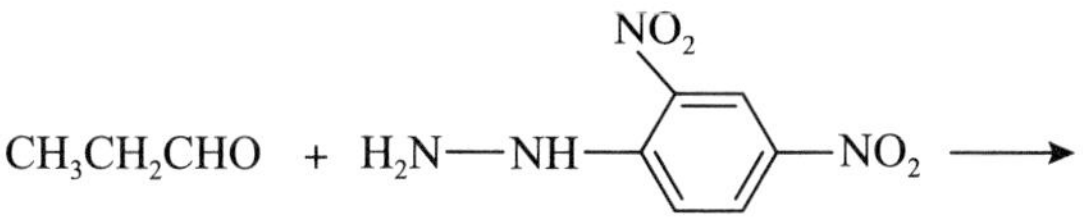 $CH_3CH_2CHO + H_2N-NH-\text{(2,4-二硝基苯基)} \longrightarrow$

(2) $CH_3CHO + CH_3CH_2OH \xrightarrow{\text{干燥HCl}}$

(3) $CH_3CHO \xrightarrow[NaOH]{I_2}$

(4) 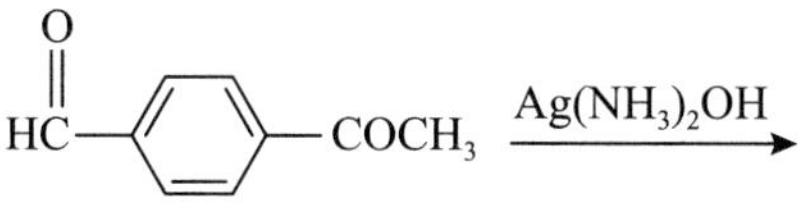 对位取代苯 $OHC-C_6H_4-COCH_3 \xrightarrow{Ag(NH_3)_2OH}$

(5) $CH_2=CHCHO + NaBH_4 \xrightarrow{C_2H_5OH}$

(6)  环己酮 $+ HOCH_2CH_2OH \xrightarrow{\text{干燥HCl}}$

8. 有机化合物 A 的分子式为 $C_4H_{10}O$，氧化后得分子式为 C_4H_8O 的化合物 B，B 能与苯肼反应，与碘的氢氧化钠溶液共热时有黄色碘仿产生。A 与浓硫酸共热得分子式为 C_4H_8 的化合物 C，C 有两种异构体。试推测 A、B 和 C 的结构简式，并写出有关反应式。

9. 某化合物 A 分子式为 $C_9H_{10}O_2$，能溶于 NaOH 溶液，易与溴水、羟氨反应，不能与托伦试剂反应。A 经 $LiAlH_4$ 还原后得化合物 B，分子式为 $C_9H_{12}O_2$。A、B 都能发生碘仿反应。A 用 Zn-Hg 在浓盐酸中还原得化合物 C，分子式为 $C_9H_{12}O$。C 与 NaOH 反应再用碘甲烷煮沸得化合物 D，分子式为 $C_{10}H_{14}O$。D 用高锰酸钾溶液氧化后得对甲氧基苯甲酸。试推测各化合物的结构，并写出有关反应式。

（卞 伟）

第九章 羧酸和羧酸衍生物

羧酸（carboxylic acid）是分子中含有羧基（carboxyl group）的化合物。羧酸衍生物（derivatives of carboxylic acid）是羧酸分子羧基中的羟基被其他原子或基团取代后得到的化合物。

羧酸常以游离状态或盐的形式存在于自然界。羧酸和羧酸衍生物既是有机合成的重要原料，又是一类与医药卫生关系十分密切的有机化合物，临床使用的药物中很多为羧酸及其衍生物，如阿司匹林、布洛芬、青霉素等。

第一节 羧 酸

一、羧酸的结构

一元羧酸的通式为 RCOOH 或 ArCOOH（R 代表脂肪烃基；Ar 代表芳香烃基）。官能团羧基可写成 —COOH 或 —CO$_2$H。下面以甲酸为例介绍羧基的结构特征（图 9-1）。

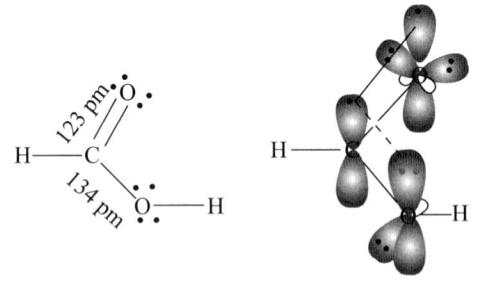

图 9-1 甲酸的结构及其轨道示意图

羧基中的碳原子和两个氧原子都是 sp^2 杂化。羰基碳原子的 3 个杂化轨道形成 3 个 σ 键，未参与杂化的 p 轨道与羰基氧原子的 p 轨道形成 1 个 π 键。羟基氧原子未参与杂化的 p 轨道上的一对孤对电子与羰基的 π 键存在 p-π 共轭，使羰基碳上的电子云密度升高。因此，羧酸分子中的羰基碳与亲核试剂反应的活性较醛、酮低；同时，羟基氧原子的电子云密度降低，使羧酸 O—H 键的极性较醇 O—H 键的极性升高，导致羧酸的酸性比醇强。

二、羧酸的分类和命名

根据与羧基连接的烃基种类不同,羧酸可以分为脂肪羧酸、脂环羧酸和芳香羧酸;根据所连烃基是否饱和,羧酸可以分为饱和羧酸和不饱和羧酸;根据分子中羧基的数目,羧酸还可以分为一元羧酸、二元羧酸、多元羧酸。例如:

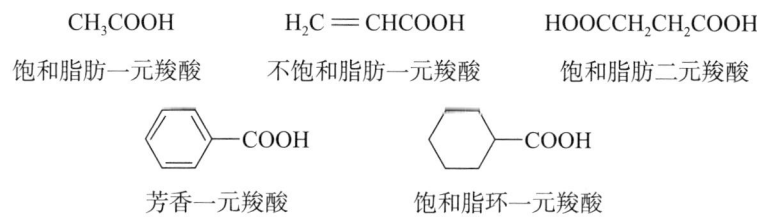

许多羧酸是从自然界中发现的,常因其来源而得名,例如:

羧酸的系统命名法是选择含有羧基的最长碳链作为主链,按主链上碳原子的数目称为"某酸"。羧酸的编号从羧基开始,即羧基碳原子的编号为1,依次将主链碳原子编号;羧酸也可用希腊字母进行编号,将与羧基直接相连的碳原子编号为 α,后续依次为 β、γ、δ 等。二元或多元羧酸以包含2个羧基的最长碳链为主链,其余羧基作为取代基进行命名。一元羧酸的英文名称是将烃 ane(ene、yne)的最后一个字母 e 换成 oic,再加后缀 acid;二元羧酸是在 ane(ene、yne)的后面加 dioic acid。

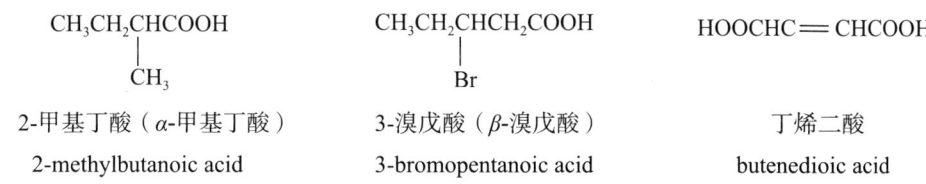

若脂环、芳环不与羧基直接相连,将脂环、芳环作为取代基;若脂环直接与羧基相连,以羧基连接的位置作为脂环的1位,命名时在脂环烃名称之后加上"羧酸""二羧酸"等。羧基与芳环直接相连,则将芳(基)甲酸作为母体,按芳香化合物的规则命名。例如:

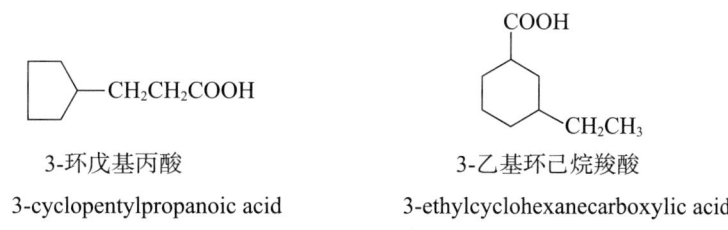

苯甲酸
benzoic acid

4-硝基苯甲酸（对硝基苯甲酸）
4-nitrobenzoic acid

2-萘乙酸
2-naphthylacetic acid

三、羧酸的物理性质

羧酸不仅可以形成分子间氢键，还能以二聚体的形式存在，分子间的作用力比只有分子间氢键的化合物大，因此羧酸的熔点、沸点比分子量相近的醇高。例如，HCOOH 的沸点（100.5 ℃）比 CH_3CH_2OH 的沸点（78.3 ℃）高；CH_3COOH 的沸点（118 ℃）比 $CH_3CH_2CH_2OH$ 的沸点（97.2 ℃）高。羧酸的分子间氢键和二聚体如下所示：

分子间氢键　　　　　　　　　　　　二聚体

常温下，1～9 个碳原子的直链饱和一元羧酸为液体，碳原子数更多的高级饱和脂肪酸为蜡状固体，脂肪二元羧酸和芳香羧酸均为结晶固体。羧酸的熔点自丁酸开始随碳原子数的增加呈锯齿状上升。含偶数碳原子羧酸的熔点比它相邻的两个含奇数碳原子羧酸的熔点高。这是因为偶数碳原子羧酸分子比奇数碳原子羧酸分子对称性好，在晶体中排列得更紧密。二元羧酸由于有两个羧基，分子间作用力更大，熔点较相近分子量的一元羧酸高得多。饱和一元羧酸的沸点随着分子量的增加而升高。

羧基可以和水形成氢键。1～4 个碳原子的羧酸均能与水以任意比例混溶，随着碳链原子数的增加，羧酸的水溶性降低，10 个碳原子的癸酸溶解度仅为 0.02 g·(100 ml H_2O)$^{-1}$。高级一元羧酸易溶于乙醇、乙醚、氯仿等有机溶剂。多数芳香酸在水中的溶解度非常低。部分常见羧酸的理化常数如表 9-1 所示。

表 9-1　部分常见羧酸的理化常数

名称	熔点（℃）	沸点（℃）	溶解度 [g·(100 ml H_2O)$^{-1}$]	pK_a（25 ℃）
甲酸（蚁酸）	8.4	100.5	∞	3.76
乙酸（醋酸）	16.6	117.9	∞	4.75
丙酸（初油酸）	−20.8	141	∞	4.87
丁酸（酪酸）	−4.3	163.5	∞	4.81
戊酸（缬草酸）	−33.8	186	3.7	4.82
己酸（羊油酸）	−2	205	0.96	4.83
乙二酸（草酸）	189.5	分解	8.6	1.23[a]，4.19[b]
丙二酸（缩苹果酸）	135.6	分解	74.5	2.83[a]，5.69[b]
苯甲酸（安息香酸）	122.4	249	0.34	4.17
对甲基苯甲酸	180	275	0.03	4.35
对氯苯甲酸	243	275	0.008	4.03
对硝基苯甲酸	241	分解	0.03	3.40
对羟基苯甲酸	214.5	分解	0.5	4.54

注：a 为 pK_{a1}；b 为 pK_{a2}

四、羧酸的化学性质

（一）羧酸的酸性与成盐

1. 羧酸的酸性 羧酸的酸性比碳酸（pK_a 6.5）强，一方面是由于羧基中羰基与羟基氧原子的 p-π 共轭效应，使羧基中 O—H 键极性增加，易于断裂解离出 H^+；另一方面是由于羧酸解离出 H^+ 后，羧酸根负电荷通过 p-π 共轭平均分布在羧酸根的两个氧原子上，C—O 键的键长完全平均化，使羧酸根稳定性增强，更容易生成。例如，甲酸解离出 H^+ 形成甲酸根离子（$HCOO^-$），其结构如图 9-2 所示。

$$RCOOH + H_2O \rightleftharpoons RCOO^- + H_3O^+$$

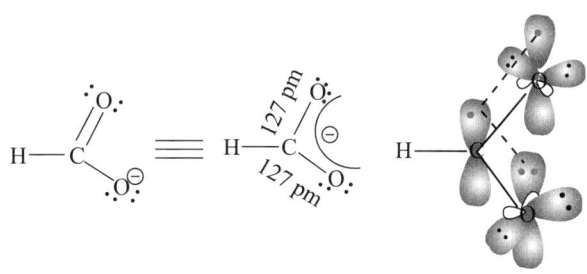

图 9-2 甲酸根的结构及其轨道示意图

常见一元羧酸的 pK_a 为 3.0～5.0，属于弱酸。羧酸酸性的强弱主要取决于羧酸解离后羧酸根的稳定性，羧酸根越稳定，越易生成，解离平衡越向右移动，H^+ 的浓度越高，酸性越强。

2. 影响羧酸酸性的因素 脂肪族一元羧酸中甲酸的酸性最强，这是因为烃基是弱的供电子基团，羧基 α-C 上连的烃基越多，供电子诱导效应（+I 效应）越强，羧酸根负离子就越不稳定，相应的羧酸酸性就越弱。

	HCOOH	CH_3COOH	CH_3CH_2COOH	$(CH_3)_2CHCOOH$
pK_a：	3.76	4.75	4.86	4.87

当羧酸烃基链上的氢原子被卤素、羟基、硝基、氰基等吸电子基团取代时，由于这些基团的吸电子诱导效应（–I 效应）使羧酸根负离子更稳定，相应羧酸的酸性增加。吸电子基团吸电子能力越强、离羧基越近、吸电子基团越多，化合物的酸性越强；反之则酸性越弱。例如：

	FCH_2COOH	$ClCH_2COOH$	$BrCH_2COOH$	ICH_2COOH
pK_a：	2.57	2.86	2.94	3.18
	CH_3COOH	$ClCH_2COOH$	$Cl_2CHCOOH$	Cl_3CCOOH
pK_a：	4.75	2.86	1.29	0.65
	$CH_3CH_2CHCOOH$ | Cl	CH_3CHCH_2COOH | Cl	$CH_2CH_2CH_2COOH$ | Cl	$CH_3CH_2CH_2COOH$
pK_a：	2.86	4.05	4.52	4.81

苯甲酸的酸性比脂肪族一元羧酸强（甲酸除外）。这是由于苯环大 π 键与羧酸根形成共轭

体系，使羧酸根负电荷得到分散。取代苯甲酸的酸性大小取决于苯环上取代基的性质及数目，当苯环上连有钝化基团时，酸性比苯甲酸强，钝化能力越强、钝化基团越多，酸性越强；反之则酸性越弱。例如：

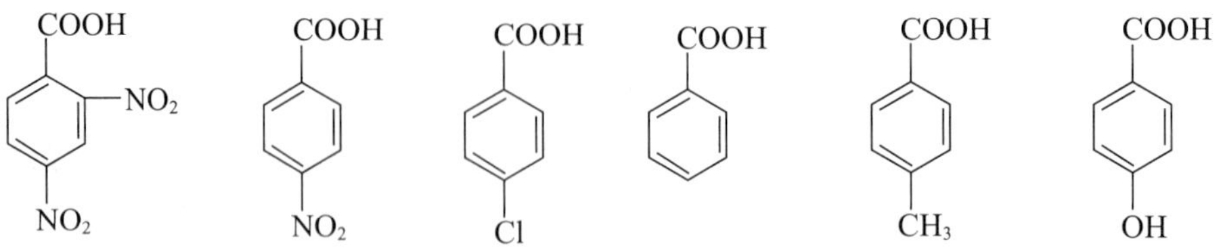

化合物	2,4-二硝基苯甲酸	对硝基苯甲酸	对氯苯甲酸	苯甲酸	对甲基苯甲酸	对羟基苯甲酸
pK_a	1.43	3.40	4.03	4.17	4.35	4.54

二元羧酸的酸性与两个羧基的相对距离及空间位置有关。两个羧基相距越近，酸性越强。

	HOOCCOOH	HOOCCH$_2$COOH	CH$_3$COOH
pK_a:	1.23	2.83	3.75

3. 成盐反应 羧酸能与氢氧化钠、碳酸钠和一些生物碱成盐。利用羧酸能与 $NaHCO_3$ 或 Na_2CO_3 反应放出 CO_2 的性质，可以鉴别羧酸。

$C_6H_5COOH + NaOH \longrightarrow C_6H_5COONa + H_2O$

$R(Ar)COOH + NaHCO_3(Na_2CO_3) \longrightarrow R(Ar)COONa + H_2O + CO_2\uparrow$

许多羧酸盐在工农业生产中广泛应用，如表面活性剂硬脂酸钠和硬脂酸钾、防腐剂山梨酸钾和苯甲酸钠。

临床应用

羧酸盐的临床应用

药物的溶解度会影响其药动学性质、化学稳定性及剂型的选择，是影响药物临床应用的重要因素。成盐可以改变药物的溶解度，通过成盐提高药物水溶性是开发药物注射剂的主要方法。医药工业中常将含有羧基且水溶性差的药物转变成钠盐或钾盐，以增加其水溶性。如含有羧基的青霉素水溶性差，转变成钠盐后水溶性增大，便于临床使用。

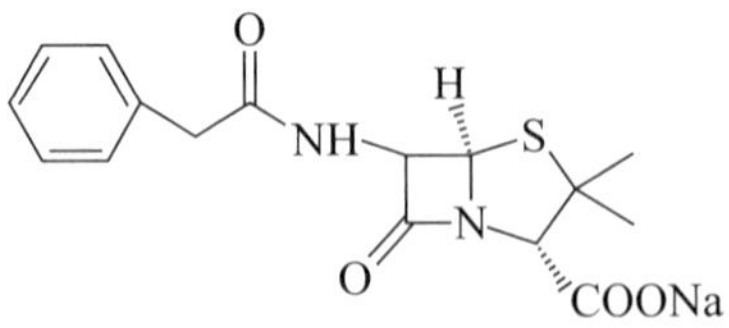

青霉素钠 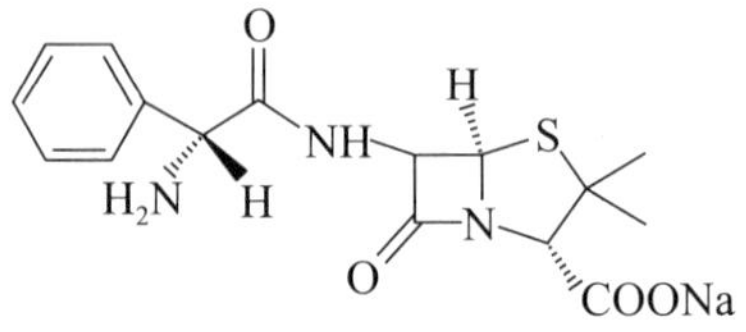　　　　　氨苄青霉素钠（氨苄西林钠）

（二）羧酸衍生物的生成

羧酸衍生物是指羧基上的羟基被其他的原子或基团取代后生成的化合物。常见的羧酸衍生物包括酰卤、酸酐、酯和酰胺。

1. 酰卤的生成 羧基中的羟基被卤原子取代的产物称为酰卤（acyl halide），其中酰氯和酰溴较为常见。羧酸与 PCl_3、PCl_5 或 $SOCl_2$（氯化亚砜）等反应生成酰氯。

$$R-COOH + PCl_3 \xrightarrow{\text{回流}} R-COCl + H_3PO_3$$

$$R-COOH + PCl_5 \xrightarrow{\text{回流}} R-COCl + POCl_3 + HCl$$

$$R-COOH + SOCl_2 \xrightarrow{\text{回流}} R-COCl + SO_2 + HCl$$

羧酸与 $SOCl_2$ 反应制备酰氯最为常用，因为该反应的副产物是 SO_2 和 HCl 两种气体化合物，容易从反应体系中去除，且过量的 $SOCl_2$（沸点 76 ℃）易于蒸馏除去，因此能够得到较纯的产物。至于 PCl_3 和 PCl_5 的选择，要看反应产物与副产物 H_3PO_3（沸点 200 ℃）和 $POCl_3$（沸点 107 ℃）是否容易分离。从副产物的沸点看，H_3PO_3 不能蒸馏除去，因此 PCl_3 适合制备沸点较低的酰氯；而 $POCl_3$ 可以蒸馏除去，因此 PCl_5 适合制备沸点较高的酰氯。

2. 酸酐的生成 除甲酸外的羧酸与脱水剂（P_2O_5、乙酰氯、乙酸酐等）一起加热，分子间脱水生成酸酐（anhydride）。

$$CH_3COOH + P_2O_5 \xrightarrow{\Delta} CH_3COCOCH_3 + H_2O$$

$$RCOOH + CH_3COCOCH_3 \xrightarrow{\Delta} RCOCOR + CH_3COOH$$

某些二元羧酸不需脱水剂，将其直接加热就可生成酸酐。例如：

邻苯二甲酸 $\xrightarrow{180\ ℃}$ 邻苯二甲酸酐

马来酸 $\xrightarrow{200\ ℃}$ 马来酸酐

3. 酯的生成 羧酸与醇在酸催化下加热生成酯（ester）和水的反应称为酯化反应（esterification）。酯化反应是可逆反应，需要在强酸（如浓硫酸）催化下加热进行，反应一般较慢。为了提高反应产率，常通过加入过量相对价廉的原料或者随着反应的进行将产物中的某一成分除去的方法，促使反应向酯化方向进行，从而提高反应的产率。

$$CH_3COOH + \underset{\text{过量}}{CH_3CH_2OH} \xrightarrow[\text{回流}]{H_2SO_4} \underset{60\%\sim70\%}{CH_3COOCH_2CH_3} + H_2O$$

$$\text{C}_6\text{H}_5\text{-CH}_2\text{CH}_2\text{CH}_2\text{COOH} + \text{CH}_3\text{CH}_2\text{OH} \xrightarrow[\text{回流}]{\text{H}_2\text{SO}_4} \text{C}_6\text{H}_5\text{-CH}_2\text{CH}_2\text{CH}_2\text{COOC}_2\text{H}_5 + \text{H}_2\text{O}$$

$$\text{1 mol} \qquad\qquad\qquad \text{8 mol} \qquad\qquad\qquad\qquad\qquad 85\% \sim 88\%$$

强酸催化剂的作用是使羧酸羰基的氧原子结合一个质子，形成质子化的羧酸，从而增加羧酸羰基碳原子的正电性，利于醇分子（亲核试剂）的进攻。研究表明，大多数酯化反应的限速步骤是醇作为亲核试剂进攻带正电的羰基碳原子，形成四面体中间体。因此参与反应的羧酸和醇分子中烃基的结构对反应速率有显著影响，当羧酸和醇分子中的 α-C 附近连有体积较大或数目较多的烃基时，势必阻碍醇对羧酸羰基的亲核进攻，使反应变慢甚至难于发生。结构不同的羧酸和醇在进行酯化反应时，活性由大到小的顺序为：

$$\text{HCOOH} > \text{CH}_3\text{COOH} > \text{RCH}_2\text{COOH} > \text{R}_2\text{CHCOOH} > \text{R}_3\text{CCOOH}$$

$$\text{CH}_3\text{OH} > \text{CH}_3\text{CH}_2\text{OH} > \text{RCH}_2\text{OH} > \text{R}_2\text{CHOH} > \text{R}_3\text{COH}$$

4. 酰胺的生成 羧酸与氨（或胺）反应生成铵盐，铵盐加热脱水生成酰胺（amide）。但是，酰胺往往是通过胺的酰化反应制得（见第十章）。

$$\text{RCOOH} + \text{NH}_3 \longrightarrow \text{RCOONH}_4 \xrightarrow{\Delta} \text{RCONH}_2 + \text{H}_2\text{O}$$

（三）羧酸的还原

羧基的羰基不如醛、酮的羰基活性高，羧基不易被还原，但强还原剂 LiAlH_4 可将羧酸还原为醇。

$$\text{C}_6\text{H}_5\text{COOH} \xrightarrow[\text{②H}_2\text{O}]{\text{①LiAlH}_4} \text{C}_6\text{H}_5\text{CH}_2\text{OH}$$

（四）脱羧反应

羧酸失去羧基放出 CO_2 的反应称为脱羧反应（decarboxylation reaction）。一般的脂肪酸对热稳定，通常不发生脱羧反应。在特殊条件下，如羧酸钠盐与碱石灰（CaO/NaOH）共热，可以脱去羧基生成少一个碳原子的烃。但当羧基的 α 位连有强吸电子基团（硝基、卤素、羰基、氰基等）时，羧酸的脱羧反应就很容易发生。

$$\text{CH}_3\text{COONa} \xrightarrow{\text{碱石灰}} \text{CH}_4\uparrow + \text{Na}_2\text{CO}_3$$

$$\text{CCl}_3\text{COOH} \xrightarrow{50\ ^\circ\text{C}} \text{CHCl}_3 + \text{CO}_2\uparrow$$

（五）二元羧酸的受热反应

二元羧酸分子中存在两个活泼的羧基官能团，根据两个羧基相对位置的不同，在受热的情况下发生不同的反应。

乙二酸和丙二酸由于两个羧基的相互作用，加热至其熔点以上容易脱羧，生成少 1 个碳原子的一元羧酸，同时放出 CO_2 气体。

$$HOOCCOOH \xrightarrow{160 \sim 180\ ℃} HCOOH + CO_2\uparrow$$

$$HOOCCH_2COOH \xrightarrow{140 \sim 160\ ℃} CH_3COOH + CO_2\uparrow$$

丁二酸和戊二酸中两个羧基距离较远，相互吸电子效应基本消失，但可以发生分子内脱水反应，形成稳定的五元环酸酐和六元环酸酐。

$$\begin{array}{c}CH_2COOH\\|\\CH_2COOH\end{array} \xrightarrow{300\ ℃} \text{(五元环酸酐)} + H_2O\uparrow$$

$$H_2C\begin{array}{c}CH_2COOH\\ \\CH_2COOH\end{array} \xrightarrow{300\ ℃} \text{(六元环酸酐)} + H_2O\uparrow$$

己二酸和庚二酸在受热情况下同时发生脱水和脱羧反应，生成稳定的五、六元环酮。

$$\begin{array}{c}CH_2CH_2COOH\\|\\CH_2CH_2COOH\end{array} \xrightarrow{300\ ℃} \text{环戊酮} + H_2O\uparrow + CO_2\uparrow$$

$$H_2C\begin{array}{c}CH_2CH_2COOH\\ \\CH_2CH_2COOH\end{array} \xrightarrow{300\ ℃} \text{环己酮} + H_2O\uparrow + CO_2\uparrow$$

第二节 羧酸衍生物

一、羧酸衍生物的结构和命名

（一）羧酸衍生物的结构

酰基（acyl）是羧酸分子去掉羧基中的羟基后剩余的部分，酰卤、酸酐、酯和酰胺分子中均含有酰基。酰基的名称是依据相应的羧酸来命名的，例如：

R—CO— 　　CH₃—CO—　　C₆H₅—CO—
酰基　　　　乙酰基　　　　苯甲酰基

（二）羧酸衍生物的命名

1. 酰卤的命名 只需在酰基的名称后加上卤素原子的名称，称为"某酰卤"。

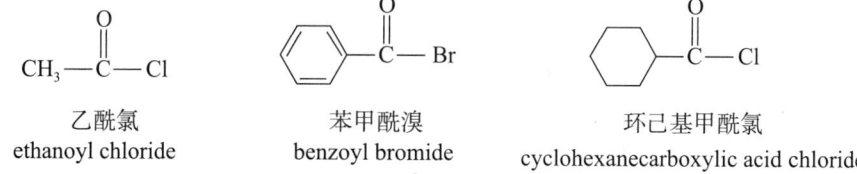

乙酰氯　　　　　苯甲酰溴　　　　　　环己基甲酰氯
ethanoyl chloride　benzoyl bromide　cyclohexanecarboxylic acid chloride

2. 酸酐的命名　由两分子相同的一元羧酸脱水生成的酸酐称为单酐，命名时根据相应的羧酸名称，称为"某酸酐"，简称为"某酐"；由两分子不同羧酸脱水所得的酸酐称为混酐，命名时将羧酸的名称按英文首字母顺序排列，称为"某某酸酐"或"某某酐"；若为二元羧酸分子内脱水生成的环状酸酐，则在二元羧酸名称后加"酐"字。

乙（酸）酐　　　乙甲（酸）酐　　　戊二酸酐　　　邻苯二甲酸酐
acetic anhydride　acetic formic anhydride　glutaric anhydride　phthalic anhydride

3. 酯的命名　一元或多元羧酸和一元醇形成的酯是根据相应的羧酸和醇的名称，称为"某酸某酯"，一元羧酸与多元醇形成的酯称为"某醇某酸酯"。环状的酯称为内酯（lactone），它的命名是用数字或希腊字母（γ 或 δ）标明原羟基的位置，称为"某内酯"。

甲酸乙酯　　　丙二酸二乙酯　　　乙二醇二甲酸酯　　　戊-4-内酯（γ-戊内酯）
ethyl formate　diethyl malonate　glycol diformate　pentano-4-lactone(γ-pentanolactone)

4. 酰胺的命名　根据相应的羧酸名称，称为"某酰胺"。若酰胺的氮原子上连有烃基，则应在取代基前加"N"，表示取代基连接在氮原子上。环状酰胺也称为内酰胺（lactam），其命名与内酯类似，用数字或希腊字母标明原氨基的位置。

乙酰胺　　　苯甲酰胺　　　N,N-二甲基乙酰胺　　　戊-5-内酰胺（δ-戊内酰胺）
acetamide　benzamide　N,N-dimethylacetamide　pentano-5-lactam(δ-pentanolactam)

当二元羧酸的两个酰基连接在同一个亚氨基（—NH—）或取代亚氨基上形成环状化合物时，其命名是根据相应的二元羧酸的名称，称为"某酰亚胺"。

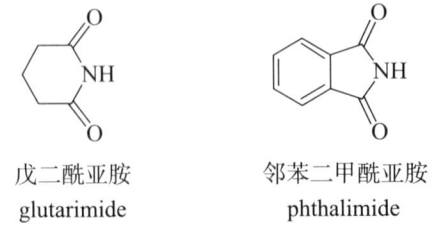

戊二酰亚胺　　　邻苯二甲酰亚胺
glutarimide　　　phthalimide

二、羧酸衍生物的物理性质

低级酰卤和酸酐是有刺激性气味的液体，高级酰卤和酸酐为固体。低级酯为易挥发并具有香气的无色液体，常用作香料或制造香料。高级脂肪酸酯是蜡状固体。除甲酰胺为液体外，其他酰胺均为固体。

酰卤、酸酐和酯分子间不能形成氢键，因此其沸点比相应的羧酸低；酰胺分子间能形成氢键产生缔合作用，因此，酰胺的熔点和沸点比相应的羧酸高。

所有的羧酸衍生物均溶于有机溶剂，其水溶性有较大差异。酰卤和酸酐难溶于水，但遇水可发生分解。酯难溶于水。低级酰胺可与水混溶，但随分子量增大，溶解度逐渐减小。几种常见羧酸衍生物的物理常数见表9-2。

表 9-2　常见羧酸衍生物的物理常数

名称	熔点（℃）	沸点（℃）	密度（g·cm^{-3}）
乙酰氯	−112	51	1.104
丁酰氯	−89	102	1.026
苯甲酰氯	−1	197	1.212
乙酸酐	−73	140	1.082
丁二酸酐	119.6	261	1.234
邻苯二甲酸酐	131	284	1.527
乙酸乙酯	−84	77	0.901
苯甲酸乙酯	−34	213	1.043
乙酰胺	82	221	1.159
N，N-二甲基甲酰胺	−61	152.8	0.944
苯甲酰胺	130	290	1.341

三、羧酸衍生物的化学性质

（一）酰基亲核取代反应

羧酸衍生物分子中羰基碳带部分正电荷，容易受到亲核试剂的进攻发生亲核取代反应（nucleophilic substitution reaction），如水解、醇解和氨解反应。

羧酸衍生物在酸性和碱性条件下可与多种亲核试剂发生亲核取代反应，分亲核加成和消除反应两步进行。第一步是亲核试剂进攻羰基碳原子，碳氧双键发生亲核加成反应，形成四面体结构的中间体。第二步是中间体进一步发生消除反应，生成最终的亲核取代产物。反应的净结果是亲核试剂取代了离去基团。

$$\underset{}{R-\overset{O}{\underset{\|}{C}}-L} + Nu^- \xrightleftharpoons{\text{加成}} \left[R-\overset{O^-}{\underset{L}{\overset{|}{C}}}-Nu \right] \xrightleftharpoons{\text{消除}} R-\overset{O}{\underset{\|}{C}}-Nu + L^-$$

羧酸衍生物的亲核取代反应速率受到加成和消除两步反应速率的影响。对于第一步亲核加成反应，羰基碳的正电性越强，形成的四面体中间体的空间位阻越小，越有利于亲核加成反应

的进行，反应速率就越快；对于第二步消除反应，离去基团越稳定，越有利于离去基团离去，消除反应更易进行。羧酸衍生物的亲核取代反应活性次序是：酰卤＞酸酐＞酯＞酰胺。

1. 水解反应 酰卤、酸酐、酯和酰胺均可与水反应生成相应的羧酸，称为水解反应（hydrolysis reaction）。

$$\begin{array}{l}
R-\overset{O}{\underset{\|}{C}}-X \\
R-\overset{O}{\underset{\|}{C}}-O-\overset{O}{\underset{\|}{C}}-R' \\
R-\overset{O}{\underset{\|}{C}}-O-R' \\
R-\overset{O}{\underset{\|}{C}}-NH_2
\end{array} + H-OH \longrightarrow \begin{array}{l}
\xrightarrow{\text{室温}} R-\overset{O}{\underset{\|}{C}}-OH + HX \\
\xrightarrow{\triangle} R-\overset{O}{\underset{\|}{C}}-OH + R'-\overset{O}{\underset{\|}{C}}-OH \\
\xrightarrow[\triangle]{H^+\text{或}OH^-} R-\overset{O}{\underset{\|}{C}}-OH + R'OH \\
\xrightarrow[\triangle]{H^+\text{或}OH^-} R-\overset{O}{\underset{\|}{C}}-OH + NH_4^+\text{或}NH_3
\end{array}$$

低级酰卤极易水解，在室温下无需催化剂反应即可进行。如乙酰氯在室温下遇微量的水迅速发生水解，放出氯化氢气体而冒出白烟。

酸酐需通过加热或加碱增加其水溶性，加速酸酐的水解反应。在室温下，酸酐的水解较酰卤慢。

酯和酰胺需在碱作用下或无机酸的催化下加热才能水解，其中酰胺的水解反应速率比酯慢。酯在酸性条件下的水解是可逆反应，因此水解不完全；酯在碱性条件下可完全水解，是不可逆反应，如制备肥皂利用的就是油脂的碱水解反应，得到高级脂肪酸的钠盐或钾盐。

2. 醇解反应 酰卤、酸酐、酯和酰胺均能与醇反应生成相应的酯，称为醇解反应（alcoholysis reaction）。

$$\begin{array}{l}
R-\overset{O}{\underset{\|}{C}}-X \\
R-\overset{O}{\underset{\|}{C}}-O-\overset{O}{\underset{\|}{C}}-R' \\
R-\overset{O}{\underset{\|}{C}}-O-R' \\
R-\overset{O}{\underset{\|}{C}}-NH_2
\end{array} + H-OR'' \longrightarrow \begin{array}{l}
\xrightarrow{\text{室温}} R-\overset{O}{\underset{\|}{C}}-OR'' + HX \\
\xrightarrow{\triangle} R-\overset{O}{\underset{\|}{C}}-OR'' + R'-\overset{O}{\underset{\|}{C}}-OH \\
\xrightarrow[\triangle]{H^+\text{或}OH^-} R-\overset{O}{\underset{\|}{C}}-OR'' + R'OH \\
\xrightarrow[\triangle]{H^+\text{或}OH^-} R-\overset{O}{\underset{\|}{C}}-OR'' + NH_4^+\text{或}NH_3
\end{array}$$

酰卤和酸酐均可与醇反应，但酸酐的活性比酰卤低。酰卤的醇解在有机合成中常用来制备不能由酯化反应合成的酯。酯的醇解反应生成了新的酯和新的醇，因此也称为酯交换反应（transesterification reaction），是可逆反应，为使反应向生成新酯的方向进行，常采用加入过量的醇或将生成的醇除去的方法。酯交换反应常用于从低沸点醇的酯合成高沸点醇的酯。酰胺的醇解较难，需加酸或碱进行催化。

3. 氨解反应 酰卤、酸酐、酯和酰胺均能与氨（或胺）反应生成相应的酰胺，称为氨解反应（aminolysis reaction）。

$$\text{R-CO-X} \qquad \qquad \longrightarrow \text{R-CO-NH}_2 + \text{HX}$$

$$\text{R-CO-O-CO-R}' + \text{H-NH}_2 \longrightarrow \text{R-CO-NH}_2 + \text{R}'\text{-CO-OH}$$

$$\text{R-CO-O-R}' \xrightarrow{\Delta} \text{R-CO-NH}_2 + \text{R}'\text{OH}$$

$$\text{R-CO-NH}_2 + \text{H-NHR}'' \xrightarrow{\Delta} \text{R-CO-NHR}'' + \text{NH}_3$$

酰卤和酸酐均能与氨迅速反应，不需加酸或碱催化即可生成酰胺。其中酰胺的氨解反应较难发生。酰胺的氨解反应是可逆反应，与胺反应时，要求胺过量，且其碱性强于离去氨基的碱性，反应才能完全。

羧酸衍生物的水解、醇解、氨解反应从另一方面看是向水、醇、氨（或胺）分子中引入酰基的反应，因此也称为酰化反应（acylating reaction），能够提供酰基的化合物称为酰化剂（acylating reagent），酰卤和酸酐是最常用的酰化剂。利用酰化反应可增大药物的脂溶性，改善药物在人体的吸收，提高生物利用度，达到增强疗效并降低毒性和副作用的目的。

（二）酯缩合反应

有 α-H 的酯在醇钠的作用下与另一分子酯反应，生成 β-酮酸酯和醇，称为酯缩合反应（ester condensation）或 Claisen 酯缩合反应，反应的结果是一分子酯的 α-H 被另一分子酯中的酰基取代。例如：

$$\text{CH}_3\text{COOC}_2\text{H}_5 + \text{CH}_3\text{COOC}_2\text{H}_5 \xrightarrow[(2)\text{H}^+/\text{H}_2\text{O}]{(1)\text{C}_2\text{H}_5\text{ONa}} \text{CH}_3\text{COCH}_2\text{COOC}_2\text{H}_5 + \text{C}_2\text{H}_5\text{OH}$$

反应机理如下：

$$\text{H-CH}_2\text{COOC}_2\text{H}_5 + \text{C}_2\text{H}_5\text{O}^- \rightleftharpoons \overline{\text{C}}\text{H}_2\text{COOC}_2\text{H}_5 + \text{C}_2\text{H}_5\text{OH}$$

$$\overline{\text{C}}\text{H}_2\text{COOC}_2\text{H}_5 + \text{CH}_3\text{COOC}_2\text{H}_5 \rightleftharpoons \left[\begin{array}{c}\text{O}^-\\ \text{CH}_3-\text{C}-\text{OC}_2\text{H}_5 \\ \text{CH}_2\text{COOC}_2\text{H}_5\end{array}\right] \rightleftharpoons \text{CH}_3\text{COCH}_2\text{COOC}_2\text{H}_5 + \text{C}_2\text{H}_5\text{O}^-$$

首先一分子乙酸乙酯在醇钠的作用下失去 α-H，生成负碳离子；随后负碳离子进攻另一分子酯的羰基碳，发生亲核加成反应，形成中间体；再经过消除反应，生成乙酰乙酸乙酯。乙酰乙酸乙酯分子中 2 个羰基碳原子之间的 α-H 酸性比乙醇强，可与乙醇钠反应生成稳定的乙酰乙酸乙酯钠盐，使平衡向产物方向移动，从而使缩合反应不断进行，直到反应完全，最后将产物酸化可得游离的乙酰乙酸乙酯。

β-酮酸酯水解、脱羧可合成酮类化合物。

知识拓展

阿司匹林

阿司匹林的化学名为乙酰水杨酸，是一种历史悠久的解热镇痛抗炎药。1853年，法国化学家Gerhardt用水杨酸与醋酐成功合成了乙酰水杨酸，但没有引起人们的足够重视。直到1897年，德国化学家F. Hoffmann将乙酰水杨酸用于治疗他父亲的风湿性关节炎，获得了良好的治疗效果。1899年，乙酰水杨酸由德国拜耳公司正式注册上市，取名为阿司匹林（aspirin）。后来，人们发现它还能抑制血小板聚集，可用于预防缺血引起的心肌梗死和手术后的血栓形成。阿司匹林的作用机制直到1971年才被英国药理学家J. Wayne发现。阿司匹林是花生四烯酸环氧合酶（COX）的不可逆抑制剂，通过抑制COX从而抑制由花生四烯酸生成前列腺素等一系列产物的反应，而前列腺素是一类能导致炎症和发热的物质。因此，阿司匹林通过阻断前列腺素类物质的生成发挥抗炎作用。

习题九

1. 命名下列化合物。

(1) 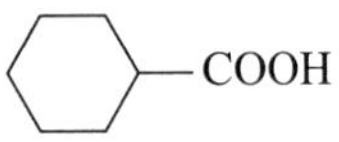 环己基-COOH

(2) 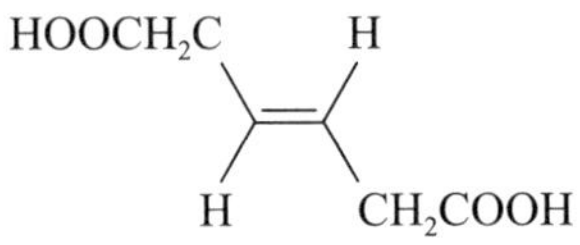 HOOCH₂C—CH=CH—CH₂COOH (顺式结构)

(3) 异丙基-CH(CH₃)-C(=O)-Br

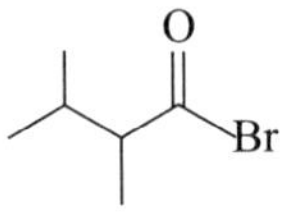

(4) 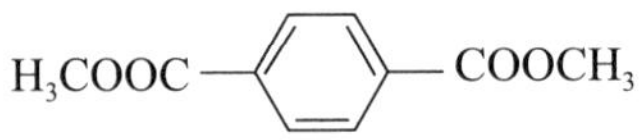 H₃COOC—C₆H₄—COOCH₃

(5) C₆H₅—NHCOCH₃

(6) 顺丁烯二酸酐

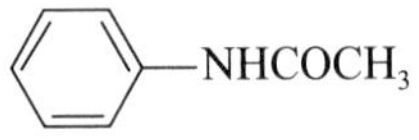

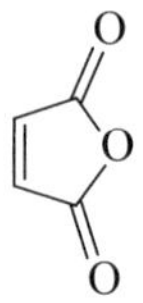

2. 写出下列化合物的结构式。
(1) R-2-氨基丙酸　　(2) 2-甲基戊-3-烯酸　　(3) 苯甲酸酐
(4) 2-氯丙酰氯　　(5) N,N-二甲基苯甲酰胺　　(6) 邻甲基苯甲酸乙酯

3. 用适当的试剂鉴别下列各组化合物。
(1) 甲乙醚、丁-2-酮、乙酸　　(2) 丙烯酸、丙酸、丙酸甲酯

4. 写出下列反应的主要产物。

(1) 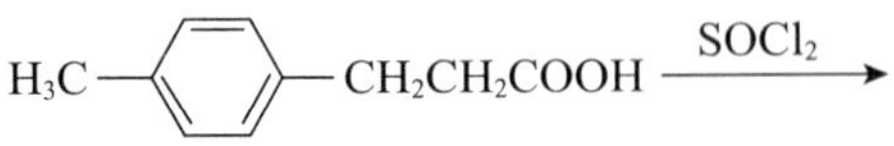 $H_3C-C_6H_4-CH_2CH_2COOH \xrightarrow{SOCl_2}$

(2) $2CH_3CH_2COOH \xrightarrow[\triangle]{P_2O_5}$

(3) $CH_3CH_2CH=CHCOOH \xrightarrow[②H_2O]{①LiAlH_4}$

(4) $\text{C}_5\text{H}_9\text{-COOH} + \text{CH}_3\text{OH} \xrightarrow[\Delta]{\text{H}^+}$

(5) $\text{H}_2\text{C}(\text{COOH})_2 \xrightarrow{\Delta}$

(6) 邻-$\text{C}_6\text{H}_4(\text{COOH})_2 \xrightarrow{\Delta}$

(7) 邻-$\text{C}_6\text{H}_4(\text{CH}_2\text{COOH})_2 \xrightarrow{\Delta}$

(8) $(\text{CH}_3\text{CO})_2\text{O} \xrightarrow[\Delta]{\text{H}_2\text{O}}$

(9) $\text{HCOOC}_2\text{H}_5 + \text{CH}_3\text{CH}_2\text{COOC}_2\text{H}_5 \xrightarrow[\text{②H}^+]{\text{①CH}_3\text{CH}_2\text{ONa}}$

(10) $\text{H}_3\text{CH}_2\text{C-COCl} + \text{H}_2\text{N-C}_6\text{H}_5 \longrightarrow$

5. 化合物 A 的分子式为 $\text{C}_4\text{H}_6\text{O}_4$，它既可在强酸催化下发生酯化反应，又可与碳酸氢钠溶液反应放出二氧化碳。加热 A 得到产物 B，B 分子式为 $\text{C}_3\text{H}_6\text{O}_2$，它也能发生上述两种反应。试写出 A、B 两种化合物的结构式。

6. A、B、C 三种化合物的分子式都是 $\text{C}_3\text{H}_6\text{O}_2$，C 能与 NaHCO_3 反应放出 CO_2 气体而 A、B 不能。把 A、B 分别放入 NaOH 溶液中加热，然后酸化，从 A 得到酸 a 和醇 a，从 B 得到酸 b 和醇 b。酸 a 能发生银镜反应而酸 b 不能；醇 a 氧化得酸 b，醇 b 氧化得酸 a。试写出 A、B、C 的结构式。

7. 化合物 A 的分子式为 $\text{C}_5\text{H}_6\text{O}_3$，它能与乙醇作用得到两个互为同分异构体的化合物 B 和 C。B 和 C 分别与氯化亚砜作用后再加入乙醇，则两者都得到同一化合物 D。试写出化合物 A、B、C 和 D 的结构式。

（姚 遥）

第十章 胺和酰胺

含氮有机化合物主要包括胺、酰胺、重氮化合物、偶氮化合物等，它们广泛存在于生物界，且多具生物活性。本章主要介绍胺和酰胺。

第一节 胺

氨分子中的一个或多个氢原子被烃基取代后得到的化合物称为胺（amine）。

一、分类和命名

（一）胺的分类

根据氮原子所连接的烃基种类不同，胺可以分为脂肪胺和芳香胺。

$$CH_3CH_2NH_2 \qquad C_6H_5NH_2$$

乙胺（脂肪胺）　　苯胺（芳香胺）

根据氮原子所连接的烃基数目不同，胺可以分为伯（1°）胺（primary amine）、仲（2°）胺（secondary amine）、叔（3°）胺（tertiary amine）和季铵（quaternary ammonium）。季铵包括季铵盐和季铵碱。

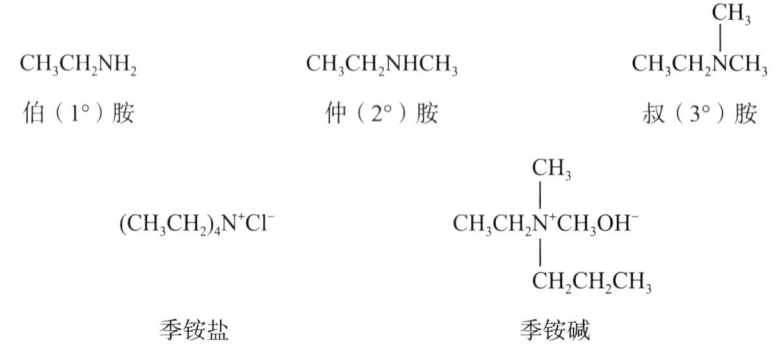

注意：伯胺、仲胺、叔胺与伯醇、仲醇、叔醇的含义不同。例如：

$$\underset{\text{伯胺}}{\text{CH}_3\underset{\text{CH}_3}{\overset{\text{CH}_3}{\text{C}}}-\text{NH}_2} \qquad \underset{\text{叔醇}}{\text{CH}_3\underset{\text{CH}_3}{\overset{\text{CH}_3}{\text{C}}}-\text{OH}}$$

根据分子中包含的氨基的数目不同,胺可分为一元胺和多元胺。

$$\underset{\text{乙胺(一元胺)}}{\text{CH}_3\text{CH}_2\text{NH}_2} \qquad \underset{\text{腐胺(二元胺)}}{\text{H}_2\text{NCH}_2\text{CH}_2\text{CH}_2\text{CH}_2\text{NH}_2}$$

(二)胺的命名

简单的胺是将烃基的名称写在胺之前,称为"某基胺",在不致引起混淆的情况下,"基"字可省略。若有多个烃基,相同的烃基合并,将其数目、名称写于"胺"之前;若为不同的烃基,则按取代基首字母顺序依次写于母体名称之前,并用括号分开。

$$\underset{\substack{\text{乙胺}\\\text{ethylamine}}}{\text{CH}_3\text{CH}_2\text{NH}_2} \qquad \underset{\substack{\text{二乙胺}\\\text{diethylamine}}}{(\text{CH}_3\text{CH}_2)_2\text{NH}} \qquad \underset{\substack{\text{丁基(乙基)甲基胺}\\\text{butyl(ethyl)methylamine}}}{\text{CH}_3\text{CH}_2\text{CH}_2\text{CH}_2\overset{\overset{\text{CH}_3}{|}}{\text{N}}\text{CH}_2\text{CH}_3}$$

胺的系统命名法是选择连接氨基的碳原子在内的最长碳链作为主链,根据主链上的碳原子数称为"某胺"。从靠近氨基一端对碳链进行编号,用阿拉伯数字标明氨基的位置,写在胺名前。取代基的位次和名称写在母体名称之前,取代基按英文首字母顺序依次列出。除了与主链碳连接,若氮原子上还连有其他烃基,则在此烃基名称前加上"*N*-"或"*N,N*-"来表示烃基连接在氮原子上。

5-甲基己-2-胺
5-methylhexan-2-amine

1-苯基丙-2-胺
1-phenylpropan-2-amine

N,*N*-二乙基-5-甲基己-2-胺
N,*N*-diethyl-5-methylhexan-2-amine

2-甲基环己胺
2-methylcyclohexan-1-amine

丁-1,4-二胺
butane-1,4-diamine

芳香仲胺和叔胺的命名是以苯胺为母体,脂肪烃基为取代基。氮原子上既连有芳香烃基又连有脂肪烃基时,在脂肪烃基名称前加上"*N*-"或"*N*,*N*-",以表示烃基连接在氮原子上。

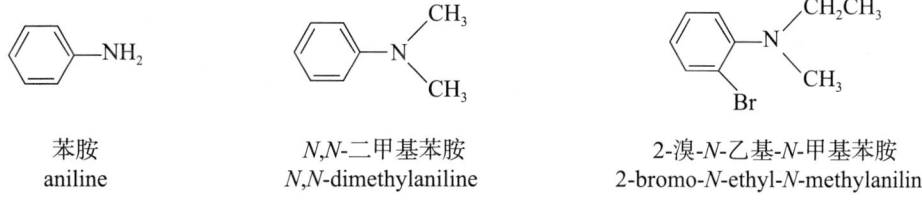

苯胺
aniline

N,*N*-二甲基苯胺
N,*N*-dimethylaniline

2-溴-*N*-乙基-*N*-甲基苯胺
2-bromo-*N*-ethyl-*N*-methylaniline

当氨基不是主要官能团时，则将氨基或烃氨基（—NHR、—NR₂）作为取代基来命名。

3-氨基苯甲酸
3-aminobenzoic acid

4-氨基苯甲酸乙酯（苯佐卡因）
ethyl-4-aminobenzoate

季铵类化合物的命名，则参照无机铵盐或碱的命名方法。

(CH₃CH₂)₄N⁺OH⁻

氢氧化四乙铵
tetraethylammonium hydroxide

氯化苄基（十二烷基）二甲基铵（洁尔灭）
N-benzyl-N,N-dimethyldodecan-1-aminium chloride

> **临床应用**
>
> **洁尔灭和新洁尔灭**
>
> 洁尔灭和新洁尔灭化学结构中的烃基疏水、铵离子亲水，它们是一种季铵型阳离子表面活性剂。
>
> 溴化苄基（十二烷基）二甲基铵（新洁尔灭）
>
> 新洁尔灭在水中水解时，产生阳性电荷吸附于微生物的表面形成离子微团，并渗入细菌细胞膜的类脂层与蛋白质层，从而改变其细胞膜的通透性，使细胞内物质外渗而发挥杀菌作用，临床上应用于皮肤、感染伤口、医疗器械、食具织物等的消毒。

二、胺的结构

胺（氨）中的氮原子采用不等性 sp^3 杂化，其中 3 个杂化轨道分别与 3 个氢原子的 $1s$ 轨道或碳原子的杂化轨道形成 σ 键，另外 1 个杂化轨道被一对未成键电子占据，分子呈棱锥型。氨、甲胺、三甲胺的结构如图 10-1 所示。

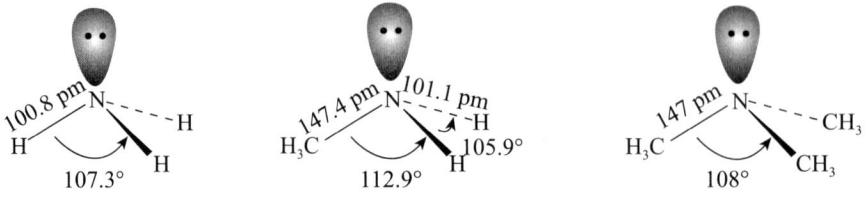

图 10-1　氨、甲胺、三甲胺的结构

当氮原子连接的三个原子或基团不同时，氮原子即成为分子的一个手性中心，分子应该具有手性，如图 10-2 所示。但基于此手性中心形成的一对对映体很容易通过一个平面的过渡态而相互转化，因此很难分离这一对对映体。

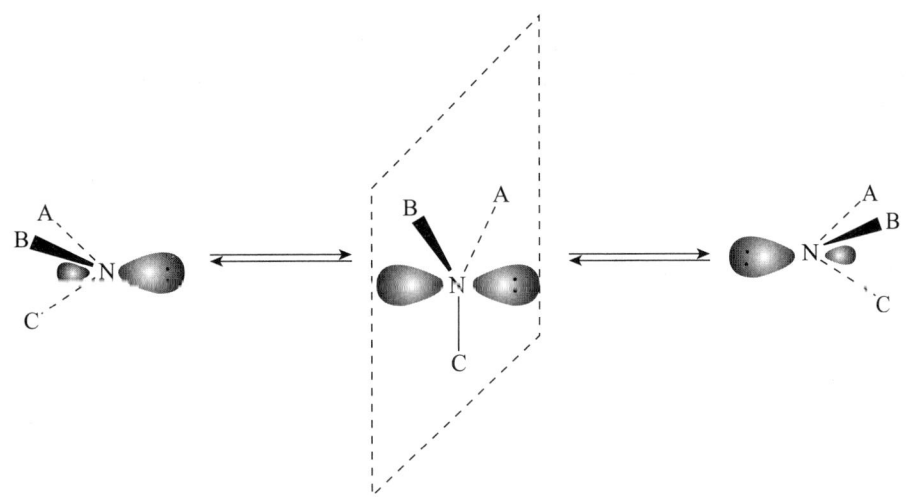

图 10-2　胺的对映体及其相互转化

当氮原子连接四个不同基团形成季铵类手性分子时（图 10-3），则很难通过平面过渡态完成对映体之间的相互转化，因此季铵类手性分子可以被分离。

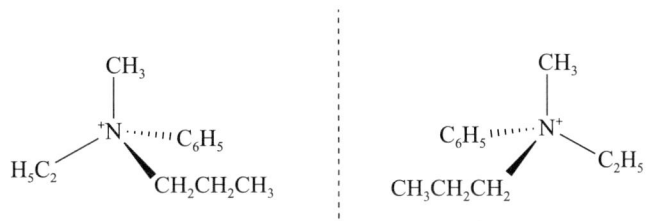

图 10-3　季铵盐的对映体

苯胺分子中的氮原子 3 个 sp^3 杂化轨道分别与苯环的 1 个碳原子和 2 个氢原子形成 3 个 σ 键，其中 2 个 N—H 键所在平面与苯环平面约有 39.4° 的夹角，并不处于同一个平面内。苯胺的结构如图 10-4 所示。

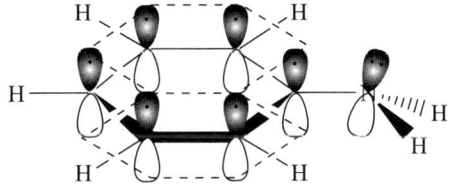

图 10-4　苯胺的结构

由于氮原子的未共用电子对所占据的 sp^3 杂化轨道具有较多的 p 轨道成分，使氮原子的 sp^3 杂化趋向于 sp^2 杂化，虽然不能与苯环有效完整地形成 p-π 共轭，但依然与苯环的大 π 键有很大程度的重叠，部分未共用电子仍然可以离域到苯环的大 π 键上，使电荷得以在更大体系中被分散，增加了体系的稳定性，也使芳胺与脂肪胺在性质上有较大差异。

三、胺的物理性质

低级脂肪胺为气体或易挥发的液体,如甲胺、乙胺、二甲胺和三甲胺是气体,丙胺为液体,高级胺为固体。低级胺易溶于水,而高级胺不溶于水。伯胺和仲胺因为可以形成分子间氢键,其沸点比分子量相当的烷烃高。叔胺由于氮原子上没有氢原子,分子之间不能形成氢键,故其沸点与分子量相当的烷烃接近。低级胺多具有与氨气类似的气味,鱼的腥味主要来自于三甲胺,高级胺没有气味,芳香胺为高沸点的液体或低熔点的固体,具有特殊的气味。一些多元胺和芳香胺具有毒性,可透过人体皮肤渗入体内或由于长期吸入其蒸气而导致人体中毒,如尸体腐败产生的丁-1,4-二胺(腐胺)和戊-1,5-二胺(尸胺)。有些芳香胺有致癌作用,如联苯胺、3,4-二甲基苯胺。一些常见胺的物理常数见表10-1。

表 10-1 常见胺的物理常数

名称	结构简式	沸点(℃)	熔点(℃)	水溶性 [g·(100 ml)$^{-1}$, 25 ℃]
氨	NH_3	−33	−78	∞
甲胺	CH_3NH_2	−6	−95	易溶
二甲胺	$(CH_3)_2NH$	7	−93	易溶
三甲胺	$(CH_3)_3N$	3	−117	易溶
乙胺	$C_2H_5NH_2$	17	−81	易溶
二乙胺	$(C_2H_5)_2NH$	56	−48	易溶
三乙胺	$(C_2H_5)_3N$	89	−114	14
丙胺	$CH_3CH_2CH_2NH_2$	48	−83	易溶
二丙胺	$(CH_3CH_2CH_2)_2NH$	110	−40	易溶
三丙胺	$(CH_3CH_2CH_2)_3N$	156	−93	易溶
苯胺	$C_6H_5NH_2$	184	−6	3.7
N-甲基苯胺	$C_6H_5NHCH_3$	196	−57	微溶
N,N-二甲基苯胺	$C_6H_5N(CH_3)_2$	19	3	微溶
邻甲基苯胺	o-$CH_3C_6H_4NH_2$	200	−28	1.7
间甲基苯胺	m-$CH_3C_6H_4NH_2$	203	−30	微溶
对甲基苯胺	p-$CH_3C_6H_4NH_2$	200	4	0.7
邻硝基苯胺	o-$NO_2C_6H_4NH_2$	284	7	0.1
间硝基苯胺	m-$NO_2C_6H_4NH_2$	307(分解)	114	0.1
对硝基苯胺	p-$NO_2C_6H_4NH_2$	332	148	0.05

四、胺的化学性质

(一)碱性与成盐

1. 碱性 与氨一样,胺分子氮原子上的孤对电子能接受质子,使胺的水溶液呈碱性。不同胺的碱性强弱可用 pK_b 来表示,部分常见胺的 pK_b 见表10-2。

表 10-2　常见胺的 pK_b

项目	甲胺	二甲胺	三甲胺	氨	苯胺	对甲苯胺	对氯苯胺	对硝基苯胺
pK_b	3.38	3.27	4.21	4.76	9.27	8.92	10.02	13.0

从表 10-2 可以看出，脂肪胺的碱性比氨稍强，而芳香胺的碱性比氨弱。

胺的碱性强弱，与氮原子上电子云密度、空间效应及质子化后生成的铵离子的溶剂化程度等多种因素相关。

（1）电子效应：对于脂肪胺来说，烷基的供电子效应使胺分子中氮原子上的电子云密度增大，结合质子的能力增强，并可使生成的铵离子的正电荷得以分散而变得更加稳定。铵离子越稳定，胺的碱性越强，因此氮原子上连接的烷基越多，其供电子的诱导效应越强，胺的碱性也越强。

芳香胺则由于氮原子上的孤对电子与苯环形成了一定程度的 p-π 共轭，部分离域到苯环上，使氮原子上的电子云密度有所降低，结合质子的能力降低，碱性也随之减弱。

仅考虑烃基的电子效应对胺碱性的影响，胺的碱性强弱规律应该是：

叔胺＞仲胺＞伯胺＞NH_3＞芳香胺

（2）溶剂化效应：从表 10-2 中可以看出，甲胺、二甲胺和三甲胺在水溶液中的碱性强弱顺序为二甲胺＞甲胺＞三甲胺，这是由于胺的碱性强弱不仅取决于电子效应的影响，还受其在水溶液中结合质子后形成的铵正离子的稳定性即溶剂化效应的影响（图 10-5）。氮原子上连氢原子越多的胺，其生成的铵正离子与水形成氢键的概率越大，溶剂化的程度也越大，铵正离子也就越稳定，胺的碱性就越强。

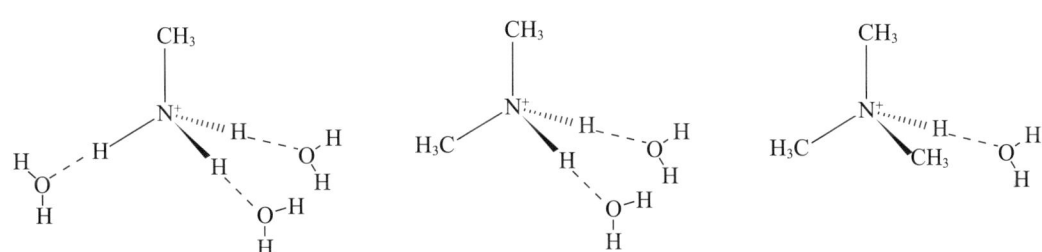

图 10-5　铵离子的溶剂化效应

仅考虑溶剂化效应对胺碱性的影响，胺的碱性强弱顺序为：

NH_3＞伯胺＞仲胺＞叔胺＞芳香胺

（3）空间效应：胺分子中氮原子上连接的烃基越多，体积就越大，质子靠近氮原子所受空间阻碍就越大，胺的碱性就越弱。同时，体积较大的烃基也会对溶剂化效应产生影响，使铵正离子与水分子形成氢键的难度增大，从而进一步减弱胺的碱性。

仅考虑空间效应的影响，胺的碱性强弱顺序为：

NH_3＞伯胺＞仲胺＞叔胺＞芳香胺

综上所述，胺的碱性强弱是多种因素共同影响的结果。由于季铵碱是强碱，碱性与氢氧化钠相当，结合实验事实，得到各类胺的碱性强弱顺序大致为：

季铵碱＞脂肪仲胺＞脂肪伯胺（或叔胺）＞氨＞芳香胺

2. 成盐反应　胺能与强酸成盐。

$$(CH_3)_2NH + HCl \longrightarrow (CH_3)_2NH_2^+Cl^- \text{ 或 } (CH_3)_2NH \cdot HCl$$

氯化二甲铵　　盐酸二甲胺

$$C_6H_5-NH_2 + HCl \longrightarrow C_6H_5-NH_3^+Cl^- \text{ 或 } C_6H_5-NH_2 \cdot HCl$$

氯化苯铵　　盐酸苯胺

胺与盐酸形成的盐一般为晶形固体，易溶于水和乙醇。制药工业上常利用胺盐溶解性较好、性质稳定、没有胺的难闻气味，将难溶于水的胺类药物制成相应的盐来增加其水溶性。如局部麻醉药盐酸普鲁卡因的水溶液可用于肌内注射。

$$NH_2\text{-}C_6H_4\text{-}COOCH_2CH_2N(C_2H_5)_2 + HCl \longrightarrow [NH_2\text{-}C_6H_4\text{-}COOCH_2CH_2\overset{+}{N}H(C_2H_5)_2]Cl^-$$

普鲁卡因　　　　　　　　　　　　　　盐酸普鲁卡因

（二）酰化反应

伯胺和仲胺都能与酰氯或酸酐反应，氮原子上的氢被酰基取代，生成 N-取代或 N,N-二取代酰胺。叔胺分子中氮原子上没有氢原子，故不发生酰化反应。

$$R-NH_2 \xrightarrow{CH_3COCl} R-NH-COCH_3$$

$$R-NHR' \xrightarrow{CH_3COCl} R-N(R')-COCH_3$$

药物分子若有芳胺结构，导入酰基可减轻药物的毒性和副作用，如解热镇痛药物对乙酰氨基酚（又称扑热息痛）的制备。

$$HO\text{-}C_6H_4\text{-}NH_2 + H_3C-\underset{O}{\underset{\|}{C}}-Cl \longrightarrow HO\text{-}C_6H_4\text{-}NH-\underset{O}{\underset{\|}{C}}-CH_3 + HCl$$

对羟基乙酰苯胺（对乙酰氨基酚）

通过酰化反应可以保护氨基，或者通过酰化反应可降低苯环上的氨基对苯环的致活能力。如利用苯胺制备对硝基苯胺时，因硝化试剂中的硝酸是强氧化剂，需要在硝化之前将氨基保护起来，防止氨基被氧化，其过程如下。

$$C_6H_5NH_2 \xrightarrow{(CH_3CO)_2O} C_6H_5NHCOCH_3 \xrightarrow[5\sim10\,^{\circ}\!C]{HNO_3, H_2SO_4} O_2N\text{-}C_6H_4\text{-}NHCOCH_3 \xrightarrow[\Delta]{H_2O/OH^-} O_2N\text{-}C_6H_4\text{-}NH_2$$

（三）磺酰化反应

伯胺和仲胺可以与苯磺酰氯发生磺酰化反应，生成不溶于水的苯磺酰胺。伯胺与苯磺酰氯反应生成的苯磺酰胺由于 N 原子上保留一个氢原子而具有一定的酸性，可溶于 NaOH 溶液，而仲胺与苯磺酰氯生成的苯磺酰胺 N 原子上没有氢原子，无酸性，不能溶于 NaOH 溶液。利用此反应现象可以鉴别伯、仲和叔胺。

$$R-NH_2 + \underset{}{\bigcirc}-SO_2Cl \longrightarrow \underset{}{\bigcirc}-SO_2NHR \downarrow \xrightarrow{NaOH} [\underset{}{\bigcirc}-SO_2NR]^- Na^+ \text{ 溶解}$$

$$\underset{R-NH}{\overset{R}{|}} + \underset{}{\bigcirc}-SO_2Cl \longrightarrow \underset{}{\bigcirc}-SO_2NR_2 \downarrow \xrightarrow{NaOH} \text{不溶于NaOH}$$

$$\underset{R-N-R}{\overset{R}{|}} + \underset{}{\bigcirc}-SO_2Cl \longrightarrow \text{不反应}$$

（四）与 HNO_2 反应

伯、仲、叔胺与 HNO_2 反应，生成的产物和现象依胺的种类不同而有所区别。由于 HNO_2 不稳定，通常使用 $NaNO_2$ 加盐酸或硫酸来代替。

伯胺与 HNO_2 发生反应生成重氮盐。脂肪族伯胺与 HNO_2 生成的重氮盐极不稳定，即使在较低温度下也会立即分解并定量放出氮气，同时生成醇、烯烃和卤代烃等混合物，因产物较复杂，故在合成中没有实际意义。但可利用其定量放出氮气的特点对脂肪伯胺进行定性或定量分析。

$$R-NH_2 \xrightarrow[\text{或}NaNO_2+HCl]{HNO_2} N_2\uparrow + H_2O + ROH$$

芳香伯胺与 HNO_2 在较低温度下（通常为 0～5 ℃）作用生成重氮盐的反应，称为重氮化反应（diazotization reaction）。在常温下，芳香重氮盐也不稳定，同样可发生分解并放出氮气。

$$\underset{}{\bigcirc}-NH_2 \xrightarrow[0\sim5\ ℃]{NaNO_2+HCl} \underset{}{\bigcirc}-N_2^+Cl^-$$

$$\underset{}{\bigcirc}-NH_2 \xrightarrow[>5\ ℃]{NaNO_2+HCl} \underset{}{\bigcirc}-OH + N_2\uparrow + H_2O$$

脂肪族仲胺和芳香族仲胺与 HNO_2 反应，均生成 N-亚硝基胺（简称亚硝胺）。N-亚硝基胺是一类黄色油状液体或固体，与稀盐酸共热水解可得到原来的仲胺，利用这个性质可对仲胺进行分离和提纯。

$$(C_2H_5)_2NH \xrightarrow{HNO_2} C_2H_5-\underset{\underset{}{|}}{\overset{N=O}{N}}-C_2H_5 + H_2O$$

N,N-二乙基亚硝胺（黄色透明油状物）

$$\underset{}{\bigcirc}\overset{H}{\underset{|}{N}}-CH_3 \xrightarrow{HNO_2} \underset{}{\bigcirc}-\underset{\underset{}{|}}{\overset{N=O}{N}}-CH_3 + H_2O$$

N-甲基-N-苯基亚硝胺（黄色油状物）

N-亚硝基化合物毒性很大，动物实验证明，N-亚硝基化合物具有强致癌性，现已被列为化学致癌物。

脂肪叔胺与 HNO_2 反应生成不稳定的、易溶于水的亚硝酸盐，此亚硝酸盐在碱性条件下水

解可得到原来的叔胺。

$$R_3N + HNO_2 \longrightarrow R_3N \cdot HNO_2 \xrightarrow{NaOH} R_3N + NaNO_2 + H_2O$$

芳香叔胺与 HNO_2 则发生芳环上的亚硝化反应，生成 C-亚硝基化合物。取代首先发生在对位，生成对亚硝基化合物。若对位被其他基团占据，则发生邻位取代。

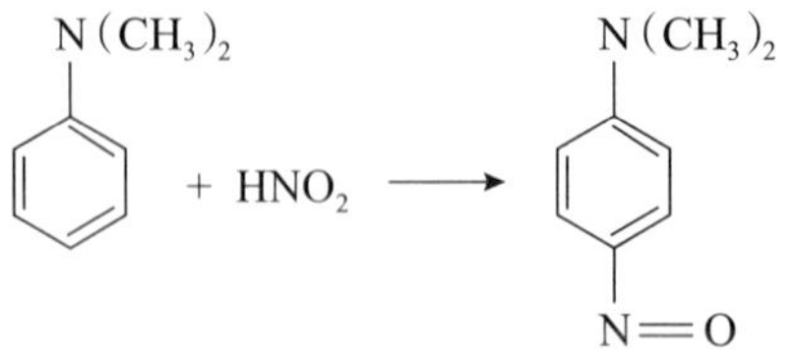

N,N-二甲基对亚硝基苯胺

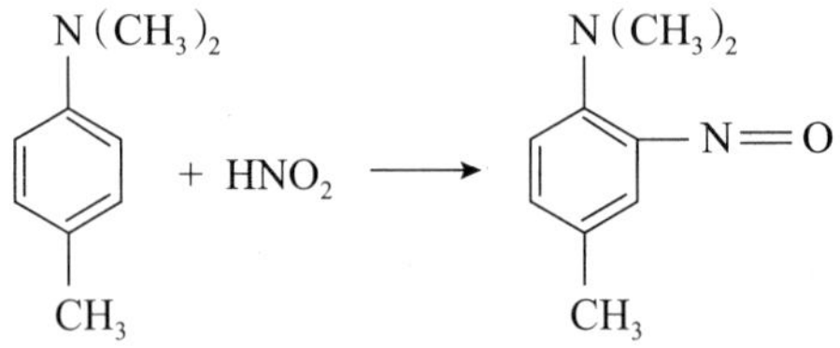

N,N,4-三甲基-2-亚硝基苯胺

上述 C-亚硝基化合物是在酸性条件下生成的，呈橘黄色；用碱中和后，在碱性环境中为翠绿色。

由于各类胺与 HNO_2 反应的现象各异，常用 HNO_2 鉴别伯、仲、叔胺。

（五）苯环上的亲电取代反应

氨基是强的邻对位定位基，能活化芳环，所以芳香胺发生芳环上的亲电取代反应比苯容易，并得到邻、对位多取代产物。

1. 溴代反应 在苯胺水溶液中加入溴水，立刻生成 2,4,6-三溴苯胺的白色沉淀，此反应定量完成，可用于对苯胺的定性和定量鉴定。

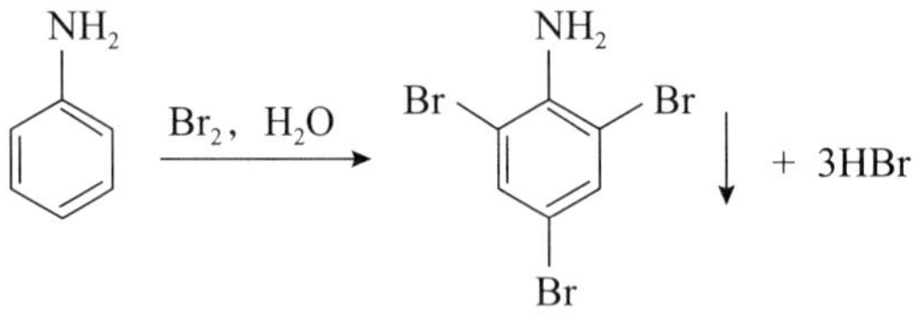

2. 磺化反应 苯胺与浓 H_2SO_4 作用，首先生成苯胺硫酸氢盐，加热失水后生成不稳定的苯胺磺酸，然后重排成对氨基苯磺酸。

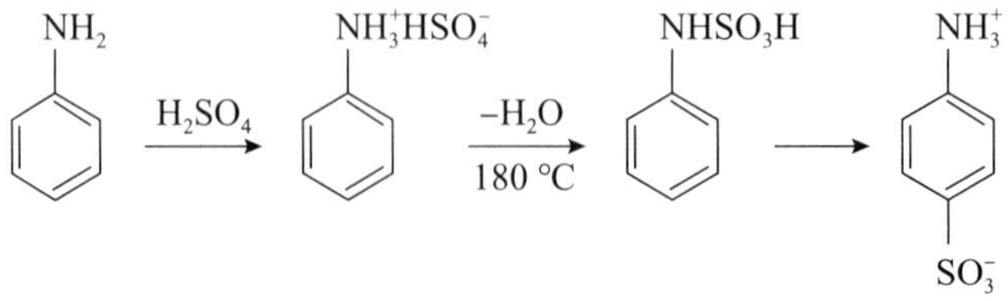

知识拓展

磺胺类药物

磺胺类药物的基本结构是对氨基苯磺酰胺，简称磺胺（sulfanilamide，SN）。

$$H_2\overset{4}{N}-\!\!\!\!\bigcirc\!\!\!\!-SO_2\overset{1}{N}H_2$$

磺胺类药物为人工合成的抗菌药，具有抗菌谱较广、抑菌效果好、性质稳定等优点，临床应用的主要有磺胺嘧啶（SD）、磺胺醋酰（SA）、磺胺噻唑（ST）等。

磺胺嘧啶　　　　　　磺胺醋酰　　　　　　磺胺噻唑

研究发现，当磺胺 N_1 上的 H 原子被某些杂环基团取代后，将不同程度地增强其抑菌作用，有较好的疗效和较低的毒性；但被其他基团取代后，其抑菌作用减弱甚至丧失，这些 N_1 取代物如果在体内分解恢复原来的游离氨基，仍能发挥抑菌作用。磺胺类药物易产生耐药性，其在肝内的代谢产物——乙酰化磺胺的溶解度低，易在尿中析出结晶，引起肾的毒性，因此用药时要严格掌握剂量、时间，同服碳酸氢钠并多饮水。

五、重氮盐在有机合成中的应用

重氮盐是离子型化合物，易溶于水，干燥时很不稳定，受热或震动易发生爆炸，但在水溶液及低温下比较稳定。芳香族重氮盐能在较低温度下稳定存在是由于重氮基—$\overset{+}{N}\!\equiv\!N$ 的 π 轨道与苯环的 π 轨道形成了共轭体系，使重氮基上的正电荷在共轭体系中得以分散，苯重氮基正离子的结构如图 10-6 所示。

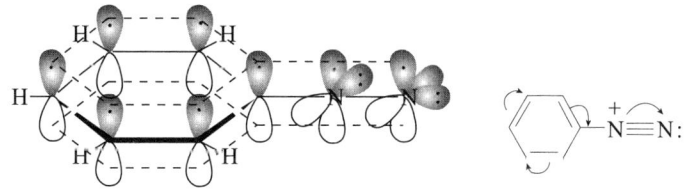

图 10-6　苯重氮基正离子的结构

虽然芳香重氮盐的共轭结构使其稳定性略优于脂肪族重氮盐，但重氮基正离子的强吸电子诱导效应仍然使其具有很高的化学活性，这在有机合成中有重要作用。

（一）取代反应

一定条件下，重氮盐中的重氮基可以被羟基、氢、卤素、氰基等取代，并放出氮气。此类反应在有机合成中可将苯环上的氨基转变成其他基团，或合成某些难以通过苯环直接取代去制备的取代芳烃类物质。

重氮盐的硫酸溶液加热煮沸，将水解生成酚和放出氮气。

$$\text{C}_6\text{H}_5\text{-N}_2^+\text{HSO}_4^- \xrightarrow[\Delta]{\text{H}_2\text{O}/\text{H}_2\text{SO}_4} \text{C}_6\text{H}_5\text{-OH} + \text{N}_2\uparrow$$

将重氮盐与次磷酸（H_3PO_2）的水溶液或与无水乙醇反应，重氮基被氢取代形成芳烃。此法可用于除去苯环上的—NH_2 或—NO_2。

$$\text{C}_6\text{H}_5\text{-N}_2^+\text{Cl}^- \xrightarrow[\Delta]{\text{H}_3\text{PO}_2} \text{C}_6\text{H}_6 + \text{N}_2\uparrow$$

在亚铜离子的催化下，重氮基被—Cl、—Br、—I 和—CN 等基团取代，形成卤代苯和苯基腈。苯基腈水解最终得到苯甲酸，可用于制备芳香酸。

$$o\text{-CH}_3\text{C}_6\text{H}_4\text{-NH}_2 \xrightarrow[0\sim 5\ ^\circ\text{C}]{\text{NaNO}_2,\ \text{HCl}} o\text{-CH}_3\text{C}_6\text{H}_4\text{-N}_2^+\text{Cl}^- \begin{cases} \xrightarrow[15\sim 20\ ^\circ\text{C}]{\text{CuCl/HCl}} o\text{-CH}_3\text{C}_6\text{H}_4\text{-Cl} + \text{N}_2\uparrow \quad 74\%\sim 79\% \\ \xrightarrow{\text{CuCN/KCN}} o\text{-CH}_3\text{C}_6\text{H}_4\text{-CN} + \text{N}_2\uparrow \quad 64\%\sim 70\% \end{cases}$$

若直接用碘化钾与重氮盐共热可以得到产率较高的碘代芳烃，这是合成碘代芳烃的适宜方法。

$$\text{C}_6\text{H}_5\text{-N}_2^+\text{Cl}^- \xrightarrow[90\ ^\circ\text{C}]{\text{KI}} \text{C}_6\text{H}_5\text{-I} + \text{N}_2\uparrow$$

（二）偶联反应

芳香重氮盐在弱酸或弱碱性条件下，与芳胺或酚发生亲电取代反应，生成的是两个芳香基团被—N=N—连在一起的化合物，称为偶氮化合物（azo compoud），这种反应称为偶联反应（coupling reaction）。

$$\text{C}_6\text{H}_5\text{-N}^+\equiv\text{NX}^- + \text{C}_6\text{H}_5\text{-Y} \longrightarrow \text{C}_6\text{H}_5\text{-N}=\text{N-C}_6\text{H}_4\text{-Y}$$

重氮盐与芳胺的偶联反应则通常在弱酸性（pH=5~7）条件下进行。因弱酸性条件有利于重氮盐的稳定，使其浓度增大，从而有利于偶联反应的进行。产物偶氮化合物具有鲜艳的颜色，许多偶氮化合物被用作染料，称为偶氮染料。例如：

苏丹红 I　　　　　　　　　　甲基橙

第二节 酰胺

一、酰胺的结构

从结构上可将酰胺看作是羧酸中的羟基被氨基取代或烃氨基取代后的化合物，或认为是氨或胺分子中氮原子上的氢原子被酰基取代后的产物。

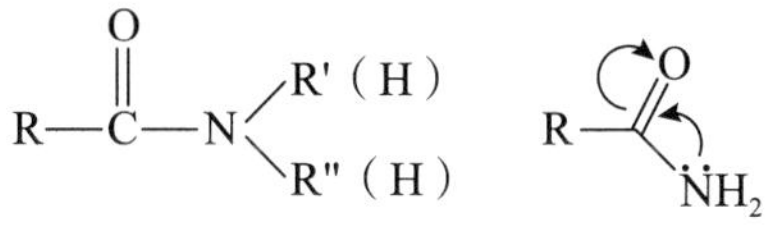

$$R-\overset{O}{\underset{}{C}}-N\overset{R'(H)}{\underset{R''(H)}{}} \qquad R-\overset{O}{\underset{NH_2}{C}}$$

酰胺分子中由于氨基直接与羰基相连，氮原子上的孤对电子与羰基的 π 电子形成 p-π 共轭体系，电子云向羰基氧原子方向偏移，降低了氮原子上的电子云密度，氮原子接受质子的能力降低，所以一般情况下酰胺是中性化合物，其水溶液不显碱性，也不能使石蕊试纸变色。

二、酰胺的化学性质

（一）酸碱性

在酰亚胺中，氮原子与两个羰基发生共轭，氮上电子云密度大大降低，而不显碱性，同时氮氢键极性增强，氮原子上的氢更容易以质子形式离去而表现出明显的酸性。例如：

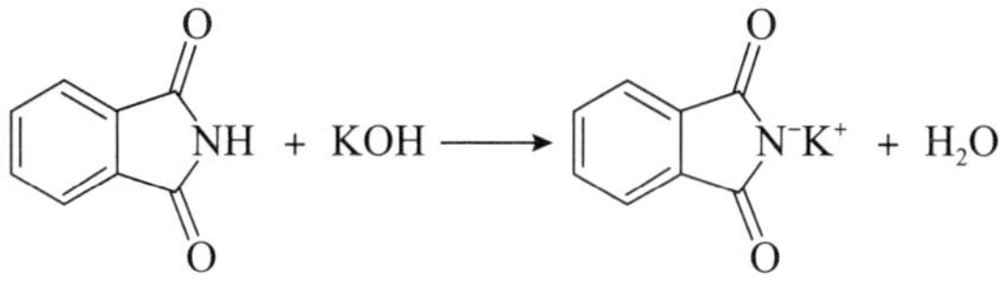

邻苯二甲酰亚胺 + KOH ⟶ 邻苯二甲酰亚胺钾盐 + H_2O

（二）水解反应

在酸性和碱性条件下，酰胺可水解成羧酸。不过其水解条件比酯要苛刻得多，需要比酯更长时间的加热回流，方可水解成羧酸或羧酸盐。

$$H_3CH_2C-\overset{O}{\underset{}{C}}-NH_2 + H_2SO_4 \xrightarrow[\Delta]{H_2O} H_3CH_2C-\overset{O}{\underset{}{C}}-OH + NH_4^+HSO_4^-$$

$$H_3C-\overset{O}{\underset{}{C}}-NH_2 + NaOH \xrightarrow[\Delta]{H_2O} H_3C-\overset{O}{\underset{}{C}}-O^-Na^+ + NH_3\uparrow$$

（三）与亚硝酸的反应

酰胺分子中的伯胺基与亚硝酸反应转变成羟基，生成羧酸和氮气。

$$R-\overset{O}{\underset{}{C}}-NH_2 + HNO_2 \longrightarrow R-\overset{O}{\underset{}{C}}-OH + N_2\uparrow + H_2O$$

三、尿素

尿素（urea）又称脲，是人类和哺乳动物体内蛋白质代谢的终产物之一，主要存在于尿内，成人每天可排泄 25～30 g 尿素。尿素在常温下为白色晶体，其水溶液呈弱碱性，但不能使石蕊试纸变色，只能与强酸成盐。尿素的硝酸盐、草酸盐均难溶于水而易结晶，利用这种性质，可从尿液中提取尿素。

在酸、碱或脲酶作用下，尿素可以分解成 CO_2 和 NH_3。

$$H_2N-\underset{\underset{O}{\|}}{C}-NH_2 + H_2O \xrightarrow{HCl} CO_2\uparrow + NH_4Cl$$

$$H_2N-\underset{\underset{O}{\|}}{C}-NH_2 + H_2O \xrightarrow{NaOH} Na_2CO_3 + NH_3\uparrow$$

$$H_2N-\underset{\underset{O}{\|}}{C}-NH_2 + H_2O \xrightarrow{脲酶} CO_2\uparrow + NH_3\uparrow + H_2O$$

尿素与伯胺相似，与亚硝酸作用放出氮气。通过测定放出氮气的量，可以进行尿素的定量分析。

$$H_2N-\underset{\underset{O}{\|}}{C}-NH_2 + 2HNO_2 \longrightarrow 2N_2\uparrow + CO_2\uparrow + H_2O$$

将尿素缓慢加热至 150～160 ℃，两分子尿素之间脱去一分子氨，形成缩二脲。

$$H_2N-\underset{\underset{O}{\|}}{C}-NH_2 + H_2N-\underset{\underset{O}{\|}}{C}-NH_2 \longrightarrow H_2N-\underset{\underset{O}{\|}}{C}-\underset{\underset{H}{|}}{N}-\underset{\underset{O}{\|}}{C}-NH_2 + NH_3\uparrow$$
缩二脲

在缩二脲的碱性溶液中加入少许硫酸铜溶液，溶液显紫红色或紫色，这个反应称为缩二脲反应（biuret reaction）。缩二脲反应能鉴别含两个及两个以上酰胺键的化合物，故可用缩二脲反应鉴别多肽和蛋白质。

四、丙二酰脲

将尿素与丙二酰氯在碱性条件下反应，生成环状的丙二酰脲。

丙二酰氯 + 尿素 $\xrightarrow{NaOH}$ 丙二酰脲 + HCl

丙二酰脲（malonyl urea）为无色结晶，微溶于水，能够发生酮式-烯醇式互变异构，其互变平衡如下所示。

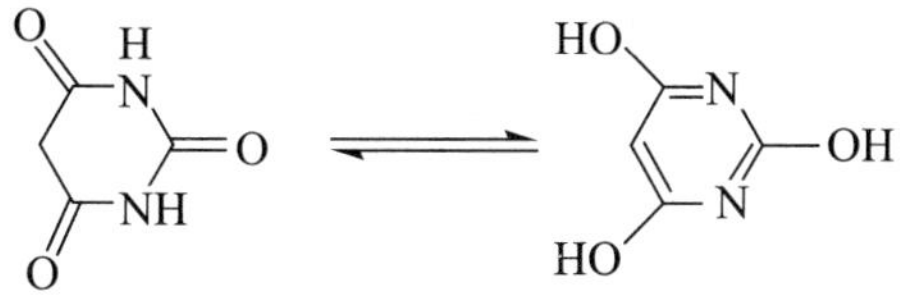

其中的烯醇式表现出比乙酸（pK_a=4.76）更强的酸性（pK_a=3.85），故丙二酰脲又称巴比妥酸（barbituric acid）。巴比妥酸衍生物如苯巴比妥、异戊巴比妥是一类重要的催眠药物，其结构式如下：

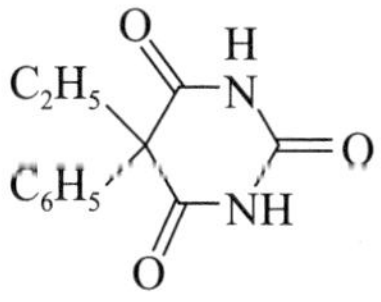

苯巴比妥 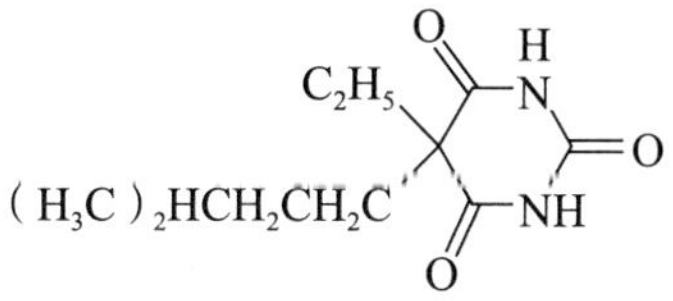　　　　　　　　　　　　　异戊巴比妥

巴比妥类药物有成瘾性，大量服用会危及生命。

习 题 十

1. 命名下列化合物或写出化合物的结构式。

(1) $CH_3NHCH_2CH_3$　　　　　　　　(2) $C_6H_5CH_2N^+(CH_3)_3Br^-$

(3) 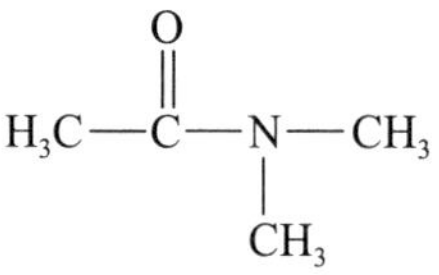 $H_3C-\overset{O}{\underset{}{C}}-N(CH_3)_2$ 型结构　　(4) 环己基-N(CH₃)(CH₂CH₃)

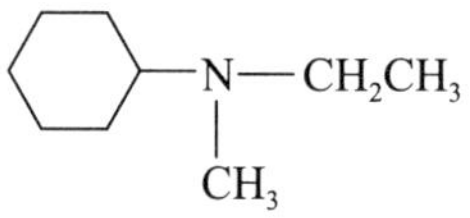

(5) N-异丙基苯胺　　　　　　　　　(6) 2,5-二甲基己胺

2. 比较下列各组化合物的碱性强弱。

(1) 乙胺，二乙胺，苯胺，二苯胺，氢氧化四乙铵
(2) 氨，甲胺，二甲胺，苯胺，乙酰苯胺
(3) 苄胺，对甲基苯胺，对硝基苯胺，2,4-二硝基苯胺

3. 以苯为原料合成下列化合物。

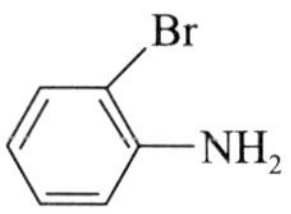

（邻溴苯胺）

4. 完成下列反应方程式，写出主要产物。

(1) $CH_3CH_2NH_2$ + HCl ⟶

(2) 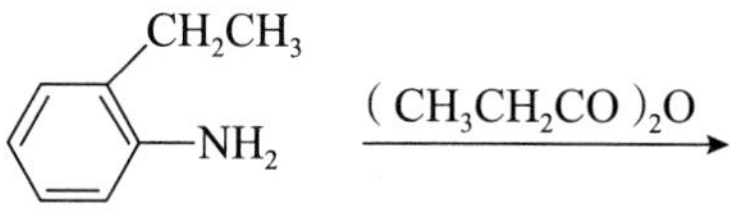 邻乙基苯胺 + $(CH_3CH_2CO)_2O$ ⟶

(3) N-乙基苯胺 $\xrightarrow{\text{NaNO}_2+\text{HCl}}{0\sim5\,°C}$

(4) 哌啶-N-H + $H_3C-C_6H_4-SO_2Cl$ ⟶

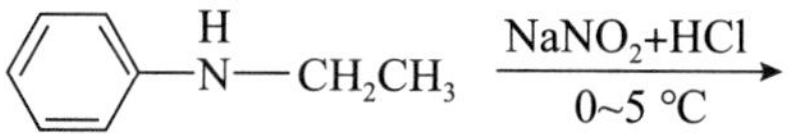

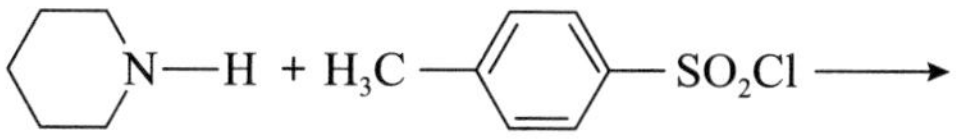

(5) 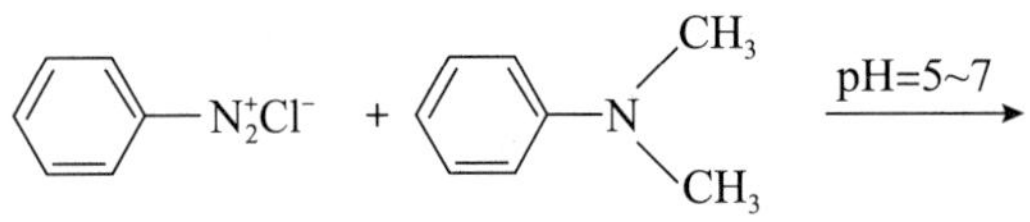 $C_6H_5-N_2^+Cl^-$ + $C_6H_5-N(CH_3)_2$ $\xrightarrow{pH=5\sim7}$

(6) 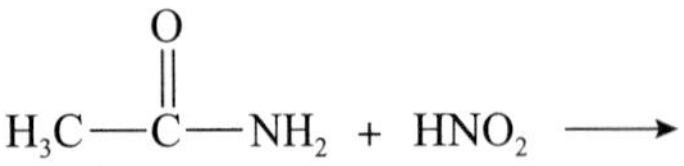 $H_3C-\underset{\underset{O}{\|}}{C}-NH_2$ + HNO_2 ⟶

5. 用化学方法鉴定下列化合物。

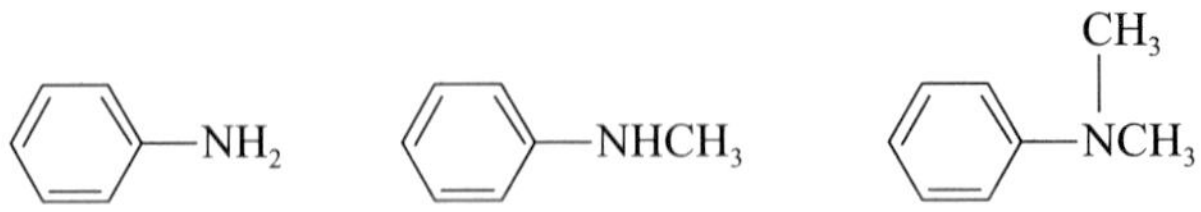

$C_6H_5-NH_2$ $C_6H_5-NHCH_3$ $C_6H_5-N(CH_3)_2$

6. 化合物 D 是医治厌食症的药物，可以通过下面路线合成，试写出 A、B、C 和 D 所代表的中间体或试剂的结构式。

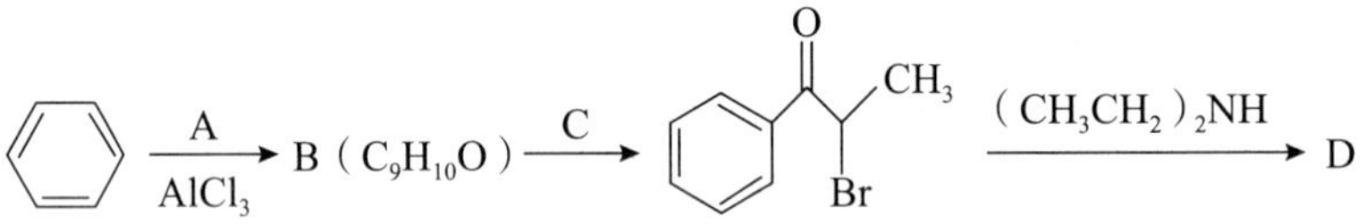

苯 $\xrightarrow[AlCl_3]{A}$ B ($C_9H_{10}O$) $\xrightarrow{C}$ $C_6H_5-CO-CHBr-CH_3$ $\xrightarrow{(CH_3CH_2)_2NH}$ D

（肖世基）

第十一章

取代羧酸

羧酸分子中烃基上的氢原子被其他官能团取代后的化合物称为取代羧酸（substituted acid），取代羧酸属于多官能团化合物。根据取代的官能团不同，取代羧酸分为卤代羧酸、羟基酸、羰基酸、氨基酸等。本章主要讨论羟基酸、酮酸和氨基酸。

第一节 羟 基 酸

羟基酸（hydroxyl acid）包括醇酸和酚酸，分子中既有羧基又有羟基，因此兼有酸和醇（或酚）的特征。

$$CH_3CHCOOH \atop OH$$

醇酸

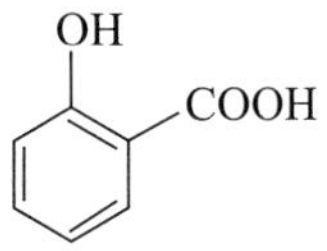

酚酸

一、醇酸

（一）醇酸的命名

醇酸的命名是以羧酸为母体，羟基为取代基，并用阿拉伯数字或希腊字母 α、β、γ、δ……标示羟基的位置，命名为"羟基某酸"。多数醇酸有俗名。

$$CH_3-CH-COOH \atop OH$$

2-羟基丙酸，α-羟基丙酸（乳酸）
2-hydroxypropanoic acid
α-hydroxypropanoic acid（lactic acid）

$$OH-CH-COOH \atop CH_2-COOH$$

2-羟基丁二酸，α-羟基丁二酸（苹果酸）
2-hydroxybutanedioic acid
α-hydroxybutanedioic acid（malic acid）

$$HO-CH-COOH \atop HO-CH-COOH$$

2,3-二羟基丁二酸（酒石酸）
2,3-dihydroxybutanedioic acid
（tartaric acid）

$$CH_2-COOH \atop OH-C-COOH \atop CH_2-COOH$$

2-羟基丙烷-1,2,3-三甲酸（柠檬酸或枸橼酸）
2-hydroxypropane-1,2,3-tricarboxylic acid
（citric acid）

（二）醇酸的物理性质

大多数醇酸为晶体或黏稠液体，熔点比相同碳原子数的羧酸高，因为醇酸分子中的羟基与羧基都能与水分子形成氢键，因此在水中的溶解度大于相同碳原子的醇或酸，但在乙醚中的溶解度较小。大多数醇酸具有旋光性，为手性分子。

（三）醇酸的化学性质

醇酸具有酸和醇的典型反应，如羧酸与碱成盐、与醇成酯，醇的氧化、脱水等反应。由于醇酸中两个官能团的相互影响，又表现出一些特殊性质。

1. 醇酸的酸性　由于羟基的吸电子诱导效应，醇酸的酸性大于相应的脂肪酸，羟基离羧基越近，酸性越强。

$$CH_3-CH(OH)-COOH > OHCH_2CH_2COOH > CH_3CH_2COOH$$

pK_a:　　　3.86　　　　　　　4.51　　　　　　4.86

2. 醇酸的脱水　醇酸在加热条件下脱水，脱水产物依羟基的位置不同而不同。

α-醇酸受热后，两个醇酸分子间的羟基和羧基交叉脱水，生成稳定的交酯。

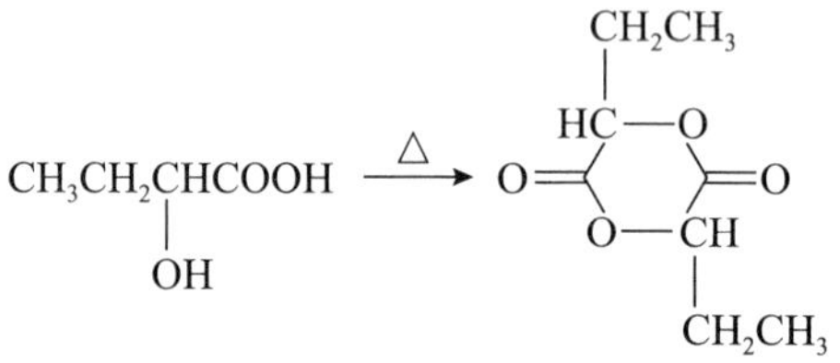

$$CH_3CH_2CHCOOH \xrightarrow{\Delta} \text{丁交酯}$$
　　　　｜
　　　　OH

α-羟基丁酸　　　　　　丁交酯

β-醇酸受热生成 α,β-不饱和羧酸。一方面由于 β-羟基和羧基的影响，α-H 的酸性较强，α-H 容易与 β-羟基脱水；另一方面，生成的 C=C 与羧基的羰基存在 π-π 共轭效应，产物较稳定，容易生成。

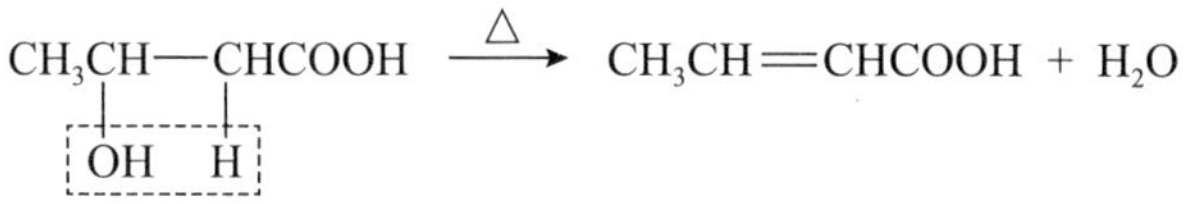

$$CH_3CH(OH)-CH_2COOH \xrightarrow{\Delta} CH_3CH=CHCOOH + H_2O$$

β-羟基丁酸　　　　　　丁-2-烯酸

γ-羟基酸在室温下就可以脱水生成内酯。室温下 γ-羟基酸不显酸性，因为是以内酯的形式存在。

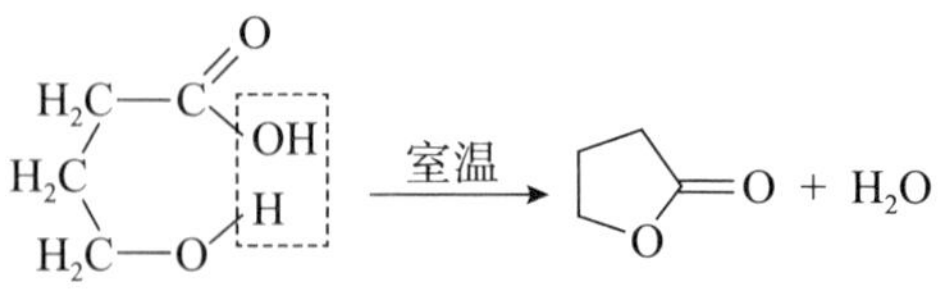

$$\gamma\text{-羟基丁酸} \xrightarrow{\text{室温}} \text{丁-4-内酯} + H_2O$$

δ-羟基酸在加热下生成六元环的 δ-内酯。

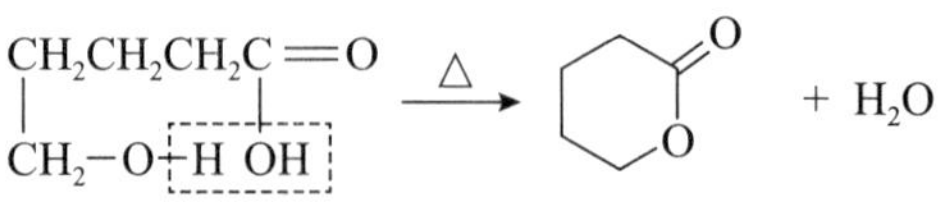

$$\delta\text{-羟基戊酸} \xrightarrow{\Delta} \text{戊-5-内酯} + H_2O$$

3. 醇酸的氧化　受羧基吸电子诱导效应的影响，醇酸中的羟基通常比醇中的羟基易被氧化，如 Tollens 试剂不能氧化醇，但能把 α- 醇酸氧化为 α- 酮酸。

$$\underset{\underset{OH}{|}}{CH_3CHCOOH} \xrightarrow[\Delta]{Tollens试剂} \underset{\underset{O}{\|}}{CH_3CCOONH_4} + Ag\downarrow + NH_3\uparrow$$

醇酸在生物体内酶的催化下发生脱氢氧化反应。

$$\underset{\underset{OH}{|}}{CH_3CHCH_2COOH} \underset{+2H}{\overset{-2H}{\rightleftharpoons}} \underset{\underset{O}{\|}}{CH_3CCH_2COOH}$$

二、酚酸

酚酸一般为固体，通常以盐、酯或糖苷的形式存在于植物中。

（一）酚酸的命名

酚酸的命名是以芳香酸作为母体，酚羟基作为取代基。

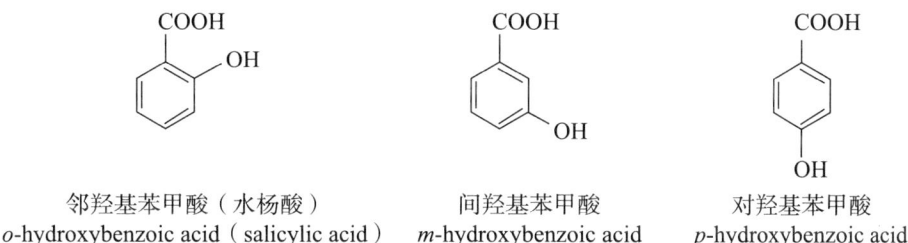

邻羟基苯甲酸（水杨酸）　　间羟基苯甲酸　　对羟基苯甲酸
o-hydroxybenzoic acid（salicylic acid）　*m*-hydroxybenzoic acid　*p*-hydroxybenzoic acid

（二）酚酸的化学性质

1. 酚酸的酸性　羟基与羧基同时与苯环相连时，由于诱导效应、共轭效应、空间效应及氢键的影响，酚酸的酸性随羟基与羧基在苯环上相对位置不同而有显著差异。

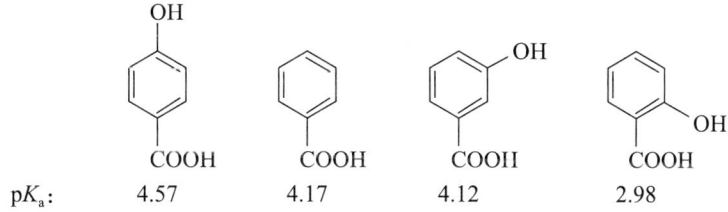

pK_a：　　4.57　　　4.17　　　4.12　　　2.98

酚羟基对苯环电子云同时有吸电子诱导效应和供电子共轭效应，两者作用方向相反。在对羟基苯甲酸中，羟基与羧基之间的距离较远，羧基主要受到羟基供电子共轭效应的影响，酸性比苯甲酸弱。在间羟基苯甲酸中，羧基主要受到羟基吸电子诱导效应的影响，但因为距离的原因，吸电子诱导效应不明显，酸性比苯甲酸略强。而在邻羟基苯甲酸中，除了诱导效应和共轭效应，还受到氢键和空间效应的影响，由于羟基与羧基之间氢键的形成，使羧基氧上电子云偏向酚羟基，氢离子解离程度增加，酸性增强。同时两者处在邻位时，由于空间拥挤，羧基与苯环不能共平面，供电子共轭效应减弱，所以邻羟基苯甲酸的酸性明显强于苯甲酸。

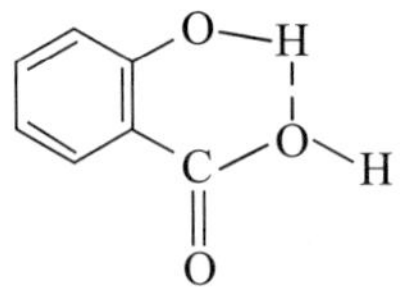

2. 酚酸的脱羧反应 羟基在邻位或对位的酚酸，加热至其熔点以上时，脱去羧基，生成相应的酚，放出 CO_2 气体。

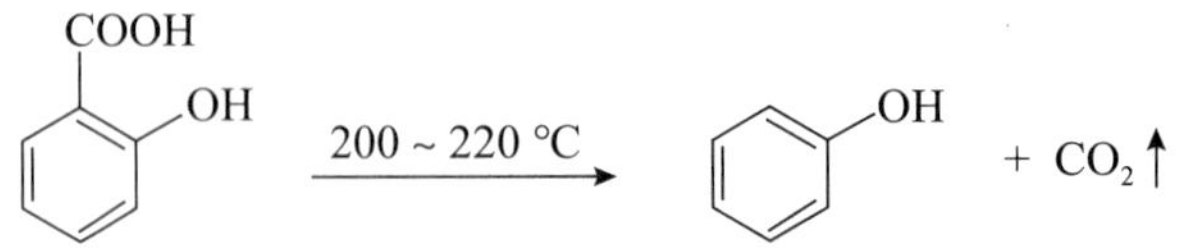

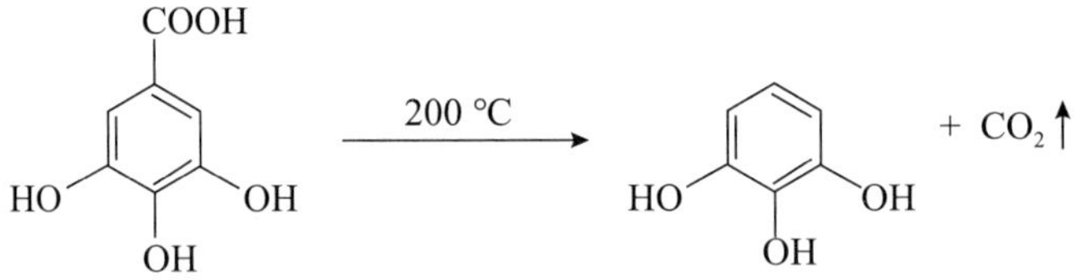

临床应用

丹参素

中药丹参的水溶性化学成分具有活血化瘀、通脉养心的功效，临床用于心绞痛治疗。其中的有效成分丹参素属于 α-羟基酸类，其化学名为（R）-3-（3,4-二羟基苯基）-2-羟基丙酸，结构式如下。

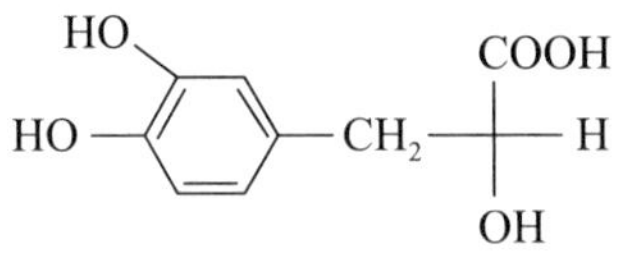

丹参素为白色针状结晶，熔点 84~86 ℃，对三氯化铁显黄绿色，分子中有一个手性碳原子，为 R 构型，可将丹参素制成盐以进一步纯化和增加稳定性，丹参素钠盐为白色细针状结晶。

（三）重要的酚酸——水杨酸及其衍生物

水杨酸又名柳酸，化学名称为邻羟基苯甲酸，因存在于柳树或水杨树皮中得名。它是无色针状结晶，熔点 159 ℃，79 ℃时升华。微溶于水，易溶于沸水、乙醇、乙醚和氯仿。水杨酸具有杀菌、防腐、解热、镇痛作用，能抑制体内某些前列腺素的合成。由于其对胃刺激性强，不宜内服，常作外用药物。内服则多用其衍生物，主要有乙酰水杨酸、水杨酸甲酯和对氨基水杨酸等。

乙酰水杨酸的药品名为阿司匹林，为白色针状结晶，熔点 143 ℃，微溶于水，常用作解热镇痛药。

$$\underset{\text{COOH}}{\underset{|}{\bigcirc}}\text{OH} + (CH_3CO)_2O \xrightarrow[70\ ℃]{\text{浓硫酸}} \underset{\text{COOH}}{\underset{|}{\bigcirc}}\text{O—C—CH}_3 + CH_3COOH$$

乙酰水杨酸

研究表明，成人每日服用低剂量的肠溶性阿司匹林，可降低急性心肌梗死、冠状动脉血栓患者的死亡率。

水杨酸甲酯俗称冬青油，从冬青树叶中提取而得，为无色液体，沸点 190 ℃，具有特殊香味，可作配制牙膏、糖果等的香精，还可作外用扭伤药。

对氨基水杨酸，简称为"PAS"，化学名称为 4-氨基-2-羟基苯甲酸，为白色粉末，微溶于水，常与链霉素、异烟肼等抗结核病药共用，可增强疗效。

水杨酸甲酯　　　　对氨基水杨酸

第二节　酮　酸

脂肪酸分子中烃基同一个碳上的两个氢原子被一个氧原子取代后产生的化合物称为羰基酸（carbonyl acid）（醛酸、酮酸）。由于醛酸实际应用较少，这里只讨论酮酸。

一、酮酸的命名

酮酸的命名通常是将羰基位置用阿拉伯数字或希腊字母标示在名称前（丙酮酸不必标示），命名为"某酮酸"；也可命名为"某酰基某酸"。

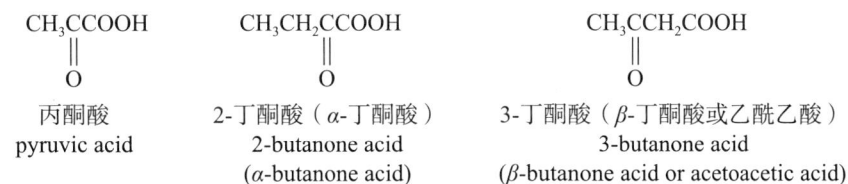

丙酮酸　　　　2-丁酮酸（α-丁酮酸）　　　　3-丁酮酸（β-丁酮酸或乙酰乙酸）
pyruvic acid　　2-butanone acid　　　　3-butanone acid
　　　　　　　（α-butanone acid）　　（β-butanone acid or acetoacetic acid）

酮酸的系统命名法是以羧酸作为母体，氧亚基（O＝）作为取代基，放在相应羧酸名称前，氧亚基的位置用阿拉伯数字或希腊字母标示。

$$CH_3-CH_2-\underset{\underset{O}{\|}}{C}-COOH \qquad CH_3-\underset{\underset{O}{\|}}{C}-CH_2COOH \qquad HOOC-\underset{\underset{O}{\|}}{C}-CH_2CH_2COOH$$

2-氧亚基丁酸（α-氧亚基丁酸）　　3-氧亚基丁酸　　　　2-氧亚基戊二酸
2-oxobutanoic acid　　　　3-oxobutanoic acid　　2-oxopentanedioic acid

二、酮酸的化学性质

酮酸中既有羰基又有羧基，具有酮和羧酸的性质，例如，羰基可被还原为羟基，可发生亲核加成反应；羧基同样可以与碱成盐或生成羧酸衍生物等。同时，由于羰基和羧基的相互影响，酮酸又表现出一些特殊性质。

（一）酮酸的酸性

羰基的吸电子诱导效应比羟基强，所以酮酸的酸性比相应的醇酸强，α-酮酸的酸性比β-酮酸强。

$$CH_3COCOOH > CH_3COCH_2COOH > CH_3CH(OH)COOH > HOCH_2CH_2COOH > CH_3CH_2COOH$$

pK_a：　　2.49　　　　　　3.51　　　　　　　　3.86　　　　　　　　4.51　　　　　　　4.86

（二）酮酸的脱羧

受羰基强吸电子诱导效应的影响，酮酸很容易脱羧。α-酮酸在稀硫酸作用下受热发生脱羧反应，生成少一个碳原子的醛，放出CO_2气体。

$$CH_3COCOOH \xrightarrow[150\ ^\circ C]{稀 H_2SO_4} CH_3CHO + CO_2\uparrow$$

β-酮酸较α-酮酸更易脱羧，不需要酸性条件，直接加热即脱羧生成少一个碳原子的酮，放出CO_2气体，该反应称为β-酮酸的酮式分解（ketonic cleavage）。

$$CH_3COCH_2COOH \xrightarrow{\Delta} CH_3COCH_3 + CO_2\uparrow$$

β-酮酸易脱羧，一方面是由于β-酮酸分子中的羰基具有强的吸电子诱导效应，另一方面是由于羰基氧原子与羧基中的氢通过分子内氢键形成一个六元环中间体，当分子受热时，易发生电子转移脱除CO_2，生成烯醇式结构的产物，然后重排得到酮。

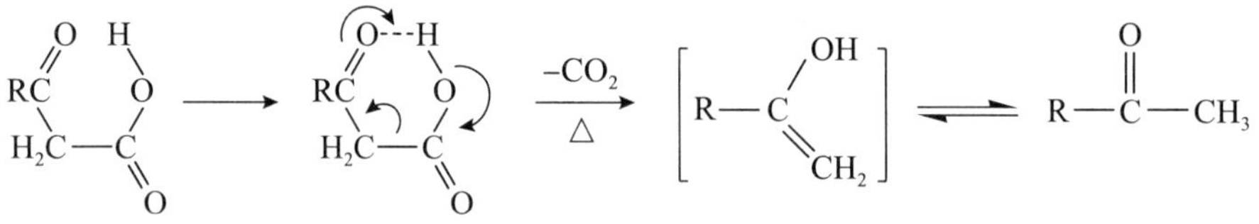

（三）β-酮酸的酸式分解

β-酮酸与浓碱共热时，羰基碳原子和α-碳原子之间的σ键断裂，生成两分子羧酸盐，称为β-酮酸的酸式分解（acid cleavage）。

$$CH_3CH_2CH_2\overset{O}{\overset{\|}{C}}\!\mid\!CH_2COOH \xrightarrow[\Delta]{浓 NaOH} CH_3CH_2CH_2COONa + CH_3COONa$$

知识拓展

酮体与糖尿病

酮体（ketone body）是乙酰乙酸、β-羟基丁酸及丙酮的统称。它是脂肪酸在肝线粒体中氧化分解的产物。

在饥饿或糖代谢异常情况下，脂肪酸在 β- 氧化过程中被酶降解形成大量的乙酰辅酶 A，过量的乙酰辅酶 A 进一步在各种酶的作用下氧化、裂解为乙酰乙酸；乙酰乙酸在脱氢酶的催化下还原生成 β- 羟基丁酸；乙酰乙酸脱羧生成丙酮，丙酮随肺呼吸排出体外，酮体中的乙酰乙酸、β- 羟基丁酸进入血液，成为肌肉组织等尤其是脑细胞能量的重要来源。

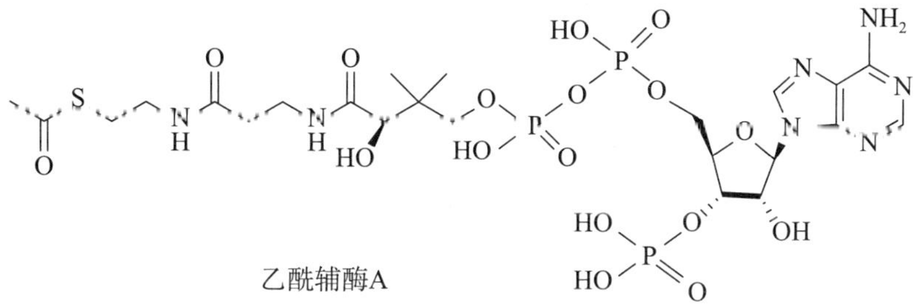

乙酰辅酶A

健康人体血液中酮体的浓度约为 10 mg·L^{-1}，当饥饿、禁食或胰岛素不足时，酮体的浓度可高达正常健康人体的 500 倍以上。乙酰乙酸和 β- 羟基丁酸都是酸性化合物，血液中酮体的浓度过高，将导致酮症酸中毒。检测血液中酮体水平可以作为 1 型糖尿病辅助诊断的手段及 2 型糖尿病患者血糖控制效果的依据。

第三节　氨　基　酸

氨基酸（amino acid）是一类分子中含有氨基和羧基的有机化合物。自然界存在的氨基酸有几百种，但构成蛋白质的氨基酸主要有 20 种，这 20 种氨基酸也被称为蛋白质氨基酸。

一、氨基酸的结构、分类和命名

（一）氨基酸的结构

除脯氨酸（α- 亚氨基酸）外，组成蛋白质的氨基酸均为 α- 氨基酸，即氨基连接在羧酸的 α- 碳原子上，其结构通式为：

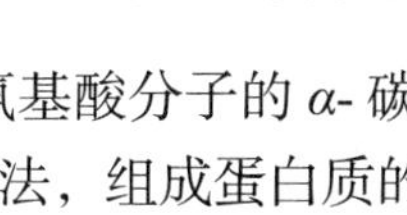

除甘氨酸外，组成蛋白质的其他氨基酸分子的 α- 碳原子均为手性碳原子，均具有旋光性。氨基酸的构型习惯上采用 D/L 构型标记法，组成蛋白质的手性氨基酸的相对构型均为 L- 构型。

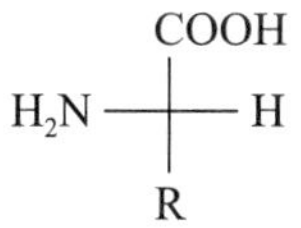

L-氨基酸

若采用 R/S 标记法，除半胱氨酸为 R 构型外，其余皆为 S 构型。

（二）氨基酸的分类

根据氨基和羧基的相对位置不同，氨基酸分为 α-氨基酸、β-氨基酸、γ-氨基酸等。本节主要讨论 α-氨基酸，α-氨基酸根据通式中 R 基团的结构，可分为脂肪族氨基酸、芳香族氨基酸和杂环氨基酸；根据 R 基团的极性，可分为非极性氨基酸和极性氨基酸；根据氨基和羧基的数目，还可分为中性氨基酸、酸性氨基酸和碱性氨基酸，中性氨基酸分子中氨基数目和羧基数目相等，酸性氨基酸分子中氨基数目少于羧基数目，碱性氨基酸分子中碱性基团（氨基、胍基和咪唑基）数目多于羧基数目。

氨基酸可分为必需氨基酸（essential amino acids）和非必需氨基酸。必需氨基酸是指人体不能合成或合成数量不能满足人体的需要，必须从食物中获得的氨基酸。必需氨基酸共有 8 种，分别为赖氨酸、色氨酸、苯丙氨酸、甲硫氨酸、苏氨酸、异亮氨酸、亮氨酸与缬氨酸（表 11-1 标有 * 的氨基酸）；非必需氨基酸指人体能由简单的前体合成，不需要从食物中获得的氨基酸，包括甘氨酸、丙氨酸等。

（三）氨基酸的命名

氨基酸通常根据其来源或性质等采用俗名，如丝氨酸因源于蚕丝而得名；也可采用系统命名法，把氨基当作取代基，以羧酸做母体，称为"氨基某酸"，氨基的位置习惯上用希腊字母 α、β、γ 等表示。常见的 20 种蛋白质氨基酸的中（英）文名称、中文缩写名称、三字母缩写名称、单字母缩写名称、结构式及等电点见表 11-1。

表 11-1 常见的 20 种蛋白质氨基酸

中（英）文名称	缩写名称		结构式（偶极离子）	等电点
	中文	三字母	单字母	

中（英）文名称	中文	三字母	单字母	结构式（偶极离子）	等电点
中性氨基酸					
甘氨酸（glycine）	甘	Gly	G	CH_2—COO^- $\|$ NH_3^+	5.97
丙氨酸（alanine）	丙	Ala	A	H_3C—CH—COO^- $\|$ NH_3^+	6.00
缬氨酸* （valine）	缬	Val	V	H_3C＞CH—CH—COO^- H_3C／ $\|$ NH_3^+	5.96
亮氨酸* （leucine）	亮	Leu	L	H_3C＞CH—CH_2—CH—COO^- H_3C／ $\|$ NH_3^+	5.98

异亮氨酸* （isoleucine）	异亮	Ile	I	H_3C—CH_2—CH—CH—COO^-
				          $\|$ $\|$
				        CH_3 NH_3^+
					6.02

苯丙氨酸* （phenylalanine）	苯	Phe	F	C_6H_5—CH_2—CH—COO^- $\|$ NH_3^+	5.48

续表

中（英）文名称	缩写名称		结构式（偶极离子）	等电点
	中文	三字母	单字母	

中（英）文名称	中文	三字母	单字母	结构式（偶极离子）	等电点
脯氨酸（proline）	脯	Pro	P	结构式	6.30
甲硫氨酸*（methionine）	甲硫	Met	M	$H_3C-S-CH_2-CH_2-CH-COO^-$ $\quad\quad\quad\quad\quad\quad\quad\quad\quad\quad\ \ \|$ $\quad\quad\quad\quad\quad\quad\quad\quad\quad\quad NH_3^+$	5.74
丝氨酸（serine）	丝	Ser	S	$OH-CH_2-CH-COO^-$ $\quad\quad\quad\quad\quad\quad\ \|$ $\quad\quad\quad\quad\quad\quad NH_3^+$	5.68
谷氨酰胺（glutamine）	谷酰	Gln	Q	$H_2N-C-CH_2-CH_2-CH-COO^-$ $\quad\quad\quad\ \|\|\quad\quad\quad\quad\quad\quad\quad\quad\quad\ \|$ $\quad\quad\quad\ O\quad\quad\quad\quad\quad\quad\quad\quad\quad\ NH_3^+$	5.65
苏氨酸*（threonine）	苏	Thr	T	$CH_3-CH-CH-COO^-$ $\quad\quad\quad\quad\ \|\quad\ \ \|$ $\quad\quad\quad\quad OH\ NH_3^+$	5.60
半胱氨酸（cysteine）	半胱	Cys	C	$SH-CH_2-CH-COO^-$ $\quad\quad\quad\quad\quad\quad\ \|$ $\quad\quad\quad\quad\quad\quad NH_3^+$	5.07
天冬酰胺（asparagine）	天酰	Asn	N	$H_2N-C-CH_2-CH-COO^-$ $\quad\quad\quad\ \|\|\quad\quad\quad\quad\quad\ \|$ $\quad\quad\quad\ O\quad\quad\quad\quad\quad NH_3^+$	5.41
酪氨酸（tyrosine）	酪	Tyr	Y	$HO-\text{苯环}-CH_2-CH-COO^-$ $\quad\quad\quad\quad\quad\quad\quad\quad\quad\ \|$ $\quad\quad\quad\quad\quad\quad\quad\quad\quad NH_3^+$	5.66
色氨酸*（tryptophan）	色	Trp	W	吲哚$-CH_2-CH-COO^-$ $\quad\quad\quad\quad\quad\quad\quad\ \|$ $\quad\quad\quad\quad\quad\quad\quad NH_3^+$	5.89
酸性氨基酸					
天冬氨酸（aspartic acid）	天	Asp	D	$HOOC-CH_2-CH-COO^-$ $\quad\quad\quad\quad\quad\quad\quad\ \|$ $\quad\quad\quad\quad\quad\quad\quad NH_3^+$	2.77
谷氨酸（glutamic acid）	谷	Glu	E	$HOOC-CH_2-CH_2-CH-COO^-$ $\quad\quad\quad\quad\quad\quad\quad\quad\quad\quad\ \|$ $\quad\quad\quad\quad\quad\quad\quad\quad\quad\quad NH_3^+$	3.22
碱性氨基酸					
赖氨酸*（lysine）	赖	Lys	K	$NH_3^+-CH_2-CH_2-CH_2-CH_2-CH-COO^-$ $\quad\quad\quad\quad\quad\quad\quad\quad\quad\quad\quad\quad\quad\quad\quad\quad\quad\ \|$ $\quad\quad\quad\quad\quad\quad\quad\quad\quad\quad\quad\quad\quad\quad\quad\quad\quad NH_2$	9.74

续表

中（英）文名称	缩写名称 中文	缩写名称 三字母	缩写名称 单字母	结构式（偶极离子）	等电点
精氨酸（arginine）	精	Arg	R	H$_2$N—C(=NH$_2^+$)—NH—CH$_2$—CH$_2$—CH$_2$—CH(NH$_2$)—COO$^-$	10.76
组氨酸（histidine）	组	His	H	(咪唑基)—CH$_2$—CH(NH$_3^+$)—COO$^-$	7.59

二、氨基酸的性质

氨基酸分子中含有氨基和羧基，因此具有羧酸与胺类化合物的双重性质。此外，氨基和羧基相互影响还可以导致氨基酸具有某些特殊性。

（一）氨基酸的酸碱两性及等电点

既带有正电荷又带有负电荷的离子称为两性离子（zwitterion）或偶极离子（dipolar ion）。

$$R-CH(NH_2)-COOH \rightleftharpoons R-CH(NH_3^+)-COO^-$$

氨基酸偶极离子具有两性，既可与酸反应，又可与碱反应。在酸性溶液中，分子的—COO$^-$可接受质子，氨基酸主要以阳离子形式存在；而在碱性溶液中，分子的—NH$_3^+$给出质子，氨基酸主要以阴离子形式存在。偶极离子加酸和加碱时引起的变化表示如下：

$$R-CH(NH_3^+)-COOH \underset{H^+}{\overset{OH^-}{\rightleftharpoons}} R-CH(NH_3^+)-COO^- \underset{H^+}{\overset{OH^-}{\rightleftharpoons}} R-CH(NH_2)-COO^-$$

阳离子　　　　　偶极离子　　　　阴离子
pH < pI　　　　　pH = pI　　　　　pH > pI

在电场作用下，带电物质向其电荷相反电极移动的现象称为电泳（electrophoresis）。当改变溶液的 pH，使氨基酸所带正负电荷量相等，即以偶极离子形式存在时，它在电场中既不向负极移动，也不向正极移动，此时溶液的 pH 称为该氨基酸的等电点（isoelectric point，pI）。当溶液的 pH 大于氨基酸的 pI 时，氨基酸主要以负离子形式存在，在电场中移向正极；当溶液的 pH 小于氨基酸的 pI 时，氨基酸主要以正离子形式存在，在电场中移向负极。

不同的氨基酸具有不同的等电点，通常中性氨基酸的等电点在 5.0~6.5，酸性氨基酸等电点在 3.0 左右，碱性氨基酸在 7.6~10.8。等电点是氨基酸的特征常数。由于各种氨基酸等电点不同，在同一 pH 的溶液中，可利用各种氨基酸所带净电荷及它们在电场中移动状况不同的特点，通过电泳法分离氨基酸混合物。此外，在等电点时，氨基酸的溶解度最小，所以也可以通过调节溶液 pH 达到等电点的方法来分离氨基酸混合物。

（二）与 HNO₂ 反应

α-氨基酸与 HNO₂ 反应，放出氮气，同时生成羟基酸：

$$R-\underset{\underset{NH_3^+}{|}}{CH}-COO^- + HNO_2 \longrightarrow R-\underset{\underset{OH}{|}}{CH}-COOH + N_2\uparrow + H_2O$$

根据该反应放出的氮气的体积，可定量分析氨基酸。

（三）脱羧反应

α-氨基酸与 Ba(OH)₂ 混合加热或在体内脱羧酶催化下，可以发生脱羧反应，生成少一个碳的胺。

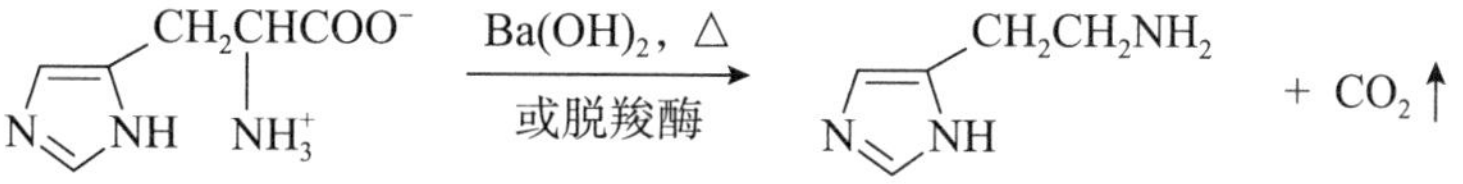

$$\underset{\text{组氨酸}}{\underset{}{\text{(咪唑)}CH_2\underset{\underset{NH_3^+}{|}}{CH}COO^-}} \xrightarrow[\text{或脱羧酶}]{Ba(OH)_2, \triangle} \underset{\text{组胺}}{\underset{}{\text{(咪唑)}CH_2CH_2NH_2}} + CO_2\uparrow$$

（四）与茚三酮的显色反应

α-氨基酸与茚三酮水溶液共热，生成蓝紫色物质：

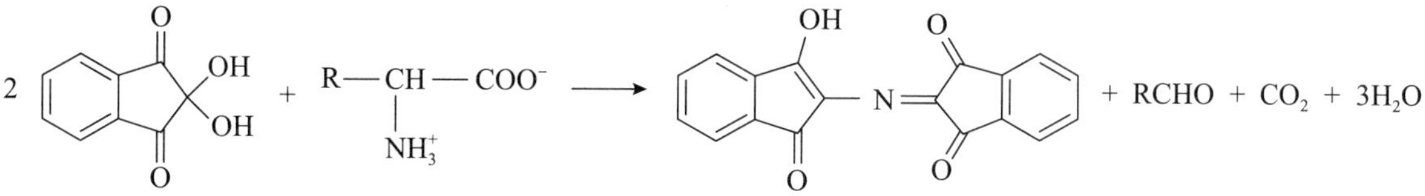

该反应非常灵敏，常用于氨基酸的定性及定量分析。

习题十一

1. 命名下列化合物。

(1) HOOC—CH₂—CH(OH)—COOH

(2) CH₃COCH(CH₂CH₃)COOH

(3) 3,4,5-三羟基苯甲酸结构

(4) 4-氧代环己基甲酸结构

(5) 4-羟基环己基甲酸结构

(6) C₆H₅—CH₂—CH(NH₂)—COOH

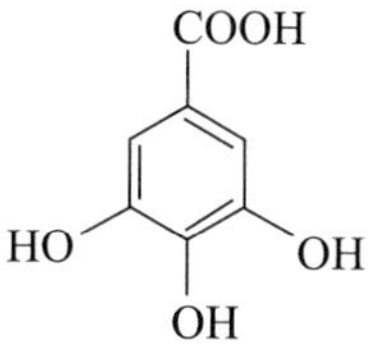

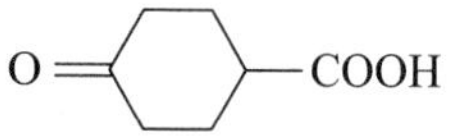

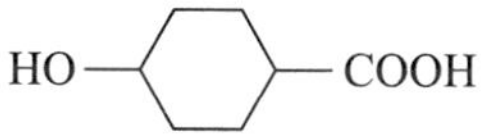

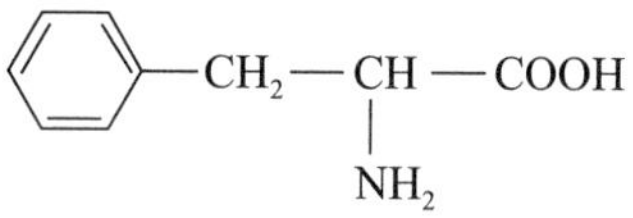

2. 写出下列化合物的结构式。
(1) δ-羟基己酸　　(2) 草酰乙酸　　(3) 水杨酸

（4）半胱氨酸　　　　　（5）（R）-乳酸　　　　（6）琥珀酸

3. 比较下列各组化合物的酸性大小。
（1）β-羟基丁酸，丙酮酸，乙酰乙酸
（2）α-丁酮酸，β-丁酮酸，γ-丁酮酸
（3）苯甲酸，p-硝基苯甲酸，p-羟基苯甲酸

4. 用适当的试剂鉴别下列各组化合物。
（1）苯甲酸、水杨酸、苯酚
（2）α-羟基丁酸、β-丁酮酸、β-戊酮酸

5. 写出下列反应的主要产物。

（1） 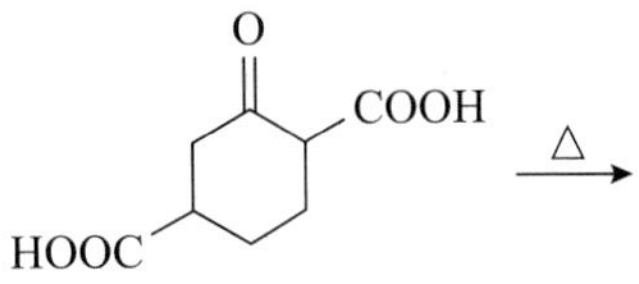 HOOC—环己酮(2-COOH,4-HOOC) $\xrightarrow{\Delta}$

（2） $CH_3CHCOOH$ （含 OH）$\xrightarrow{\Delta}$

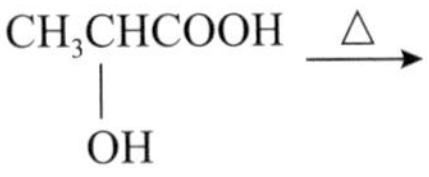

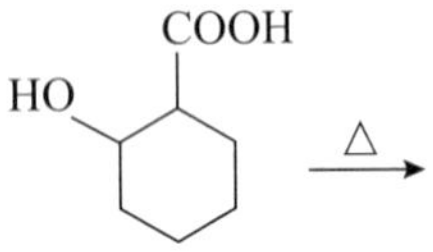

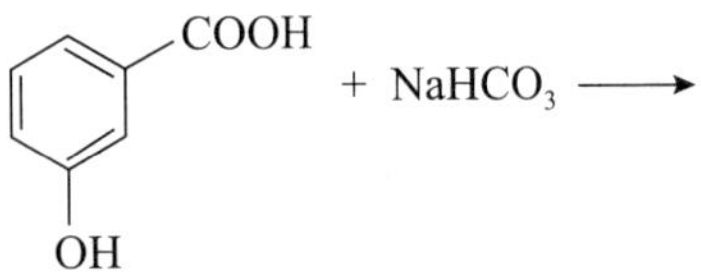

（3） 2-羟基环己甲酸 $\xrightarrow{\Delta}$

（4） 间羟基苯甲酸 + $NaHCO_3 \longrightarrow$

（5） $H_3C—CHCOOH$ （含 NH_2）+ $HNO_2 \longrightarrow$

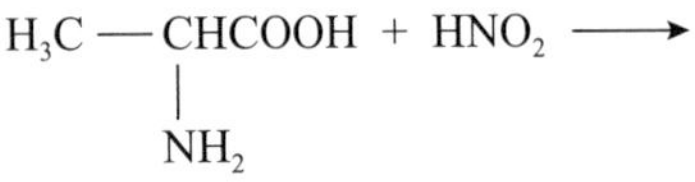

6. 某化合物 A（$C_5H_8O_2$），A 与 Tollens 试剂或 Fehling 试剂反应生成 B（$C_5H_8O_3$），B 与 I_2+NaOH 发生碘仿反应，酸化后得到 C（$C_4H_6O_4$），C 加热后脱水生成 D（$C_4H_4O_3$），试推断 A、B、C、D 的结构。

7. 某化合物 A（C_8H_{10}），A 不能使 Br_2/CCl_4 溶液褪色，但在强紫外光照射下可与 Br_2 反应生成 B（C_8H_9Br）；B 与 Mg 在无水溶剂中回流，Mg 屑消失后通入 CO_2，反应液酸化后得到 C（$C_9H_{10}O_2$）；B 与 NaCN 反应后得到 D（C_9H_9N），D 在酸性溶液中水解同样得到 C，C 可拆分成两个旋光方向相反、旋光值相同的化合物，试推断 A、B、C、D 的结构。

8. 如何分离 Gly、Glu 与 Arg 三种氨基酸混合物？

（向灿辉）

第十二章 杂环化合物和生物碱

在有机化学中,将碳、氢以外的原子统称为杂原子(hetero atom),常见杂原子有氮原子、硫原子和氧原子等。环上含有杂原子的有机化合物称为杂环化合物(heterocycle compound)。许多天然产物如叶绿素、血红素、细胞色素、核酸、维生素及绝大多数生物碱都是杂环化合物。杂环化合物在生物体内具有重要的功能,是数量最多的一类有机化合物。

第一节 杂环化合物的分类与命名

一、杂环化合物的分类

按照环的数目,杂环化合物可分为单杂环和稠杂环。单杂环又可根据组成环的原子个数分为三元、四元、五元、六元杂环等类型;稠杂环是由苯环(或单杂环)与一个(或多个)单杂环稠合而成的,稠杂环分为苯稠杂环和杂稠杂环。杂环化合物按照是否具有芳香性可分为脂杂环和芳杂环(具有芳香特征的杂环化合物)。五元、六元芳杂环与生命体的关系最为密切,本章主要讨论常见的芳杂环化合物。

二、杂环化合物的命名

杂环化合物的命名多采用音译法,即按照杂环的外文名称的译音,用带"口"字旁的同音汉字表示,常见杂环化合物母环结构、名称及编号见表 12-1。

表 12-1 常见杂环化合物母环结构、名称及编号

类别		结构、名称及编号					
单杂环	五元杂环	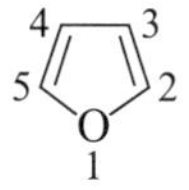 呋喃 furan	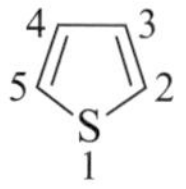 噻吩 thiophene	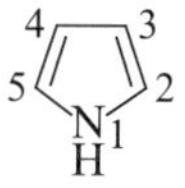 吡咯 pyrrole	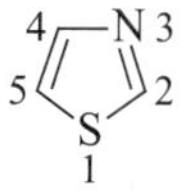 噻唑 thiazole	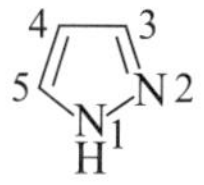 吡唑 pyrazole	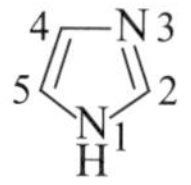 咪唑 imidazole

类别		结构、名称及编号
单杂环	六元杂环	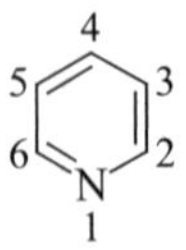 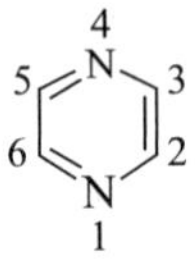 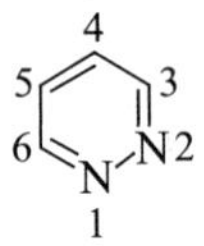 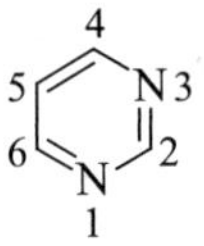 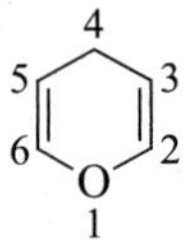 吡啶 pyridine　吡嗪 pyrazine　哒嗪 pyridazine　嘧啶 pyrimidine　吡喃 pyran
稠杂环	苯稠杂环	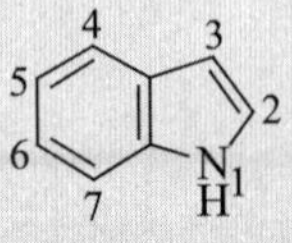 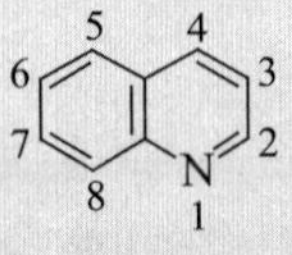 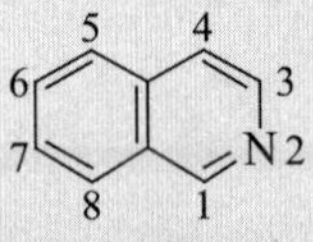 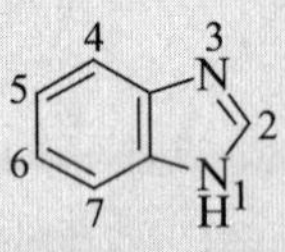 吲哚 indole　喹啉 quinoline　异喹啉 isoquinoline　苯并咪唑 benzimidazole
	杂稠杂环	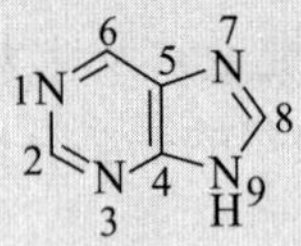 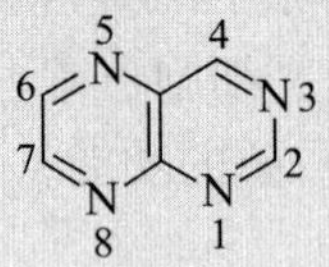 嘌呤 purine　蝶啶 pteridine

环上有简单取代基时，以杂环为母体将杂环上的原子编号，编号规则为：从杂原子开始，使环上取代基的序号较小，顺时针或逆时针将环上原子编号，用阿拉伯数字标示取代基的位置，连同取代基的名称写在杂环母体名称前。对于含一个杂原子的杂环，也可将杂原子旁的碳原子依次用 α、β、γ……表示。

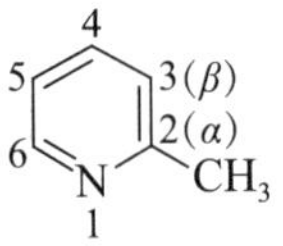

2(α)-甲基吡啶 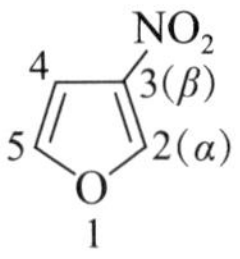　　　3(β)-硝基呋喃

含有两个相同杂原子的杂环化合物的编号从一个杂原子开始，使另一个杂原子的编号较小，顺时针或逆时针将杂环原子编号；含有两个不同杂原子的杂环化合物的编号依 O、S、NH、N 的顺序依次编号。注意含多个杂原子的杂环化合物只能用阿拉伯数字表示取代基的位置，而不能用希腊字母 α、β、γ……表示。

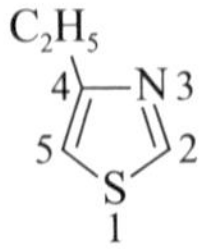

4-乙基噻唑 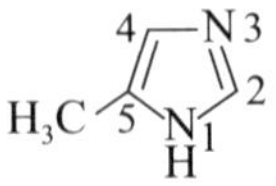　　　5-甲基咪唑 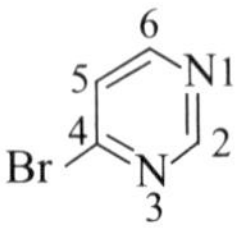　　　4-溴嘧啶

稠杂环的编号通常从杂原子开始，顺时针或逆时针依次编号（共用碳原子一般不编号），并尽可能使杂原子的编号最小。

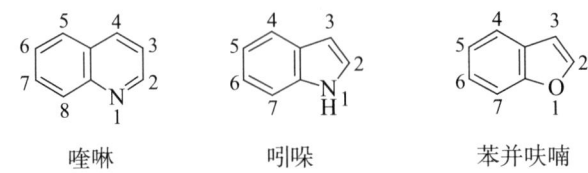

喹啉　　　吲哚　　　苯并呋喃

少数稠杂环有特殊的编号顺序。

异喹啉　　　　嘌呤

第二节　五元杂环化合物

一、结构特点

常见的含一个杂原子的五元杂环化合物有呋喃、噻吩和吡咯，它们均为无色液体。三个化合物分子中，所有成环原子均为 sp^2 杂化，且以 sp^2 杂化轨道与相邻的两个原子的 sp^2 杂化轨道沿键轴方向重叠形成 σ 键，构成一个环状平面化合物。4 个碳原子中未杂化 p 轨道中的 4 个 p 电子与杂原子的 p 轨道中的 2 个 p 电子从侧面互相平行重叠，形成环状闭合的 6π 电子共轭体系，符合 Hückel 规则，所以这三个杂环化合物均具有芳香性。研究表明，芳香性由大到小为苯 > 噻吩 > 吡咯 > 呋喃。苯的成环原子种类相同，键长完全平均化，其电子离域程度大，π 电子在环上的分布也是完全均匀的；而呋喃、噻吩和吡咯这三个化合物都有杂原子参与成环，由于杂原子和碳原子电负性的差异（电负性：C 2.55；S 2.58；N 3.04；O 3.50），使得其分子键长平均化的程度不如苯，电子离域的程度也比苯小，π 电子在各杂环上的分布也不是很均匀。所以，呋喃、噻吩、吡咯的芳香性都比苯弱。其中，氧是 3 个杂原子中电负性最大的，呋喃环 π 电子的离域程度相对较小，所以其芳香性最差；硫的电负性小于氧和氮，与碳接近，噻吩环上的电子云分布比较均匀，π 电子离域程度较大，因此其芳香性最强，与苯差不多；氮的电负性介于氧和硫之间，吡咯的芳香性介于呋喃和噻吩之间。

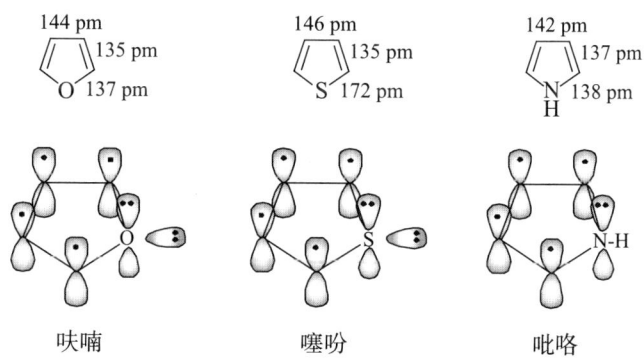

呋喃　　　　噻吩　　　　吡咯

二、化学性质

（一）亲电取代反应

呋喃、噻吩和吡咯都是具有 6π 电子的五元芳香杂环，杂原子的孤对电子使环上的电子云密度升高，因此其环上电子云密度比苯环大，更容易发生亲电取代反应。其亲电取代反应活性依次是：吡咯 > 呋喃 > 噻吩 > 苯。

1. 卤代反应 呋喃、噻吩和吡咯都非常易于发生卤代反应，通常都得到多卤代产物，控制反应条件可得到单取代产物。其氯代、溴代反应可不用催化剂。

$$\underset{}{\text{呋喃}} \xrightarrow[\text{CH}_2\text{Cl}_2]{\text{Cl}_2} \underset{64\%}{\text{2-氯呋喃}}$$

2. 磺化反应 三个化合物中只有噻吩对酸较稳定，可直接用浓硫酸作磺化剂，反应在室温下就可进行。

$$\underset{}{\text{噻吩}} \xrightarrow[30\ ^\circ\text{C}]{\text{H}_2\text{SO}_4(\text{浓})} \underset{75\%}{\text{噻吩-2-磺酸}}$$

呋喃、吡咯在强酸性条件下易开环，不能直接用浓硫酸磺化，通常采用吡啶与三氧化硫的加合物作为磺化试剂。

$$\underset{\text{H}}{\text{吡咯}} \xrightarrow[100\ ^\circ\text{C}]{\text{C}_5\text{H}_5\text{N}^+\text{SO}_3^-} \underset{90\%}{\text{吡咯-2-磺酸}}$$

3. 硝化反应 吡咯、呋喃、噻吩不能直接用混酸进行硝化反应，需采用温和的非质子硝化剂（乙酰硝酸酯）在低温下进行。

$$\text{HNO}_3 + (\text{CH}_3\text{COO})_2\text{O} \longrightarrow \text{CH}_3\text{COONO}_2 + \text{CH}_3\text{COOH}$$

$$\underset{\text{H}}{\text{吡咯}} \xrightarrow[5\ ^\circ\text{C}]{\text{CH}_3\text{COONO}_2} \underset{83\%}{\text{2-硝基吡咯}} + \underset{5\%\sim 7\%}{\text{3-硝基吡咯}}$$

$$\underset{}{\text{噻吩}} \xrightarrow[10\ ^\circ\text{C}]{\text{CH}_3\text{COONO}_2} \underset{70\%}{\text{2-硝基噻吩}} + \underset{5\%}{\text{3-硝基噻吩}}$$

4. 亲电取代反应的位置 呋喃、噻吩和吡咯的 α- 位和 β- 位发生亲电取代反应的活性均比苯高，α- 位比 β- 位活性更高，亲电取代反应以 α- 位取代为主。这是因为形成大 π 键的杂原子提供了两个 p 电子，离杂原子近的 α- 位的 π 电子云密度较 β- 位高，更易受到亲电试剂的进攻。这种现象也可以用共振论加以解释。如吡咯的硝化反应，硝基正离子进攻 β- 位得到的碳正离子中间体是两个共振结构（Ⅰ与Ⅱ）的共振杂化体；进攻 α- 位得到的碳正离子中间体是三个共振结构（Ⅲ、Ⅳ、Ⅴ）的共振杂化体，即有三个共振式参加共振。参加共振的共振式越多，正电荷的分散程度越大，共振杂化体就越稳定。所以在 α- 位反应得到的中间体碳正离子比较稳定，稳定的中间体其过渡态能量低，反应速度快。因此这三种杂环化合物的亲电取代反应均易发生在 α- 位。

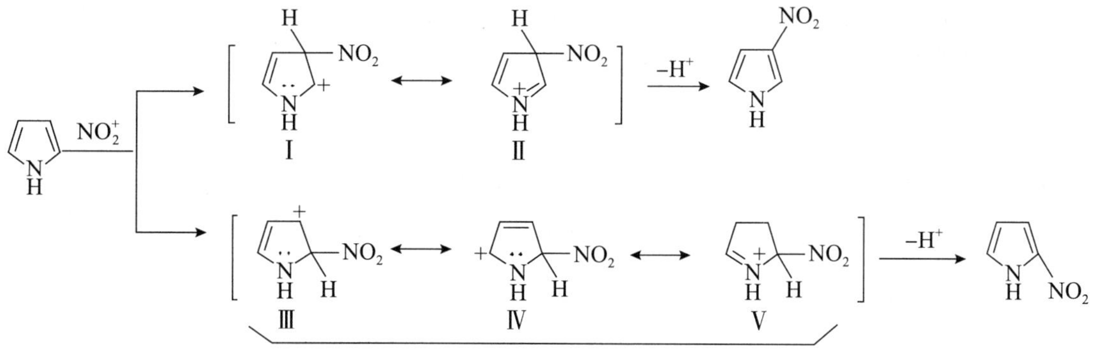

$$\text{吡咯} + NO_2^+ \longrightarrow \left[\text{I} \longleftrightarrow \text{II} \right] \xrightarrow{-H^+} \text{3-硝基吡咯}$$

$$\longrightarrow \left[\text{III} \longleftrightarrow \text{IV} \longleftrightarrow \text{V} \right] \xrightarrow{-H^+} \text{2-硝基吡咯}$$

较稳定的正离子

（二）吡咯的弱酸性

吡咯氮原子上的未共用电子对参与构成了环状大 π 键，不能再与质子结合，因此吡咯基本没有碱性（pK_b=13.6）。相反，由于这种共轭效应，使氮原子周围的电子云密度相对减小，N—H 键的极性增加，氮原子上的氢原子可以质子的形式解离，吡咯显弱酸性（pK_a = 17.5）。吡咯的酸性比苯酚更弱，能与固体氢氧化钾作用生成盐，即吡咯钾。

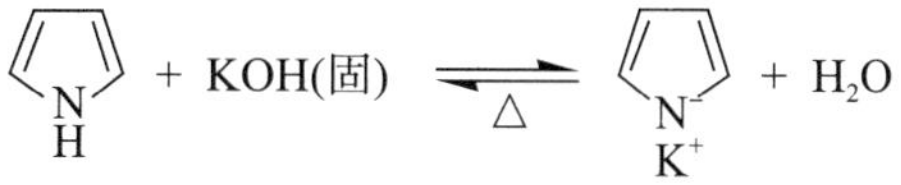

$$\text{吡咯} + KOH(\text{固}) \xrightleftharpoons{\triangle} \text{吡咯钾} + H_2O$$

（三）加成反应（催化氢化）

由于五元杂环的芳香性比苯差，所以更容易发生加成等不饱和化合物可以发生的反应。呋喃的加成反应活性最高，吡咯次之。噻吩含硫，易使催化剂中毒而失去活性，所以催化加氢较困难，需使用特殊催化剂。

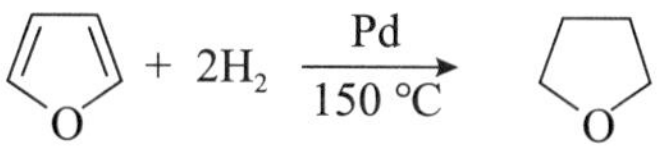

$$\text{呋喃} + 2H_2 \xrightarrow[150\ ^\circ C]{Pd} \text{四氢呋喃}$$

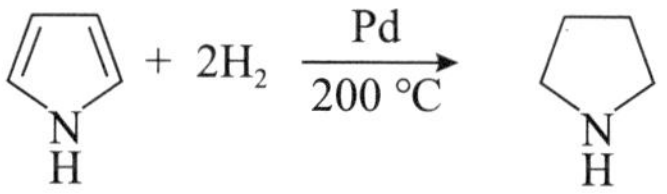

$$\text{吡咯} + 2H_2 \xrightarrow[200\ ^\circ C]{Pd} \text{四氢吡咯}$$

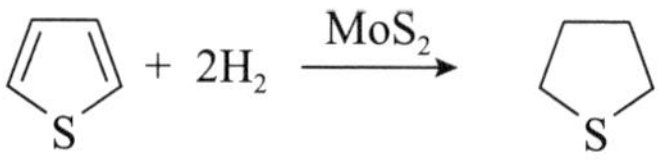

$$\text{噻吩} + 2H_2 \xrightarrow{MoS_2} \text{四氢噻吩}$$

四氢呋喃是有机合成常用的溶剂，而四氢吡咯则相当于一般的脂肪仲胺。

三、常见的五元杂环衍生物

（一）糠醛

糠醛（呋喃-2-甲醛）是 α- 呋喃甲醛的俗名，无色液体，熔点 –38.7 ℃，沸点 162 ℃，能溶

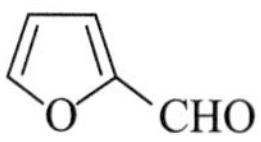

于水，亦能与乙醇、乙醚等有机溶剂混溶。糠醛是优良的溶剂，常用于精炼石油、精制润滑油等，还可用于合成树脂、尼龙及涂料。

（二）头孢噻吩和头孢噻啶

头孢噻吩（先锋霉素Ⅰ）和头孢噻啶（先锋霉素Ⅱ）的结构中都含有噻吩环，属于半合成头孢菌素类抗生素。由于噻吩环的引入，增强了其抗菌活性，它们的抗菌效果都优于天然头孢菌素。

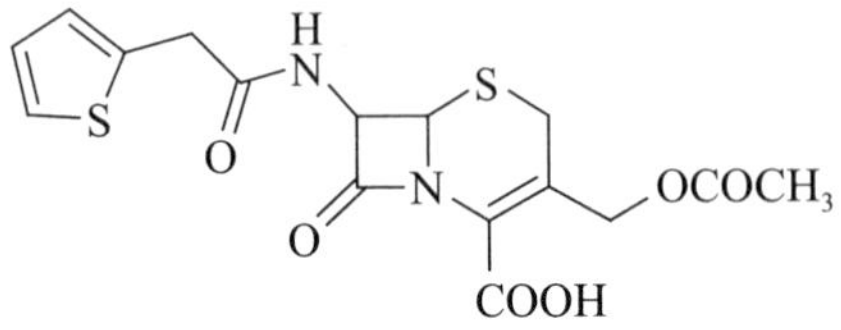

头孢噻吩 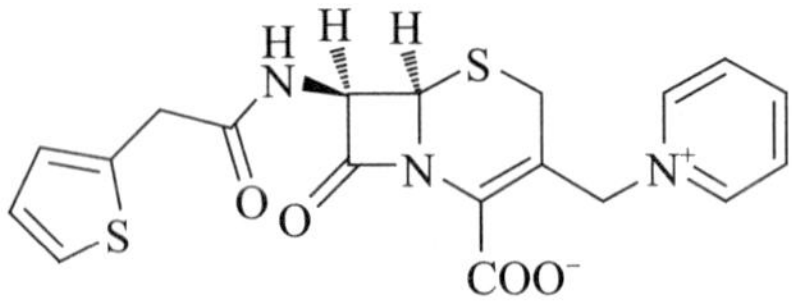　　　　　头孢噻啶

（三）咪唑

咪唑为白色固体，熔点 89～91 ℃，是一个在 1、3 位含有 2 个氮原子的五元杂环化合物。咪唑的 2 个氮原子都是 sp^2 杂化，但反应活性不同。咪唑 1 位氮的孤对电子参与共轭，这与吡咯相似，氮上的氢原子具有弱酸性；而 3 位氮原子以 1 个 p 电子参与共轭，还有 1 对孤对电子，具有碱性。咪唑 π 电子数为 6，符合 Hückel 规则，具有芳香性。

咪唑是一个两性分子，既有酸性，也有碱性。它的酸性比羧基酸和酚弱，但比醇强；它的碱性（pK_b=6.8）比吡咯（pK_b=13.6）强。

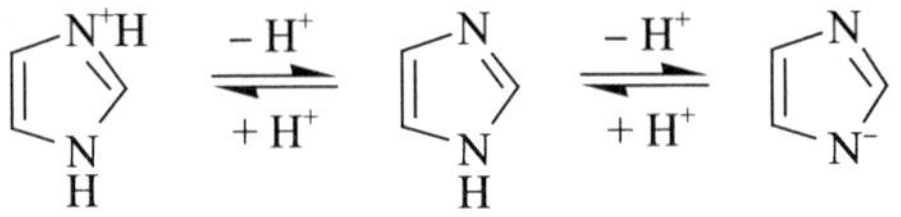

咪唑 1 位氮原子上的氢可以通过互变异构转移到 3 位氮原子上，所以 C-4 位和 C-5 位是相同的。如果有取代基，两个异构体可以区别。如 4-甲基咪唑和 5-甲基咪唑属于互变异构体，但二者难以分离，常用 4（5）-甲基咪唑命名。

4-甲基咪唑　　　　　5-甲基咪唑

咪唑存在于很多生物分子和药物中。如用于治疗消化性溃疡的西咪替丁。

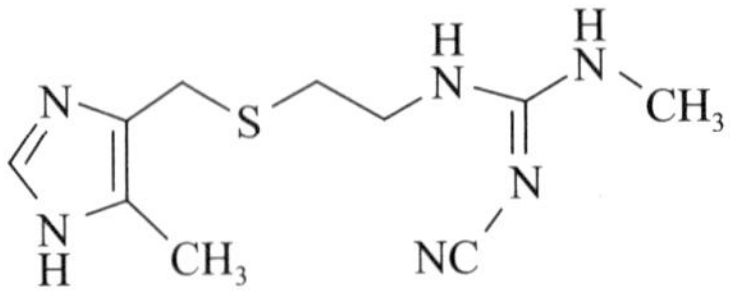

西咪替丁（cimetidine，甲氰脒胍）

第三节 六元杂环化合物

一、吡啶的结构和物理性质

吡啶是存在于煤焦油和骨焦油中有恶臭的无色液体，沸点 115 ℃，密度 0.98 g·cm^{-3}，可与水、乙醇、乙醚等混溶，是一种良好的溶剂和重要的化工原料。吡啶的结构与苯类似，环上的氮原子以 sp^2 杂化轨道成键，一个 p 电子参与共轭，形成具有 6 个 π 电子的闭合的共轭体系，具有芳香性。

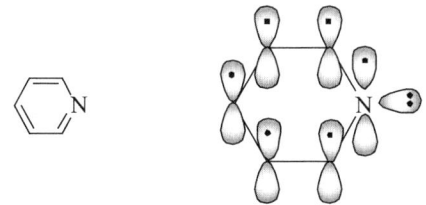

二、吡啶的化学性质

（一）碱性与成盐反应

吡啶氮原子上的孤对电子未参与共轭，因此具有弱碱性（pK_b=8.80），其碱性比脂肪胺弱，但比芳胺、吡咯强（吡咯环上氮原子的孤对电子参与共轭），是广泛使用的有机碱。

常见含氮化合物的碱性：

	CH$_3$NH$_2$	NH$_3$	吡啶	苯胺	吡咯
pK_b:	3.38	4.76	8.80	9.27	13.6

吡啶氮原子上有一对孤对电子，不仅可与酸成盐，而且还具有亲核性，可与卤代烃发生亲核取代反应，如与碘甲烷作用可生成季铵盐。

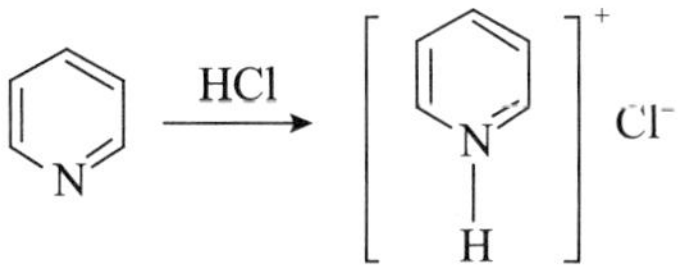

吡啶盐酸盐

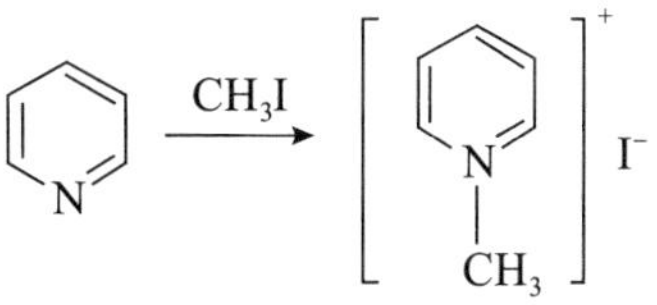

碘化 N-甲基吡啶

（二）亲电取代反应

吡啶具有芳香性，可以发生亲电取代反应，但反应活性比苯低得多，与硝基苯相似，硝化、磺化和卤化反应一般要在强烈条件下才能发生，而且取代反应主要发生在 β- 位。

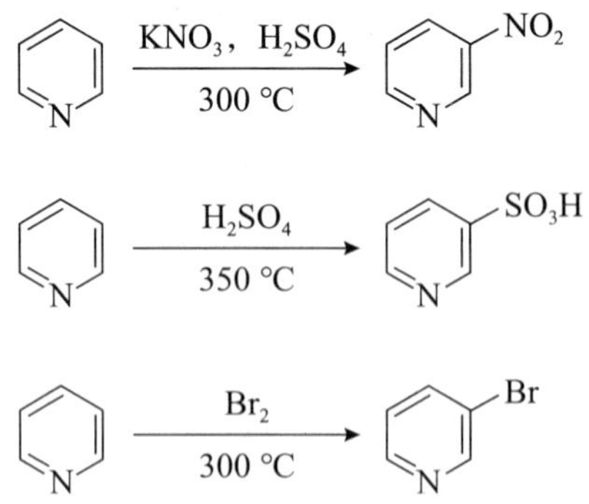

$$\text{吡啶} \xrightarrow[300\ ^\circ\text{C}]{KNO_3,\ H_2SO_4} \text{3-硝基吡啶}$$

$$\text{吡啶} \xrightarrow[350\ ^\circ\text{C}]{H_2SO_4} \text{3-吡啶磺酸}$$

$$\text{吡啶} \xrightarrow[300\ ^\circ\text{C}]{Br_2} \text{3-溴吡啶}$$

吡啶环上若有活化基团，则反应较容易进行。

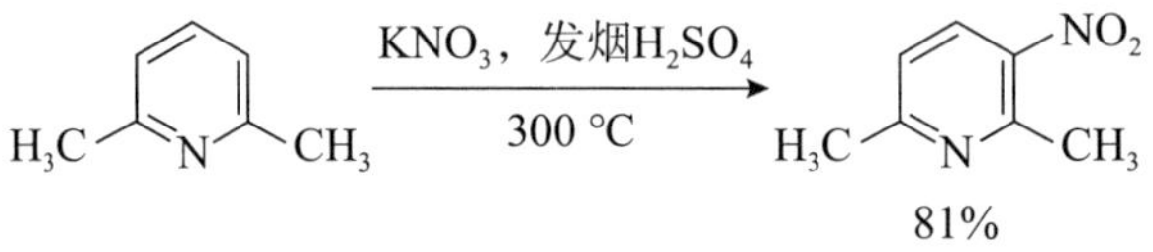

$$2,6\text{-二甲基吡啶} \xrightarrow[300\ ^\circ\text{C}]{KNO_3,\ \text{发烟}H_2SO_4} 2,6\text{-二甲基-3-硝基吡啶}\ (81\%)$$

吡啶环不易发生亲电取代反应，一方面是因为环上氮的吸电子诱导效应与共轭效应，使环上电子云密度降低，导致亲核性下降，这与硝基使苯环的反应活性下降相似；另一方面，由于反应在强的亲电性介质如 Br^+、NO_2^+ 中进行，容易与吡啶形成吡啶盐，这也减弱了吡啶的亲电反应性。

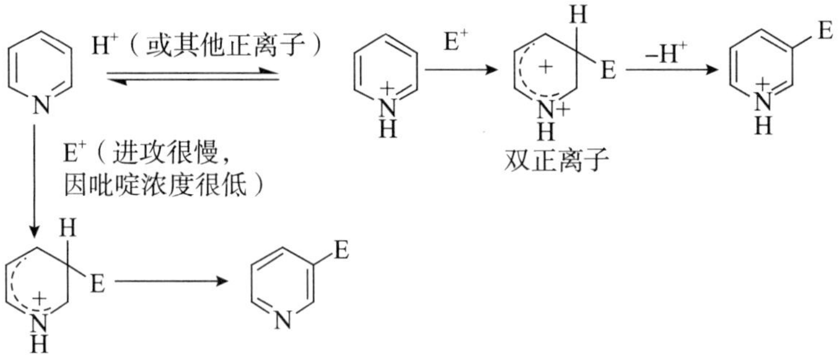

吡啶 $\xrightarrow{H^+\ (\text{或其他正离子})}$ 吡啶盐 $\xrightarrow{E^+}$ 双正离子 $\xrightarrow{-H^+}$ 3-E-吡啶

E^+（进攻很慢，因吡啶浓度很低）

吡啶的亲电取代主要发生在 β- 位，也可用共振式来解释。

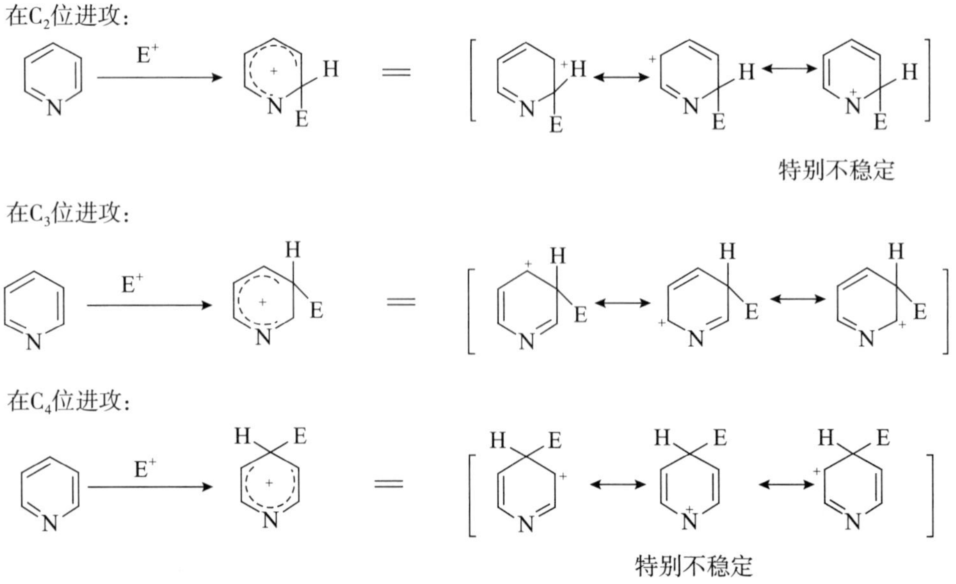

在 C_2 位进攻：（特别不稳定）

在 C_3 位进攻：

在 C_4 位进攻：（特别不稳定）

若亲电试剂在 C_2、C_4 位进攻，都有一个正电荷位于氮原子上的共振式，特别不稳定；而在 C_3 位进攻，没有特别不稳定的共振式，所以正离子中间体相对较稳定，反应易在 C_3（C_5）位发生。

（三）亲核取代反应

吡啶虽然不易进行亲电取代，但由于氮原子的吸电子作用使环上的电子云密度降低，有利于亲核取代，特别是 2 和 4 位上。例如，吡啶与强碱性的氨基钠作用生成 2-氨基吡啶。

$$\text{吡啶} \xrightarrow[\Delta]{NaNH_2} \xrightarrow{H_2O} \text{2-氨基吡啶 (70\%)}$$

与硝基苯类似，吡啶的 2、4、6 位上的卤素很容易被亲核试剂取代。

$$\text{2-氯吡啶} \xrightarrow[220\ ^\circ C]{NH_3,\ ZnCl_2} \text{2-氨基吡啶 (90\%)}$$

（四）侧链氧化

吡啶环本身不易被氧化，但与苯类似，环上的侧链可以被强氧化剂氧化，烷基吡啶可被氧化成吡啶甲酸。

$$\text{3-乙基吡啶} \xrightarrow{KMnO_4} \text{烟酸 (86\%)}$$

三、吡啶和嘧啶衍生物

吡啶是有机化学中的常用溶剂，能溶解许多有机化合物和部分无机盐；吡啶及其衍生物在自然界分布较广，如烟草中的尼古丁、蓖麻碱、生物碱，也常见于药物分子中，如维生素 B_6、异烟肼、阿托品、西伐他汀。烟碱（尼古丁）和地棘蛙素是天然存在的中枢烟碱受体（nAChR）拮抗剂，通过对其结构进行改造，科学家们合成了一系列有药理活性的 nAChR 拮抗剂。

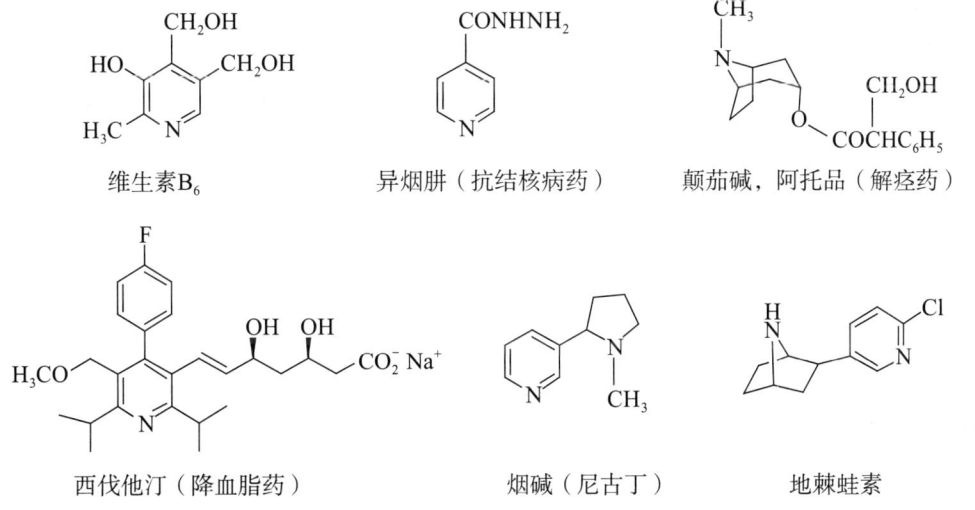

维生素 B_6　　　　异烟肼（抗结核病药）　　　颠茄碱，阿托品（解痉药）

西伐他汀（降血脂药）　　　烟碱（尼古丁）　　　地棘蛙素

嘧啶是含有两个氮原子的六元杂环，与吡啶相比嘧啶环上电子云密度更低，亲电取代更难，碱性比吡啶弱。

嘧啶是无色晶体，熔点 22 ℃，沸点 124 ℃，易溶于水和醇。嘧啶衍生物广泛存在于自然界，具有重要的生物学功能。例如，组成核酸的重要碱基尿嘧啶（uracil）、胞嘧啶（cytsine）和胸腺嘧啶（thymine）都是嘧啶的衍生物。它们都存在烯醇式和酮式的互变异构体，平衡状态下以酮式异构体为主要存在形式。

胞嘧啶：

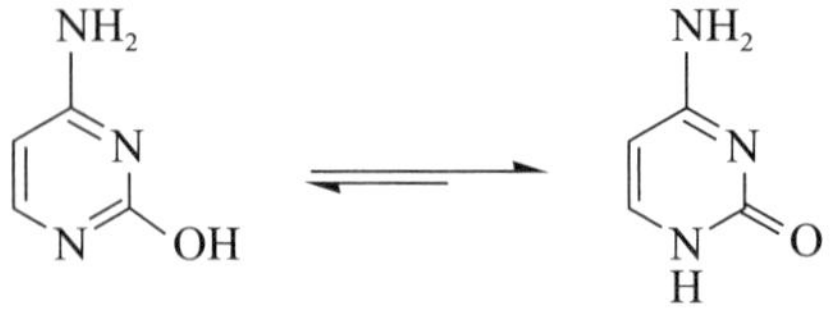

尿嘧啶：

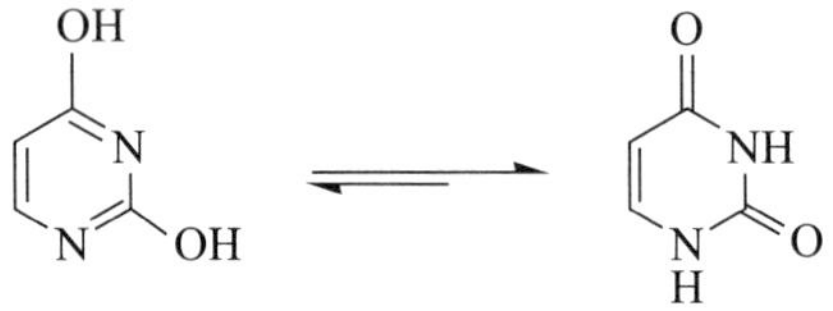

胸腺嘧啶：

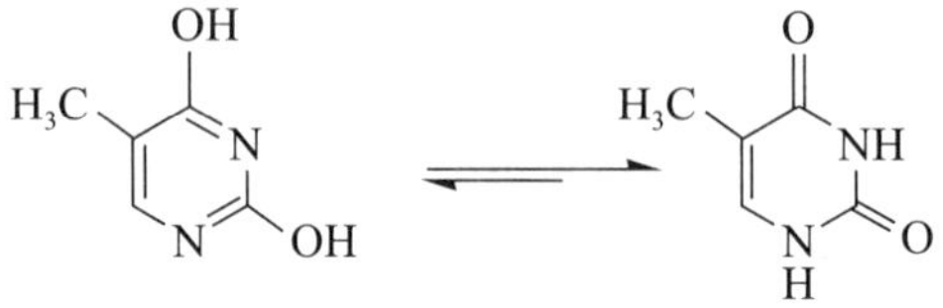

第四节　稠杂环化合物

苯环与杂环稠合或杂环与杂环稠合而成的化合物总称为稠杂环化合物（thick heterocyclic compound）。

一、吲哚

吲哚是由苯和吡咯稠合而成，白色固体，熔点 52～54 ℃，密度 1.22 g·cm^{-3}，因为氮原子的孤对电子参与形成了芳香环，所以吲哚不具有碱性。

自然情况下，吲哚存在于人类的粪便之中，并且有强烈的粪臭味。低浓度下，吲哚具有类似于花的香味，是许多花香的组成部分，如橘子花。吲哚也被用来制造香水。色氨酸及含色氨酸的蛋白质、生物碱及色素中都包含吲哚结构。很多药物也包含吲哚环，如降血脂药氟伐他汀钠，治疗中、重度偏头痛的那拉曲坦。

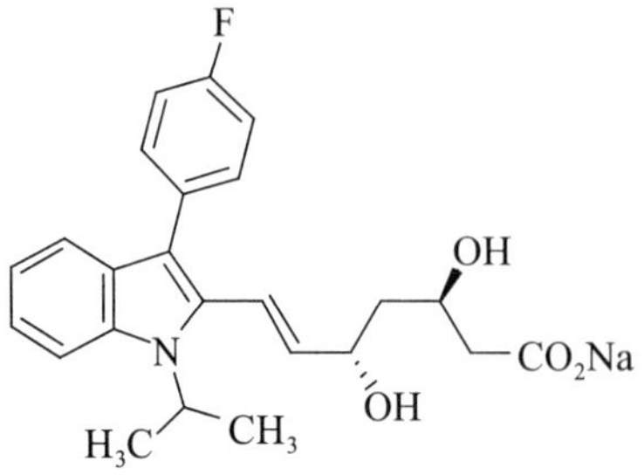

氟伐他汀钠 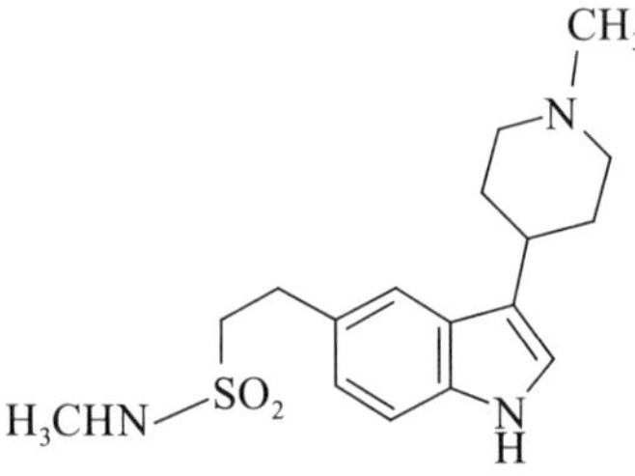　　　　　　　　那拉曲坦

二、喹啉

喹啉最初是从煤焦油中提取出来的无色油状液体，沸点 238.0 ℃，难溶于水。喹啉的性质与吡啶相似，具有弱碱性。很多天然药物和合成药物中都含有喹啉环，如抗疟药奎宁、治疗高脂血症的匹伐他汀。

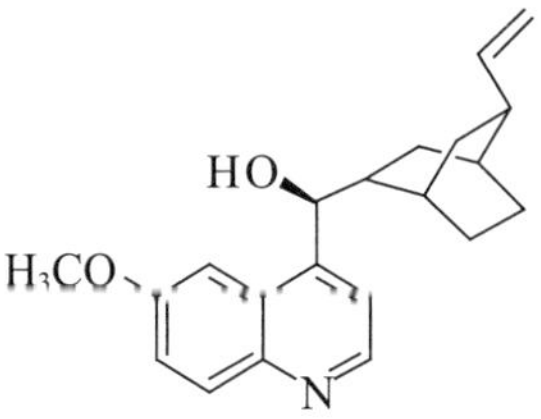

奎宁 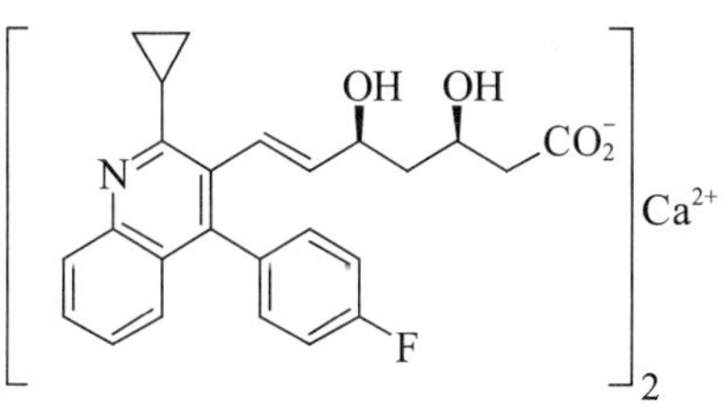　　　　　匹伐他汀钙

三、嘌呤

嘌呤为无色结晶，熔点 216 ℃，易溶于水。嘌呤本身不是天然物质，但它的羟基、氨基衍生物却存在于动、植物体内。嘌呤衍生物中的腺嘌呤（adenine）和鸟嘌呤（guanine）是生命的遗传物质核酸的组成成分。

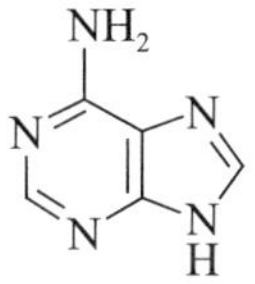

腺嘌呤（A） 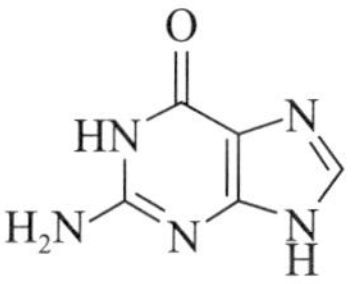　　　　鸟嘌呤（G）

临床应用

他汀类药物

他汀类药物（STATIN）是羟甲基戊二酰辅酶 A（HMG-CoA）还原酶抑制剂，此类药物通过竞争性抑制内源性胆固醇合成限速酶（HMG-CoA 还原酶），降低人体内胆固醇，是目前已知最强的降低低密度脂蛋白胆固醇的药物，具有确切的防治冠心病和减少死亡的作用。他汀类药物的结构可分为三部分：与酶的底物 HMG-CoA 中 HMG 结构类似的 β,δ-二羟基戊酸结构（A 部分），这是他汀类药物的药效基团；与酶变构后产生的疏水性浅沟相结合的疏水性刚性平面结构（B 部分），可为苯环、萘环、芳杂环或稠杂环等，一般稠合苯环或稠杂环的活性较好；A 与 B 两部分的连接部分（C 部分）一般以乙烯基或乙基为佳。常用的他汀类药物是阿托伐他汀钙。

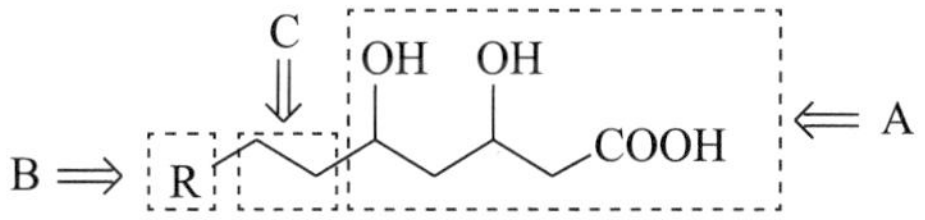

第五节 生物碱

生物碱（alkaloid）又称植物碱，是存在于自然界植物中的含氮碱性有机化合物，生物碱对人和动物具有显著的生理活性。很多生物碱是临床药物的重要有效成分，而有些生物碱则对人体健康有危害。

生物碱主要根据来源的植物和国际通用名称的译音来命名，例如：麻黄碱来源于麻黄，烟碱来源于烟草。

一、生物碱的性质

（一）碱性

生物碱分子中的氮原子上有未共用的电子对，能接受质子而具有碱性，可与强酸反应生成溶于水的盐，而盐与强碱作用又可变为不溶于水的生物碱，利用这一性质可提取和精制生物碱。

$$\text{生物碱中 N}: \xrightleftharpoons[\text{NaOH}]{\text{HCl}} [\text{生物碱中 N} \longrightarrow \text{H}]^+\text{Cl}^-$$

生物碱（游离） 　　　　　　　生物碱盐
（不溶于水）　　　　　　　　（溶于水）

（二）沉淀反应

生物碱在酸性水溶液或稀醇中与某些试剂生成难溶于水的复盐或络合物的反应称为生物碱沉淀反应，所用试剂称为生物碱沉淀试剂，一些酸和重金属盐溶液是常用的生物碱沉淀试剂，如鞣酸、苦味酸、磷钨酸、磷钼酸、碘化铋钾、碘化汞钾。此类反应可用于生物碱的初步鉴定，也可用来分离和精制生物碱。

（三）显色反应

有些生物碱能和某些试剂反应生成有特殊颜色的物质，称为生物碱显色反应，常用于检查和鉴别某种生物碱。常用生物碱显色剂及其显色反应如下。

1. **浓硫酸** 如遇乌头碱显紫色，遇小檗碱显绿色。
2. **浓硝酸** 如遇小檗碱显棕红色，遇秋水仙碱显蓝色。
3. **0.2 ml 30% 甲醛溶液与 10 ml 浓硫酸的混合溶液** 如遇吗啡显橙色至紫色，遇可待因显红色至黄棕色。
4. **1% 矾酸铵的浓硫酸溶液** 如遇阿托品显红色，遇可待因显蓝色，遇吗啡显棕色。
5. **1% 钼酸钠或钼酸铵的浓硫酸溶液** 如遇乌头碱显黄棕色，遇小檗碱显棕绿色。

二、常见的生物碱

（一）烟碱

烟碱（nicotine）又称尼古丁，是一种无色或淡黄色的油状液体，能溶于水和有机溶剂，具有旋光性。烟碱是一种存在于茄属植物的生物碱，也是烟草的重要成分，具有使人产生依赖性的特征，致使许多吸烟者无法彻底戒掉烟瘾。烟碱的重复使用会导致心率加速、血压升高和食欲减低，量大时会引起呕恶心、呕吐、头痛，严重时会致人死亡。

（二）麻黄碱

麻黄碱（ephedrine）又称麻黄素，为无色晶体，存在于草药麻黄中。从麻黄中得到左旋麻黄碱和右旋伪麻黄碱，前者生理活性最强。麻黄碱的生理作用与肾上腺素相似，有兴奋交感神经、升高血压、扩张气管的作用，临床上常用其盐酸盐治疗支气管哮喘、过敏性疾病、鼻黏膜肿胀和低血压等。

（三）颠茄碱

颠茄碱（belladonna alkaloids）又称阿托品（atropine）、莨菪碱，为白色晶体，味苦，存在于颠茄、莨菪、曼陀罗等茄科植物的叶中。临床上用硫酸阿托品治疗平滑肌痉挛、消化性溃疡，也可用作有机磷农药及锑剂中毒的解毒剂。

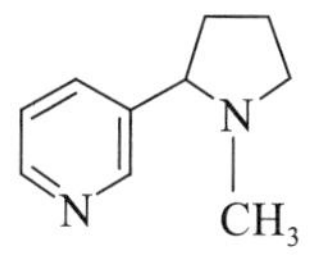

烟碱 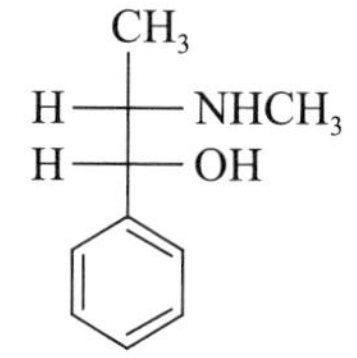　　　　（−）麻黄碱 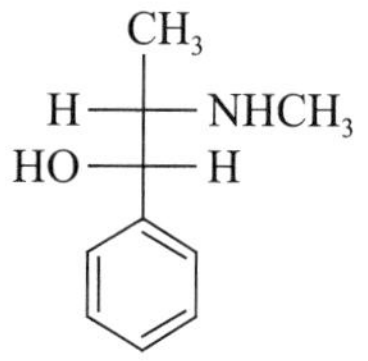　　　　（+）伪麻黄碱

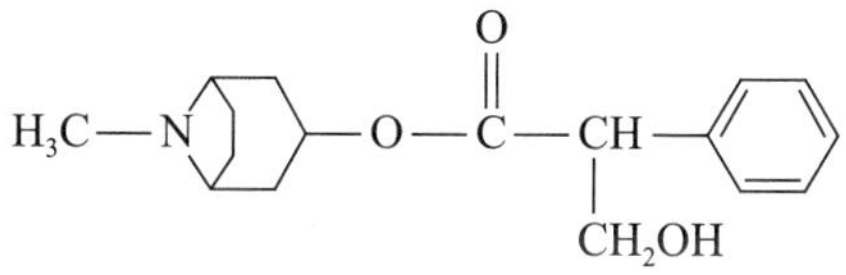

颠茄碱

（四）咖啡碱和可可碱

咖啡碱（caffeine）又称咖啡因，是白色针状结晶，有苦味，是存在于咖啡、茶叶中的一种生物碱，具有兴奋中枢神经和利尿等作用。可可碱（theobromine）存在于可可豆及茶叶中，生理作用与咖啡碱相似。

（五）小檗碱

小檗碱（berberinc）又称黄连素，西药中使用的是其盐酸盐，黄色结晶，味极苦，是从黄柏、黄连等药材中提取的一种生物碱，是具有抑制痢疾志贺菌、链球菌及葡萄球菌等的抗菌药物。

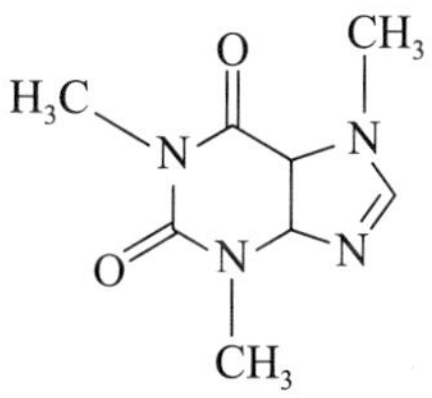

咖啡碱 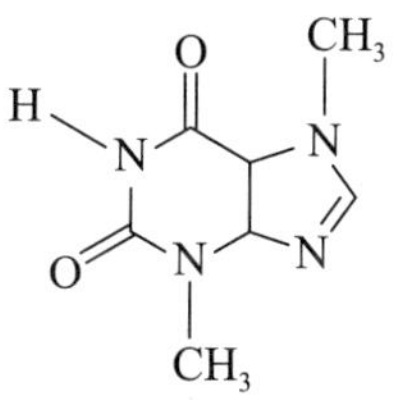　　　　可可碱 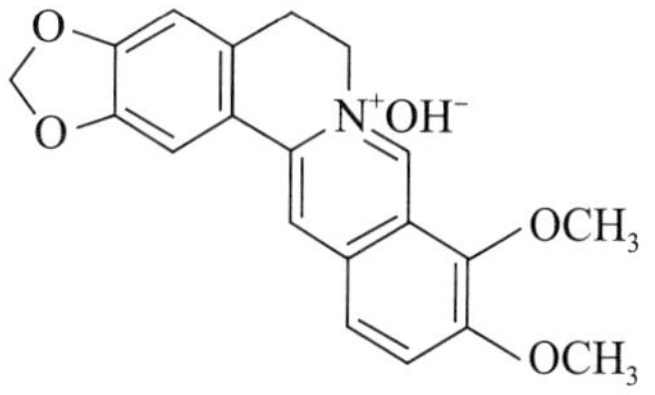　　　　小檗碱

知识拓展

吗啡

吗啡（morphine）为白色晶体，有苦味，是从罂粟科植物鸦片中提取的一种生物碱。吗啡具有麻醉和强镇痛作用，可作用于中枢神经与平滑肌，改变神经对痛的感受性和反应性，从而达到镇痛效果。吗啡还具有抑制呼吸的作用和成瘾性。使用吗啡的患者可能产生恶心、呕吐、便秘、眩晕、输尿管及胆管痉挛等症状，摄入剂量过高时会导致呼吸抑制、血压下降、昏迷、痉挛等现象，因此使用时需格外谨慎。

可待因（codeine）是由吗啡经甲基化制得的一种白色晶体。可待因镇咳作用比吗啡弱得多，但仍强于一般的镇痛药，作用持续时间与吗啡相似，成瘾性也弱于吗啡。

海洛因（heroine）是吗啡乙酰化的产物，其镇痛作用和毒性远高于吗啡，而且极易成瘾。

吗啡碱　　　　　　可待因　　　　　　海洛因

许多毒品属于生物碱或生物碱的衍生物，拒绝毒品是每个公民应尽的义务。

习题十二

1. 命名下列化合物。

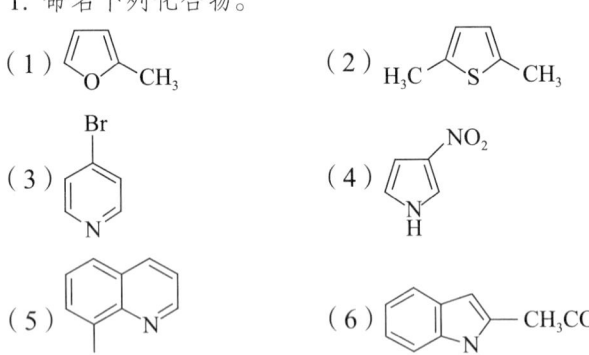

2. 写出下列化合物结构式。

（1）2-苯甲酰基噻吩　　（2）3-呋喃磺酸　　（3）3-吡啶甲酸
（4）4-乙基噻唑　　　　（5）4-氯嘧啶　　　（6）四氢咪唑

3. 将下列化合物按碱性从强到弱排序。

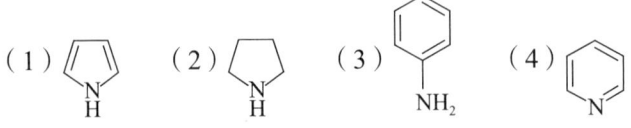

4. 比较下列各化合物中不同氮原子的碱性强弱。

(1) 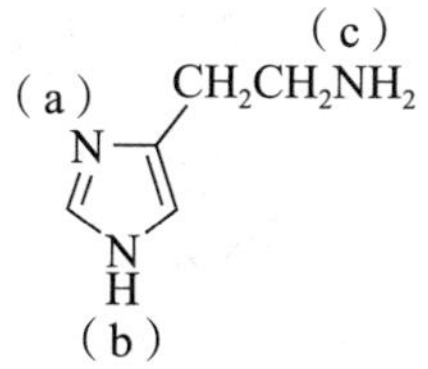 [imidazole with CH₂CH₂NH₂ substituent; nitrogens labeled (a), (b), (c)]

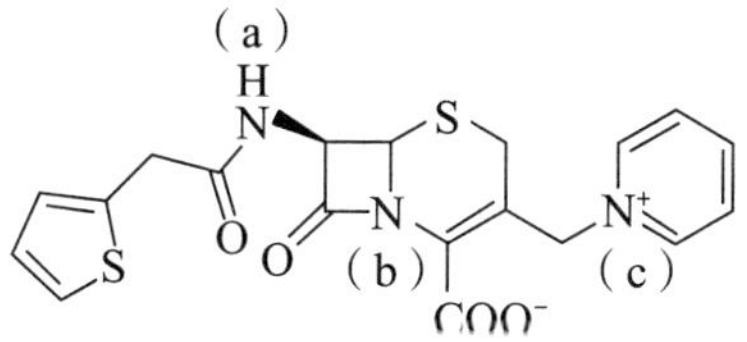

(2) [cephalosporin-like structure with nitrogens labeled (a), (b), (c)]

(3) [guanine-like structure with nitrogens labeled (a), (b), (c) and CH₂OCH₂CH₂OH substituent]

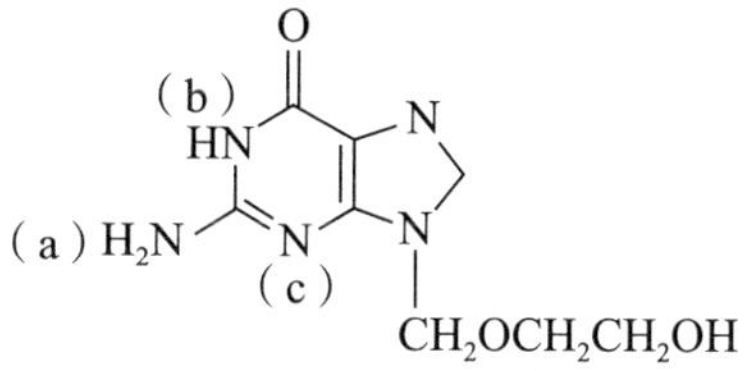

5. 写出吡啶与下列试剂反应的化学方程式。
（1）Br_2，300 ℃；（2）H_2SO_4，350 ℃；（3）$NaNH_2$，加热，然后水解；
（4）稀 HCl；　　　（5）CH_3I

6. 完成下列反应。

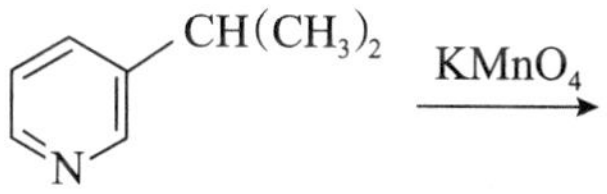

(1) 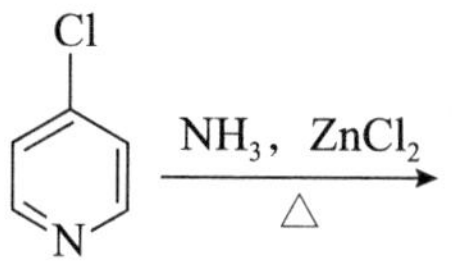 4-氯吡啶 $\xrightarrow{NH_3, ZnCl_2, \triangle}$

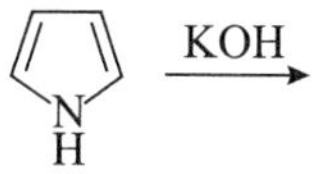

(2) 3-异丙基吡啶 $\xrightarrow{KMnO_4}$

(3) 吡咯 $\xrightarrow{KOH}$

(4) 噻吩 $\xrightarrow{H_2SO_4(浓), \triangle}$

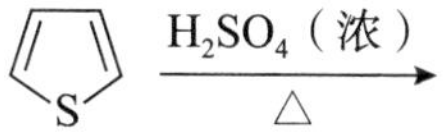

7. 高锰酸钾氧化喹啉（[quinoline]）会形成哪一种二元酸？为什么？

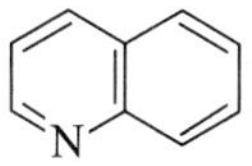

（石秀梅）

第十三章 糖类

第十三章数字资源

糖类又称碳水化合物,是由于早期发现的糖类分子式中碳、氢、氧组成为 $C_n(H_2O)_m$ 而得名,事实上,许多糖类化合物并不符合此化学通式,随着对糖类化合物的深入研究,根据化学结构特征,目前以为,糖类(saccharide)是多羟基醛(酮)或能水解产生多羟基醛(酮)的化合物及其衍生物的总称。

最早认为糖类最主要的生理功能是为机体提供生命活动所需要的能量。从 20 世纪 80 年代开始,随着对糖脂和糖蛋白的研究进展,科学家们不断地从分子水平上揭示糖类的结构与功能的关系及其在生命活动中的作用,从而认识到糖类化合物不但是生物体的结构组成部分,而且是细胞识别的信号分子,在生命过程中发挥着多种重要的生理功能。部分糖类化合物及其缀合物已开发成药物在临床上应用。随着糖缀合物的合成技术进一步发展,已逐渐形成了一门新的交叉学科——糖化学生物学。

按照糖类化合物的水解情况,可将其分为三大类,即单糖、寡糖和多糖。单糖(monosaccharide)是不能被水解成更小分子的糖类,如葡萄糖、果糖、核糖;寡糖(oligosaccharide)又称低聚糖,是指水解后能生成 2~10 个单糖的糖类。其中二糖是最简单的寡糖,也是最重要的寡糖,如蔗糖、麦芽糖。多糖(polysaccharide)是指完全水解后产生 10 个以上单糖的糖类化合物,常见于天然高分子化合物,如淀粉、糖原和纤维素。

第一节 单 糖

单糖是多羟基醛(酮),据此可分为醛糖(aldose)和酮糖(ketose)。根据分子中所含碳原子数目,单糖可分为丙糖、丁糖、戊糖和己糖等。最简单的醛糖是甘油醛,最简单的酮糖是丙酮糖(1,3-二羟基丙酮)。生命体中最重要的葡萄糖是己醛糖。在蜂蜜中含量最高的果糖为己酮糖。构成核苷酸的核糖为戊醛糖。在生物体中以戊糖和己糖最为常见。此外,有些糖的羟基可被氢原子或氨基取代,它们分别被称为去氧糖和氨基糖。

$$
\begin{array}{ccc}
\text{CHO} & \text{CH}_2\text{OH} & \text{CHO} \\
\text{H}-\overset{|}{\text{C}}-\text{OH} & \overset{|}{\text{C}}=\text{O} & \text{H}-\overset{|}{\text{C}}-\text{H} \\
\overset{|}{\text{CH}_2\text{OH}} & \overset{|}{\text{CH}_2\text{OH}} & \text{H}-\overset{|}{\text{C}}-\text{OH} \\
& & \text{H}-\overset{|}{\text{C}}-\text{OH} \\
& & \overset{|}{\text{CH}_2\text{OH}} \\
\text{丙醛糖(甘油醛)} & \text{丙酮糖(1,3-二羟基丙酮)} & \text{2-去氧核糖}
\end{array}
$$

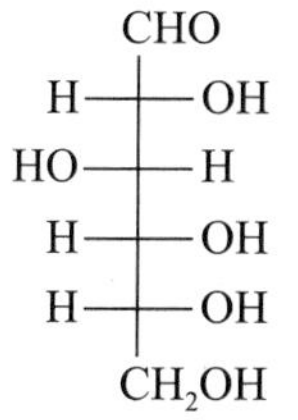

|己醛糖（葡萄糖）| 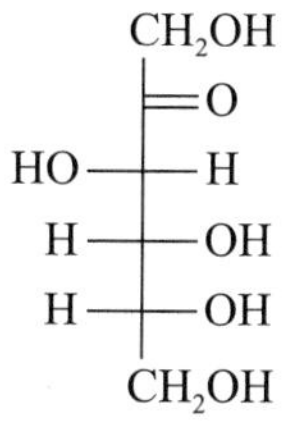己酮糖（果糖）| 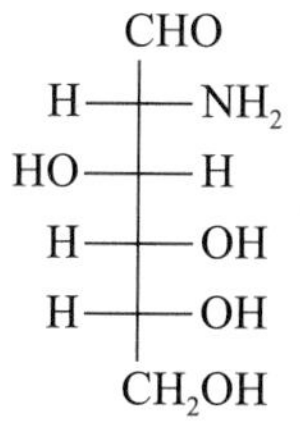2-氨基葡萄糖|

一、单糖的构型和开链结构

单糖的开链结构通常用 Fischer 投影式表示，习惯用 D/L 构型标记法表示单糖的构型。具体标记方法是：将单糖的结构用 Fischer 投影式书写，竖向排列碳链，羰基排在碳链顶端；将编号最大的手性碳（即离羰基最远的一个手性碳）的构型与 D-(+)-甘油醛相比较，构型相同（羟基在 Fischer 投影式右边）的为 D-构型糖，反之为 L-构型糖。一般来说，自然界中存在的单糖绝大多数为 D-构型糖。

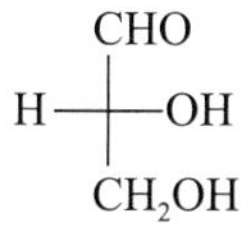

|D-(+)-甘油醛| 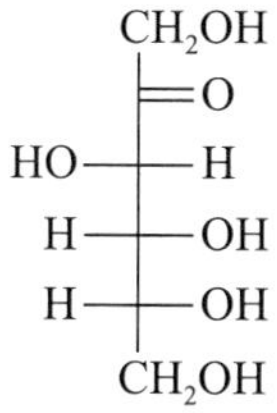D-果糖| 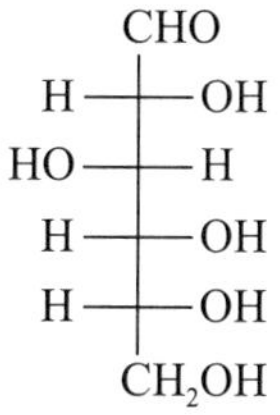D-葡萄糖| 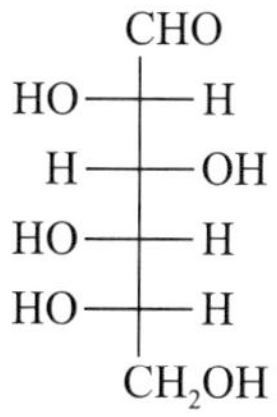L-葡萄糖|

绝大多数单糖（除丙酮糖）都具有旋光性和对映异构。含 3 个手性碳的戊醛糖应有 8 个对映体，含 4 个手性碳的己醛糖有 16 个对映体。酮糖比相应的醛糖少一个手性碳原子，因此对映体数目也相应减少，如己酮糖有 8 个对映体。

单糖的名称常根据其来源采用俗名。含有 3~6 个碳的 D-醛糖如图 13-1 所示，其中 D-葡萄糖广泛存在于生物细胞和体液里，D-半乳糖存在于动物乳汁中，D-核糖为核酸的组成部分。

在自然界中也发现一些 D-酮糖，酮羰基一般在 C_2 位上。例如：

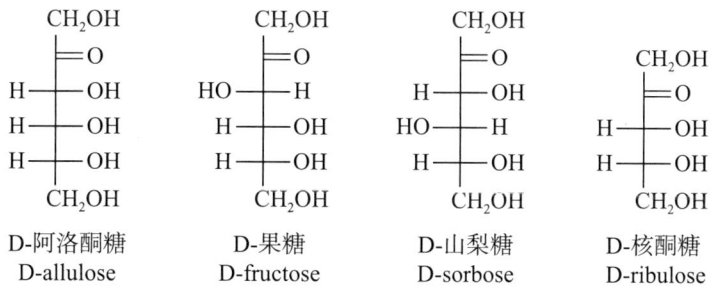

| D-阿洛酮糖 | D-果糖 | D-山梨糖 | D-核酮糖 |
| D-allulose | D-fructose | D-sorbose | D-ribulose |

🔬 临床应用

糖尿病患者的福音——阿洛酮糖

在临床研究中发现，D-阿洛酮糖可以抑制脂肪肝酶和肠道 α-糖苷酶，从而降低体内脂肪的积累和抑制血糖浓度的上升。在膳食中添加 D-阿洛酮糖可有效降低餐后血糖反应，提高胰岛素的敏感性和葡萄糖耐受性。因此，阿洛酮糖被认为是理想的蔗糖替代

品之一。2011年，D-阿洛酮糖获得美国FDA安全认证，可在食品和膳食领域作为添加剂使用，甚至可作为糖尿病患者的辅助用药。

此外，D-阿洛酮糖与其他稀有糖相比，能更加有效地清除活性氧自由基，而且对6-羟基多巴胺诱导的细胞凋亡有神经保护的作用，同时还能抑制高浓度葡萄糖诱导下的单核细胞趋化蛋白(MCP)-1的表达。这就预示着D-阿洛酮糖具有治疗神经组织退化和动脉粥样硬化等相关疾病的潜在功能。

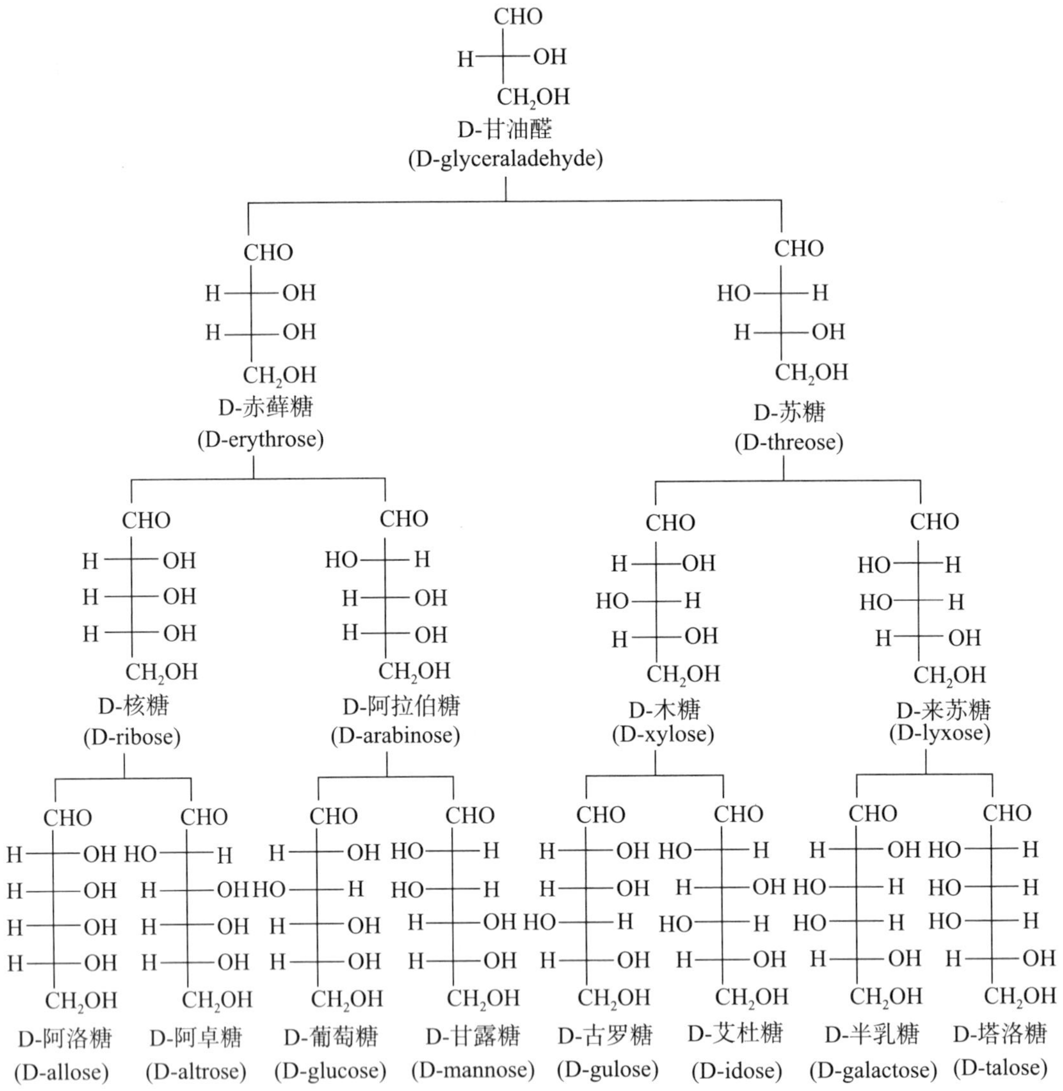

图 13-1　D-醛糖系列

二、变旋光现象和环状结构

单糖的开链结构表明分子中都含有羰基，但人们发现这种开链结构与某些实验事实不相符。例如：①开链式葡萄糖具有醛基，却不能与$NaHSO_3$发生加成反应；②醛在干燥HCl存在下，应与两分子甲醇反应生成缩醛，但葡萄糖只与一分子甲醇反应就可生成稳定化合物；

③ D-葡萄糖在不同条件下可得两种结晶，从冷乙醇中可得熔点为 146 ℃、比旋光度为 +112° 的晶体，而从吡啶中可得熔点为 150 ℃、比旋光度为 +18.7° 的结晶；④将上述两种晶体的葡萄糖分别溶于水后，比旋光度都会发生变化，并都在 +52.5° 时保持恒定不变，这种比旋光度在水溶液中自行发生改变的现象称为变旋光现象（mutarotation）；⑤葡萄糖在红外（IR）光谱中不显示羰基的伸缩振动峰，在氢核磁共振谱（^{1}H-NMR）中也没有显著的醛基质子峰。

为了解释上述实验现象，人们从醇与醛（酮）形成半缩醛的反应得到启发，葡萄糖分子内既有醛基又有羟基，可以发生分子内加成反应生成环状半缩醛。X 射线衍射结果也证实了晶体葡萄糖是以六元氧环的结构存在。

D-葡萄糖由开链结构转变成六元环状半缩醛结构时，新形成的羟基称为半缩醛羟基，原来醛基碳原子变成了手性碳原子，因此有两种异构体，两者的区别在于半缩醛羟基的方向不同。半缩醛羟基在 Fischer 投影式左边的为 β-异构体，称为 β-D-(+)-葡萄糖，半缩醛羟基在 Fischer 投影式右边的为 α-异构体，称为 α-D-(+)-葡萄糖。这两种异构体除半缩醛羟基构型不同外，其余手性碳原子的构型都相同，互称为端基异构体或异头物（anomer）。

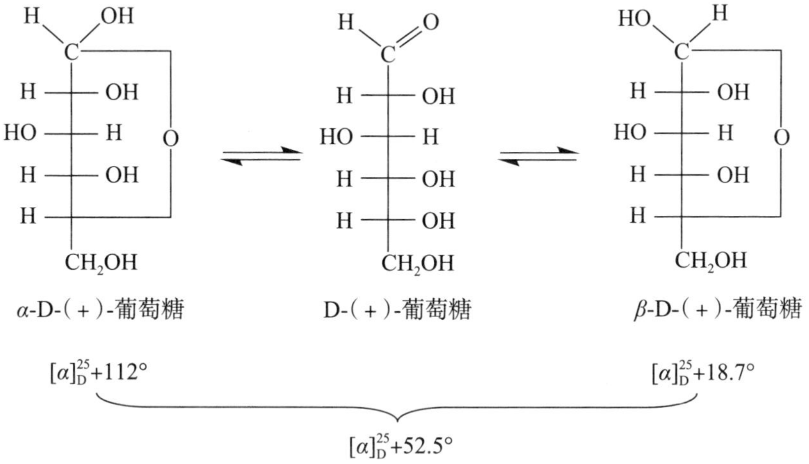

D-葡萄糖发生变旋光现象是由于这两种异构体在水溶液中，环状结构与开链结构之间处于动态平衡。平衡混合物中，β-异构体占 64%，α-异构体占 36%，开链结构占 0.02%，混合物的比旋光度为 +52.5°。

由于晶体葡萄糖以环状半缩醛结构存在，只需与一分子甲醇作用就可生成缩醛；动态平衡体系中，开链结构含量极低，因此 IR 光谱中无羰基的特征吸收峰。

单糖的环状结构常用 Haworth 式表示。在 Haworth 式中，为了说明环的形状，把含氧的六元环单糖看成吡喃的衍生物，称为吡喃糖（glycopyranose）；含氧的五元环单糖看成呋喃的衍生物，称为呋喃糖（glycofuranose）。D-葡萄糖通常以吡喃糖的形式存在。下面以 D-葡萄糖为例，说明将直链的 Fischer 投影式改写成 Haworth 式的过程：

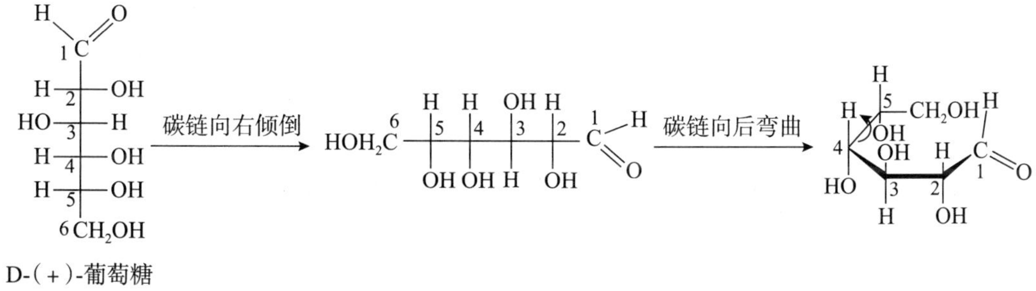

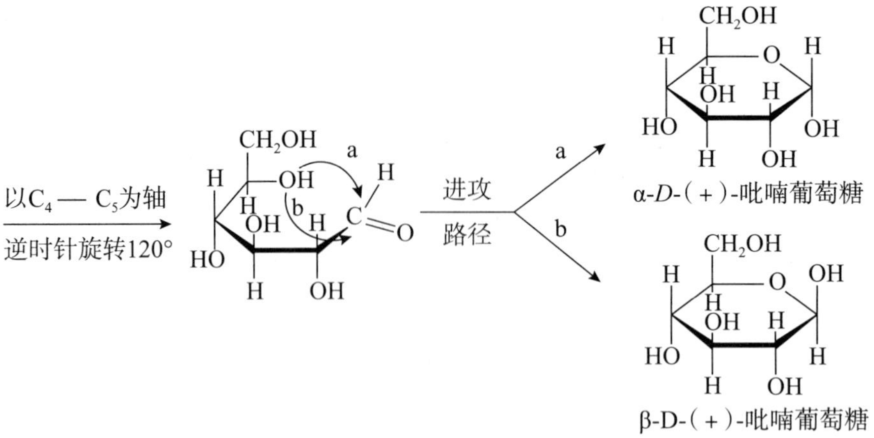

上述过程可以看出，在 Haworth 式中，成环的 6 个原子在同一平面上组成平面六边形，环上的氧原子置于平面的后右上方；环上的碳原子从最右边开始按顺时针方向编号；凡在 Fischer 式中处于右侧的羟基应在 Haworth 式环平面的下方，处于左侧的羟基在环平面的上方。C_4、C_5 间的单键旋转后，使 D- 构型糖末端的—CH_2OH 始终在 Haworth 式环平面上方。

为书写方便，Haworth 式中环碳原子上的—H 常省略；当不必强调半缩醛羟基的构型时，可用“〰”与半缩醛羟基连接。

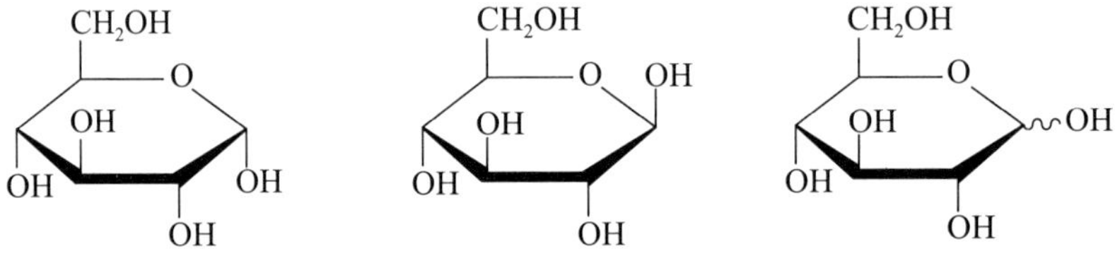

α-D-(+)-吡喃葡萄糖　　*β*-D-(+)-吡喃葡萄糖　　D-(+)-吡喃葡萄糖

尽管 Haworth 式在糖化学中得到普遍应用，但 Haworth 式将六元环看成平面，并不能完全表达 D- 葡萄糖的立体结构，使用椅式构象来表示吡喃糖的结构更符合实际情况，D- 葡萄糖的两种椅式构象表示如下：

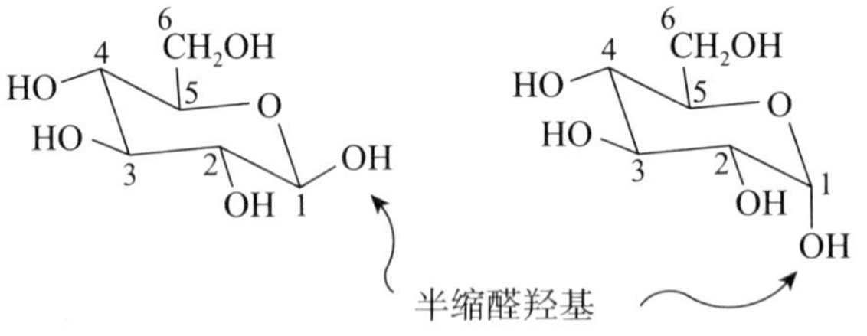

β-D-吡喃葡萄糖　　*α*-D-吡喃葡萄糖

从构象式中可以看出，*β*-D- 吡喃葡萄糖分子的取代基全部位于 e 键上（包括半缩醛羟基在内），而 *α*-D- 吡喃葡萄糖的半缩醛羟基处于 a 键上，因此，*β*-D- 吡喃葡萄糖比 *α*-D- 吡喃葡萄糖更稳定。这就解释了为什么 D- 葡萄糖在水溶液的动态平衡中，*β*- 异构体的含量要高于 *α*- 异构体。

许多单糖都具有环状结构，如 D- 果糖、D- 核糖和 D- 脱氧核糖。

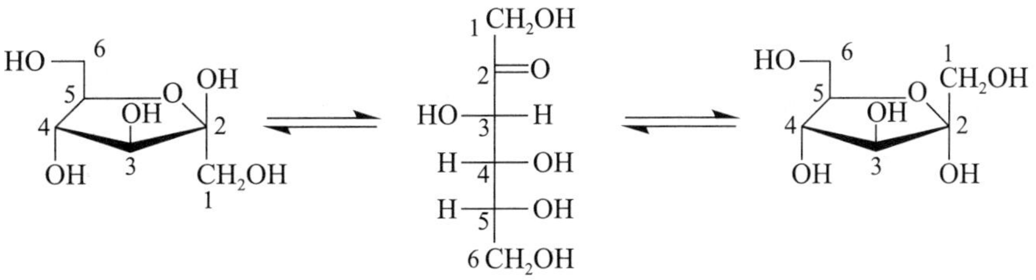

β-D-呋喃果糖　　D-果糖　　α-D-呋喃果糖

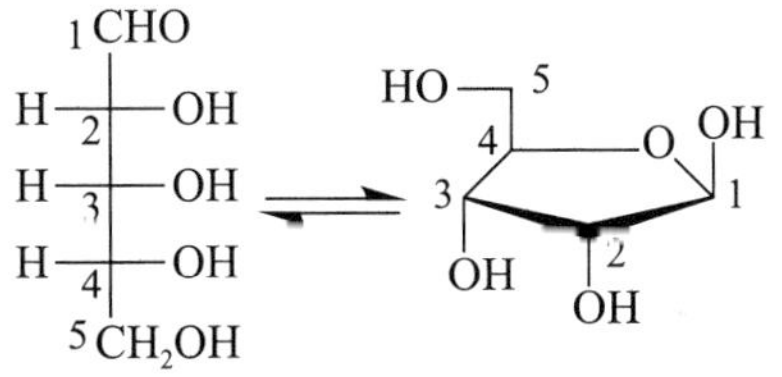

D-核糖　　β-D-呋喃核糖 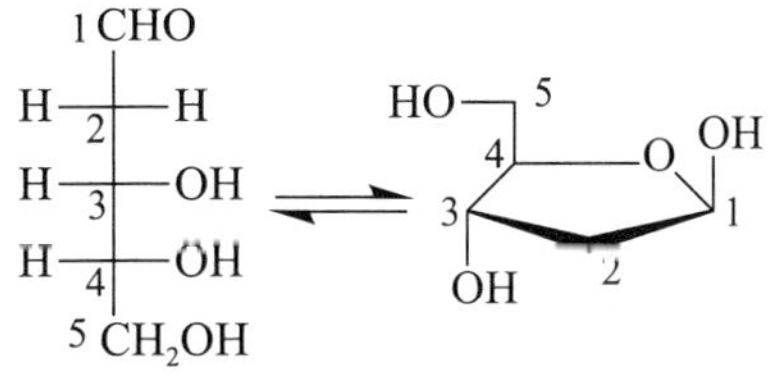　　D-脱氧核糖　　β-D-脱氧核糖

三、化学性质

单糖分子中既含有羰基又含有多个羟基，因此具有一般醛（酮）和醇的性质，如羰基的还原、亲核加成，醇羟基的酯化、氧化、脱水等反应。由于羰基、羟基处于同一分子内，会相互影响产生一些特殊性质。

（一）碱性条件下的异构化

用稀碱处理 D-葡萄糖，可得到 D-葡萄糖、D-甘露糖和 D-果糖三者的平衡混合物，经研究发现这种变化均是通过烯二醇中间体完成。

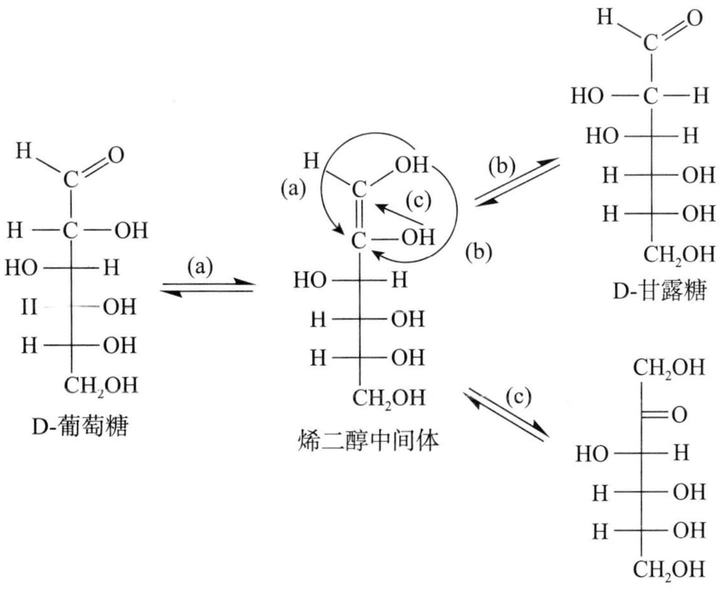

D-葡萄糖　　烯二醇中间体　　D-甘露糖　　D-果糖

像 D-葡萄糖和 D-甘露糖这样含有多个手性碳原子的分子中，仅有一个手性碳的构型不同的两个对映体，互称为差向异构体（epimer）。在碱性条件下，它们之间相互转化的过程称为差向异构化（epimerization）。在生物体代谢过程中，异构化的现象是比较普遍的，如 D-葡萄糖通过烯醇中间体异构化为 D-果糖是糖酵解（glycolysis）中的重要过程。

（二）氧化反应

1. 与弱氧化剂的反应　醛糖能被 Tollens 试剂氧化产生银镜；也能被 Benedict 和 Fehling 试剂氧化产生 Cu_2O 沉淀（砖红色）。

$$\begin{array}{c} CHO \\ H-OH \\ HO-H \\ H-OH \\ H-OH \\ CH_2OH \end{array} \xrightarrow{Ag^+(NH_3)_2OH^-} \begin{array}{c} COO^- \\ H-OH \\ HO-H \\ H-OH \\ H-OH \\ CH_2OH \end{array} + Ag\downarrow$$

由于在碱性条件下，酮糖异构化为醛糖，使得酮糖（如 D-果糖）也能被上述弱氧化剂氧化。凡是能被碱性弱氧化剂如 Tollens、Benedict 和 Fehling 试剂氧化的糖都称为还原糖。目前，单糖都是还原糖。

2. 与溴水的反应　溴水（pH=5.0）可选择性地将醛糖的醛基氧化成羧基，但不能氧化酮糖。常用溴水来鉴别酮糖与醛糖。

$$\begin{array}{c} CHO \\ H-OH \\ HO-H \\ H-OH \\ H-OH \\ CH_2OH \end{array} \xrightarrow[H_2O]{Br_2} \begin{array}{c} COOH \\ H-OH \\ HO-H \\ H-OH \\ H-OH \\ CH_2OH \end{array}$$

D-葡萄糖酸

3. 与 HNO_3 的反应　HNO_3 的氧化性要比溴水强，它不但可以氧化糖的醛基，还可以氧化糖的伯醇羟基，生成二元羧酸，称为糖二酸。例如：D-葡萄糖经硝酸氧化，生成 D-葡萄糖二酸。

$$\begin{array}{c} CHO \\ H-OH \\ HO-H \\ H-OH \\ H-OH \\ CH_2OH \end{array} \xrightarrow[100\,°C]{稀HNO_3} \begin{array}{c} COOH \\ H-OH \\ HO-H \\ H-OH \\ H-OH \\ COOH \end{array}$$

D-葡萄糖二酸

D-葡萄糖二酸经选择性还原，可得 D-葡萄糖醛酸（glucuronic acid）。D-葡萄糖醛酸广泛存在于动物和植物体内。如在肝中它可与某些醇、酚等有毒物质生成苷，然后排出体外，从而起到解毒作用，因此在临床上葡萄糖醛酸常用作保肝药。

$$\begin{array}{c} CHO \\ H-OH \\ HO-H \\ H-OH \\ H-OH \\ COOH \end{array} \rightleftharpoons \text{（吡喃环式结构）}$$

D-葡萄糖醛酸

(三)成苷反应

单糖的半缩醛羟基可与另一个含有活泼氢(如—OH,—SH,—NH)的化合物作用,脱去一分子水,生成具有缩醛结构的化合物,此化合物称为糖苷(glycoside),该反应称为成苷反应。参与成苷反应的半缩醛(酮)羟基,称为苷羟基,形成的化学键称为苷键,有 α- 苷键和 β- 苷键两种。例如:

$$\text{葡萄糖} + CH_3OH \xrightarrow{\text{干HCl}} \text{甲基-}\beta\text{-D-吡喃葡萄糖苷} + \text{甲基-}\alpha\text{-D-吡喃葡萄糖苷}$$

糖苷是由糖和非糖两部分组成的,糖部分称为糖基,非糖部分称为苷元,之间通过氧苷键连接。糖苷分子中无半缩醛羟基,不能通过互变异构转化成开链结构,故无变旋光现象也无还原性。与其他缩醛一样,糖苷键在碱性条件下稳定,在弱酸作用下很易水解,生成原来的糖和非糖两部分。

此外,酶对糖苷水解具有专一性,例如:杏仁酶专一性地水解 β- 糖苷,麦芽糖酶只水解 α- 糖苷。糖苷广泛分布于自然界中,很多具有生物活性。糖基的存在可增加糖苷的水溶性,同时当与酶作用时常常是分子识别的部位。

(四)成脎反应

还原性糖的羰基与苯肼作用生成苯腙,当苯肼过量,苯腙的 α- 羟基(醛糖的 C_2,酮糖的 C_1)能继续发生反应,生成糖脎(osazone)。

$$\text{D-葡萄糖} \xrightarrow{H_2N-NH-\text{Ph}}_{-H_2O} \text{D-葡萄糖苯腙} \xrightarrow{2H_2N-NH-\text{Ph}} \text{D-葡萄糖脎}$$

由于成脎反应只发生在糖的 C_1 和 C_2 上,不涉及其他碳原子。因此,凡是碳原子数相同的单糖,除 C_1 和 C_2 外,其余手性碳原子构型完全相同时,都能生成相同的糖脎。例如,D- 葡萄糖、D- 甘露糖和 D- 果糖生成的糖脎相同。

糖脎是美丽的难溶于水的黄色结晶,不同的糖脎结晶形状和熔点不同,生成糖脎所需的时间也不同。因此,常用糖脎来鉴别不同的糖。

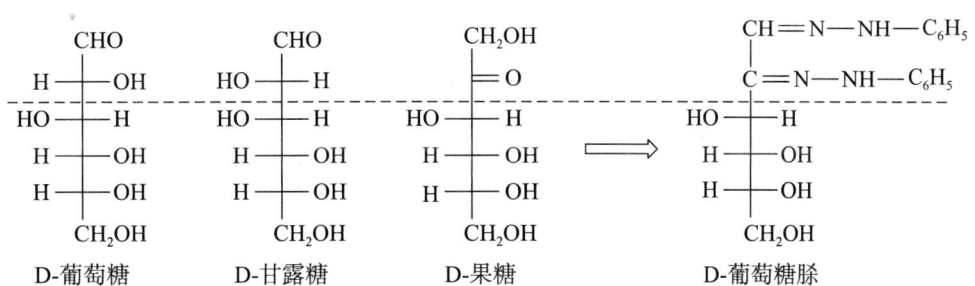

（五）酸性条件下的脱水反应

在强酸（如 12% HCl）及加热条件下，戊醛糖可发生分子内脱水反应生成 α-呋喃甲醛（又称糠醛）；己醛糖则得到 5-羟甲基呋喃甲醛。

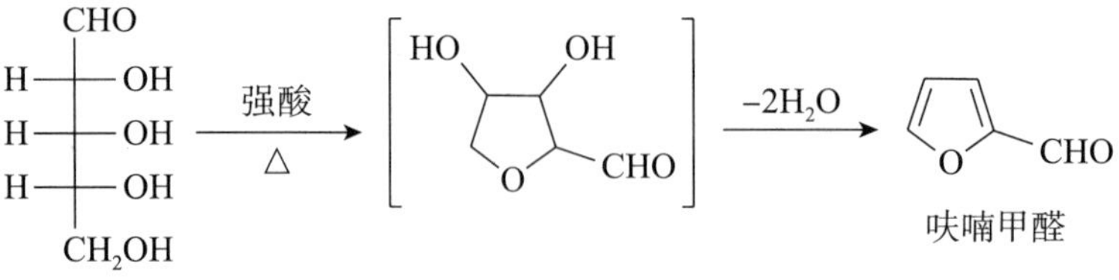

戊醛糖 $\xrightarrow[\Delta]{\text{强酸}}$ 中间体 $\xrightarrow{-2H_2O}$ 呋喃甲醛

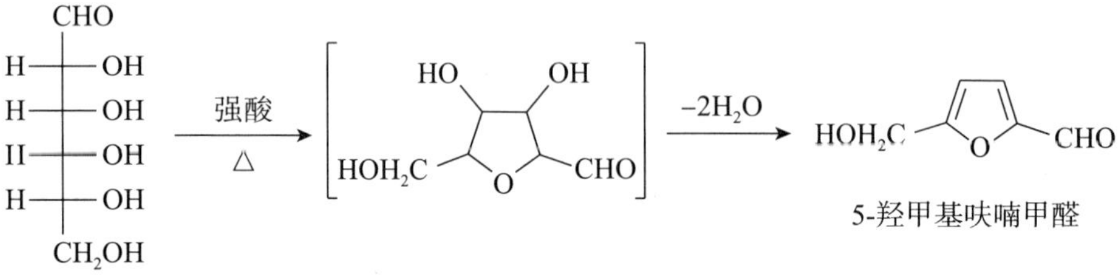

己醛糖 $\xrightarrow[\Delta]{\text{强酸}}$ 中间体 $\xrightarrow{-2H_2O}$ 5-羟甲基呋喃甲醛

糠醛及其衍生物可与某些酚类缩合生成有色化合物，用以鉴定糖类。

知识拓展

糖的磷酸酯类化合物

单糖分子中含有多个羟基，能够与酸发生成酯反应。单糖的磷酸酯在生命活动过程中发挥着非常重要的作用，如 ATP、NAD^+、乙酰辅酶 A、核酸及果糖-1,6-二磷酸酯。它们还是人体内许多物质代谢过程的中间产物，如 1-磷酸吡喃葡萄糖、6-磷酸吡喃葡萄糖。

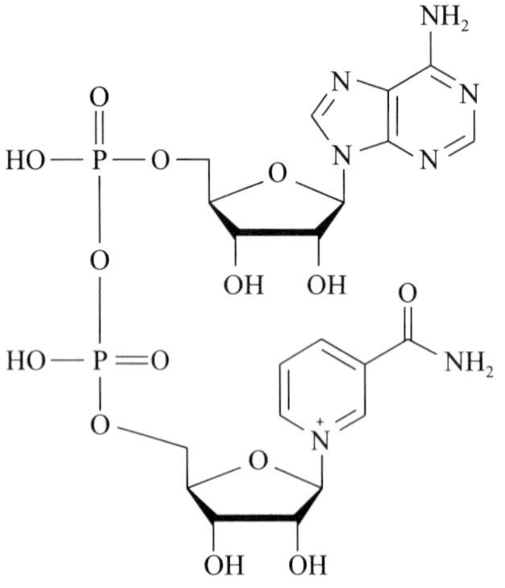

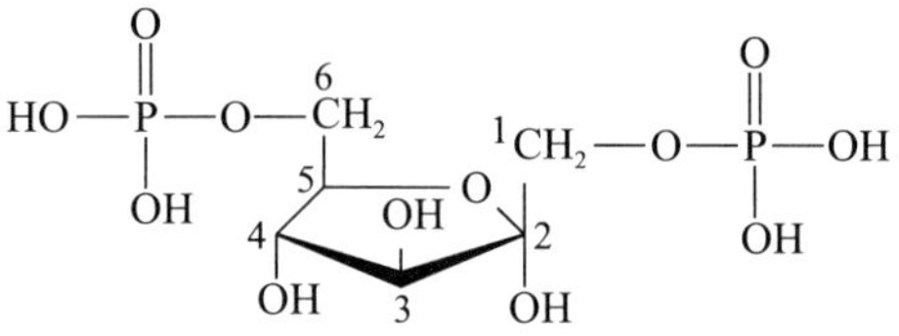

果糖-1,6-二磷酸酯(PDF)

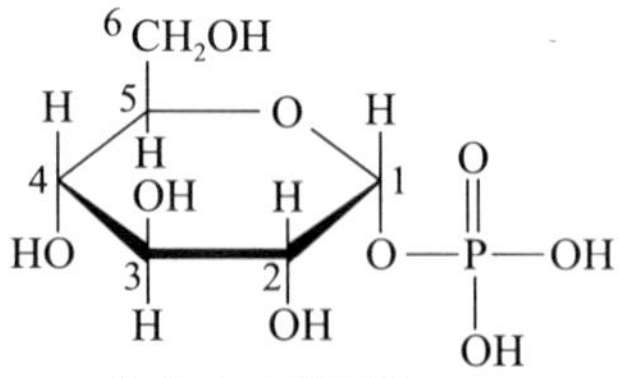

α-1-磷酸吡喃葡萄糖

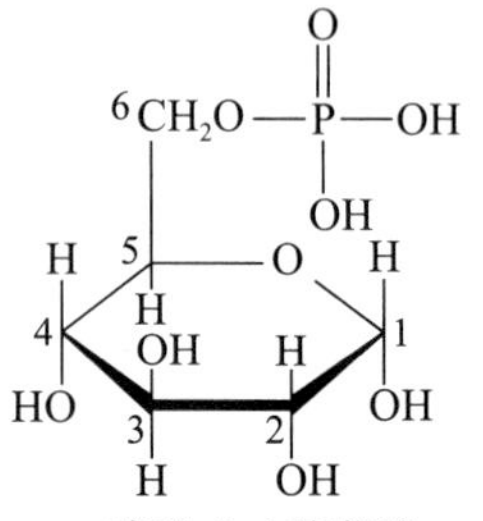

烟酰胺腺嘌呤二核苷酸 (NAD^+)

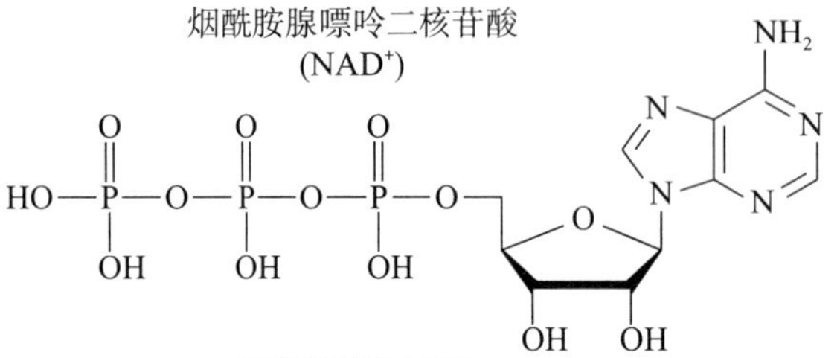

三磷酸腺苷(ATP)

α-6-磷酸吡喃葡萄糖

第二节 二 糖

二糖（disaccharide）是两个单糖分子通过分子间脱水后，以苷键连接而成的化合物，其中单糖可以相同，也可以不同。两个单糖的连接形式有两种可能：一种是两个单糖分子的半缩醛羟基之间脱去一分子水形成的二糖，分子中没有半缩醛羟基，不能通过互变生成开链式糖，此类二糖没有还原性和变旋光现象，称为非还原性二糖。另一种是一个单糖分子的半缩醛羟基与另一单糖分子中的醇羟基之间脱去一分子水形成的二糖，此二糖分子中还有半缩醛羟基，因而有还原性和变旋光现象，称为还原性二糖。

一、麦芽糖

麦芽糖（maltose，$C_{12}H_{22}O_{11}$）因存在于麦芽中而得名。麦芽中的淀粉酶将淀粉部分水解生成麦芽糖。此外，淀粉在稀酸中部分水解也可得到麦芽糖。麦芽糖的晶体含一分子结晶水，熔点103 ℃（分解），易溶于水，有变旋光现象，比旋光度为+136°。其结构如下：

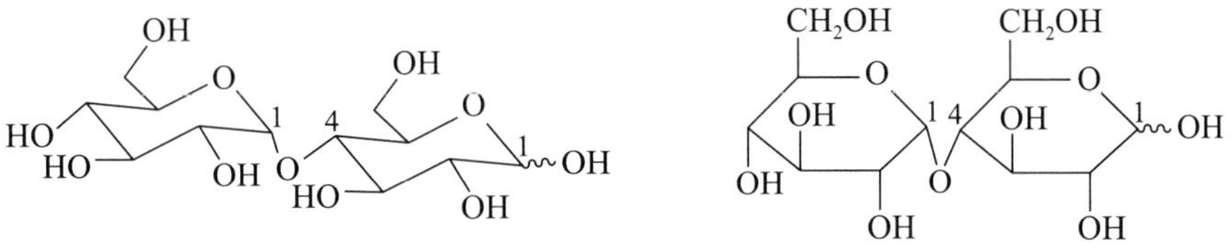

（+）-麦芽糖

麦芽糖是由一分子 α-D- 葡萄糖 C_1 上的苷羟基与另一分子 D- 葡萄糖 C_4 上的醇羟基脱水而成的糖苷。在结构中由于成苷葡萄糖的半缩醛羟基是 α- 构型，所以这种苷键称为 α-1,4- 苷键。麦芽糖分子结构中还有一个半缩醛羟基，因此麦芽糖是还原性糖。

二、纤维二糖

纤维二糖（cellobiose，$C_{12}H_{22}O_{11}$）是由纤维素部分水解得到的。化学性质与麦芽糖相似，是还原性糖，有变旋光现象，水解后生成两分子 D-（+）- 葡萄糖。与麦芽糖不同的是，纤维二糖不能被 α- 葡萄糖苷酶水解，而只能被 β- 葡萄糖苷酶水解，因为纤维二糖是以 β-1,4- 苷键连接成的二糖，全名为 4-O-（β-D- 吡喃葡萄糖基）-D- 吡喃葡萄糖，它的结构如下：

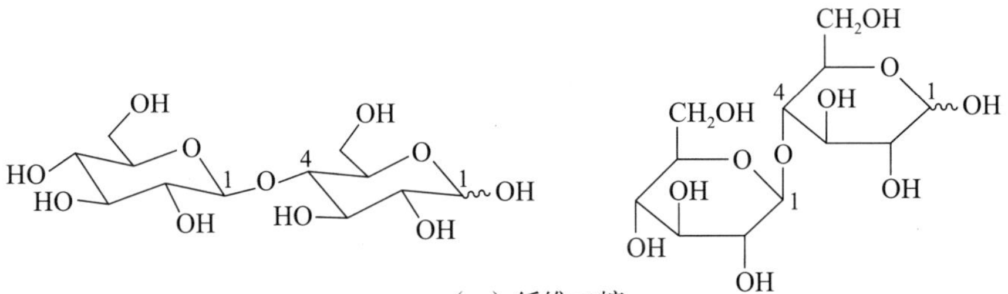

（+）-纤维二糖

纤维二糖与麦芽糖虽只是苷键的构型不同，但生理作用上却有很大差别。麦芽糖有甜味，可在人体内分解，被人体消化吸收，而纤维二糖既无甜味，也不能被人体消化吸收。

三、乳糖

乳糖（lactose，$C_{12}H_{22}O_{11}$）存在于哺乳动物的乳汁中，人乳汁中含量为 7%～8%，牛乳中含量为 4%～5%。工业上可从制取奶酪的副产物（乳清）中获得。

乳糖也是还原性糖，有变旋光现象。当用苦杏仁酶水解时，可得等量的 D-半乳糖和 D-葡萄糖，乳糖被溴水氧化后，水解可得到 D-半乳糖和 D-葡萄糖酸，由此判断，它是由 D-半乳糖的半缩醛羟基与 D-葡萄糖的醇羟基键合而成的。根据苦杏仁酶专一性地水解 β-糖苷键的特点及它的氧化、甲基化和水解反应得知，葡萄糖的 C_4 羟基参与了苷键的形成。因此乳糖是 β-1,4-苷键连接成的二糖，其名称为 4-O-（β-D-吡喃半乳糖基）-D-吡喃葡萄糖。其结构式为：

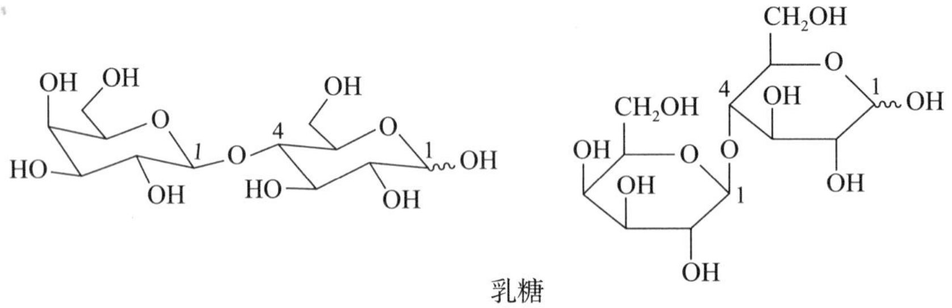

乳糖

乳糖的结晶含一分子结晶水，熔点 202 ℃，溶于水，比旋光度为 +53.5°。医药上常利用其吸湿性小的特点，作为药物的稀释剂以配制散剂和片剂。

四、蔗糖

蔗糖（sucrose，$C_{12}H_{22}O_{11}$）是自然界中分布最广的二糖，在甘蔗和甜菜中含量最高，故有蔗糖或甜菜糖之称。

蔗糖被稀酸水解，产生等量的 D-葡萄糖和 D-果糖。然而，蔗糖却没有还原性，也没有变旋光现象，说明结构中没有半缩醛羟基。实验发现蔗糖既可被 α-葡萄糖苷酶水解，也可被 β-果糖苷酶水解生成相同产物，可知蔗糖既是 α-D-葡萄糖苷也是 β-D-果糖苷。后经 X 线衍射研究及全合成，确定了蔗糖为 α-D-吡喃葡萄糖基-β-D-呋喃果糖苷，也可称为 β-D-呋喃果糖基-α-D-吡喃葡萄糖苷，其中连接的苷键称为 α-1,β-2-苷键。其结构式如下。

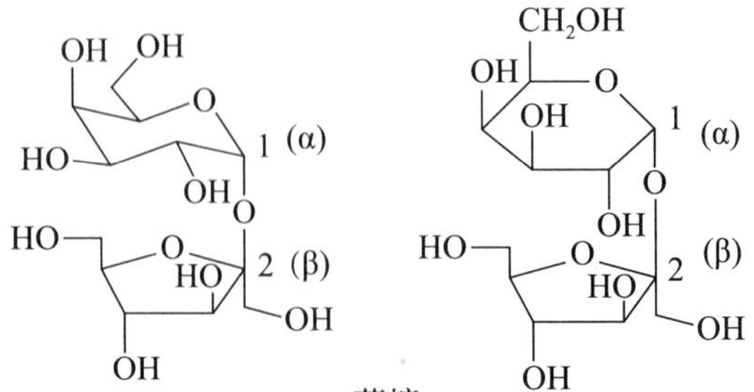

蔗糖

蔗糖是右旋糖，比旋光度为 +66.7°，水解后生成等量的 D-葡萄糖和 D-果糖的混合物，

其比旋光度为 –19.7°，与水解前的旋光方向相反，因此常把蔗糖的水解反应称为转化反应，水解后的混合物称为转化糖（invert sugar）。蜂蜜中大部分是转化糖。蜜蜂体内有一种能催化水解蔗糖的酶，这种酶被称为转化酶（invertase）。

第三节　多　糖

多糖是由多个单糖分子以苷键相连形成的高分子化合物，如淀粉、纤维素、糖原。自然界中的大多数多糖含有 80～100 个单元的单糖。多糖水解的最终产物是单糖。连接单糖的苷键主要有 α-1,4、β-1,4 和 α-1,6 等类型。直链多糖一般以 α-1,4 和 β-1,4- 苷键连接，支链多糖的链与链的连接点通常是 α-1,6- 苷键。多糖分子中虽然有半缩醛羟基，但因分子量很大，因此没有还原性和变旋光现象。

大多数多糖为无定形粉末，没有甜味，不溶于水。

一、淀粉

淀粉（starch）是白色无定形粉末，广泛地分布于植物界，是人类获取糖类的主要来源。它是由直链淀粉（amylose）和支链淀粉（amylopectin）两部分构成的。直链淀粉在淀粉中的含量约为 20%，不易溶于冷水，在热水中有一定溶解度，分子量比支链淀粉小，是由 250～300 个 D- 葡萄糖以 α-1,4- 苷键连接而成的直链化合物。

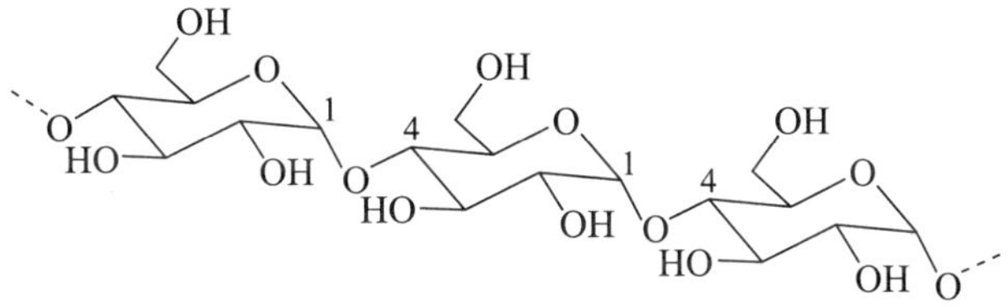

直链淀粉

直链淀粉并不是直线型的，这是因为 α-1,4- 苷键的氧原子有一定键角，且单键可自由转动，分子内的羟基间可形成氢键，因此直链淀粉具有规则的螺旋状空间排列。每一圈螺旋有 6 个 α-D- 葡萄糖基。淀粉遇碘显蓝色，是因为碘离子（I_3^-）钻入螺旋空隙中形成复合物（图 13-2），可用此变色反应定性鉴定淀粉。

支链淀粉在淀粉中的含量约为 80%，不溶于水，与热水作用则膨胀成糊状。一般含有 6000～40 000 个 D- 葡萄糖。在支链淀粉分子中，主链由 α-1,4- 苷键连接，而分支处为 α-1,6- 苷键，结构如下。

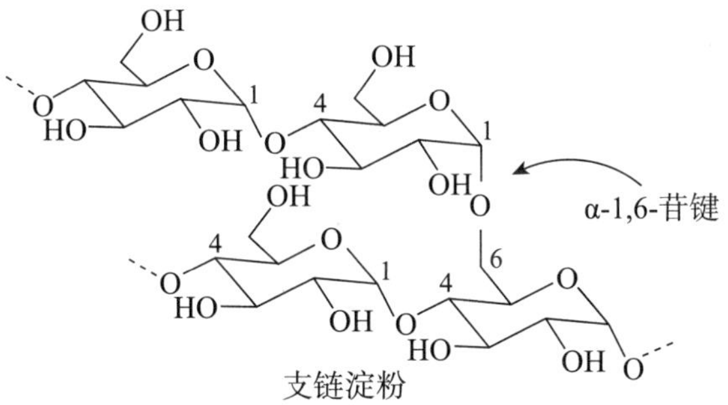

支链淀粉　　α-1,6-苷键

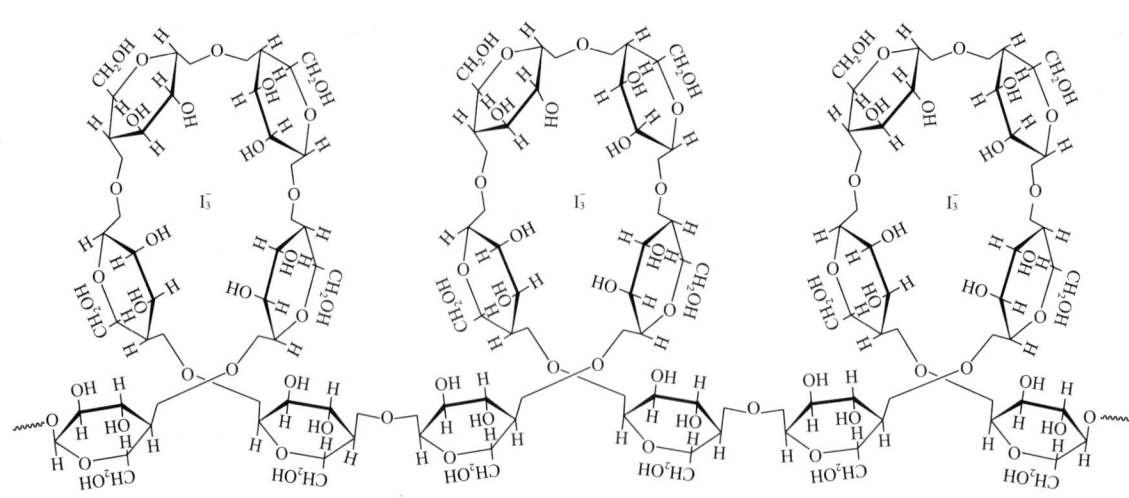

图 13-2 淀粉分子与碘作用示意图

在支链淀粉分子的直链上,每隔 20～25 个 D-葡萄糖单元就有一个以 α-1,6-苷键连接的分支,因此其结构比直链淀粉复杂。支链淀粉可与碘生成紫红色的配合物。

淀粉在水解过程中可先生成糊精,后者是分子量比淀粉小的多糖,能溶于水,具有极强的黏性。分子量较大的糊精遇碘显红色,称为红糊精,再水解变成无色的糊精,无色糊精有还原性。淀粉的水解过程大致为:淀粉→红糊精→无色糊精→麦芽糖→葡萄糖。

二、糖原

糖原(glycogen)主要存在于动物的肝和肌肉中,肝中糖原的含量达 10%～20%,肌肉中的含量约 4%。其功能与植物淀粉相似,是葡萄糖的贮存形式。当血液中葡萄糖含量低于正常水平时,糖原即可分解为葡萄糖,供给机体能量。

糖原的结构与支链淀粉相似,但分支更密,支链淀粉中每隔 20～25 个葡萄糖残基出现一个 α-1,6-苷键,而糖原只相隔 8～10 个葡萄糖残基就出现一个 α-1,6-苷键,如图 13-3 所示。糖原是无色粉末,易溶于水,遇碘呈紫红色。

 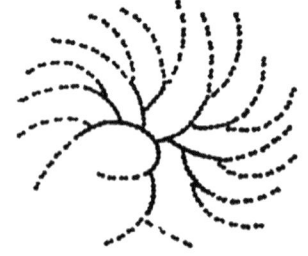

糖原的分支状结构示意图　　胶淀粉的分支状结构示意图

图 13-3 糖原与胶淀粉结构示意图

三、纤维素

纤维素(cellulose)是自然界中分布最广的有机化合物。它是植物细胞壁的主要结构成分。植物干叶中含纤维素 10%～20%，木材中含纤维素 50%，棉花中含纤维素 90%。

纤维素是由 D-葡萄糖以 β-1,4-苷键结合的链状聚合物。在纤维素结构中没有支链，分子链间因氢键的作用而扭成绳索状。

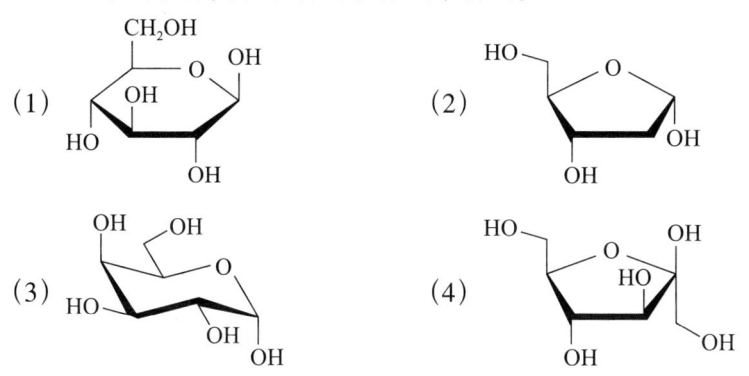

纤维素

纤维素在酸性水溶液中完全水解可得到 D-葡萄糖。如用酶部分水解可产生纤维二糖。纤维素虽然与淀粉一样由 D-葡萄糖组成，但由于是以 β-1,4-糖苷键连接，不能被淀粉酶水解，因此人不能消化纤维素。但它可增强肠的蠕动，因此食入富含纤维素的食品有利于健康。食草动物的消化道中有一些微生物能分泌可以水解 β-1,4-糖苷键的酶，故其可以消化纤维素。

纤维素无变旋光现象，无还原性，但可发生羟基的一般反应。分子中游离的羟基经硝化和乙酰化后，可制成人造丝、火棉胶、电影胶片、硝基漆等。

习题十三

1. 写出下列各糖类化合物的名称或结构式。

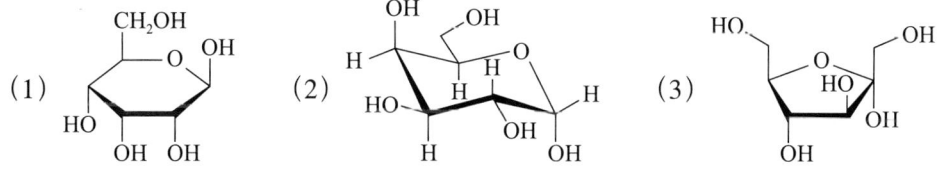

(5) β-D-吡喃甘露糖　　　　(6) β-D-呋喃核糖

2. 写出下列各糖类化合物的 Fischer 投影式。

3. 解释下列名词，并举例。
   (1) 差向异构体　　　(2) 端基异构体　　　(3) 变旋光现象
   (4) 还原糖、非还原糖　　　(5) 苷键

4. 用化学方法鉴别下列各组化合物。
   (1) D-葡萄糖、D-果糖　　　(2) 葡萄糖、蔗糖　　　(3) 苄基-D-吡喃葡萄糖苷、D-葡萄糖
   (4) 蔗糖、淀粉　　　(5) 淀粉、纤维素

5. 写出 D-甘露糖与下列试剂的反应产物。
   (1) CH_3OH + 干 HCl　　　(2) Br_2/H_2O　　　(3) HNO_3

6. 当 D-果糖在碱性条件下放置较长时间时，溶液中产生了 D-葡萄糖、D-甘露糖，请说明其原因。

7. 指出下列哪些糖是还原糖。
(1) D-核糖　　　　　(2) D-半乳糖
(3) 蔗糖　　　　　　(4) 麦芽糖
(5) D-果糖　　　　　(6) 苯基-β-D-吡喃葡萄糖苷
(7) D-甘露糖　　　　(8) 淀粉
(9) 纤维素　　　　　(10) D-阿拉伯糖

8. 指出下列戊糖的名称、构型（D 或 L）。哪些互为对映体？哪些互为差向异构体？

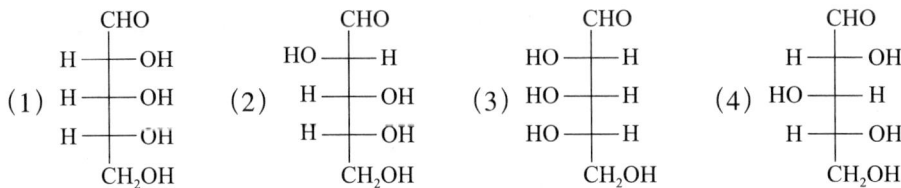

9. 下列每个糖分子是由哪种单糖通过什么苷键连接在一起的？
(1) 麦芽糖　　　(2) 乳糖　　　(3) 纤维二糖
(4) 蔗糖　　　　(5) 纤维素　　(6) 直链淀粉

10. 有两个含有四个碳原子且具有旋光性的糖（A）和（B）。（A）和（B）均能使溴水褪色，用硝酸氧化（A）和（B）都生成含有四个碳原子的二元酸，其中（A）的氧化产物具有旋光性，而（B）的氧化产物无旋光性。试推测（A）和（B）的结构。

（刘玉衡）

第十四章 脂 类

脂类（lipid）是指存在于生物体内、难溶于水而易溶于有机溶剂并能被机体利用的一类有机化合物。脂类化合物种类众多，主要有油脂、磷脂、甾族及萜类化合物等，这些化合物在化学组成、化学结构和生理功能上都具有很大差异，它们的共同特征是难溶于水，易溶于乙醚、氯仿和苯等有机溶剂，可以利用这些溶剂把它们从细胞和组织中提取出来。

脂类具有重要的生理功能。油脂是动物体生命活动的能量来源，脂肪还有保护脏器和防止热量散失的作用。生命活动中不可缺少的脂溶性维生素A、D、E和K常与脂类共存。脂类与糖、蛋白质等结合成糖脂和脂蛋白，是构成细胞膜的重要成分。类脂中的激素具有调节代谢、控制生长发育的功能。本章主要讨论油脂、磷脂及甾族化合物的结构和性质。

第一节 油 脂

一、油脂的结构、组成和命名

油脂是脂肪和油的统称。通常把在常温下呈固态或半固态的油脂称为脂肪（fat），而呈液态的油脂称为油（oil）。

在化学结构上，油脂可以看作是一分子甘油与三分子高级脂肪酸生成的酯，即三酰甘油（triacylglycerol），医学上又称作甘油三酯（triglyceride）。若三酰甘油中的三个脂肪酸相同，称作单三酰甘油，否则称作混三酰甘油。自然界中存在的混三酰甘油都具有L-构型，即在Fischer投影式中C_2上的酯基位于甘油碳链的左侧。单三酰甘油和混三酰甘油的结构分别如下：

$$
\begin{array}{cc}
\mathrm{CH_2-O-\overset{O}{\overset{\|}{C}}-R} & \mathrm{CH_2-O-\overset{O}{\overset{\|}{C}}-R} \\
\mathrm{HC-O-\overset{O}{\overset{\|}{C}}-R} & \mathrm{R'-\overset{O}{\overset{\|}{C}}-O-\overset{*}{C}H} \\
\mathrm{CH_2-O-\overset{O}{\overset{\|}{C}}-R} & \mathrm{CH_2-O-\overset{O}{\overset{\|}{C}}-R''} \\
\text{单三酰甘油} & \text{混三酰甘油}
\end{array}
$$

固态脂肪中含饱和脂肪酸较多，液态油中含不饱和脂肪酸较多。此外油脂中还含有少量游离脂肪酸、高级醇、高级烃、维生素和色素等，所以天然油脂是混三酰甘油的复杂混合物。天

然油脂水解得到的高级脂肪酸，一般是 12～22 个偶数碳原子的直链饱和脂肪酸和不饱和脂肪酸。在动物脂肪中，饱和脂肪酸含量较多，最常见的是十六碳酸（软脂酸）和十八碳酸（硬脂酸）。不饱和脂肪酸主要有油酸、亚油酸、亚麻酸和花生四烯酸等。人体脂肪中的饱和脂肪酸与不饱和脂肪酸含量比例约为 2∶3，其中油酸、亚油酸分别占 45.9% 和 9.6%。12 个碳以下的低级脂肪酸存在于哺乳动物的乳汁中。二十碳五烯酸（EPA）和二十二碳六烯酸（DHA）主要存在于深海鱼油中。油脂中常见的重要脂肪酸见表 14-1。

表 14-1 油脂中常见的重要脂肪酸

俗名	系统名称	结构式	熔点（℃）
月桂酸	十二碳酸	$CH_3(CH_2)_{10}COOH$	44.2
软脂酸	十六碳酸	$CH_3(CH_2)_{14}COOH$	61.3
硬脂酸	十八碳酸	$CH_3(CH_2)_{16}COOH$	69.6
油酸	十八碳-9-烯酸	$CH_3(CH_2)_7CH=CH(CH_2)_7COOH$	13.4
亚油酸	十八碳-9,12-二烯酸	$CH_3(CH_2)_4(CH=CHCH_2)_2(CH_2)_6COOH$	−5.0
亚麻酸	十八碳-9,12,15-三烯酸	$CH_3CH_2(CH=CHCH_2)_3(CH_2)_6COOH$	−49.0
花生四烯酸	二十碳-5,8,11,14-四烯酸	$CH_3(CH_2)_4(CH=CHCH_2)_4(CH_2)_2COOH$	−49.5
EPA	二十碳-5,8,11,14,17-五烯酸	$CH_3CH_2(CH=CHCH_2)_5(CH_2)_2COOH$	−53.0
DHA	二十二碳-4,7,10,13,16,19-六烯酸	$CH_3CH_2(CH=CHCH_2)_6CH_2COOH$	−44.0

脂肪酸的名称一般采用俗名，如软脂酸、油酸、花生四烯酸等。其系统命名法与一元羧酸的系统命名法基本相同。油脂中脂肪酸有三种编码体系，即 Δ 编码体系、ω 编码体系和希腊字母编号体系，见表 14-2（以亚油酸为例）。

表 14-2 脂肪酸碳原子的三种编码体系（以亚油酸为例）

	$CH_3-CH_2-CH_2-CH_2-CH_2-CH=CH-CH_2-CH=CH-CH_2-CH_2-CH_2-CH_2-CH_2-CH_2-CH_2-COOH$																	
Δ 编码体系	18	17	16	15	14	13	12	11	10	9	8	7	6	5	4	3	2	1
ω 编码体系	1	2	3	4	5	6	7	8	9	10	11	12	13	14	15	16	17	18
希腊字母编号体系	ω	…	…	…	…	…	…	…	…	…	…	…	…	δ	γ	β	α	

Δ 编码体系中，编号是从脂肪酸羧基端的羧基碳原子开始的；而 ω 编码体系中，编号从脂肪酸甲基端的甲基碳原子开始；希腊字母编号体系中，其规则与羧酸相同，即与羧基相邻的碳原子为 α 碳原子，离羧基最远的甲基碳原子称为 ω 碳原子。例如，亚油酸的 Δ 编码系统名称为 $\Delta^{9,12}$-十八碳二烯酸，简写符号 18∶2$\Delta^{9,12}$，表示亚油酸有 18 个碳原子，第 9 位和第 12 位碳原子各有一个双键。亚油酸的 ω 编码的系统名为 $\omega^{6,9}$-十八碳二烯酸，简写符号 18∶2$\omega^{6,9}$，表示有 18 个碳原子，自甲基端起第 6 位和第 9 位碳原子各有一个双键。硬脂酸的系统名称是十八碳酸，分子中无双键，故简写符号为 18∶0。

人体中的不饱和脂肪酸按 ω 编码体系分为 ω-3 族（如亚麻酸）、ω-6 族（如亚油酸）和 ω-9 族（如油酸）。同族内的不饱和脂肪酸能以本族的母体脂肪酸为原料在体内衍生，而不同族的脂肪酸不能在体内相互转化。例如，ω-6 族的亚油酸在体内可以转化为 ω-6 族的花生四烯酸，而 ω-9 族的油酸不能在体内转化成 ω-6 族的花生四烯酸。

ω-6 族的母体化合物亚油酸和 ω-3 族的母体化合物 α-亚麻酸在人体内不能自身合成，只能从食物中获得，故称为必需脂肪酸（essential fatty acid）。虽然人体能自身合成花生四烯酸，但自身合成的数量不能满足人体生理的需求，还需要从食物中供给，所以花生四烯酸也可称为必需脂肪酸。人体从食物中获得这些必需脂肪酸后就能合成同族的其他不饱和脂肪酸，缺少必需脂肪酸将导致细胞膜和线粒体结构异常改变，甚至引起癌变。

单三酰甘油命名时直接称为"三某脂酰甘油"；混三酰甘油的命名，根据国际纯粹化学与应用化学联合会及国际生物化学联合会的生物化学命名委员会（IUPAC-IUB）建议，首先要确定其立体专一编号（stereo-specific numbering），书写三酰甘油的 Fischer 投影式时，甘油 C_2 上连接的酯基部分一定要放在主碳链的左边，碳原子编号应自上而下且不能颠倒，以确定高级脂肪酸的结合位置。书写名称时，立体专一编号（常用 *Sn* 简写表示）写在化合物名称的前面，称为"*Sn*-某脂酰甘油"。若构型不明或未详细说明，则在化合物名称前注上前缀"*X*-"。例如：

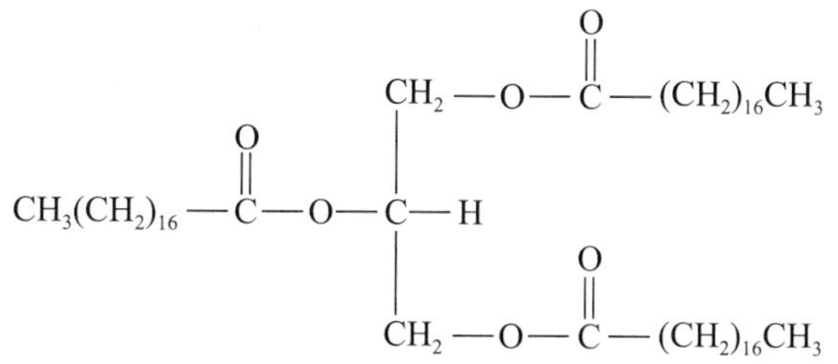

三硬脂酰甘油

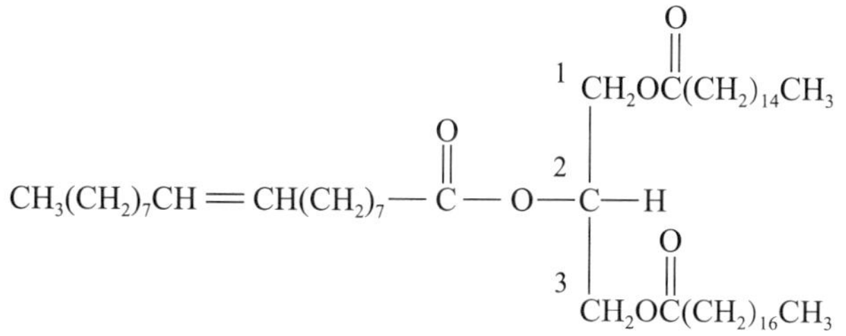

Sn-1-软脂酰-2-油酰-3-硬脂酰甘油

二、油脂的物理性质

油脂是无色、无味的中性化合物。大多数天然油脂（尤其是植物油）由于含有多种类胡萝卜素而呈黄色至红色。多数天然油脂还具有特殊的气味，如芝麻油有香味，而鱼油有腥臭味。三酰甘油密度比水小，不溶于水，易溶于石油醚、氯仿、丙酮、苯、乙醚及热的乙醇。

油脂熔点的高低取决于所含不饱和脂肪酸的数量，含有不饱和脂肪酸多的油脂有较高的流动性和较低的熔点。这是因为油脂中不饱和脂肪酸的碳碳双键大多数是顺式构型（图 14-1），这种构型使脂肪酸的碳链弯曲，分子间作用力减小，熔点降低。油脂是混三酰甘油的混合物，无固定的熔点，植物油中含有大量的不饱和脂肪酸，因此常温下呈液态；牛、羊等动物脂肪中含饱和脂肪酸较多，常温下呈固态。

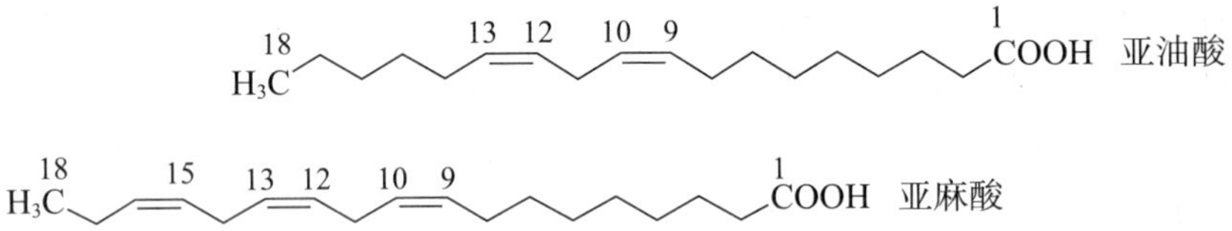

$$\underset{H_3C}{^{18}}\diagdown\diagup\diagdown\diagup\diagdown\underset{13}{\diagdown}\underset{12}{=}\underset{10}{\diagdown}\underset{9}{=}\diagdown\diagup\diagdown\diagup\diagdown\diagup\diagdown\underset{1}{COOH} \quad 亚油酸$$

$$\underset{H_3C}{^{18}}\diagdown\underset{15}{=}\diagdown\underset{13}{=}\underset{12}{\diagdown}\underset{10}{=}\underset{9}{\diagdown}\diagdown\diagup\diagdown\diagup\diagdown\diagup\diagdown\underset{1}{COOH} \quad 亚麻酸$$

图 14-1　不饱和脂肪酸中由顺式双键造成的弯曲的碳链

知识拓展

反式脂肪酸一定有害吗？

现在人们越来越多地关注到食品安全问题，经常谈到反式脂肪酸（trans fatty acid, TFA），就会谈虎变色。但是反式脂肪酸一定有害吗？希望同学们学完有机化学课程后，能够透过名字看结构，透过现象看本质。

根据来源，TFA 分为天然和人造两种。人造 TFA 主要来自经过部分氢化的植物油或是植物油的精炼及烹饪过程。天然 TFA 主要来自反刍动物体内。反式脂肪酸对人体健康的危害主要来自人造 TFA，人造 TFA 不是人体必需脂肪酸，在人体内代谢时间较长，增加人体血液的黏稠度和凝集能力，促进血栓的形成和动脉硬化，从而导致心脑血管疾病。然而天然 TFA，如共轭亚油酸，却是对人体有益的。共轭亚油酸是人和动物不可或缺的脂肪酸之一，是人体自身无法合成的，具有抗肿瘤、抗氧化、抗突变、抗动脉粥样硬化等多种药用价值。

三、油脂的化学性质

（一）水解

三酰甘油在酸、碱或酶的作用下，可以水解生成 1 分子甘油和 3 分子脂肪酸。油脂在碱性条件下水解，得到高级脂肪酸的钠盐或钾盐，这种盐是肥皂的主要成分，故油脂在碱性溶液中的水解又称皂化（saponification）。高级脂肪酸盐的一端为亲水的羧酸根离子，另一端是疏水的非极性链状烃基，因此肥皂具有乳化作用，是一种表面活性剂，可降低水的表面张力，并可将衣物上的油污分散成细小的乳浊液，使其随水漂洗而去。

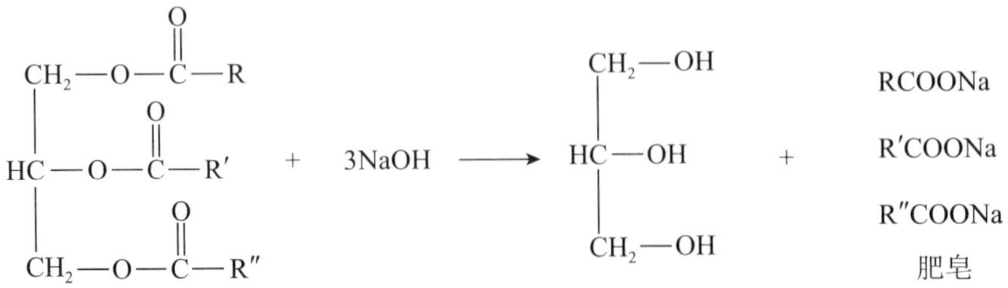

$$\begin{array}{c} CH_2-O-\overset{O}{\overset{\|}{C}}-R \\ | \\ HC-O-\overset{O}{\overset{\|}{C}}-R' \\ | \\ CH_2-O-\overset{O}{\overset{\|}{C}}-R'' \end{array} + 3NaOH \longrightarrow \begin{array}{c} CH_2-OH \\ | \\ HC-OH \\ | \\ CH_2-OH \end{array} + \begin{array}{l} RCOONa \\ R'COONa \\ R''COONa \\ 肥皂 \end{array}$$

1 g 油脂完全皂化所需 KOH 的毫克数称为皂化值（saponification number）。根据皂化值的大小，可以判断油脂中三酰甘油的平均分子量。皂化值越大，油脂中三酰甘油的平均分子量越小。皂化值是衡量油脂质量的指标之一，并可反映油脂皂化时所需碱的用量（表 14-3）。

表 14-3　常见油脂中脂肪酸的含量和油脂的皂化值、碘值

油脂名称	棕榈酸（%）	硬脂酸（%）	油酸（%）	亚油酸	皂化值	碘值
牛油	24～32	14～32	35～48	2～4	190～200	30～48
猪油	28～30	12～18	41～48	3～8	195～208	46～70
花生油	6～9	2～6	50～57	13～26	185～195	83～105
大豆油	6～10	2～4	21～29	50～59	189～194	127～138
棉籽油	19～24	1～2	23～32	40～48	191～196	103～115

（二）加成

三酰甘油含有不饱和脂肪酸，其分子中的碳碳双键可以与氢、卤素等进行加成反应。

1. 加氢　油脂中不饱和脂肪酸的碳碳双键可催化加氢，转化成饱和脂肪酸含量较多的油脂。氢化可使液态的植物油变成半固态或固态的氢化植物油，所以油脂的氢化又称油脂的硬化。油脂的硬化不仅提高了熔点，改变了风味，同时也便于储存和运输。

2. 加碘　油脂的不饱和程度可用碘值来衡量。100 g 油脂所能吸收碘的克数称为碘值（iodine number）。碘值与油脂的不饱和程度成正比，碘值越大，说明三酰甘油中所含的双键数目越多，油脂的不饱和程度也越大（表 14-3）。

（三）酸败

油脂在空气中放置过久会发生变质，产生难闻的气味，这种现象称为酸败（rancidity）。发生酸败的原因是在空气中的氧、水分和微生物的作用下，油脂中不饱和脂肪酸的双键被氧化生成过氧化物，这些过氧化物再经过分解等作用生成有臭味的小分子醛、酮和羧酸等化合物。

油脂中的饱和脂肪酸在相同条件下，虽不发生类似不饱和脂肪酸的双键氧化断裂反应，但在微生物的作用下，可水解成甘油和高级脂肪酸，后者在酶或微生物的作用下发生 β- 氧化，生成 β- 酮酸，β- 酮酸进一步分解成酮和羧酸。高级脂肪酸的 β- 氧化包括脱氢、水化、再脱氢和降解四个连续反应。

脱氢：$RCH_2CH_2CH_2CH_2COOH \xrightarrow{-2H} RCH_2CH_2CH=CHCOOH$

水化：$RCH_2CH_2CH=CHCOOH \xrightarrow{H_2O} RCH_2CH_2CHCH_2COOH$
$\qquad\qquad\qquad\qquad\qquad\qquad\qquad\qquad\qquad |$
$\qquad\qquad\qquad\qquad\qquad\qquad\qquad\qquad\quad OH$

再脱氢：$RCH_2CH_2CHCH_2COOH \xrightarrow{-2H} RCH_2CH_2CCH_2COOH$
$\qquad\qquad\qquad\quad |\qquad\qquad\qquad\qquad\qquad\qquad\quad ||$
$\qquad\qquad\qquad\; OH\qquad\qquad\qquad\qquad\qquad\qquad\; O$

降解：$RCH_2CH_2CCH_2COOH$ — 酮式分解 → $RCH_2CH_2CCH_3 + CO_2$
$\qquad\qquad\qquad\qquad\qquad\qquad\;$ 酸式分解 → $RCH_2CH_2COOH + CH_3COOH$

光、热或潮气可加速油脂的酸败过程。油脂的酸败程度可用酸值来衡量。中和 1 g 油脂中的游离脂肪酸所需 KOH 的毫克数称为油脂的酸值（acid number）。酸值越大，酸败的程度越严重，酸败的油脂有毒性和刺激性，通常酸值大于 6 的油脂不能食用。《中国药典》对药用油脂的皂化

值、碘值和酸值都有严格的规定。例如，对花生油碘值要求 84~100，皂化值要求 185~195。

第二节 磷 脂

磷脂（phospholipid）是一类含磷的复合脂类化合物，广泛存在于动物的肝、脑、脊髓、神经组织和植物的种子中，是细胞原生质的必要成分。在细胞内磷脂与蛋白质结合形成脂蛋白，构成细胞的各种膜，如细胞膜、核膜、线粒体膜。磷脂的结构和性质与生物膜的功能关系密切。磷脂可分为甘油磷脂和鞘磷脂。

一、甘油磷脂

甘油磷脂（glycerophosphatide）是由高级脂肪酸、甘油、磷酸和醇基四部分组成的，也可以看作是磷脂酸的衍生物。磷脂酸的结构式如下：

$$\begin{matrix} & & \overset{\alpha}{CH_2}-O-\overset{O}{\underset{\|}{C}}-R_1 \\ R_2-\overset{O}{\underset{\|}{C}}-O-\overset{\beta}{CH} & & \\ & & \underset{\alpha'}{CH_2}-O-\overset{O}{\underset{\|}{P}}-OH \\ & & \qquad\qquad OH \end{matrix}$$

R_1 和 R_2 为脂肪酸的烃基链，最常见的脂肪酸是软脂酸、硬脂酸和油酸。通常 α-位（C_1）连接饱和脂肪酸，β-位（C_2）连接不饱和脂肪酸。磷脂酸结构中 C_2 是一个手性碳原子，可形成一对对映体。从自然界中得到的磷脂酸都属于 L-构型。

甘油磷脂中常见的醇基有胆碱、胆胺（乙醇胺）和丝氨酸。它们的醇羟基与磷脂酸分子中的磷酸基以磷酯键结合构成甘油磷脂。甘油磷脂的结构通式如下：

$$\begin{matrix} & & CH_2-O-\overset{O}{\underset{\|}{C}}-R_1 \\ R_2-\overset{O}{\underset{\|}{C}}-O-CH & & \\ & & CH_2-O-\overset{O}{\underset{\|}{P}}-O-G \\ & & \qquad\qquad OH \end{matrix}$$

G= —$CH_2CH_2\overset{+}{N}(CH_3)_3OH^-$　　　　α-卵磷脂（磷脂酰胆碱）

G= —$CH_2CH_2NH_2$　　　　　　　　　　α-脑磷脂（磷脂酰乙醇胺）

G= —CH_2CHCOO^-　　　　　　　　　　磷脂酰丝氨酸
　　　　|
　　　$^+NH_3$

甘油磷脂中磷酸残基上未酯化的羟基还具有酸性，如有碱性基团存在，则可以形成内盐，所以甘油磷脂通常以偶极离子形式存在。甘油磷脂中的两个长烃基链为非极性的疏水部分，其余部位为极性的亲水部分，所以甘油磷脂具有乳化作用。最重要的甘油磷脂是卵磷脂和脑磷脂。

（一）卵磷脂

磷脂酰胆碱俗名卵磷脂（lecithin），它是由磷脂酸与胆碱的羟基酯化生成的产物。磷脂酰胆碱的结构式如下：

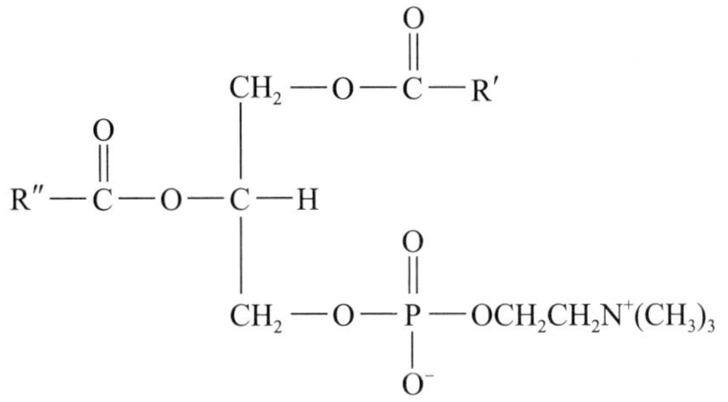

$$\begin{array}{c} \text{CH}_2-\text{O}-\overset{\overset{\displaystyle O}{\|}}{\text{C}}-\text{R}' \\ \text{R}''-\overset{\overset{\displaystyle O}{\|}}{\text{C}}-\text{O}-\overset{|}{\text{C}}\text{H} \\ \text{CH}_2-\text{O}-\overset{\overset{\displaystyle O}{\|}}{\underset{\underset{\displaystyle O^-}{|}}{\text{P}}}-\text{OCH}_2\text{N}^+(\text{CH}_3)_3 \end{array}$$

自然界存在的卵磷脂为 α-磷脂酰胆碱，酰基连在甘油的 α-位上。卵磷脂中的饱和脂肪酸通常是硬脂酸和软脂酸，不饱和脂肪酸为油酸、亚油酸、亚麻酸和花生四烯酸等。

卵磷脂存在于脑组织、卵黄和大豆中，卵黄中的含量最为丰富。新鲜的卵磷脂是白色蜡状物质，在空气中易被氧化成黄色或棕色，不溶于水及丙酮，溶于乙醇、乙醚及氯仿中。

（二）脑磷脂

磷脂酰乙醇胺俗名脑磷脂（cephalin），它是由磷脂酸与乙醇胺（或称胆胺）的羟基酯化生成的产物。磷脂酰乙醇胺结构式如下：

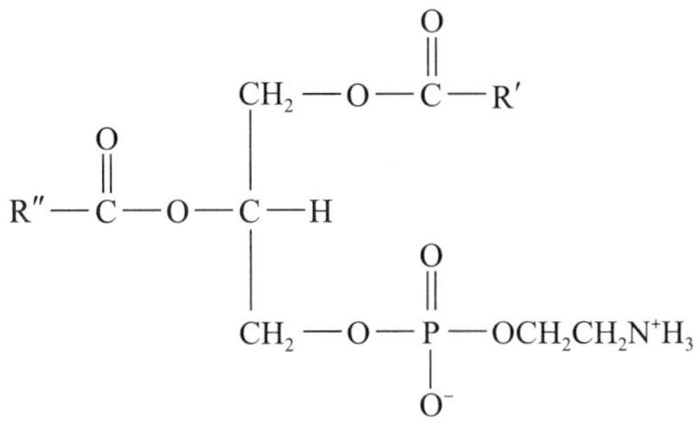

$$\begin{array}{c} \text{CH}_2-\text{O}-\overset{\overset{\displaystyle O}{\|}}{\text{C}}-\text{R}' \\ \text{R}''-\overset{\overset{\displaystyle O}{\|}}{\text{C}}-\text{O}-\overset{|}{\text{C}}\text{H} \\ \text{CH}_2-\text{O}-\overset{\overset{\displaystyle O}{\|}}{\underset{\underset{\displaystyle O^-}{|}}{\text{P}}}-\text{OCH}_2\text{N}^+\text{H}_3 \end{array}$$

自然界中的脑磷脂为 α-脑磷脂，完全水解生成甘油、脂肪酸、磷酸和乙醇胺。脑磷脂存在于脑、神经组织和大豆中，通常与卵磷脂共存。脑磷脂与血液的凝固有关，血小板内能促使血液凝固的凝血酶就是由脑磷脂与蛋白质所组成的。脑磷脂在空气中易被氧化成棕黑色。脑磷脂能溶于乙醚，不溶于丙酮，难溶于冷乙醇，利用这一溶解性质，可将卵磷脂与脑磷脂分离。

二、鞘磷脂（神经磷脂）

鞘磷脂（sphingomyelin）是由神经酰胺的羟基与磷酸胆碱（或磷酸乙醇胺）酯化而形成的化合物。鞘磷脂的主链为神经酰胺，它是由鞘氨醇的氨基与脂肪酸通过酰胺键结合形成的。鞘氨醇、神经酰胺、鞘磷脂的结构及形成如图14-2所示。

鞘磷脂是白色晶体，不溶于丙酮、乙醚而溶于热乙醇。其化学性质比卵磷脂和脑磷脂稳定，不易被氧化。天然鞘磷脂分子中鞘氨醇残基中的碳碳双键以反式构型存在。在不同组织器官中存在的鞘磷脂的脂肪酸种类有所不同，神经组织中以硬脂酸、二十四碳酸和二十四碳 -15-

烯酸（神经酸）为主，脾和肺组织中则以软脂酸、二十四碳酸为主。鞘磷脂也具有乳化性质，是细胞膜的主要成分。

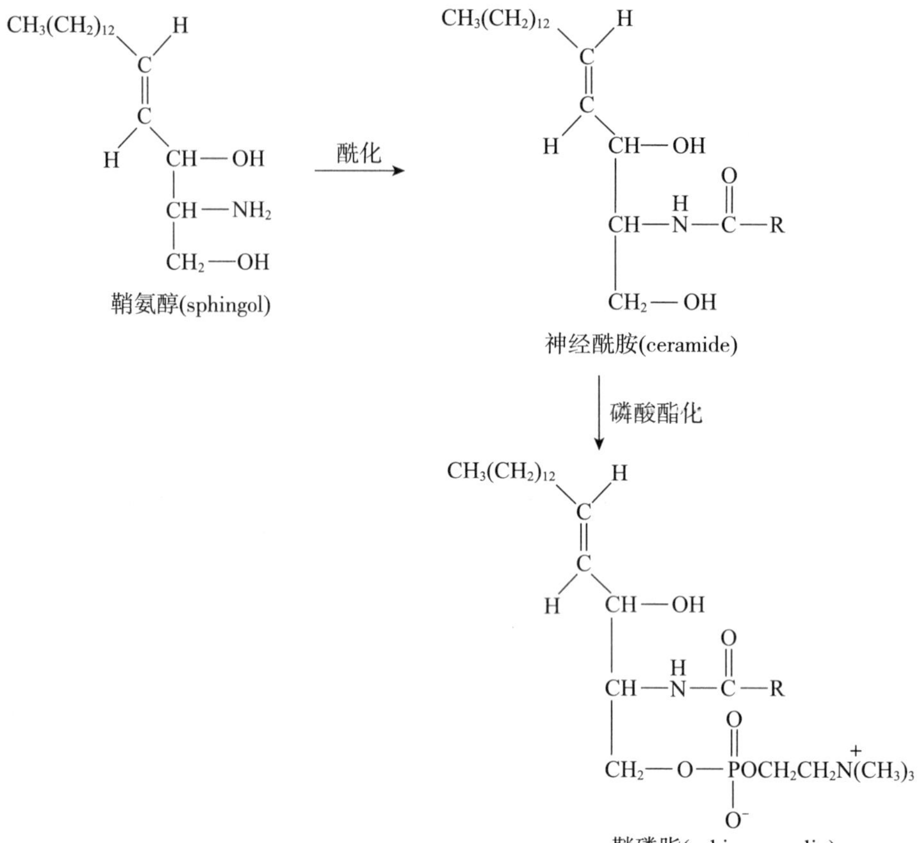

图 14-2　鞘氨醇、神经酰胺、鞘磷脂结构及形成示意图

第三节　甾族化合物和激素

一、甾族化合物的基本结构和命名

甾族化合物（steroid）是广泛存在于动植物体内的物质。甾族化合物分子中都含有一个由环戊烷并多氢菲构成的四环碳骨架，四个环分别用 A、B、C、D 表示，环上的碳原子有固定的编号顺序。

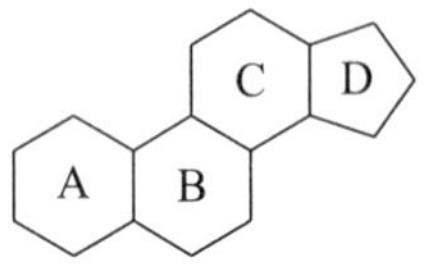

环戊烷并多氢菲 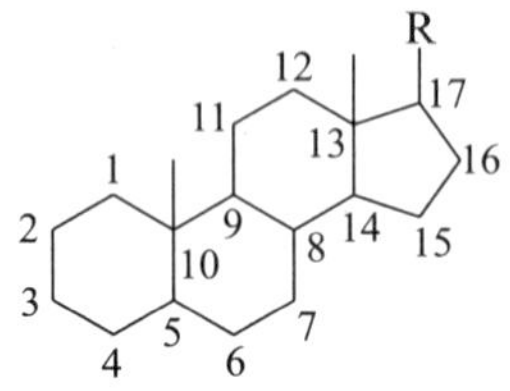　　甾族化合物的基本结构

在母核环上，一般在 C_{10} 和 C_{13} 上各连有一个甲基，称为角甲基。在 C_{17} 上连有一个碳链。母核上还可以连有羟基、羧基、双键等官能团，其数量和位置各异，构成了各种不同类型的甾族化合物。

甾族化合物骨架中环与环之间的稠合方式与十氢萘相似。

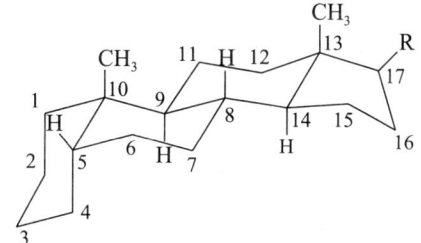

反式十氢萘（ee稠合）　　　　顺式十氢萘（ea稠合）

甾族化合物分子中的 A、B、C、D 环之间的稠合可以有顺、反两种方式，其基本骨架中有 7 个手性碳原子（C_5、C_8、C_9、C_{10}、C_{13}、C_{14}、C_{17}），理论上应该有 27 个对映体，但由于多个环稠合在一起，相互制约，碳环骨架刚性增大，使异构体的数目大为减少。天然甾族化合物中 B 环和 C 环之间总是反式稠合（以 B/C 反表示），相当于反式十氢萘的构型；C 环和 D 环之间也几乎都是反式稠合（以 C/D 反表示）；只有 A 环和 B 环之间有些是反式稠合，有些是顺式稠合。当 A 环和 B 环之间是顺式稠合，即 C_5 上的 H 和 C_{10} 上的角甲基在环平面同侧时，用实线连接 H，称为 β- 构型；反之当 A 环和 B 环之间是反式稠合，即 C_5 上的 H 和 C_{10} 上的角甲基在环平面异侧时，用虚线连接 H，称为 α- 构型。

根据 C_5-H 构型的不同，甾族化合物可分为 5β 系和 5α 系两大类。C_5-H 与角甲基在环平面同侧称为 5β 系甾族化合物（A、B 环顺式稠合）；若 C_5-H 与角甲基在环平面异侧，称为 5α 系甾族化合物（A、B 环反式稠合）。例如：

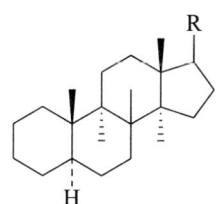 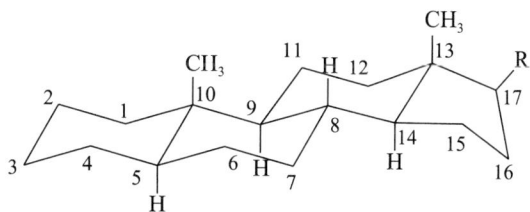

5β 系甾族化合物
A/B 顺（ea 稠合），B/C 反（ee 稠合），C/D 反（ee 稠合）

5α 系甾族化合物
A/B 反（ee 稠合），B/C 反（ee 稠合），C/D 反（ee 稠合）

甾族化合物的命名，常采用俗名，如胆固醇、黄体酮、睾酮。

二、甾醇

甾醇（sterols）常以游离状态或以苷的形式广泛存在于动物和植物体内。甾醇可依照来源分为动物甾醇及植物甾醇两大类。天然的甾醇在 C_3 上连有一个羟基，并且绝大多数都是 β- 构型（羟基与角甲基处于同侧）。

（一）胆固醇

胆固醇（cholesterol）又称胆甾醇，是一种动物甾醇，最初是在胆结石中发现的一种固体醇，所以称为胆固醇。在胆固醇分子结构中，C_3 上有一个 β- 羟基，C_5 与 C_6 之间有一个碳碳双键，C_{17} 连有 8 个碳原子的烷基侧链。

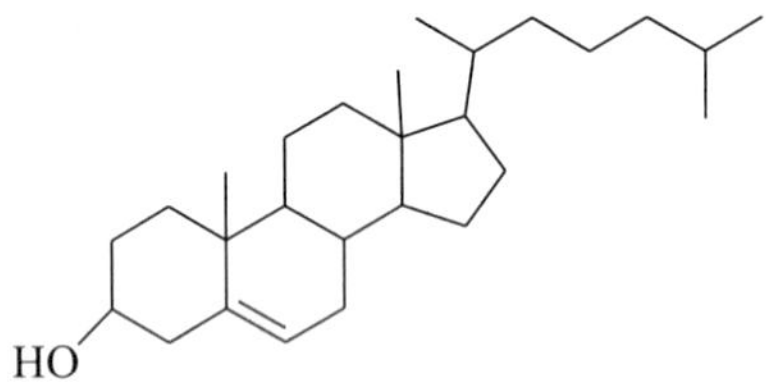

胆固醇

胆固醇为无色或微黄色的结晶，熔点 148 ℃，难溶于水，易溶于有机溶剂。当用 $CHCl_3$ 溶解并加入乙酐和浓 H_2SO_4 后，体系颜色由浅红变为深蓝，最后转为绿色。临床上常用此反应做血清中胆固醇的含量测定。

胆固醇存在于人和动物的血液、脊髓及脑中。正常人血液中含胆固醇 2.82～5.95 mmol·L^{-1}。如果人体内的胆固醇代谢发生障碍或从饮食中摄取胆固醇过多，胆固醇就会从血液中沉淀析出，引起结石或血管硬化。

（二）7-脱氢胆固醇与麦角甾醇

7-脱氢胆固醇结构与胆固醇所不同的是 C_7～C_8 之间也为双键，它存在于人体皮肤中，经紫外光照射，B 环打开，转变为维生素 D_3。

7-脱氢胆固醇 —紫外线→ 维生素 D_3

麦角甾醇是一种植物甾醇，存在于酵母和某些植物中，其结构与 7-脱氢胆固醇相似，在 C_{17} 所连的烃基上多了一个双键和一个甲基，在紫外光照射下，B 环打开，生成维生素 D_2。

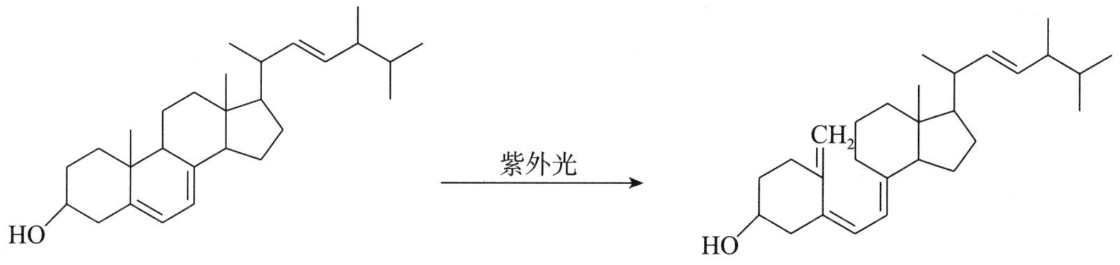

麦角甾醇 →紫外光→ 维生素D_2

维生素D_2、D_3都属于D族维生素，是脂溶性维生素，具有抗佝偻病作用。为了防止儿童患佝偻病、软骨病，应让儿童经常晒太阳，食用含维生素D的食品，如鱼肝油、牛奶及蛋黄。

三、胆甾酸

胆酸、脱氧胆酸、鹅脱氧胆酸和石胆酸等存在于动物胆汁中，总称胆甾酸。胆甾酸在人体内可以胆固醇为原料直接生物合成。至今发现的胆甾酸已有100多种，人体内最重要的是胆酸和脱氧胆酸。

胆酸的结构特点：母核无双键，C_3、C_7、C_{12}上连有α-羟基（羟基与角甲基处于异侧），C_{17}上连有5个碳原子的羧酸。

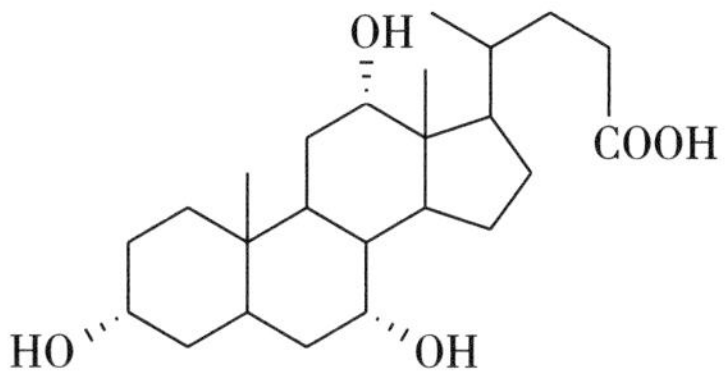

胆酸

胆汁中的胆酸常与甘氨酸（H_2NCH_2COOH）和牛磺酸（$H_2NCH_2CH_2SO_3H$）结合成甘氨胆酸和牛磺胆酸，这些结合胆酸总称胆汁酸（bile acid）。

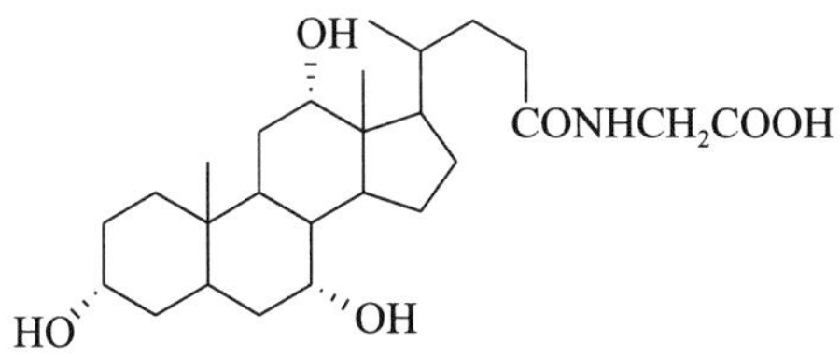

甘氨胆酸 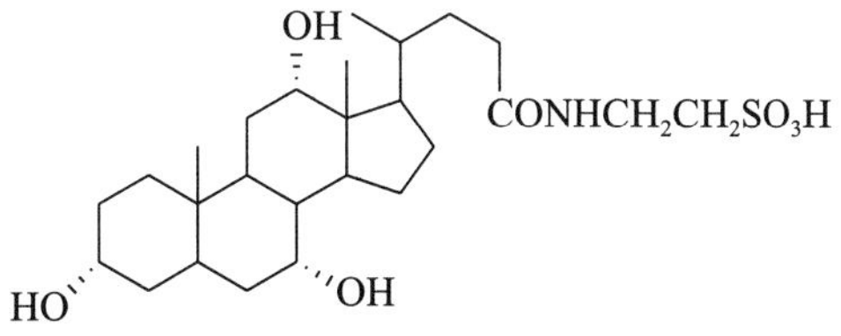　　　　　　牛磺胆酸

胆汁酸在碱性胆汁中常以钠盐或钾盐的形式存在，称为胆汁酸盐，具有乳化性质。它能使油脂在肠中乳化，易于水解、消化和吸收。

四、甾体激素

激素（hormone）是由内分泌腺及具有内分泌功能的一些组织所产生的，能极大影响人体的生长、发育、生殖及代谢等重要生理过程，是调节各种物质代谢或生理功能的微量化学信号分子。已发现的人和动物激素有几十种，按化学结构可分为两大类：一类是含氮激素，包括胺、氨基酸、多肽和蛋白质等；另一类是甾体激素，根据来源又分为肾上腺皮质激素和性激素。

（一）肾上腺皮质激素

肾上腺皮质激素（adrenal cortical hormone）是产生于肾上腺皮质部分的一类激素。现已提取出 70 多种固醇类激素，其中 9 种能分泌入血液，其余为合成肾上腺皮质激素的前体及中间代谢产物，大都有较强的生理活性，对体内水、电解质、糖和蛋白质的代谢具有重要作用。肾上腺皮质激素可分为糖皮质激素和盐皮质激素两大类。

1. 糖皮质激素 糖皮质激素能抑制糖的氧化，促使蛋白质转化为糖，调节糖、蛋白质和脂类代谢，可升高血糖含量，并有利尿作用。大剂量糖皮质激素还有减轻炎症及抗过敏反应的作用，如皮质酮、皮质醇和可的松。实验证明，当糖皮质激素 C_{17} 上连有 α-OH、C_{11} 上连有 β-OH 时对糖代谢有增强作用。

2. 盐皮质激素 盐皮质激素能促进体内 Na^+ 的保留和 K^+ 的排出，调节水、电解质代谢，影响组织中电解质的转运和水的分布。盐皮质激素结构的特点是 C_{11} 上连有 β-羟基，C_{17} 上连有羰基，这类激素能增强储钠作用，如醛固酮。

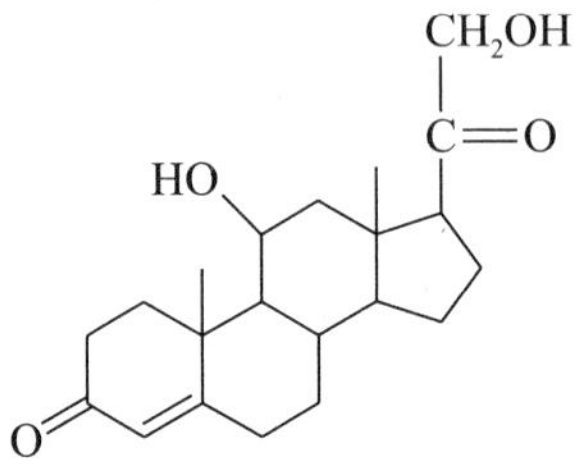

皮质酮 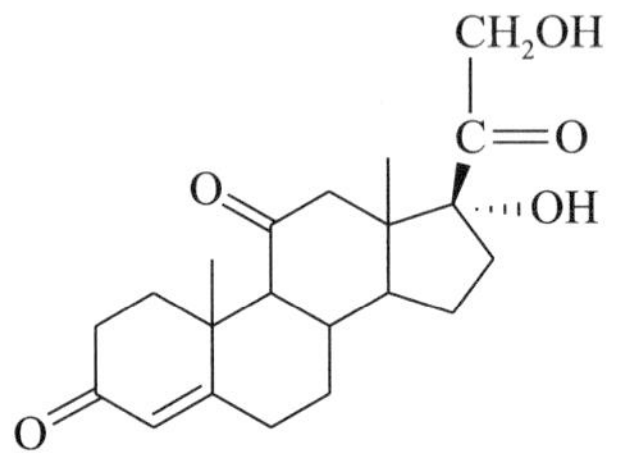　　　　　　可的松

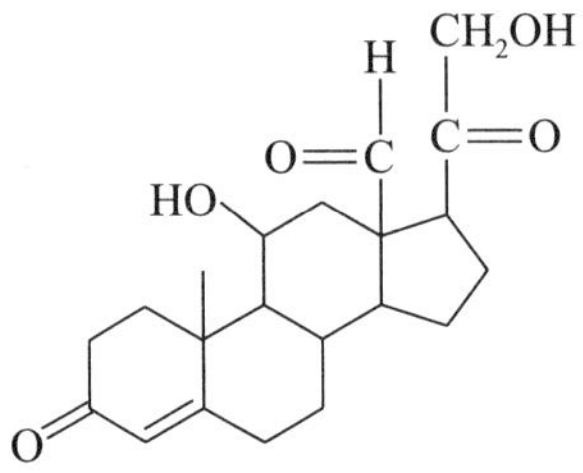

醛固酮 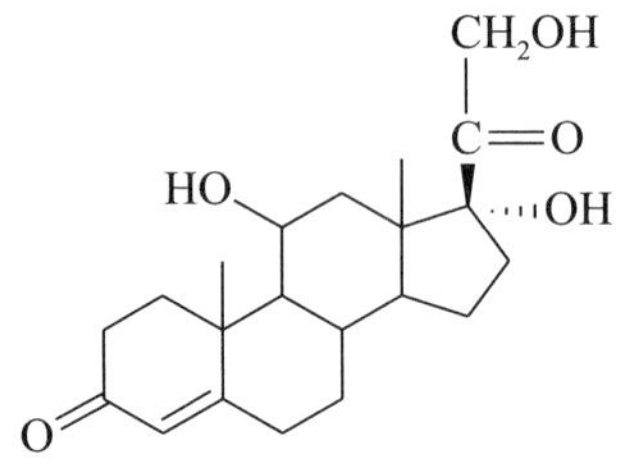　　　　　　氢化可的松

肾上腺皮质激素对风湿性关节炎、过敏性疾病和皮肤病等有较好的疗效。

（二）性激素

性激素（sex hormone）是由高等动物性腺（睾丸、卵巢和黄体）分泌，具有促进动物生长发育、决定和维持性特征等生理功能的甾体激素，分为雄性激素和雌性激素两大类，对生育和第二性征（如声音、体态）的发育起着重要作用。

1. 雄性激素 雄性激素是含 19 个碳的类固醇类化合物，C_{17} 上无侧链，有一个 β-羟基或羰基，重要的雄性激素有睾酮、雄酮和雄烯二酮。其中睾酮是生物活性最大的雄性激素，其结构特点是：C_3 为一酮基，$C_4 \sim C_5$ 为一双键，C_{17} 上无侧链，有一个 β-羟基；从构效关系分析，C_{17} 上的 β-羟基是其生物活性所必需的基团，若该羟基为 α-构型则无生物活性。

2. 雌性激素 雌性激素主要由卵巢分泌，分为两类：由成熟卵泡产生的称为雌激素，具有维持雌性第二性征和促进雌性生殖器官发育的作用,如 β- 雌二醇。另一类是由卵泡排卵后卵巢组织形成的黄体中分泌的,称为黄体激素或孕激素,具有抑制排卵、保证受精卵着床、维持妊娠、保胎作用,如黄体酮。黄体酮的结构特点与睾酮相似,不同之处是 C_{17} 上连有 β- 乙酰基,黄体酮又称孕二酮。

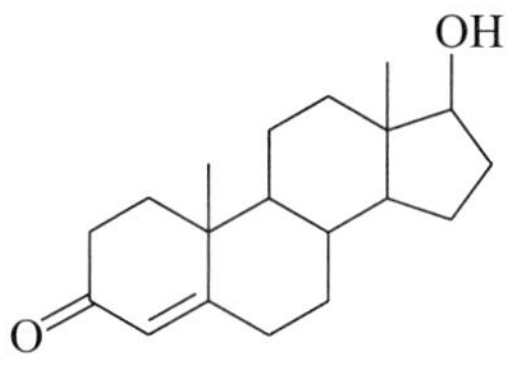

睾丸酮 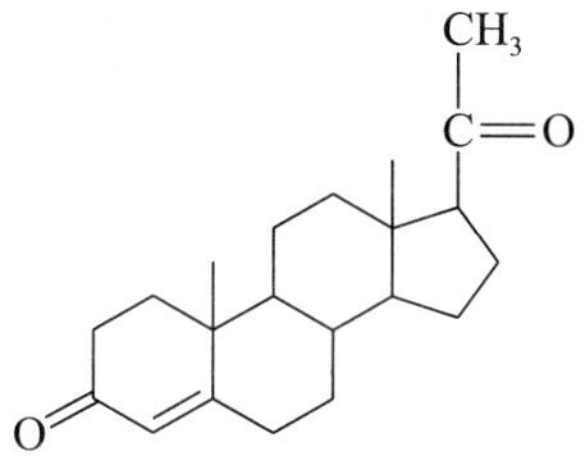　　　　　　　　黄体酮 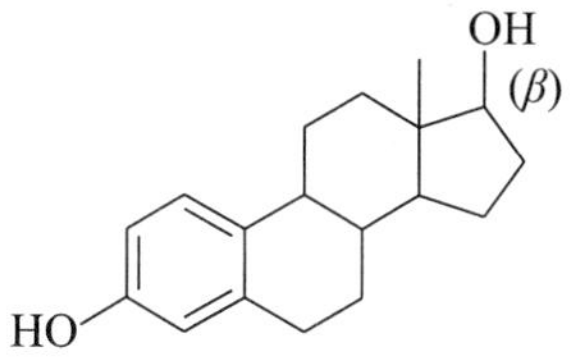　　　　　　　　β-雌二醇

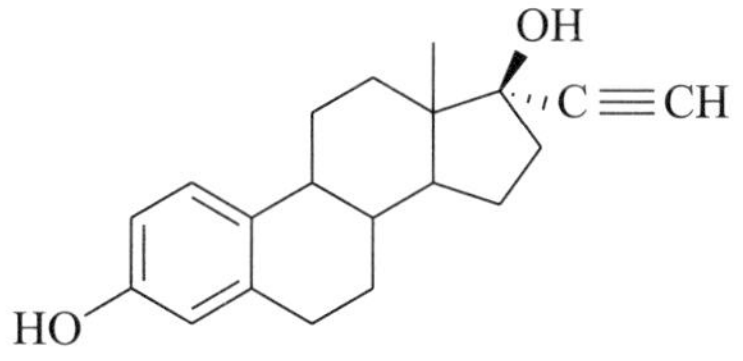

炔雌醇 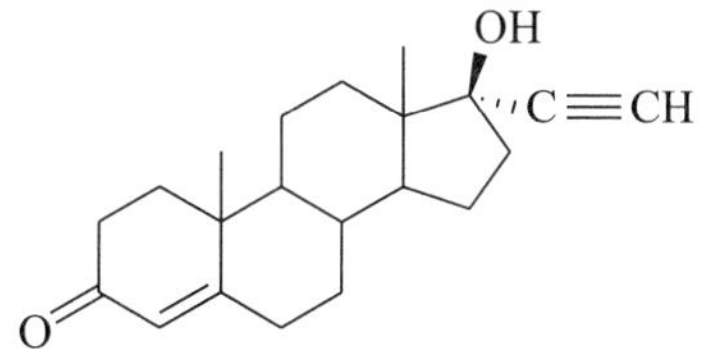　　　　　　　　炔诺酮

临床应用

屈螺酮——新一代孕激素

屈螺酮又称为二氢螺利酮,是一种高效、低毒、安全性好的新一代孕激素。屈螺酮具有抗盐皮质激素活性和抗雄激素特性,且没有任何雄激素、雌激素、糖皮质激素与抗糖皮质激素的活性。这一特性,使屈螺酮的生化和药理性能与天然孕激素十分相似。

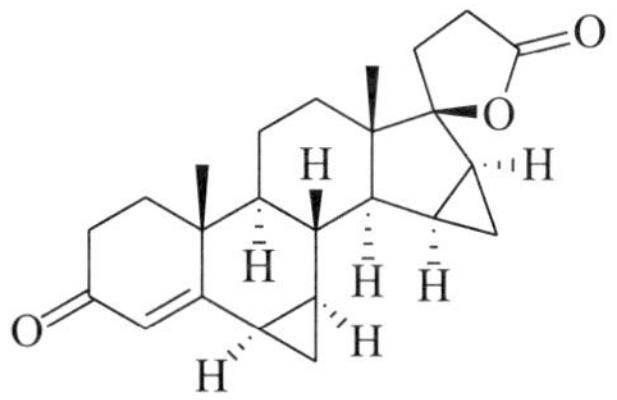

临床上,屈螺酮炔雌醇片经常与其他中药或西药连用,显示了其高活低毒的特性。例如,与妇科养血颗粒联合用于治疗功能性子宫出血;与滋肾健脾促孕汤或二甲双胍联合治疗多囊卵巢综合征。调查结果均表明疗效确切,可有效改善患者的性激素水平,且安全性较高。

β- 雌二醇在临床中的主要用途是治疗绝经症状、骨质疏松和生育控制。人工合成的炔雌醇活性比 β- 雌二醇高 7~8 倍,可用作口服避孕药。以黄体酮分子为母体,进行结构修饰,在黄体酮分子中 C_{17} 以 α- 位引入羟基和炔烃基,可形成一种性能优良的女用口服避孕药——炔诺酮,能抑制未孕妇女的排卵,在计划生育中有重要作用。

习题十四

1. 写出下列化合物的结构式。
   (1) 胆固醇　　　　(2) 磷脂酰胆碱　　　(3) $18:1\Delta^2$
   (4) $18:2\omega^{6,9}$　　　(5) 胆酸

2. 为什么说磷脂酰乙醇胺、磷脂酰胆碱等磷脂具有偶极离子结构？甘油磷脂为什么具有乳化作用？

3. 解释下列名词。
   (1) 皂化值　　　　(2) 碘值　　　　(3) 酸败

4. 什么叫必需脂肪酸？常见的必需脂肪酸有哪些？

5. 指出卵磷脂和脑磷脂结构上的主要区别。如何将两者分离？

6. 下图中的胆甾烷属于哪个系？此类天然甾体化合物的 B/C 环是怎样稠合的？A/B 环相当于哪个化合物？

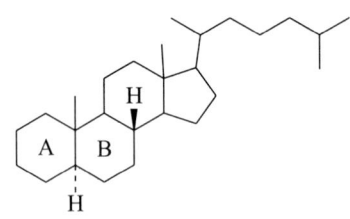

（寇晓娣）

第十五章 蛋白质和核酸

蛋白质（protein）是由氨基酸按一定顺序结合形成肽链，再由多肽链按照其特定方式结合而成的高分子化合物。蛋白质是一切生物体的主要组成成分，在生命活动中，蛋白质起着各种生命功能执行者的作用，没有蛋白质就没有生命。

核酸（nucleic acid）是重要的生物信息大分子，是生命遗传的物质基础，故称为"遗传大分子"。核酸广泛存在于所有生物体内，常与蛋白质结合形成核蛋白。它控制生物体的生长、发育、代谢、繁殖、遗传和变异等生命活动现象。

第一节　肽

由氨基酸的氨基与羧基脱水缩合而形成的化合物称为肽（peptide）。两分子氨基酸脱水缩合而形成的肽称为二肽；十个以内氨基酸分子脱水缩合而形成的肽称为寡肽（oligopeptide）；十个以上氨基酸分子脱水缩合而形成的肽称为多肽（poly peptide）。肽一般用下列通式表示：

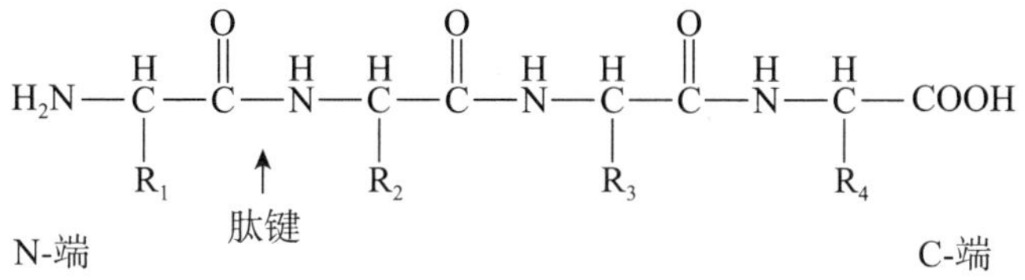

$$H_2N-\underset{R_1}{\overset{O}{\underset{|}{C}}}-\underset{}{\overset{H}{\underset{}{N}}}-\underset{R_2}{\overset{O}{\underset{|}{C}}}-\underset{}{\overset{H}{\underset{}{N}}}-\underset{R_3}{\overset{O}{\underset{|}{C}}}-\underset{}{\overset{H}{\underset{}{N}}}-\underset{R_4}{\overset{H}{\underset{|}{C}}}-COOH$$

N-端　　肽键　　　　　　　　　　　　　　　　　　　C-端

肽分子中的氨基酸因脱水缩合而基团不完整，故肽分子中的氨基酸称为氨基酸残基（amino acid residue）。肽链上含有氨基的一端称为氨基末端或 N-端，而含有羧基的一端称为羧基末端或 C-端。

一、肽的结构和命名

肽分子中的酰胺键称为肽键（peptide bond）。由于肽键中氮原子与羰基之间存在 p-π 共轭，并且肽键中 C—N 键长（132 pm）介于 C=N 双键键长（127 pm）与 C—N 单键键长（147 pm）之间，因而肽键中 C—N 键具有部分双键特性，不能自由旋转。

肽键与两个相邻 α-碳原子（以 C_α 表示）组成的 6 个原子的基团（—C_α—CO—NH—C_α—）称为肽单元。肽单元的 6 个原子共处在同一平面上，这个平面称为肽键平面（图 15-1）。

由于肽键中 C—N 键不能自由旋转，导致肽分子出现顺反异构现象。通常肽单元中的两个 C_α 原子处于反式构型（图 15-2）。

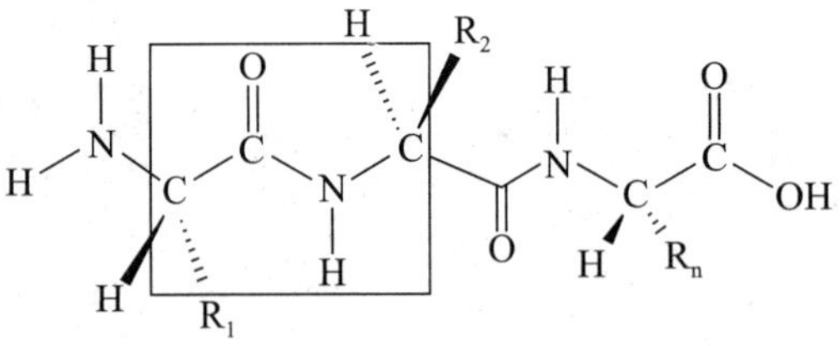

图 15-1　肽键平面 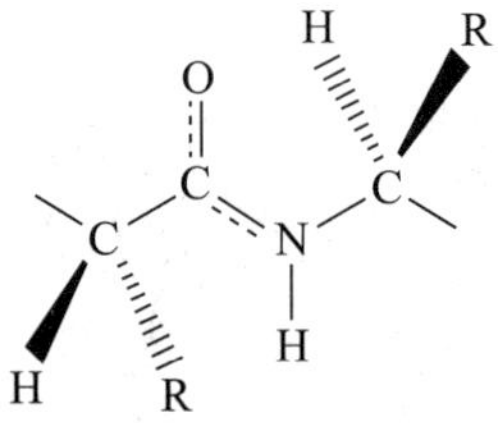　　　　　图 15-2　肽键的反式构型

虽然肽键中 C—N 键不能自由旋转，但与肽键中氮和碳原子相连接的两个基团可自由旋转，因此相邻肽键平面可围绕 C_α 原子旋转，从而导致肽分子在空间呈现不同的构象。

肽的命名通常以 C- 端的氨基酸作为母体，其他氨基酸残基从 N- 端开始依次称为"某氨酰"，置于母体名称前面。肽的结构也常用氨基酸残基的英文缩写表示。例如：

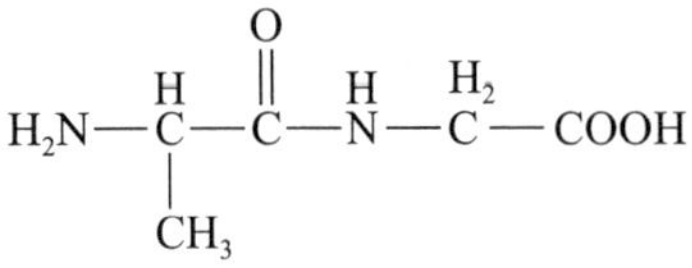

丙氨酰甘氨酸　　　　　　甘氨酰丙氨酸
Ala-Gly　　　　　　　　　Gly-Ala

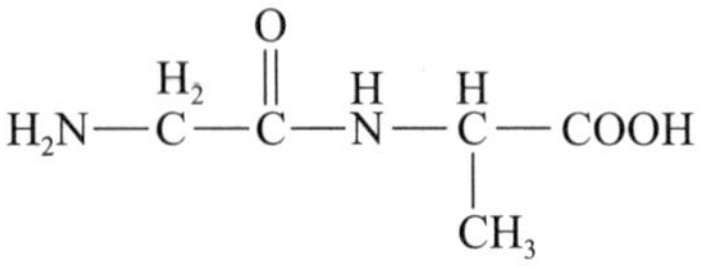

二、肽链结构测定

测定肽链或蛋白质中氨基酸的顺序，通常配合使用下列几种方法。

（一）N- 端氨基酸单元的分析

1. Sanger 法　此法是 F. Sanger 首先提出的，他利用了氨基很容易和 2,4- 二硝基氟苯发生芳香亲核取代反应的特性。当一个肽和 2,4- 二硝基氟苯反应完成后，把这个 N- 端带有 2,4- 二硝基苯基的肽链彻底水解，在水解物中，只有一个氨基酸的 α- 氨基与 2,4- 二硝基苯相连接，此氨基酸必为 N- 端氨基酸。

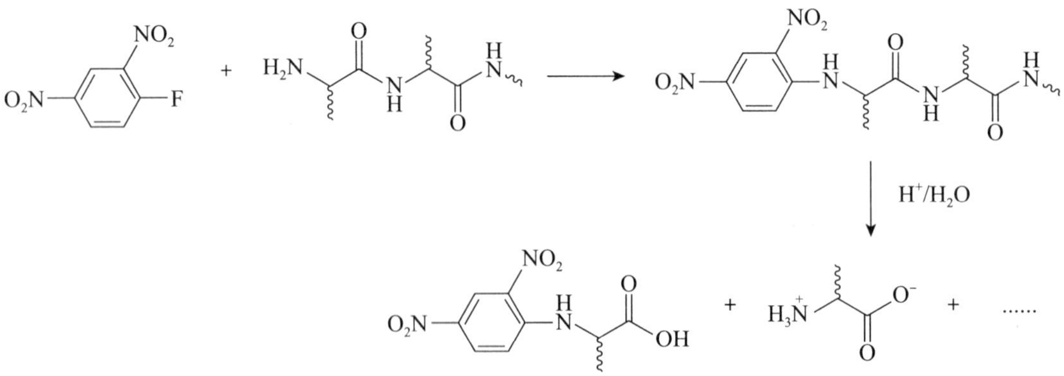

2. Edman 法　用异硫氰酸苯酯和肽链 N- 端的氨基反应，生成苯氨基硫代甲酸衍生物。该化合物在无水氯化氢作用下，发生一种关环反应，形成苯基乙内酰硫脲的衍生物，并从肽链上断裂下来，而肽链中的其他酰胺键不受影响，用于标记 N- 端氨基。

一个肽链经上述反应后，其结果是失去一个 N- 端的氨基酸，这个氨基酸可以作为取代苯基乙内酰硫脲进行鉴定。失去一个氨基酸的肽链还可以回收，重复上面的反应，进行第二个 N- 端的标记。

（二）C- 端氨基酸单元的分析

C- 端的氨基酸单元可以通过羧肽酶（carboxypeptidase）催化水解的方法确定。羧肽酶可以选择性切断游离羧基相邻的肽键，即溶液中切断下来的氨基酸是 C- 端氨基酸。已切断了 C- 端氨基酸的肽链，可再与羧肽酶作用，如此不断进行，可以使整个多肽或蛋白质水解为氨基酸。根据氨基酸出现的时间，可以推断 C- 端氨基酸的排列顺序。

（三）氨基酸的部分水解

用酶催化使部分肽键水解是测定肽链氨基酸顺序的一个关键，将一个长的链分解为许多小肽段，然后将这些小肽段分离，再进行氨基酸分析（如 N- 端氨基标记），这样多次地重复下去，最终得到整个肽链氨基酸的顺序。许多消化道内分泌出来的酶可以使肽键水解。有些酶的专一性并不很强，但是有些酶则具有高度专一性，不同的酶能分解不同氨基酸的肽键。

F. Sanger 用糜蛋白酶（chymotrypsin）分解胰岛素的肽键。这个酶的专一性虽然不强，但是它有一特点，能使带芳香取代基的氨基酸在羧羰基处水解。例如，A 链用这个酶水解，分裂成三个小肽段，两个切口的第一个在第 14～15 氨基酸处，另一个在第 19～20 氨基酸处。显然这个酶使酪氨酸在它的羧羰基处水解，而不能在其氨基处水解。用这种方法，使用不同的酶，结合端基标记和氨基酸分析，就可以一步一步地把一个肽链中的氨基酸顺序"拼搭"出来。F. Sanger 领导的一个小组就是用以上方法测定了胰岛素分子中全部氨基酸的顺序。

第二节　蛋　白　质

一、蛋白质的元素组成和分类

蛋白质（protein）是由多肽链按照其特定方式结合而成的高分子化合物。蛋白质与多肽之间没有严格的界限，一般将分子量超过 10 000 的多肽称为蛋白质。蛋白质的组成元素包括 C、H、O、N、S，有些蛋白质还含有 P、I、Mn、Fe、Zn、Mg、Cu 等。

蛋白质种类繁多，根据其形状可分为球状蛋白质（如胰岛素）和纤维蛋白质（如胶原蛋

白);根据其化学组成又可分成仅由氨基酸组成的简单蛋白质(如谷蛋白)和由简单蛋白质与非蛋白部分结合而成的缀合蛋白质(如脂蛋白);根据其功能可分为活性蛋白质(如酶)及非活性蛋白质(如角蛋白)。

二、蛋白质的结构

蛋白质分子中的肽链具有复杂的三维空间结构。这种结构不仅决定蛋白质的理化性质,而且也决定其生物学功能。蛋白质的结构常分为一级结构、二级结构、三级结构和四级结构。蛋白质的一级结构称为初级结构,蛋白质的二级、三级、四级结构统称为蛋白质的高级结构。蛋白质一级结构是蛋白质高级结构的基础。

(一)一级结构

蛋白质的一级结构是指肽链中氨基酸残基相互连接的顺序。如人胰岛素的一级结构由A、B两条肽链组成,其中A链由21个氨基酸残基组成,B链由30个氨基酸残基组成,A、B链之间通过两个二硫键连接,A链内存在一个二硫键。人胰岛素的一级结构如图15-3所示。

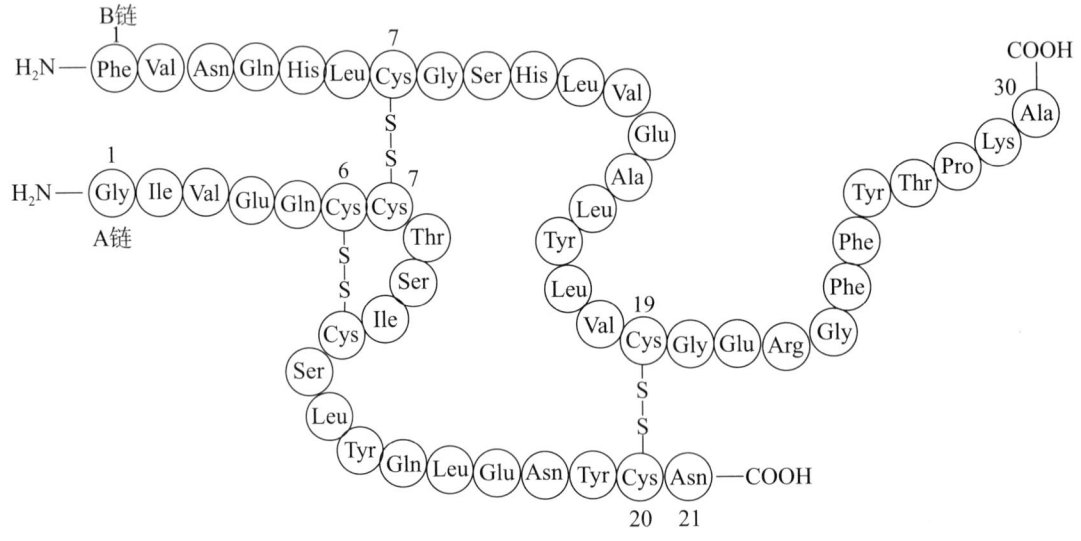

图 15-3　人胰岛素的一级结构

(二)二级结构

蛋白质的二级结构是指多肽链中各肽键平面通过C_α原子的旋转而形成的不同构象。蛋白质的二级结构只涉及肽链主链原子的相对空间位置,而不涉及氨基酸残基侧链的构象。维系蛋白质二级结构的作用力主要是肽键平面上的C=O与另一肽键平面上的N—H形成的氢键。蛋白质二级结构的主要形式是 α- 螺旋与 β- 折叠(图15-4)。

α- 螺旋构象是由肽键平面盘旋而形成的螺旋构象。α- 螺旋具有如下特征:多肽链中各肽键平面通过C_α原子的旋转,围绕同一中心轴以螺旋方式伸展,螺旋走向为顺时针方向(右手螺旋),每隔3.6个氨基酸残基构成一个螺旋圈,螺距为540 pm,每个残基沿轴上升150 pm;第i个氨基酸残基的C=O与第i+4个氨基酸残基的N—H形成的氢键维系着 α- 螺旋构象的稳定,氢键的方向与中心轴大致平行。纤维蛋白、血红蛋白、角蛋白等分子中都存在α- 螺旋构象。

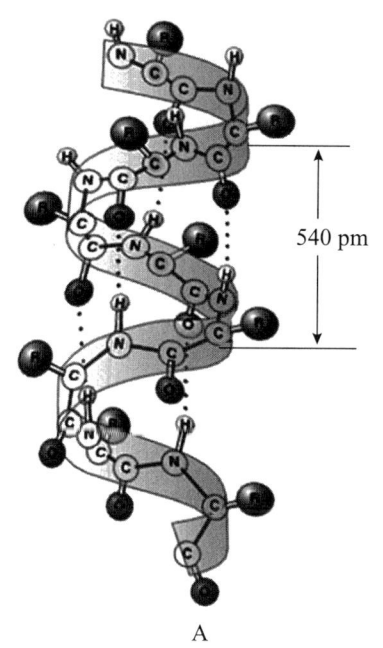
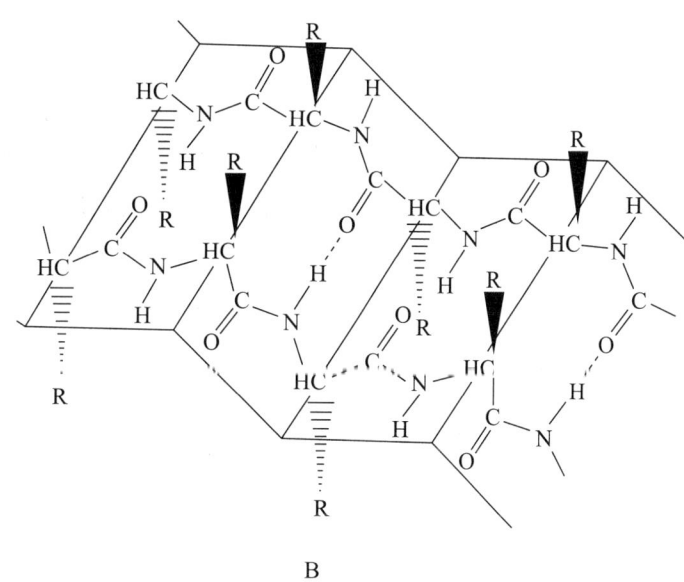

A. α-螺旋；B. β-折叠

图 15-4　蛋白质的二级结构

β-折叠是由肽键平面折叠而形成的锯齿状构象。β-折叠具有如下特征：肽链中各肽键平面通过 $C_α$ 原子的旋转，依次折叠成锯齿状，氨基酸残基的侧链基团分别从上下交替垂直于折叠面；相邻两条肽链间走向可平行（两条链均为 N-端→C-端），也可反平行（一条链是 N-端→C-端，而另一条链是 C-端→N-端），反平行的 β-折叠构象比平行的稳定；肽链间或肽链内的氢键维系着 β-折叠构象的稳定。丝心蛋白的二级结构就是典型的 β-折叠。

（三）三级结构

在二级结构基础上，蛋白质分子进一步盘旋折叠，形成特定的三维空间结构，称为蛋白质的三级结构。维系蛋白质三级结构的作用力主要来自氨基酸侧链之间的氢键、二硫键、离子键、疏水作用和范德瓦耳斯力。

肌红蛋白是具有三级结构的蛋白质（图 15-5）。它是由一条含有 153 个氨基酸残基的多肽链和一个辅基血红素构成，其中多肽主链上有 8 个 α-螺旋区。

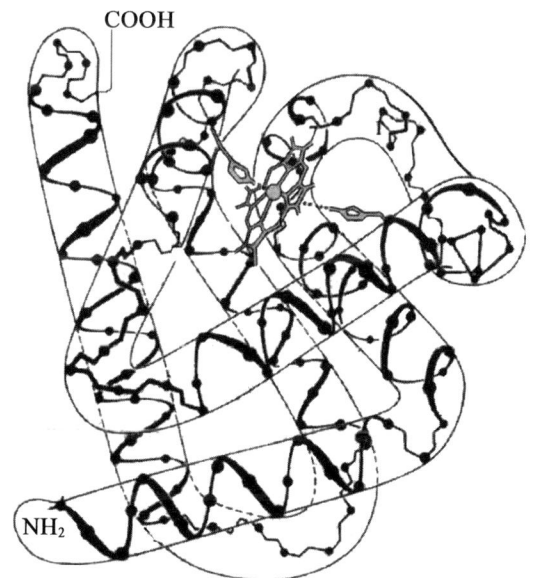

图 15-5　肌红蛋白的三级结构

（四）四级结构

由多条具有三级结构的多肽链聚合而形成的特定构象称为蛋白质的四级结构，其中每一个具有三级结构的多肽链称为亚基。维系蛋白质四级结构的作用力主要来自亚基之间的非共价键。

血红蛋白是具有四级结构的蛋白质（图 15-6）。它是由两个 α-亚基和两个 β-亚基聚合而成的四聚体，且每个亚基都结合一个血红素辅基。其中 α-亚基上有 141 个氨基酸残基，β-亚基上有 146 个氨基酸残基。

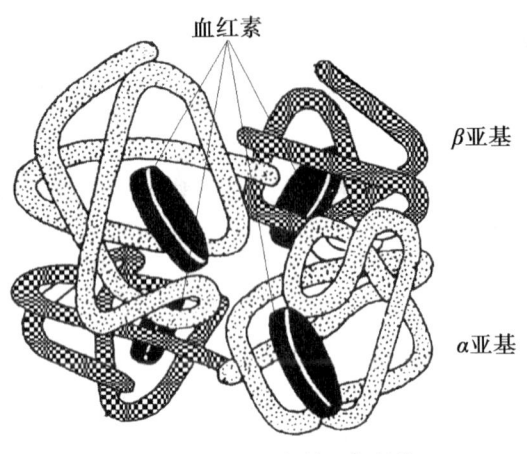

图 15-6　血红蛋白的四级结构

三、蛋白质的性质

（一）蛋白质胶体性质

蛋白质是高分子化合物，其分子直径一般在 1～100 nm，具有胶体的特性，如产生 Tyndall 效应、Brown 运动及不能透过半透膜。蛋白质能够形成稳定的胶体，主要有两方面的原因：一是蛋白质分子表面的亲水基团能与水分子发生水化作用，在蛋白质分子表面形成水化膜，使蛋白质粒子不易聚沉；二是在非等电点 pH 的溶液中，蛋白质粒子表面会带有同性电荷，分子之间产生静电斥力，导致蛋白质粒子不易聚沉。

（二）蛋白质两性和等电点

由于蛋白质中含有氨基与羧基，因此蛋白质与氨基酸一样，也是两性物质，也存在等电点。不同蛋白质的等电点不相同，在同一 pH 的溶液中，可利用各种蛋白质所带净电荷及它们在电场中移动状况不同的特点，通过电泳法分离蛋白质混合物。此外，在等电点时，蛋白质的溶解度最小，所以也可通过调节溶液 pH 达到等电点来分离蛋白质混合物。

（三）蛋白质沉淀及变性

在溶液中蛋白质以固体析出的现象称为蛋白质沉淀。使蛋白质沉淀的方法主要有盐析、有机溶剂沉淀法、重金属盐沉淀法、强酸强碱沉淀法、紫外光照射等。

由于物理或化学因素的影响，蛋白质理化性质的改变及生理活性的丧失称为蛋白质的变性。引起蛋白质变性的物理因素包括加热、高压、超声波、紫外光照射等，化学因素包括有机溶剂、重金属离子、强酸、强碱等。

蛋白质的变性分为可逆变性和不可逆变性。可逆变性是指去除变性因素后蛋白质可恢复原有构象和生物活性。不可逆变性是指去除变性因素后蛋白质不能恢复原有构象和生物活性。蛋白质变性的实质是蛋白质分子的非共价键和二硫键被破坏，导致其空间构象发生改变，而一级结构并不变化。

蛋白质的变性在实际应用上具有重要意义。如通常采用加热、紫外光照射、乙醇溶液等杀菌消毒，就是使细菌等病原微生物的蛋白质变性失活，达到杀菌消毒的目的。

（四）蛋白质的显色反应

蛋白质可以与许多化学试剂发生颜色反应。例如，蛋白质与水合茚三酮反应呈现蓝紫色；与碱性硫酸铜反应呈现紫色（缩二脲反应）；与硝酸汞的硝酸溶液反应呈现红色（Millon 反应）。此外，含有苯丙氨酸、酪氨酸和色氨酸残基的蛋白质与浓硝酸反应呈现黄色（蛋白黄反应）。

> **知识拓展**
>
> **G 蛋白偶联受体**
>
> G 蛋白偶联受体（G-protein coupled receptor，GPCR）为单一肽链形成的 7 个 α 螺旋来回穿透细胞膜，N-端在细胞外，C-端在细胞内，是细胞整合膜蛋白。它可以与激素、神经递质、气体等小分子物质发生相互作用。在细胞信号转导中发挥着重要的作用。人类重大疾病的发生往往都与 GPCR 有关，因此决定了其可以作为很好的药物靶标。目前世界医药市场上有 1/3 的小分子药物是 G 蛋白偶联受体的激活剂或拮抗剂，如缩瞳药物卡巴胆碱为激活剂，抗高血压药物氯沙坦为拮抗剂。 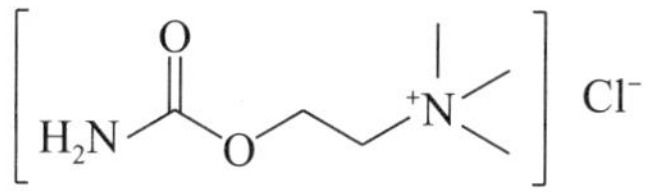
>
> 卡巴胆碱 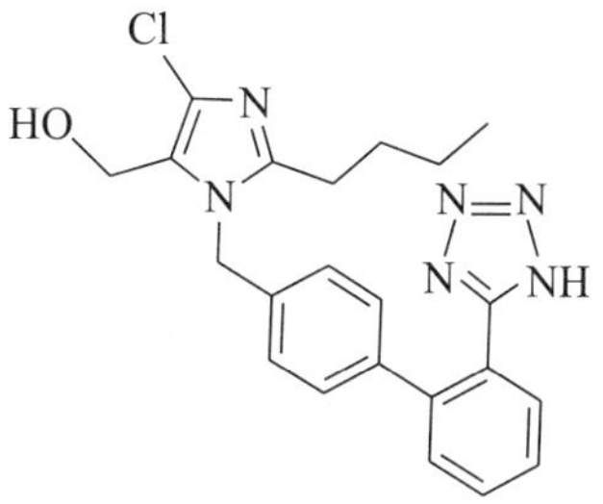　　　　　氯沙坦

第三节　核　酸

1869 年，瑞士科学家 Miescher 从脓细胞的细胞核中分离得到一种含氮和磷的物质，称为"核质"，因其来源于细胞核且有酸性，20 多年后更名为核酸。

本节主要讨论核酸的化学组成和分子结构，为后续学习核酸奠定基础。

一、核酸的组成与结构

（一）核酸的分类

核酸中含有戊糖结构，按照戊糖的不同，核酸分为脱氧核糖核酸（deoxyribonucleic acid，DNA）和核糖核酸（ribonucleic acid，RNA）两大类。

DNA 主要存在于细胞核的染色体中，在线粒体和叶绿体内少量存在，是生物遗传的主要物质基础，是遗传信息的载体。约 90% 的 RNA 存在于细胞质中，其中微粒体内含量最多，线粒体内较少。RNA 在体内承担遗传信息的表达，即直接参与和控制蛋白质的合成。RNA 的分

子量比 DNA 的小一些。根据合成蛋白质时所起作用的不同，将 RNA 又分为以下三类：

核糖体 RNA（ribosomal RNA），即 rRNA，又称核蛋白体 RNA，rRNA 和蛋白质一起组成核糖体，是细胞内合成蛋白质的场所。

信使 RNA（messenger RNA），即 mRNA，是合成蛋白质的模板。在合成蛋白质时，mRNA 控制氨基酸的排列顺序，其承载的信息是从 DNA 转录得到的。

转运 RNA（transfer RNA），即 tRNA，它在合成蛋白质时将所需氨基酸运送到核糖体。

（二）核酸的化学组成

核酸主要由 C、H、O、N、P 等元素组成，其中 P 含量较为恒定（9%～10%），可通过检测样品中 P 的含量进行核酸的定量分析。

核酸在细胞内主要以核蛋白的形式存在，核蛋白水解生成蛋白质和核酸。将核酸初级水解生成核苷酸，核苷酸进一步水解得到核苷（nucleoside）和磷酸，核苷再水解则生成戊糖和碱基。

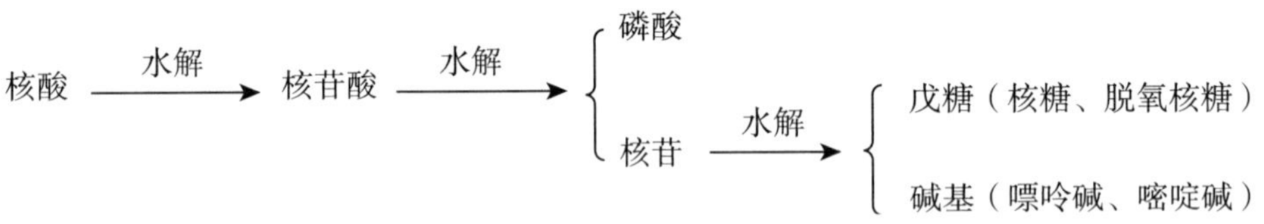

$$核酸 \xrightarrow{水解} 核苷酸 \xrightarrow{水解} \begin{cases} 磷酸 \\ 核苷 \end{cases} \xrightarrow{水解} \begin{cases} 戊糖（核糖、脱氧核糖）\\ 碱基（嘌呤碱、嘧啶碱）\end{cases}$$

两类核酸的最终水解产物见表 15-1。

表 15-1　两类核酸的最终水解产物

水解产物	DNA	RNA
酸	磷酸	磷酸
戊糖	D-2-脱氧核糖	D-核糖
嘌呤碱	腺嘌呤、鸟嘌呤	腺嘌呤、鸟嘌呤
嘧啶碱	胞嘧啶、胸腺嘧啶	胞嘧啶、尿嘧啶

DNA 和 RNA 中所含的相同成分包括磷酸、腺嘌呤、鸟嘌呤和胞嘧啶。两者不同之处在于，DNA 中的糖为脱氧核糖，嘧啶碱有胸腺嘧啶；RNA 中的糖为核糖，嘧啶碱有尿嘧啶。

核酸中存在的两类碱基结构如下。

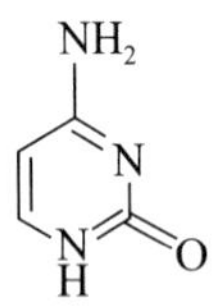

4-氨基-2-氧嘧啶
胞嘧啶
(cytosine,C)

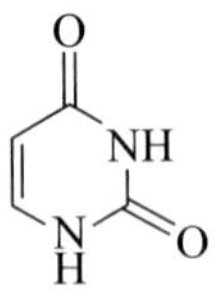

2,4-二氧嘧啶
尿嘧啶
(uracil,U)

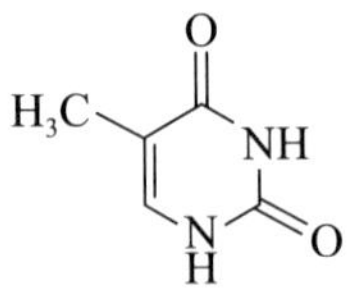

5-甲基-2,4-二氧嘧啶
胸腺嘧啶
(thymine,T)

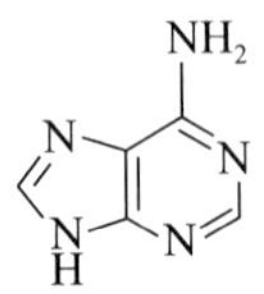

6-氨基嘌呤
腺嘌呤
(adenine,A)

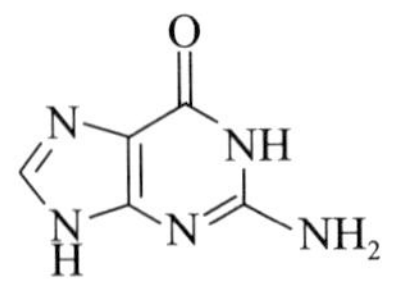

2-氨基-6-氧嘌呤
鸟嘌呤
(guanine,G)

两类碱基均存在酮式-烯醇式互变异构：

鸟嘌呤

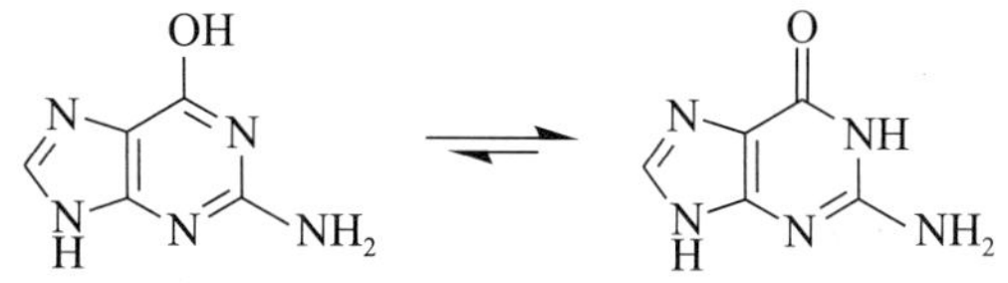

烯醇式 ⇌ 酮式

胞嘧啶

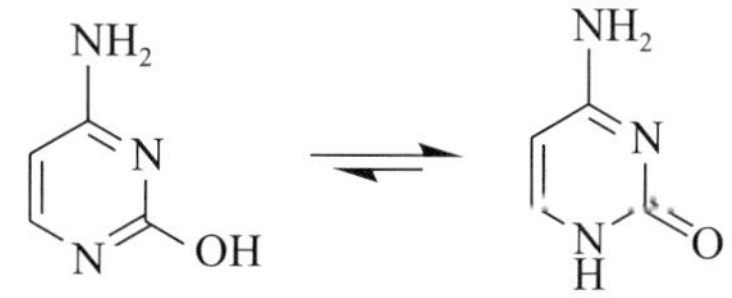

烯醇式 ⇌ 酮式

在生理条件（弱酸性和中性）下，碱基主要以酮式结构存在。

核酸中的戊糖分别是D-2-脱氧核糖和D-核糖，均为β-构型，它们的结构如下。

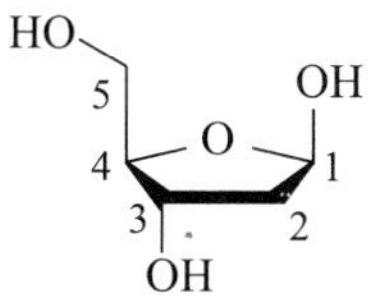

β-D-2-脱氧核糖
(β-D-2-deoxyribose)

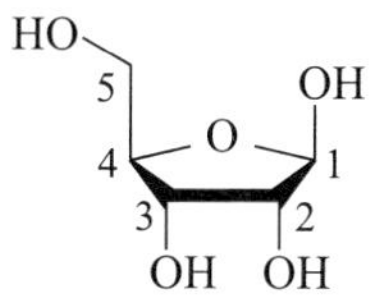

β-D-核糖
(β-D-ribose)

（三）核苷

核苷是β-戊糖与碱基脱水生成的氮苷。嘧啶碱以1位氮原子上的氢原子与β-戊糖脱水成苷，而嘌呤碱以9位氮原子上的氢原子与β-戊糖脱水成苷，它们是β-氮苷化合物。为避免戊糖与碱基中原子编号混淆，规定戊糖环用带撇的数字编号。

核糖生成的苷称为核苷，脱氧核糖生成的苷称为脱氧核苷。核苷的命名是在苷字前面加上碱基的名称。如核糖与腺嘌呤生成的苷称为腺嘌呤核苷，简称腺苷；脱氧核糖与胞嘧啶生成的苷称为胞嘧啶脱氧核苷，简称脱氧胞苷。

在RNA中常见的四种核苷的结构及名称如下。

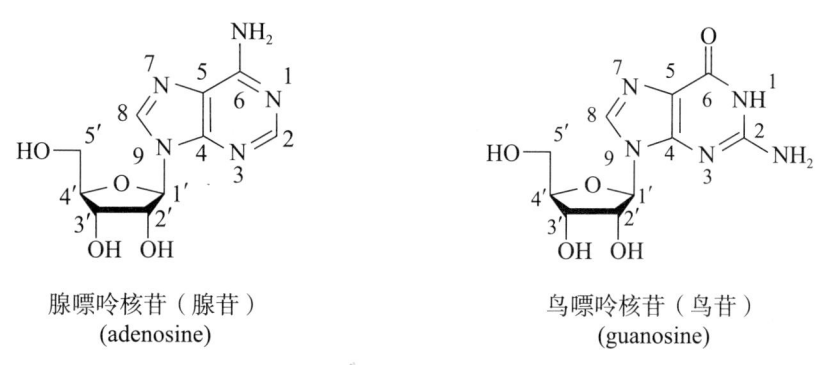

腺嘌呤核苷（腺苷）
(adenosine)

鸟嘌呤核苷（鸟苷）
(guanosine)

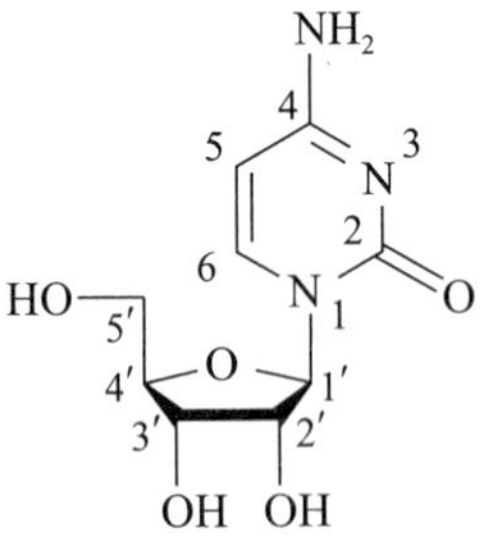

胞嘧啶核苷（胞苷）
(cytidine)

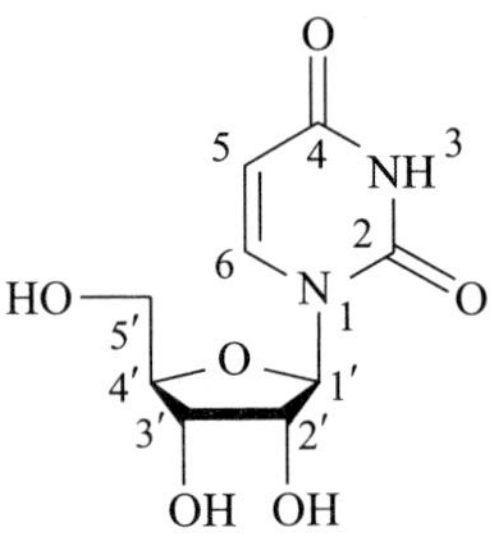

尿嘧啶核苷（尿苷）
(uridine)

在 DNA 中常见的四种脱氧核苷结构和名称如下。

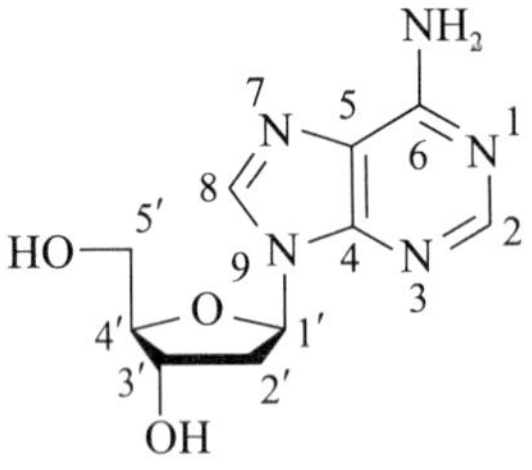

腺嘌呤脱氧核苷（脱氧腺苷）
(deoxyadenosine)

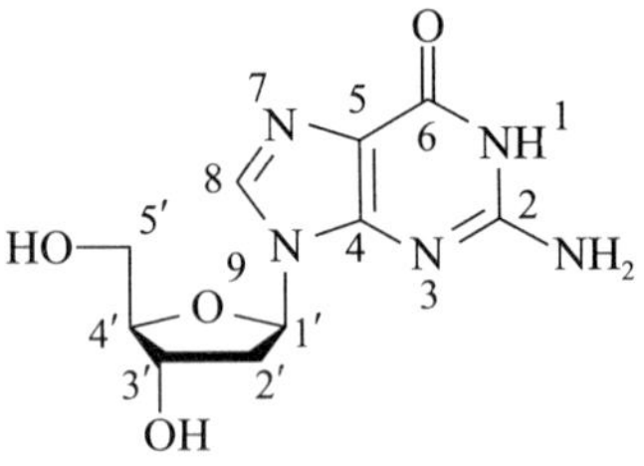

鸟嘌呤脱氧核苷（脱氧鸟苷）
(deoxyguanosine)

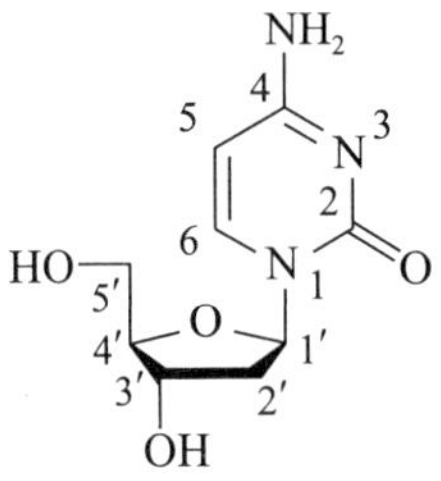

胞嘧啶脱氧核苷（脱氧胞苷）
(deoxycytidine)

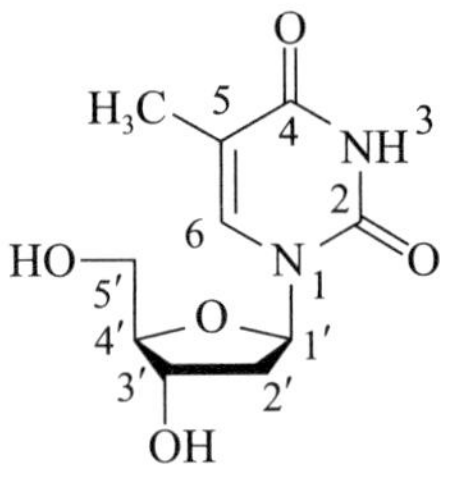

胸腺嘧啶脱氧核苷（脱氧胸苷）
(deoxythymidine)

氮苷与氧苷一样，对碱较稳定，在强酸溶液中能水解成相应的戊糖和碱基。

（四）核苷酸

核苷酸（nucleotide）是核苷和磷酸生成的酯，也称单核苷酸，是组成核酸的基本单位。一般是核苷分子中的 3′ 位或 5′ 位的羟基与磷酸酯化生成核苷酸，生物体内游离的核苷酸主要是 5′- 核苷酸。

组成 RNA 的核苷酸有腺苷酸、鸟苷酸、胞苷酸和尿苷酸；组成 DNA 的核苷酸有脱氧腺苷酸、脱氧鸟苷酸、脱氧胞苷酸和脱氧胸腺苷酸。

核苷酸的命名方法：磷酸成酯的位次 + 核苷的名称 + 酸。例如，RNA 中的腺苷酸应称作 5′- 腺嘌呤核苷酸或腺嘌呤核苷 -5′- 磷酸，生物化学中又称为腺苷一磷酸（adenosine monophosphate，AMP）。同理，胞苷酸的名称为 5′- 胞嘧啶核苷酸或胞嘧啶核苷 -5′- 磷酸，亦可称为胞苷一磷酸（cytidine monophosphate，CMP）。其结构式如下。

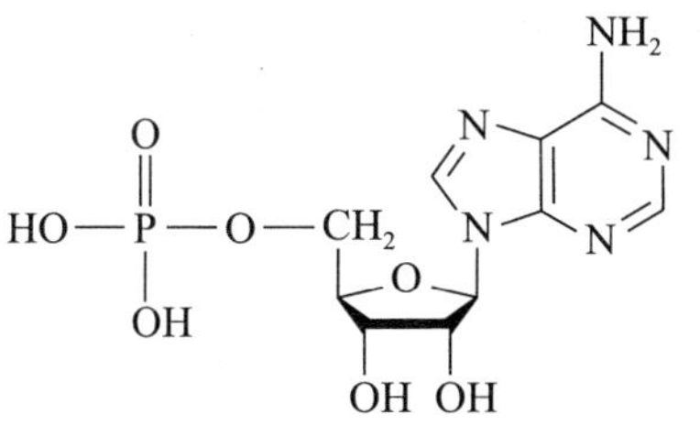

腺苷酸 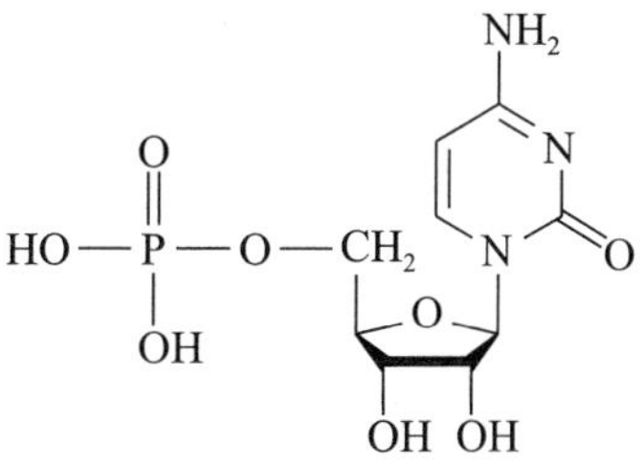　　　　　　　　　　　　胞苷酸

在生物体内还有一些以游离态或衍生物形式存在的核苷酸。例如，腺苷酸（AMP）在体内能进一步磷酸化生成腺苷二磷酸（ADP）或腺苷三磷酸（ATP），其结构式分别如下。

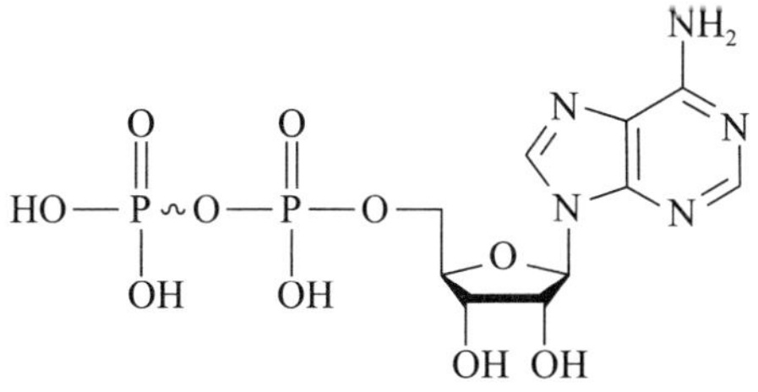

腺苷二磷酸(ADP) 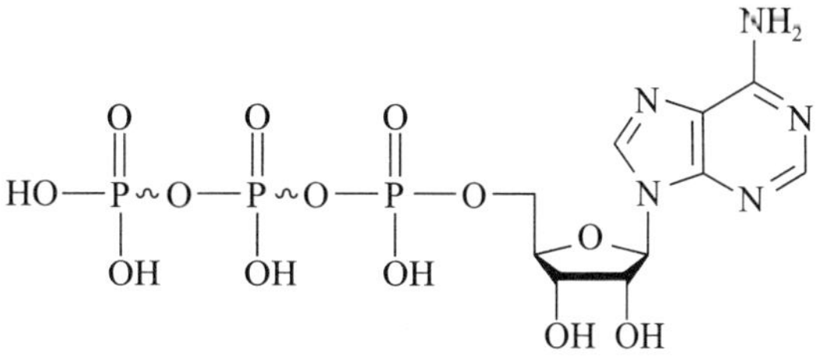　　　　　　　　　　腺苷三磷酸(ATP)

在 ADP 和 ATP 分子中，磷酸与磷酸之间的磷酸酐键具有较高的能量，称为高能磷酸键，用"~"表示，水解时释放大量的能量。这类化合物称为高能磷酸化合物，是生物体内能量的贮存、转移和利用的主要形式。

（五）核酸的一级结构

核酸是由核苷酸之间脱水生成的长链大分子，即一个核苷酸 $3'$-羟基与另一个核苷酸 $5'$-磷酸基脱水形成 $3',5'$-磷酸二酯键连接而成。长链的骨架是由磷酸残基和戊糖残基交替排列组成，碱基可以看成是长链上戊糖苷的配基。长链的两端分别称为 $5'$-末端和 $3'$-末端。

DNA 和 RNA 中部分核苷酸链结构可用右侧的简式表示。

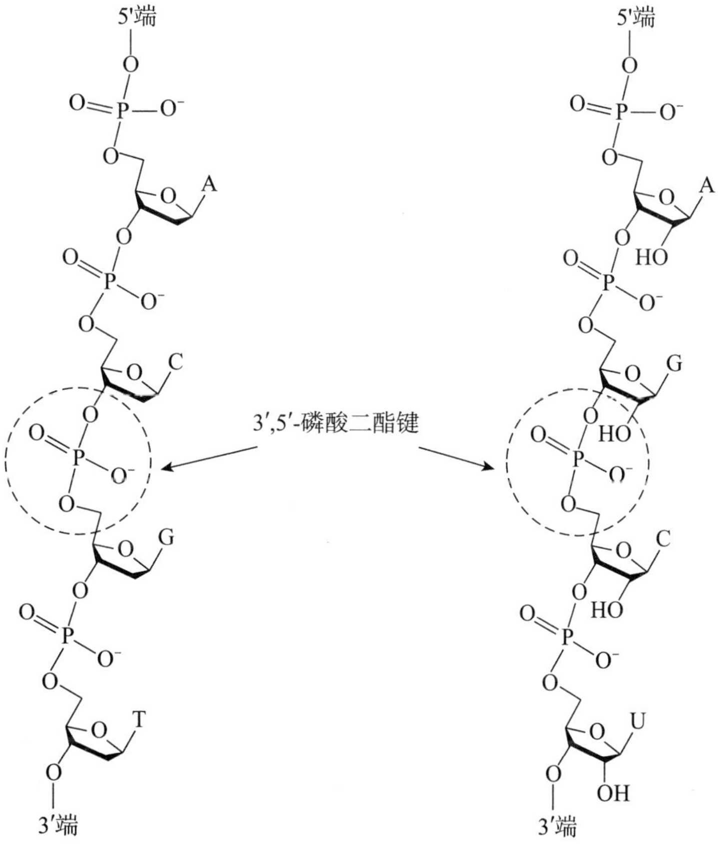

核酸的一级结构是指核酸分子中核苷酸排列的顺序，又称为核苷酸序列；由于不同核苷酸间的差别主要是碱基不同，故也称碱基序列。

核酸结构的上述表示方法较为直观，结构关系一目了然，但书写麻烦。文献中常用字符式表示法：糖残基和磷酸二酯键均省略不写，用小写字母 p

代表磷酸残基，用字母符号代表碱基，一般 5′-端在左侧，3′-端在右侧。只用碱基的字母符号表示更为方便。如上面 DNA 和 RNA 的片段可表示为：

DNA　5′ pApCpGpT-OH 3′　或 5′ ACGT 3′

RNA　5′ pApGpCpU-OH 3′　或 5′ AGCU 3′

（六）DNA 的双螺旋结构

1944 年，Avery 的肺炎双球菌的转化实验证明了 DNA 是遗传物质。因此 DNA 是怎样贮存和传递遗传信息的、具有怎样的结构等一系列问题引起很多科学家的兴趣。1953 年，美国遗传学家 E. S. Waston 和英国科学家 Crick 在前人研究的基础上提出了 DNA 双螺旋（double helix）结构模型，从分子水平上揭示了生物遗传的奥秘，奠定了分子生物学的基础，人们从此开始从分子角度来研究生命科学。

Waston 和 Crick 设想的 DNA 分子模型是：两条走向相反的聚核苷酸链沿着一个共同的轴心盘旋成右手双螺旋结构（图 15-7A）。在双螺旋结构中，由亲水的脱氧核糖和磷酸组成的长链位于双螺旋的外侧，垂直于螺旋轴的碱基位于双螺旋的内侧，一条链上的碱基均与另一条链上的碱基通过氢键结合成对，将两条链"粘"在一起。

为了两条长链之间的距离相等，一条链上的嘌呤碱必须与另一条链的嘧啶碱相匹配，即碱基 A 与 T 相配对（其间形成 2 个氢键），G 与 C 相配对（其间形成 3 个氢键）（图 15-7B）。这种碱基之间配对的规律，称为碱基互补或碱基配对规律。若两个碱基均为嘌呤碱，则体积太大，螺旋间无法容纳；两者均为嘧啶碱时，由于两链之间距离太远而难以形成氢键，皆不利于双螺旋的形成。相邻碱基对平面间距离为 340 pm，双螺旋每旋转一圈包含 10 个核苷酸，其螺距为 3400 pm，螺旋直径为 2000 pm。维系双螺旋结构纵向稳定是靠疏水碱基间的堆积力，横向稳定是靠碱基对间的氢键。

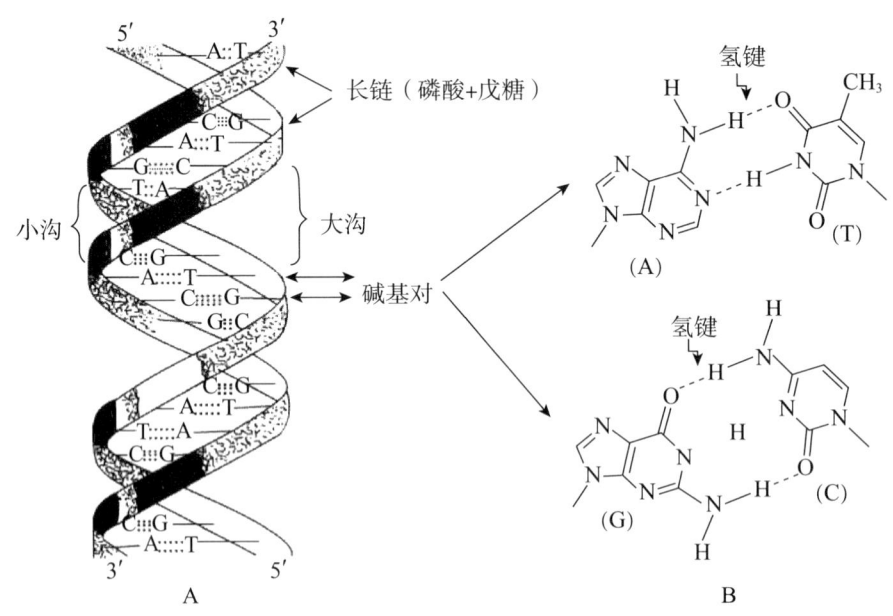

图 15-7　DNA 双螺旋结构

由碱基配对规律可知，当一条多核苷酸链的碱基序列确定后，另一条核苷酸链的碱基序列也就随之明确。这种互补关系对 DNA 复制和信息的传递具有极其重要的意义。遗传学上所说的"基因"（gene）其实就是碱基序列。

RNA 的二级结构的规律性不如 DNA。大多数 RNA 的分子是由一条弯曲的多核苷酸链构成的，其中有 40%～70% 弯曲回折的链段可以形成短小的、与 DNA 相似的双螺旋结构区，在双螺旋结构区，A 与 U、G 与 C 配对，不能配对的碱基则形成突环（loop）。

二、核酸的性质

（一）物理性质

DNA 为白色纤维状固体，RNA 为白色粉末，它们都微溶于水，可溶于 2-甲氧基乙醇、稀碱，但不溶于乙醇、乙醚和氯仿等一般有机溶剂。核酸是核苷酸的多聚物，DNA 的分子量为 10^6～10^9，而 RNA 的分子量为 10^4～10^6。有的 DNA 长度可达几厘米，溶液的黏度极高。RNA 溶液的黏度小得多。DNA 多为线性分子，分子形状极不对称，具有旋光性，多为右旋。核酸分子中的碱基具有共轭结构，它们对 260 nm 左右的紫外光有较强的吸收。

（二）酸碱性

核酸分子既含有磷酸基，也含有嘧啶、嘌呤等碱性基团，是两性化合物，它的酸性大于碱性。核酸能与碱性蛋白质结合，生成核蛋白；能与一些金属离子结合成盐；也易与一些碱性染料结合而呈现出各种颜色，可用于镜下观察细胞中核酸的微观结构。由于核酸是两性化合物，所以有特定的等电点 pI。DNA 的 pI 为 4.0～4.5，RNA 的 pI 为 2.0～2.5。因此在不同 pH 的溶液中，核酸可带有不等量的电荷，这一性质可用于核酸的电泳分离。

（三）核酸的水解

核酸在酸、碱或酶的作用下可以水解，其水解程度随水解条件的不同而异。核酸的水解过程就是破坏核酸中磷酯键和糖苷键的过程。酸性水解的难易顺序：磷酯键＞糖苷键；嘧啶碱糖苷键＞嘌呤碱糖苷键。DNA 在碱性溶液中较稳定，而 RNA 中的磷酯键易水解。酶催化水解比较温和，且选择性地切断某些键。

（四）变性、复性和杂交

在加热、辐射、酸、碱或有机溶剂等作用下，核酸分子中双螺旋结构松解成无规则线团结构的现象，称为核酸的变性（denaturation）。原因是维持双螺旋结构稳定性的氢键和碱基间堆积力受到破坏，而磷酸二酯键不变，即核酸的一级结构不被破坏。DNA 变性后在 260 nm 处紫外吸收增加、黏度降低、比旋光度下降，生物活性将部分或全部丧失。而 RNA 本身只有局部的螺旋区，所以变性引起的性质变化不如 DNA 明显。若条件适宜，变性的 DNA 可恢复全部或部分双螺旋结构，这种现象称为 DNA 的复性（renaturation）。在复性的过程中，若有不同来源的 DNA 单链或 RNA 分子存在，只要两种单链分子之间存在着一定程度的碱基配对关系，就可以在不同的分子间重新形成双螺旋结构，这个过程称为核酸分子的杂交（hybridization）。核酸的杂交技术可以广泛地应用于核酸的结构和功能的研究、遗传性疾病的诊断、肿瘤病因学及优良农作物的培育等研究。

临床应用

核苷类抗病毒药物——阿德福韦酯

阿德福韦酯是一种核酸类似物（nucleotide analog），它能够抑制乙型肝炎病毒 DNA 聚合酶的活性，因而可以抑制乙型肝炎病毒的复制与增殖。在临床试验中阿德福韦酯不但能够有效抑制新感染的乙型肝炎病毒，而且对于拉米夫定具有抗药性的病毒突变株及另一种称为"precore mutant"的乙型肝炎病毒突变株也都有相当好的抑制作用。在亚洲地区大约 50% 乙型肝炎的患者感染的是"precore mutant"突变株。

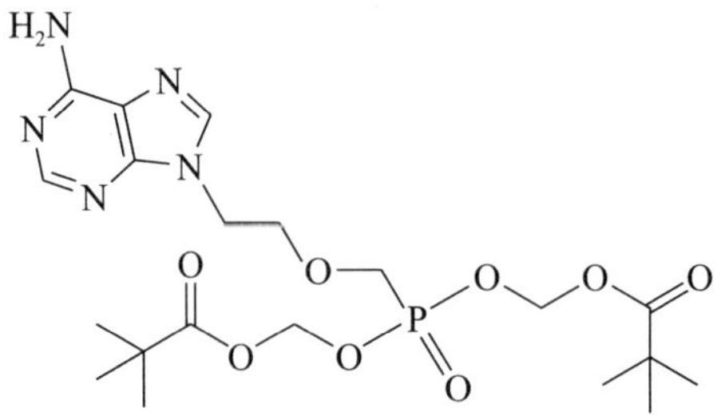

阿德福韦酯

作为新一代抗病毒的核苷酸类似物，阿德福韦酯适用于需长期用药和拉米夫定已发生耐药者。阿德福韦酯对 HBV 的起效时间较缓慢，但发生耐药的概率小，药效维持时间长，且对已产生病毒变异者亦有效，是目前对有耐药性病例治疗的最佳替代药物，解决了 HBV 耐药性的难题。2002 年阿德福韦酯被批准用于治疗慢性乙型肝炎和对拉米夫定耐药的代偿性和失代偿肝硬化病例，并具有良好的安全性。

习题十五

1. 命名下列化合物。

(1) Ser-Met

(2) Pro-Thr

(3)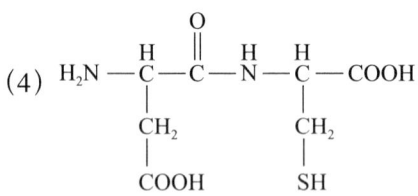

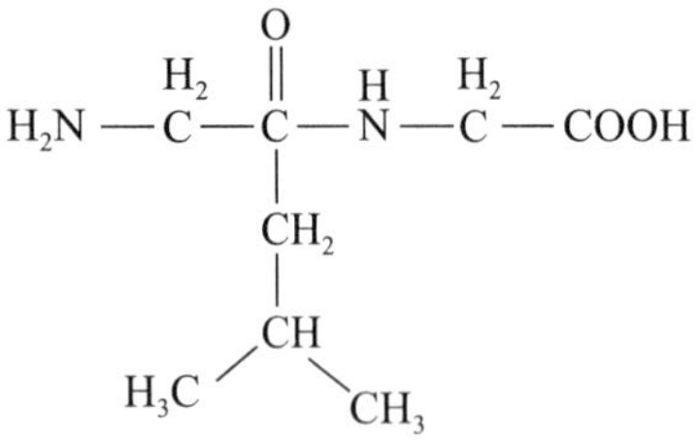

(4)

2. 写出下列化合物的结构式。
(1) 丙氨酰苯丙氨酸
(2) 苯丙氨酰丙氨酸
(3) 胞苷
(4) 2'-脱氧腺苷
(5) 胞苷-5'-磷酸
(6) 脱氧鸟苷-3'-磷酸
(7) 碱基序列为"鸟嘌呤-胞嘧啶-腺嘌呤"的三聚核苷酸

3. 判断对错。
(1) 肽键中 C—N 键能自由旋转。
(2) 肽的命名通常以 N-端的氨基酸作为母体，其他氨基酸残基从 C-端开始依次称为

"某氨酰"。

(3) 蛋白质变性的实质是一级结构的变化。

(4) 蛋白质与多肽均能发生缩二脲反应。

4. 二肽 A 与亚硝酸反应后再水解，生成丙氨酸与羟基乙酸。请写出这个二肽 A 的结构式。

5. 写出 DNA 和 RNA 水解最终产物的结构式和名称。二者在化学组成上有何不同？

6. 维系 DNA 二级结构的稳定因素是什么？

7. 从化学结构上分析，核酸的变性是发生了哪些变化？

8. DNA 和 RNA 为什么容易与碱性蛋白质结合？

9. 在任何来源的 DNA 中，嘌呤脱氧核苷酸与嘧啶脱氧核苷酸的物质的量总是相等的；而且腺嘌呤与胸腺嘧啶物质的量总是相等的，鸟嘌呤与胞嘧啶物质的量总是相等的。试解释这些事实。

10. 一段单链 DNA 分子中碱基序列为 TCAGAGTC，能与之形成双螺旋结构的另一条链的碱基序列应该是什么？

（李　林）

第十六章 波谱学基础

确定有机化合物的结构是有机化学的重要内容。波谱学方法是随着物理学、数学和计算机等技术的发展而建立并日臻完善的一类分析方法,它在对有机化合物结构鉴定方面发挥着独特的作用。与传统的化学方法相比,波谱学方法具有快速、准确、需样量少等诸多优点。本章介绍有机化学中最常用的紫外光谱、红外光谱、核磁共振氢谱及质谱。

第一节 吸收光谱的基本原理

光作为一种电磁辐射(或称电磁波)具有波粒二象性,其波长(λ)、频率(ν)和光速(c)之间的相互关系为:

$$\nu = c/\lambda \tag{16-1}$$

电磁波的能量(E)与频率和波长之间的关系符合下列表达式:

$$E = h\nu = hc/\lambda \tag{16-2}$$

式中,h是普朗克常数。

由式(16-1)和(16-2)可知:电磁波的频率与波长成反比;频率越高(或波长越短),电磁波的能量越大。按照波长递增的顺序,电磁波可以分为X射线、紫外光、可见光、红外光、微波及无线电波等几个区域。

当电磁波作用于化合物分子时,分子获得能量,导致分子能级发生某些变化,如将价电子激发到较高能级、增加原子间价键的振动及转动或引起原子核的自旋跃迁等。使分子发生不同能级的变化需要不同的、量子化的能量,记录由能级跃迁所产生的辐射能强度随波长(或相应单位)的变化所得到的图谱称为吸收光谱(absorption spectrum)。电磁波的不同区域及其对应的光谱分类如表16-1所列。

表 16-1 电磁波的不同区域及其对应的光谱

电磁波	波长	分子能级变化	光谱
远紫外光	100～200 nm	σ电子跃迁	真空紫外光谱
近紫外光	200～400 nm	n电子及π电子跃迁	近紫外光谱
可见光	400～800 nm	n电子及π电子跃迁	可见光谱
中红外光	2.5～25 μm	分子振动及转动	红外光谱
无线电波	1～1000 m	核自旋	核磁共振波谱

紫外光谱法、红外光谱法及核磁共振波谱法均属于光谱分析法,为吸收光谱。质谱是分子

离子和碎片离子依其质核比（m/z）大小排列所形成的质量谱。质谱并不属吸收光谱，但由于它在有机化合物未知结构分析中的重要地位，且经常与紫外、红外、核磁等光谱法配合应用，因此常把质谱法与紫外光谱、红外光谱、核磁共振波谱一起介绍。

第二节　紫外光谱

一、紫外光谱的产生

紫外-可见吸收光谱（ultraviolet-visible absorption spectra, Uv-vis）是指分子吸收紫外-可见光区的电磁波而产生的吸收光谱，简称紫外光谱。在波长 100～200 nm 的远紫外区域，空气中的 O_2 和 CO_2 可以产生吸收，该区域的检测只能在真空条件下进行，由于操作困难目前尚未得到广泛应用。常用的紫外光谱包括紫外光和可见光两部分，检测波长在 200～800 nm，分子中某些价电子吸收这一波长范围内的电磁波后，由低能级跃迁到高能级产生紫外及可见吸收光谱。

二、价电子跃迁类型

分子中的价电子包括成键的 σ 电子、π 电子和处于非键轨道中的 n 电子。当分子接受电磁波辐射时，其价电子有可能发生如图 16-1 所示的跃迁。

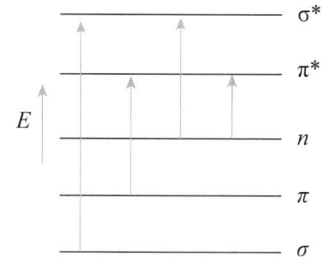

图 16-1　电子跃迁能量示意图

$\sigma \rightarrow \sigma^*$ 跃迁是指分子中处于 σ 成键轨道上的价电子吸收能量后跃迁到 σ^* 反键轨道上。由于分子中 σ 键较为牢固，所以跃迁需要较大能量，吸收峰出现在远紫外区，例如饱和烃类化合物吸收峰一般都小于 150 nm，在 200～400 nm 范围内没有吸收。

$\pi \rightarrow \pi^*$ 跃迁是指处于 π 成键轨道上的价电子跃迁到 π^* 反键轨道上。孤立的 $\pi \rightarrow \pi^*$ 跃迁吸收峰的波长一般约为 200 nm，当分子中存在共轭双键时，π 电子由于发生离域而更容易被激发，使跃迁所需能量减少，因此吸收波长变大。例如，乙烯的 $\pi \rightarrow \pi^*$ 跃迁吸收峰出现在 165 nm，而丁-1,3-二烯的最大吸收峰出现在 217 nm，二者均为强吸收。

$n \rightarrow \sigma^*$ 跃迁是指含有—OH、—NH_2、—X、—S 等基团的化合物分子中的非键孤对电子吸收能量后跃迁至 σ^* 反键轨道上。该跃迁产生的吸收波长一般在 200 nm 左右。

$n \rightarrow \pi^*$ 跃迁是指含有杂原子的不饱和基团（如 C=O 及 C=S 等）的化合物，其非键轨道中的价电子跃迁到 π^* 反键轨道上。这类跃迁吸收峰大都出现在 200～400 nm，但吸收强度相对较弱。

三、朗伯-比尔定律

如果以吸光物质溶液的吸光度（A）为纵坐标，以入射光的波长（λ）为横坐标作图，可以得到该吸光物质的紫外吸收光谱。吸光物质溶液的吸光度与该吸光物质溶液的浓度（c）、液层的厚度（l）及吸光物质的摩尔吸收系数（ε）之间的关系符合 Lambert-Beer 定律：

$$A = \varepsilon c l \quad (16\text{-}3)$$

通常将吸收带上最大值对应的波长作为该谱带的最大吸收波长（λ_{max}），用摩尔吸收系数代表该谱带的吸收强度。紫外吸收光谱的形状取决于分子中价电子的分布及结合情况，即取决于分子的结构。

四、紫外光谱与化合物结构的关系

（一）生色团与助色团

分子中能吸收紫外光及可见光的基团被称为生色团（chromophore）。有机化合物分子中典型的生色团包括羰基、羧基、酯基、硝基、偶氮基及芳香体系等，这些生色团的共同结构特征是体系中含有 π 电子。

有些原子或基团本身不产生紫外吸收，但当它们与生色团相连时，可使原生色团所产生的吸收峰向长波方向移动，并使吸收强度加大，这样的原子或基团被称为助色团（auxochrome）。常见的助色团包括卤原子、羟基、氨基、巯基等。助色团的结构特点是体系中含有 n 电子。例如，苯 $\lambda_{max} = 255$ nm（$\varepsilon = 230$）；当苯环上连有氨基时，苯胺 $\lambda_{max} = 280$ nm（$\varepsilon = 430$）。

（二）红移与蓝移

红移（red shift）是指受取代基或溶剂的影响，吸收峰向长波方向移动。蓝移（blue shift）则指在上述条件下吸收峰向短波方向移动。例如，与苯相比，由于羟基的引入，苯酚的吸收产生了红移。

（三）四种吸收带

吸收带是指跃迁类型相同的吸收峰。由于不同结构的化合物对应不同类型的电子跃迁，因此在解析光谱时可以通过吸收带来推断化合物的分子结构。通常可以将紫外吸收光谱中的吸收带分为以下四种类型。

1. R 带 由 $n \rightarrow \pi^*$ 跃迁引起，是含杂原子的不饱和基团（如羰基、硝基、偶氮基）的特征吸收带，吸收峰的波长一般在 270 nm 以上，吸收强度较弱。

2. K 带 由 $\pi \rightarrow \pi^*$ 跃迁引起，具有共轭双键结构的化合物呈现此特征吸收带。K 带的特点是吸收强度较高，随着共轭双键的增多，最大吸收波长红移，吸收强度也随之加大。

3. B 带 由苯的 $\pi \rightarrow \pi^*$ 跃迁引起，在 230～270 nm 范围出现精细结构的吸收带，中心在 255 nm。B 带的精细结构常用来识别芳香族化合物。

4. E 带 E 带也是芳香族化合物的特征吸收带，可以看作由苯环结构中三个乙烯的环状共轭系统的跃迁所产生，分为 E_1 带和 E_2 带，波长大约分别位于 180 nm 和 200 nm 处，均为强吸收。

图 16-2 为苯在异辛烷溶液中的紫外吸收光谱，从中可以同时观察到 B 带和 E 带。

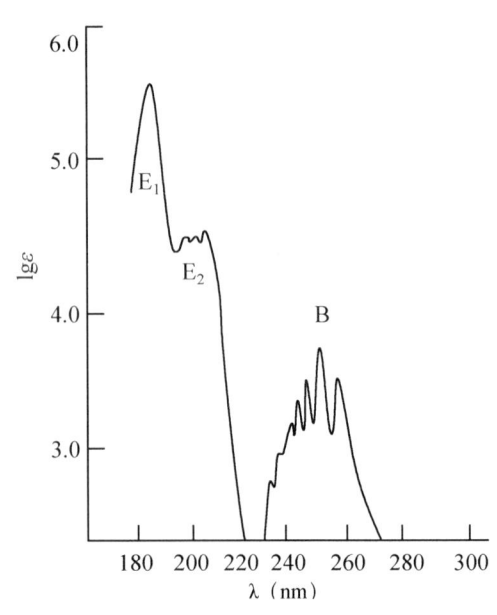

图 16-2 苯在异辛烷溶液中的紫外吸收光谱

由紫外光谱的特点可以看出，紫外光谱主要是通过考察未共用电子对及 π 电子的跃迁来判断分子中是否存在共轭体系。由于具有相同共轭结构的分子能得到非常相似的谱图，紫外光谱只能推测分子的骨架，不能单纯根据紫外吸收光谱图相似而判断分子结构相同。此外测定时所选择的溶剂也会影响吸收峰的位置和强度。对于在紫外及可见光区域有吸收的化合物，可利用朗伯-比尔定律进行定量分析。

第三节　红外光谱

一、红外光谱的产生

红外光谱（infrared spectrum，IR）是物质分子吸收红外光辐射的能量引起分子振动能级和转动能级的改变而产生的，因此红外吸收光谱又称分子振动-转动光谱。组成分子的原子通过化学键彼此相连，化学键的键长和键角不是固定不变的，原子在不停地振动，同时整个分子也在不停地转动。分子发生振动能级跃迁所需要的能量大于转动能级跃迁所需要的能量，所以发生振动能级跃迁的同时必然伴随转动能级的跃迁。当用连续波长的红外光照射物质分子时，如果某一波长的辐射恰好能与某一化学键的振动能级差相吻合，分子就会吸收红外光而产生吸收峰。以红外光的波长（λ）或波数（ν）为横坐标，用透射比（transmittance，T）为纵坐标作图，则得到红外吸收光谱，横坐标和纵坐标的数值分别表示吸收峰的位置和吸收强度。

二、红外光谱的分区

红外光谱图可分为官能团区和指纹区两个区域。

波数 4000~1300 cm^{-1} 区域的吸收峰是由 X—H（X 为 O、N、C 原子等）单键的伸缩振动及各种双键和三键的伸缩振动所产生的。该区域内吸收峰比较稀疏，相对清晰简单，是鉴定化学键或官能团的最有价值的区域，称为特征区或官能团区。

波数 1300~400 cm^{-1} 区域的吸收峰较密而且比较复杂，分子结构的细微变化就会引起吸收峰的位置和强度的明显改变，不同化合物的谱图如同人的指纹一样各具特点，因此将该区称为指纹区。指纹区为准确判断化合物的分子结构提供重要信息。

三、分子的振动

可以将通过共价键相连的原子想象成用弹簧连接的小球，这些小球在不停地振动，它们的振动频率取决于原子的质量及共价键的强度。多原子分子的振动可以分为伸缩振动（ν）和弯曲振动两种类型。伸缩振动是指原子沿键轴方向的运动，此时键长改变，键角不变。伸缩振动又分为对称伸缩振动（ν_s）和不对称伸缩振动（ν_{as}）。弯曲振动又称变角运动，可以分为面内弯曲振动（β）和面外弯曲振动（γ）；面内弯曲振动又分为剪式振动（δ）和平面摇摆振动（ρ）；面外弯曲振动又分为非平面摇摆振动（ω）和扭曲振动（τ）。图 16-3 为上述各种分子振动形式示意图。

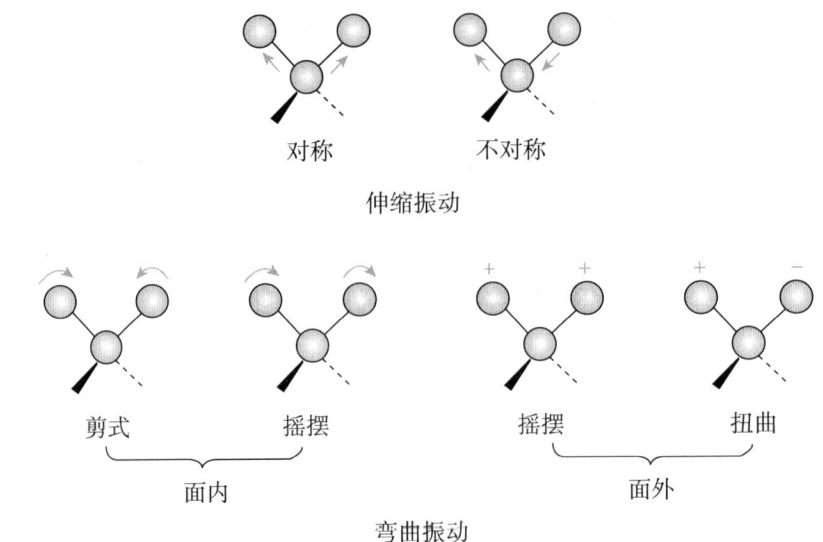

图 16-3　分子振动形式示意图

"+"表示垂直于纸面向内运动；"-"表示垂直于纸面向外运动

随着化合物分子中原子数目的增多，其振动方式迅速增加，其红外光谱图也趋于复杂。

四、化学键的特征吸收峰

分子中各种化学键或基团在红外光谱的特定区域有吸收峰，这种吸收峰称为该化学键或基团的特征吸收峰。特征吸收峰的位置取决于各种化学键的振动频率，而振动频率与原子的质量和化学键的性质密切相关。一般说来，组成化学键的原子质量越小、键能越高、键长越短，产生振动所需要的能量越大，吸收峰所对应的波数就越大。特征吸收峰的强度则主要取决于分子吸收红外光后的振动过程中偶极矩变化的大小，一般说来，由电负性相差较大的原子构成的化学键在振动时引起的偶极矩变化较大，吸收峰相对较强。通常把吸收强度分为下列几种情况：强吸收、中等吸收、弱吸收、不定吸收等。常见化合物及其化学键的特征吸收波数和强度如表 16-2 所示。

表 16-2　常见化合物的红外特征吸收波数及强度

类别	化学键	波数（cm^{-1}）	吸收强度
烷烃	C—H（ν）	2960～2850	强
烯烃	C=C（ν）	1680～1620	不定
	C=C—H（ν）	3100～3010	中
	C=C—H（γ）	1000～800	强
炔烃	C≡C（ν）	2200～2100	不定
	C≡C—H（ν）	3310～3300	较强
芳烃	C—H（ν）	3110～3010	中
	C—H（γ）	900～690	中，强
	C=C（ν）	1500，1600	中，强
醇、酚	O—H（ν）	3650～3610（自由）	不定
		3500～3000（缔合）	强
羧酸	O—H（ν）	3000～2500（缔合）	强
胺	N—H（ν）	3550～3100	强

续表

类别	化学键	波数（cm^{-1}）	吸收强度
醛，酮，羧酸，酯	C=O（ν）	1750 ~ 1700	强
醇，羧酸，酯	C—O（ν）	1315 ~ 1000	中，强
酸酐	C=O（ν）	1825 ~ 1815	强
酰卤	C=O（ν）	1815 ~ 1785	强
酰胺	C=O（ν）	1680 ~ 1630	强

在 3800 ~ 2500 cm^{-1} 区域内，主要是氢与氧、氮、碳等原子形成的单键的伸缩振动所引起的吸收峰，其中—OH、—NH 吸收峰通常出现在 3000 cm^{-1} 以上，为强吸收。氢原子所连接的碳原子的杂化形式不同，C—H 键吸收峰的位置也有所不同，由表 16-2 可见，从烷烃、烯烃至炔烃波数依次增高。绝大多数有机化合物都包含与 sp^3 杂化碳原子相连的氢原子，因此在绝大多数有机化合物的红外吸收光谱图中都能发现 2900 cm^{-1} 附近吸收峰。

2500 ~ 2000 cm^{-1} 区域是三键和累积双键的伸缩振动区，主要包括 C≡C、C≡N 等三键的伸缩振动和 C=C=C、C=C=O 等累积双键的不对称伸缩振动。

2000 ~ 1500 cm^{-1} 区域在红外吸收光谱图中是一个很重要的部分，C=C、C=O、C=N、N=O 的吸收均出现在此区域。其中羰基吸收峰是红外吸收光谱图中最重要、最易识别的吸收峰，它强度大且很少与其他吸收峰相互重叠，几乎独占 1700 cm^{-1} 左右的区域。不同化合物中的羰基吸收峰位置有所不同，波数由高到低依次为：酰卤（1800 cm^{-1}）、酯（1735 cm^{-1}）、醛（1725 cm^{-1}）、酮（1715 cm^{-1}）、羧酸（1710 cm^{-1}）、酰胺（1680 cm^{-1}）。

1500 ~ 650 cm^{-1} 区域主要提供 C—H 的弯曲振动信息。甲基在 1380 cm^{-1} 和 1460 cm^{-1} 同时产生吸收，分别对应甲基的对称弯曲振动和反对称弯曲振动。当 1380 cm^{-1} 处的吸收峰发生分叉时，表示两个甲基连在同一碳原子上。亚甲基仅在 1470 cm^{-1} 左右有吸收。芳香族化合物的 C—H 弯曲振动吸收位置对判断芳环的取代类型具有重要意义。

不同化合物中相同官能团的吸收峰的位置大致相同，所以红外吸收光谱的最重要应用是确定有机化合物中的官能团。同时由于每个化合物都各有其独特的红外吸收光谱，因此可以通过鉴定两张谱图是否完全重叠来判断二者是否为同一化合物。

五、红外谱图解析

己烷、辛-1-烯和辛-1-炔的红外吸收光谱分别如图 16-4、图 16-5 与图 16-6 所示。

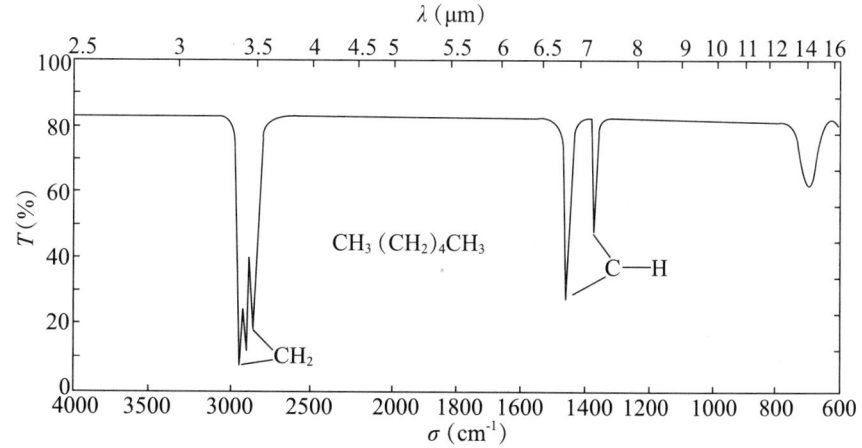

图 16-4　己烷的红外吸收光谱

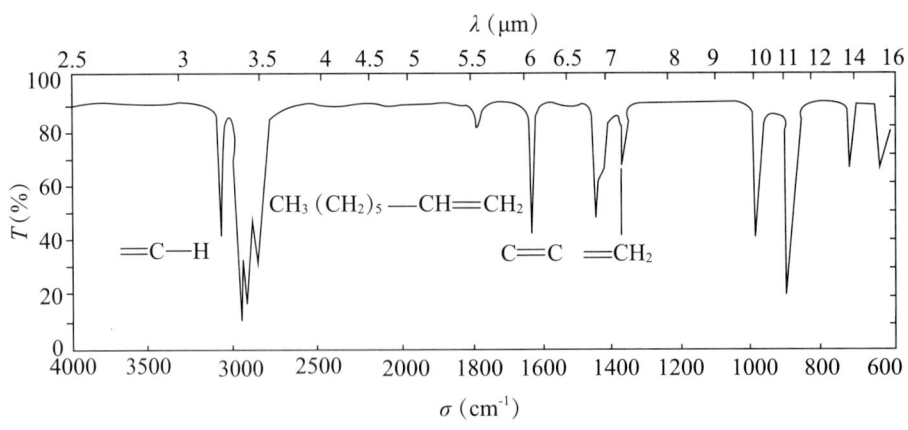

图 16-5 辛 -1- 烯的红外吸收光谱

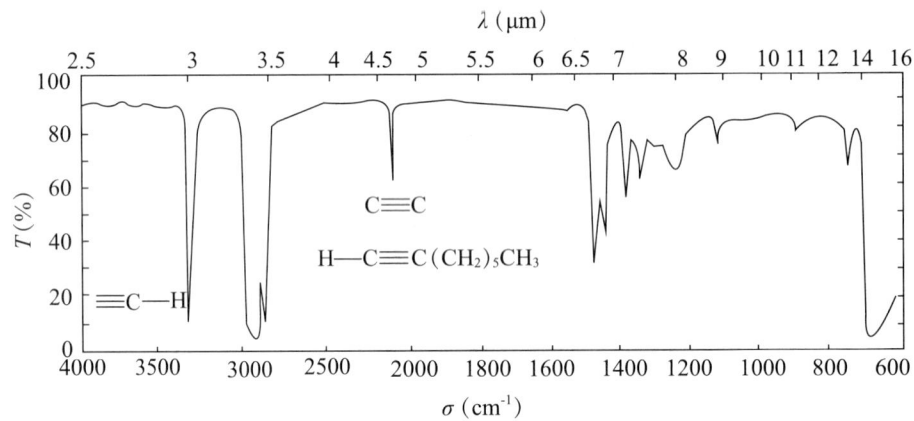

图 16-6 辛 -1- 炔的红外吸收光谱

对比己烷、辛 -1- 烯、辛 -1- 炔的红外吸收光谱图，可发现烷氢、烯氢、炔氢三种 C—H 伸缩振动吸收峰波数依次升高，同时图 16-5、图 16-6 与图 16-4 相比增加了碳碳双键和碳碳三键振动引起的吸收峰。

甲苯、苯胺和苯甲酰胺的红外吸收光谱分别如图 16-7、图 16-8 和图 16-9 所示。三种化合物的红外吸收光谱图中均能找到芳环的特征吸收峰，包括 Ar—H 伸缩振动（3100 ~ 3000 cm^{-1}）、Ar—H 弯曲振动（880 ~ 680 cm^{-1}）及芳环骨架振动（1600 ~ 1500 cm^{-1}）吸收峰。

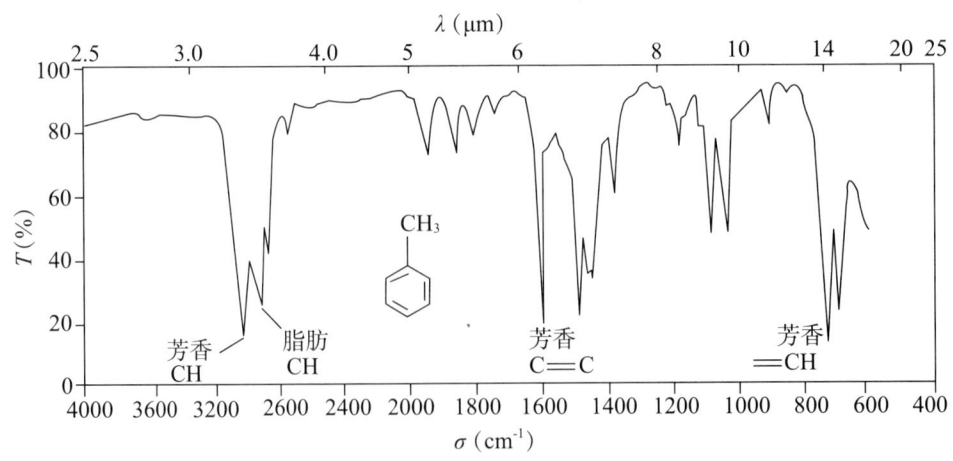

图 16-7 甲苯的红外吸收光谱

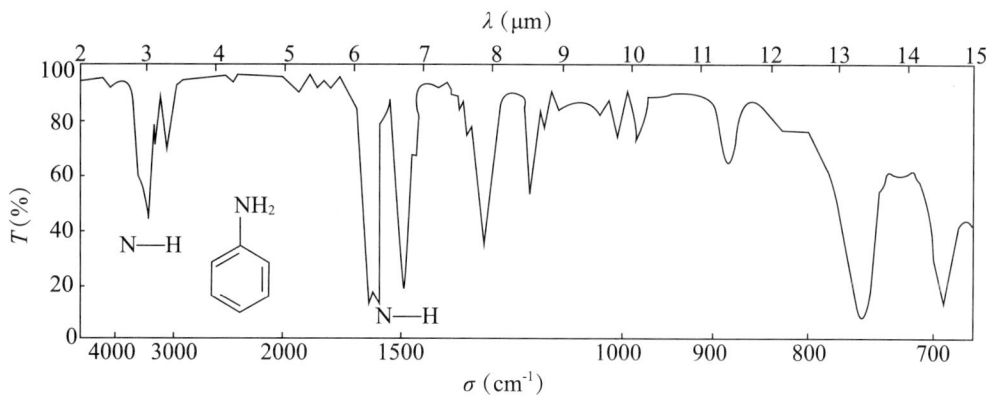

图 16-8 苯胺的红外吸收光谱

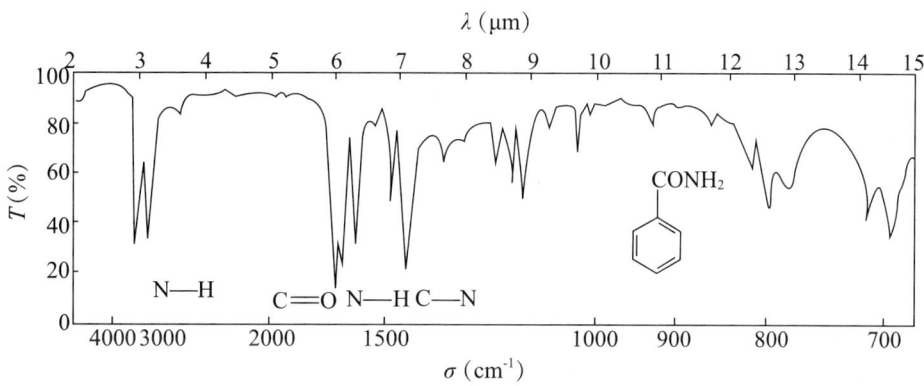

图 16-9 苯甲酰胺的红外吸收光谱

丁-2-醇、丁醛和己酸的红外吸收光谱分别如图 16-10、图 16-11 和图 16-12 所示。

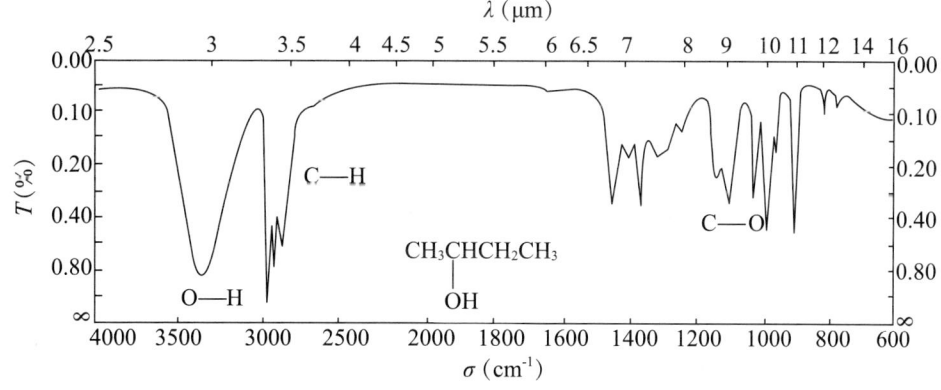

图 16-10 丁-2-醇的红外吸收光谱

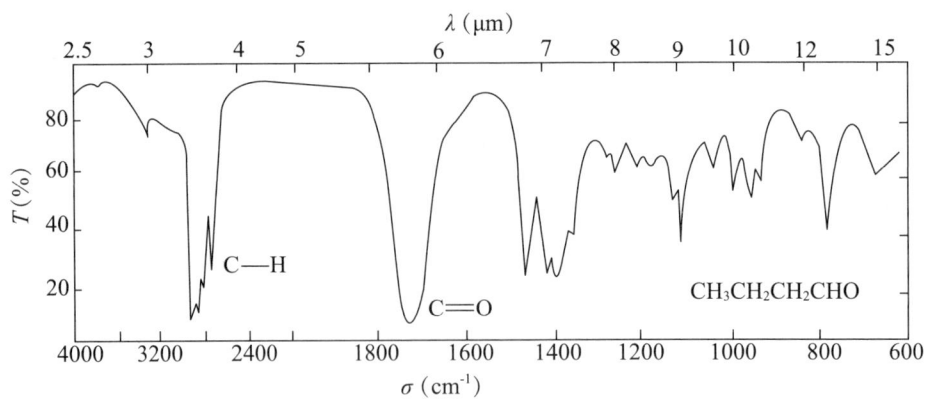

图 16-11　丁醛的红外吸收光谱

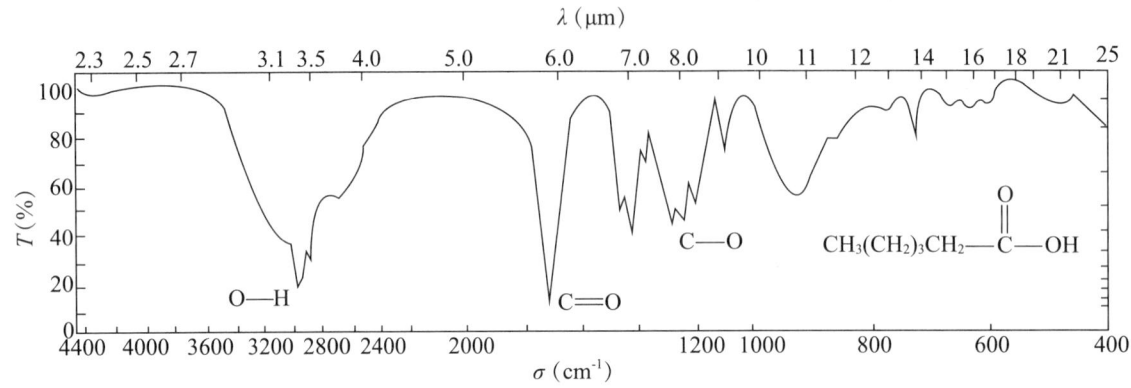

图 16-12　己酸的红外吸收光谱

丁-2-醇和己酸的红外吸收光谱图中可见，出现在较高波数处的 O—H 吸收峰，由于该吸收峰受氢键缔合作用的影响较大，而且羧酸分子形成氢键的能力大于醇分子，所以己酸的红外吸收光谱图中羟基峰波数变小，峰形变宽。相比之下，图 16-8 苯胺和图 16-9 苯甲酰胺的红外吸收光谱图中 N—H 吸收峰较少受氢键的影响，峰形较尖。图 16-9、图 16-11 和图 16-12 中均出现明显的羰基吸收峰，虽然波数值有所不同，但都非常容易识别。

解析红外吸收光谱图是一项精细而复杂的工作。通常是从观察特征吸收峰入手并参考相关峰，首先确定化合物的类别，进而考察指纹区，最后与标准谱图进行比较。有时某些吸收峰可能由于和其他峰相互重叠而被掩盖，有些官能团的吸收峰由于氢键等因素的影响而发生位移，此外有时还需要考虑样品溶剂的影响。

第四节　^{1}H 核磁共振谱

在强磁场的诱导下，一些原子核能产生核自旋能级裂分，当用一定频率的无线电波照射这类物质分子时，便能引起分子中原子核自旋能级的跃迁，这种原子核在磁场中吸收一定频率的无线电波而发生自旋能级跃迁的现象称为核磁共振（nuclear magnetic resonance，NMR）。碳和氢是构成有机化合物最基本的元素，因此目前研究最广泛的是氢（^{1}H）和碳（^{13}C）的核磁共振谱，本章只介绍氢核磁共振谱。

一、^1H 核磁共振谱的产生

氢核同电子一样存在自旋运动,自旋量子数分别为 +1/2 和 –1/2,因此在外加磁场中自旋磁矩有两种取向,如图 16-13 所示。其中一种与外磁场同向,能量较低(图 16-13A);另一种与外磁场反向,能量较高(图 16-13B)。

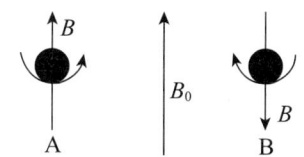

图 16-13　氢核在外加磁场中的两种状态

两种状态的能量差 ΔE 与外加磁场强度 B_0 的关系为:

$$\Delta E = 2\mu B_0 \quad (16\text{-}4)$$

式中,μ 是核磁矩,其数值与自旋核本身有关。

用电磁波照射存在于一定强度磁场中的氢核,当辐射能恰好等于 ΔE,即 $h\nu=2\mu B_0$(ν 为电磁波频率,h 为普朗克常数)时,氢核吸收能量从低能态跃迁到高能态,氢核自旋反转,发生核磁共振。核磁共振吸收可被核磁共振仪检测,信号经放大后生成核磁共振谱图。从核磁共振发生的条件可以看出,可通过两种方式使氢核发生共振吸收:固定磁场强度,改变辐射频率;或固定辐射频率,改变磁场强度。前者称为扫频,后者称为扫场,目前常用的核磁共振仪多采用后者。

二、屏蔽效应和去屏蔽效应

如果只考虑氢核磁共振所需要的磁场强度与电磁波辐射频率的关系,则在一定频率的电磁波辐射下,所有质子都会在同一磁场强度下产生信号;或在相同的磁场强度中,所有质子在同一辐射频率下产生信号。显然这样的结果对有机化合物的结构分析没有任何意义。实际上,当氢核所处的化学环境不同时,其共振条件随之改变,各类氢核在核磁共振谱图中的位置也就不一样。所谓化学环境是指 ^1H 的核外电子及与 ^1H 邻近的其他原子核的核外电子的运动情况。例如,甲醇分子中存在两种不同化学环境的氢原子,即羟基氢和甲基氢,图 16-14 是甲醇的 ^1H-NMR 谱,可见两种氢的共振吸收峰出现在不同位置。

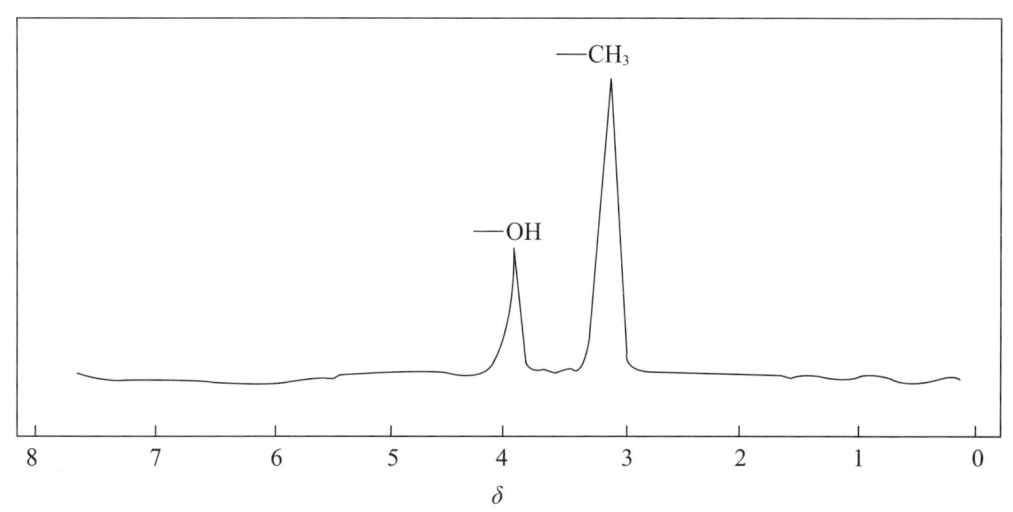

图 16-14　甲醇的 ^1H-NMR 谱

不同化学环境的氢之所以产生不同的共振吸收峰是因为分子中的氢核不是孤立的，而是通过化学键与其他原子或基团结合。氢核外围的电子密度及排布方式各不同，这些电子在外加磁场的作用下产生电子环流，进而产生感应磁场，感应磁场的方向与外加磁场相反，如图 16-15 所示。

由于氢核实际感受到的磁场强度是外加磁场与感应磁场的叠加结果，为了发生核磁共振，必须提高外加磁场强度以抵消电子运动产生的对抗磁场的作用，这种氢核外围电子对抗外加磁场的作用，称

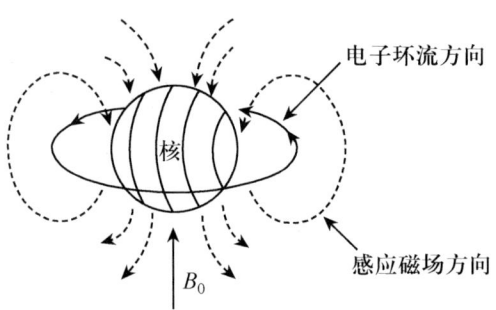

图 16-15 核外电子环流产生感应磁场示意图

为屏蔽效应（shielding effect）。氢核周围的电子云密度越大，受到的屏蔽效应也越大，即氢核需要在更高强度的磁场中才能发生共振吸收，所以其共振吸收峰出现在相对高场。

在某些情况下，核外电子产生的感应磁场也可能与外加磁场方向一致，如连在碳碳双键、碳氧双键及苯环平面上的氢感受到的外加磁场与感应磁场方向相同，如图 16-16 及图 16-17 所示。在这种情况下，氢核实际感受到的磁场强度比外加磁场要强，氢核将在较低的磁场强度下发生共振。这种氢核外围电子增强外加磁场所引起的作用称为去屏蔽效应（deshielding effect），去屏蔽效应使氢核的共振吸收移向低场。

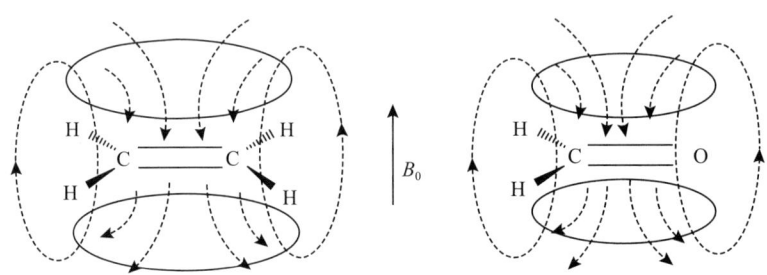

图 16-16 C＝C 和 C＝O 感应磁场对 H—C＝的去屏蔽作用

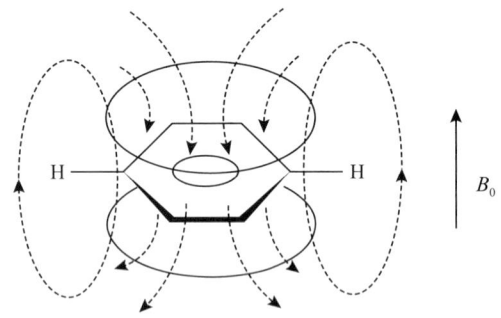

图 16-17 苯的感应磁场对芳环上氢的去屏蔽作用

三、化学位移及其影响因素

由于有机化合物分子中各种氢核受到不同程度的屏蔽效应或去屏蔽效应，因此会在氢核磁共振谱图的不同位置出现吸收峰。但由于这种差别极其微小，精确测量其绝对值相当困难，因此在实际应用中一般采用相对数值表示。$(CH_3)_4Si$（TMS）分子中含有 12 个化学环境完全相同的氢原子，只有一个 ^1H 吸收峰。由于 Si 的电负性很低，所以 TMS 分子中的氢核受到的屏

蔽作用比绝大多数有机化合物分子中的氢核受到的屏蔽作用都要大，所以 TMS 的 ^{1}H 共振吸收峰通常出现在谱图的最高场，而其他化合物分子中 ^{1}H 吸收峰位于较低场。以 TMS 作为标准物质，比较待测化合物与 TMS 氢核吸收峰的位置差别，这种差别称为待测化合物氢核的化学位移（chemical shift）。在氢核磁共振谱图中，通常用频率的相对差值来代表化学位移，用 δ 表示。氢核磁共振谱图的横坐标一般由 10～12 个单位构成，并人为规定 TMS 的化学位移值为零。图谱的上方还经常标有频率值（Hz），不同氢核的化学位移（δ）可由下式得到：

$$\delta = \frac{\nu_{\text{样品}} - \nu_{\text{TMS}}}{\nu_0} \times 10^6 \qquad (16\text{-}5)$$

式中，$\nu_{\text{样品}}$ 为样品中 ^{1}H 吸收峰的频率，ν_{TMS} 为四甲基硅烷 ^{1}H 吸收峰的频率，ν_0 为核磁共振仪电磁波辐射频率，频率单位为赫兹（Hz）。可见，化学位移（δ）是一个相对值。

屏蔽效应是影响化学位移大小的重要因素。例如，芳环及双键碳上直接连接的氢其化学位移明显偏高，这是由于去屏蔽效应使氢核在较低的磁感应强度下发生共振，δ 较大；而炔烃三键碳上的氢处在电子环流产生的屏蔽效应区，所以其化学位移出现在较高场，δ 相对较小。分子中氢核周围的电子效应对其化学位移影响显著，吸电子诱导效应降低氢核周围的电子云密度，屏蔽效应也就随之降低，导致氢核的化学位移向低场移动，δ 增大。除此以外，氢键、溶剂效应和范德华效应等也对化合物中氢核的化学位移产生一定的影响。表 16-3 列出了常见有机化合物中氢核的化学位移。

表 16-3　常见有机化合物中氢核的化学位移

氢核类型	δ	氢核类型	δ
（CH$_3$）$_4$Si	0.0	BrCH	2.5～4.0
RCH$_3$	0.9	ICH	2.0～4.0
R$_2$CH$_2$	1.3	O$_2$NCH	4.2～4.6
R$_3$CH	1.5	（H）ROCH	3.3～4.0
C=CH	4.6～5.9	RCOOCH	3.7～4.1
C≡CH	2.0～3.0	O—CH—O	5.3
ArH	6.0～8.5	ROOCCH	2.0～2.6
ArCH	2.2～3.0	RCOCH	2.0～2.7
C=CCH$_3$	1.7	RCHO	9.0～10
C≡CCH$_3$	1.8	ROH	1.0～5.5
FCH	4.0～4.5	ArOH	4.0～12.0
ClCH	3.0～4.0	RCOOH	10.5～12.0
Cl$_2$CH	5.8	RNH	1.0～5.0

四、自旋偶合和自旋裂分

在 ^{1}H-NMR 谱图中，某些氢核的吸收峰不是单峰而是多重峰，例如，溴乙烷的 ^{1}H-NMR 谱图中，H$_a$ 和 H$_b$ 分别为三重峰和四重峰，如图 16-18 所示。

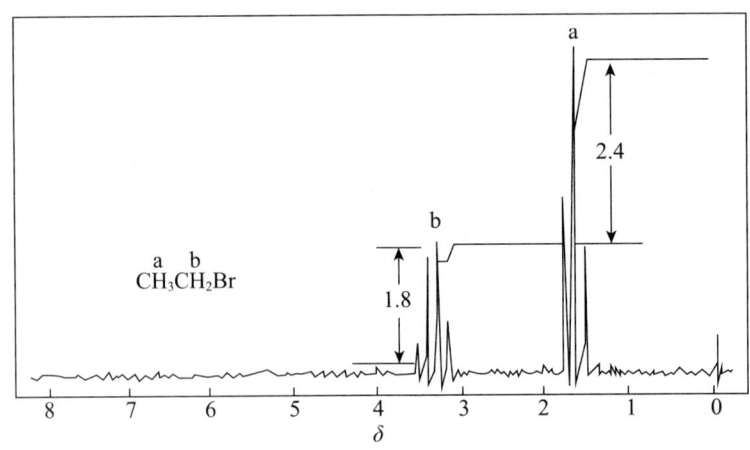

图 16-18 溴乙烷的 1H-NMR 谱

这种共振吸收峰被分裂是由氢核受到邻近氢核自旋的干扰引起的，这种干扰称为自旋-自旋耦合（spin-spin coupling），由自旋耦合产生的吸收峰裂分称为自旋-自旋裂分（spin-spin splitting）。假如外加磁场强度为 B_0，氢核在该外加磁场中的自旋有两种取向，产生的感应磁场强度为 B'，则自旋时与外磁场顺向排列的氢核使它邻近氢核感受到的总磁场强度 $B=B_0+B'$；而自旋时与外磁场逆向排列的氢核使它邻近氢核感受到的总磁场强度 $B=B_0-B'$。因此当发生核磁共振时，1 个氢核发出的信号就被分裂成了 2 个。显然，1 个氢核吸收峰被分裂的数目取决于与它邻近的氢核的数目。一般说来，当某氢核相邻碳上连有 n 个相同的氢原子时，该氢核的吸收峰被裂分为 $n+1$ 个，这一规律被称为 $n+1$ 规律。例如，图 16-18 中 a 吸收峰为三重峰，就是由于该组氢核邻近碳上连有 2 个氢原子。图 16-19 为 $n+1$ 规律示意图。

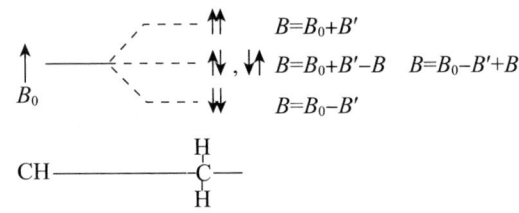

图 16-19　$n+1$ 规律示意图

吸收峰峰数通常用英文单词首字母表示。例如，单峰：s；双重峰：d；三重峰：t；四重峰：q；多重峰：m。

五、峰面积与氢核的数目

在 ^{1}H 核磁共振谱图中，各组吸收峰覆盖的面积与引起该吸收峰的氢核数目成正比。目前的核磁共振仪都连有自动积分装置，各吸收峰的面积用阶梯曲线表示，峰面积与积分曲线高度成正比。例如，在图 16-18 溴乙烷的 ^{1}H-NMR 谱图中，H_a 与 H_b 两组峰积分曲线高度比近似为 3∶2，这样由总氢原子数可推算出两组氢分别为 3 个和 2 个。

六、^{1}H-NMR 谱图解析

图 16-20、图 16-21、图 16-22 和图 16-23 所示分别为乙醇、乙苯、丙酸和乙酸乙酯的 ^{1}H-NMR 谱，谱图提供的信息主要包括：化合物中含有几种不同化学环境的氢核、每种氢核的化学位移及每组氢核的个数。

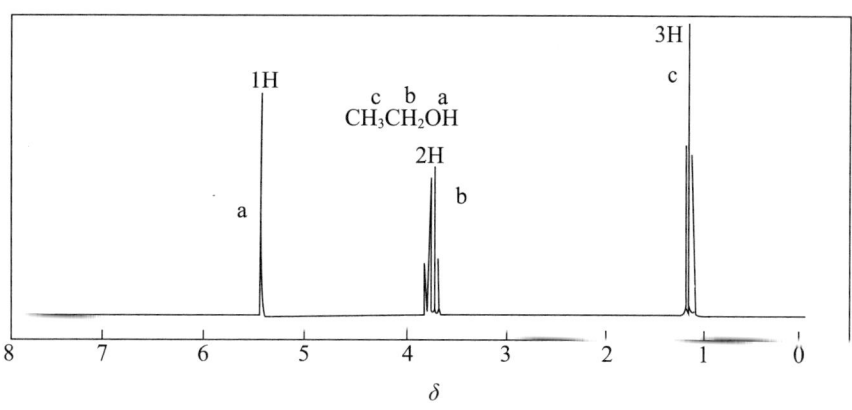

图 16-20　乙醇的 ^{1}H-NMR 谱

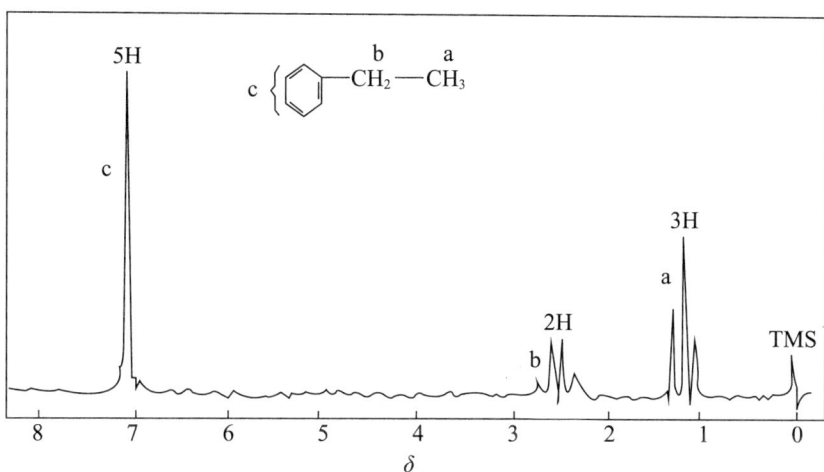

图 16-21　乙苯的 ^{1}H-NMR 谱

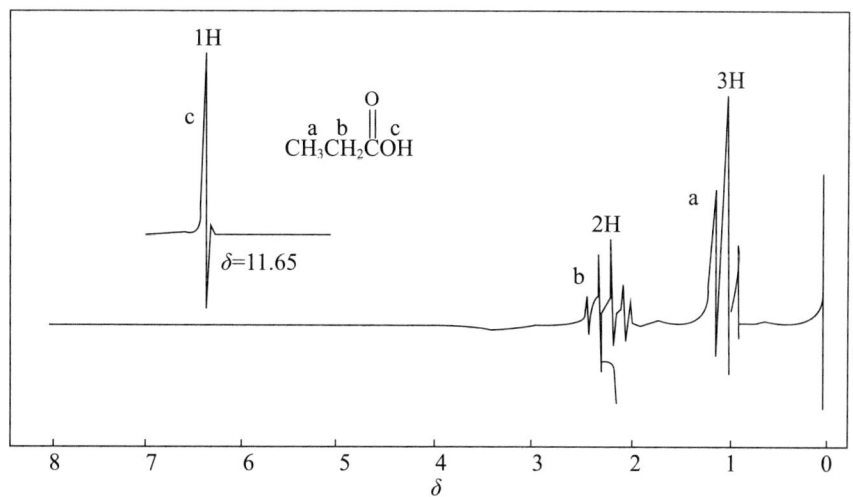

图 16-22　丙酸的 ^{1}H-NMR 谱

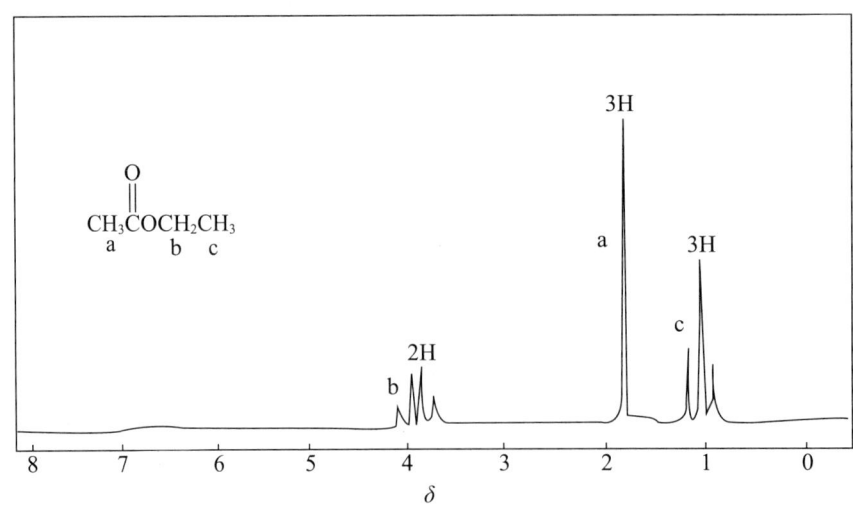

图 16-23 乙酸乙酯的 ^{1}H-NMR 谱

^{1}H-NMR 是测定有机化合物结构的重要工具之一。由谱图中吸收峰的组数可以推知该化合物中有几种不同化学环境的氢原子；由各组峰的化学位移可以推测该氢原子所处位置屏蔽作用的大小及其他化学环境；由积分曲线的高度比值可以获得各组氢原子数目的信息；每组峰的裂分数提示其相邻碳上所连接氢原子的数目。近年来核磁共振技术发展迅速，除了常见的氢谱、碳谱外，还有氢氢相关谱（2D-correlated spectroscopy，2D-COSY）、异核多量子相关谱（heteronuclear multiple quantum coherence，HMQC）、异核多键相关谱（heteronuclear multiple-bond connectivity，HMBC）及差谱（nuclear overhauser effect，NOE）等，综合运用这些技术，几乎可以得到关于有机化合物分子结构的全部信息。

临床应用

磁共振成像

1946 年，Bloch 和 Purcell 首先发现了核磁共振现象，并因此获得了 1952 年的诺贝尔物理学奖。1973 年，Lauterbur 首次完成了磁共振成像（magnetic resonance imaging，MRI）的实验室模拟；1978 年，第一台头颅 MRI 设备在英国投入临床使用；1980 年，全身 MRI 研制成功。人体中存在大量的水分子，在外加磁场作用下这些水分子中的氢核以一定方式自旋运动并产生感应磁场，在经历一个频率与氢核自旋频率相同的射频脉冲激发后即产生核磁共振。原子核从激发的状态返回到平衡排列状态的过程称为弛豫过程，它所需的时间称作弛豫时间。同一组织或器官的不同病理阶段的氢核弛豫时间有显著不同。采取一定的物理学方法可以检测这些区别，将这种技术用于人体内部结构的成像，就产生了一种革命性的医学诊断工具——磁共振成像。

第五节 质 谱

一、质谱的产生

质谱分析法（mass spectrometry，MS）是在一定条件下将化合物形成分子离子和碎片离子，然后按其质荷比的不同进行分离测定，从而获得待测样品的分子量、分子式、分子中同位素构成和分子结构等相关信息的方法。有机化合物分子经过导入系统进入离子源，在离子源中样品分子在高能电子束作用下转化成分子离子，分子离子还可以被高能电子束断裂化学键而成为各种碎片离子。这些带电粒子经过电场加速后进入可变磁场中，由于不同质荷比的粒子具有不同的运动速度和运动方向，通过调解质量分析器的参数，就可以进行所谓的"质量扫描"。常见的质谱图是经过计算机处理过的棒图，其横坐标是质荷比，纵坐标是离子的相对强度（以最高峰或称基峰为100%）。质谱仪的组成如图16-24所示。

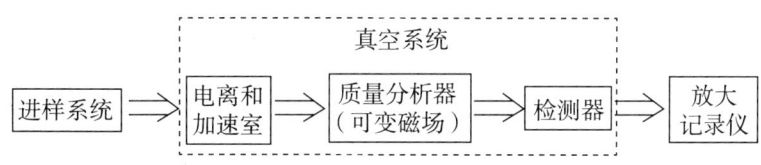

图 16-24　质谱仪组成示意图

二、离子峰的类型

有机化合物的质谱图中出现的离子峰主要包括分子离子峰、同位素离子峰及碎片离子峰等。

（一）分子离子峰

分子在离子源中失去一个电子后形成的离子称为分子离子（molecular ion），一般用 $\cdot M^+$ 表示，由分子离子产生的峰称为分子离子峰。由于大多数有机化合物分子易失去一个电子而带正电荷，因此分子离子峰对应的质荷比（m/z）在数值上就等于该化合物的分子量，所以解析质谱时鉴定分子离子峰具有重要意义。分子离子峰在质谱图上位于 m/z 较高的一端，分子离子越稳定，对应的分子离子峰越强。在有机化合物中，不含氮或含偶数氮的化合物分子量为偶数，含奇数氮的化合物分子量为奇数。

（二）同位素离子峰

自然界中的大多数元素都是由具有一定丰度的同位素组成的，表16-4列出了有机化合物中一些常见元素同位素的天然丰度。

表 16-4　常见元素同位素的天然丰度

同位素	天然丰度（%）	同位素	天然丰度（%）	同位素	天然丰度（%）
^1H	99.985	^2H	0.015		
^{12}C	98.892	^{13}C	1.108		
^{14}N	99.640	^{15}N	0.360		
^{16}O	99.759	^{17}O	0.037	^{18}O	0.204
^{32}S	95.018	^{33}S	0.760	^{34}S	4.215
^{35}Cl	75.770	^{37}Cl	24.230		
^{79}Br	50.537	^{81}Br	49.463		

当分子中含有丰度较高的同位素原子时，在质谱的分子离子峰附近会出现不同质量的同位素形成的离子峰。例如，^{37}Cl 的丰度约为 ^{35}Cl 丰度的 1/3，所以若某化合物含有一个氯原子，其分子量为 M，则在质谱图横坐标 M+2 处有一峰出现，其强度是 M 处峰强的 1/3。同样道理，若分子中含有一个溴原子，则在质谱图横坐标 M 及 M+2 处出现两个强度相近的峰。

（三）碎片离子峰

在离子源中被测分子或分子离子峰中的某些化学键被打断，便得到碎片离子，记录和研究这些离子及其开裂方式会得到有关化合物分子结构的重要信息。越是容易开裂的化学键，越容易断裂形成碎片离子峰，如酯类化合物及酰胺类化合物，均易发生酯键和酰胺键的断裂。

三、谱图解析

图 16-25 和图 16-26 所示分别为丙苯和溴乙烷的质谱。在图 16-25 中，质荷比（m/z）120 处为丙苯的分子离子峰，质荷比 91 处则为苯甲基的碎片离子峰。而在溴乙烷的质谱图中，分子离子峰处明显呈现两个强度相近的峰，这是由溴同位素导致的结果。

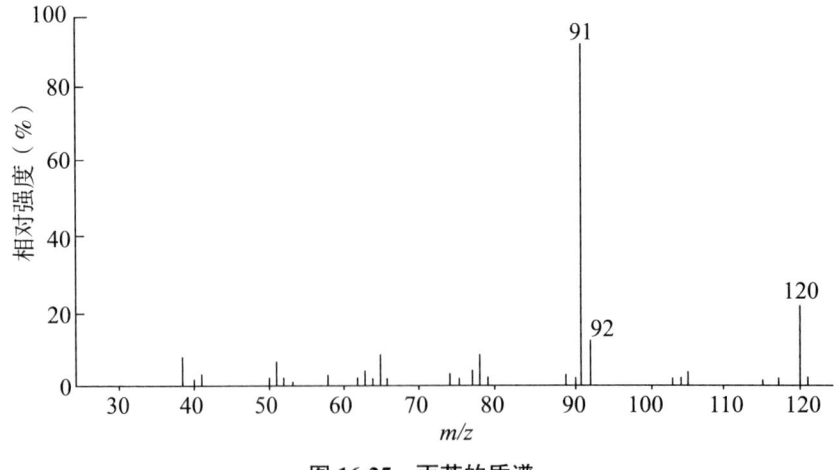

图 16-25　丙苯的质谱

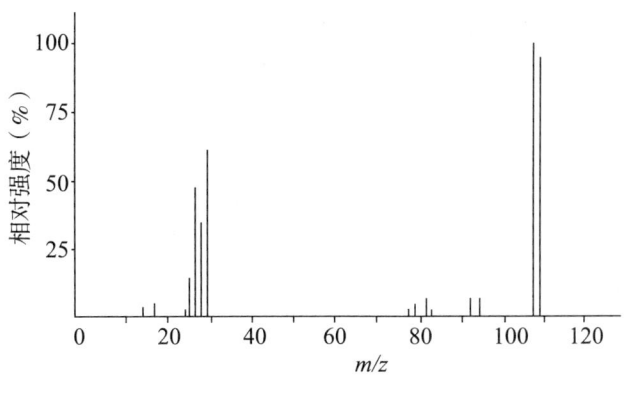

图 16-26　溴乙烷的质谱

知识拓展

串联质谱遗传代谢性疾病筛查技术

遗传代谢性疾病又称先天性代谢障碍或先天性代谢缺陷性疾病，是由于体内基因发生改变引起参与体内代谢反应的酶、转运蛋白及受体等发生缺陷，导致体内正常代谢反应被破坏，异常代谢产物增多，从而导致出现相应临床症状的疾病群。有资料报道，新生儿遗传代谢性疾病的患病率在 0.5% 以上，严重患儿于新生儿期发病，少数于学龄期至成年发病，表现为急性或慢性脑病，造成痴呆、脑瘫，甚至死亡。

串联质谱串联了多个质量分析器，可以进行多级质量分析，通过一次检测便可以知道代谢产物数值是否在正常范围，可在几分钟内检测数十种氨基酸、有机酸、脂肪酸代谢紊乱的疾病。我国的新生儿疾病筛查由最初苯丙酮尿症一种增加到目前的数十种，串联质谱技术的发展为逐渐向一次实验检测多种疾病的模式转变提供了可行有效的手段。

习题十六

1. 丙酮的紫外吸收光谱图中，只在 279 nm 处有一个弱吸收带，它可能是由哪种跃迁形成的？
2. 试推测乙烯、丁 -1,3- 二烯、己 -1,3,5- 三烯的最大吸收波长排列顺序，并说明原因。
3. 下列化合物哪些可以作为测定紫外吸收光谱的溶剂？为什么？
   （1）乙醇　　　（2）环己烷　　　（3）苯　　　（4）丙酮　　　（5）碘甲烷
4. 己 -1- 炔在 3305 cm^{-1}、2110 cm^{-1}、620 cm^{-1} 处有吸收峰，指出这三个吸收峰的归属。
5. 分子组成为 C_4H_8O 的化合物，其 ^{1}H-NMR 谱如下图所示。试推断其结构并指明质子归属。

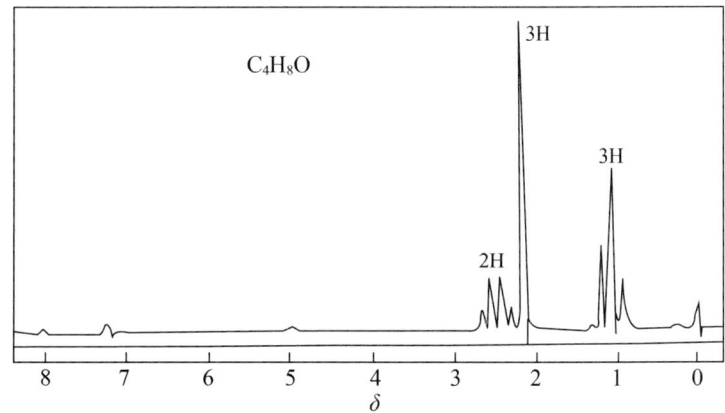

6. 化合物 A 的分子式为 $C_9H_{10}O$，不发生碘仿反应和银镜反应。其红外吸收光谱表明在 1690 cm^{-1} 处有一强吸收峰，其 ^{1}H-NMR 谱的 δ 值为 1.2（t，3H）、3.0（q，2H）、7.7（m，5H）。试推断 A 的结构。

7. 某化合物分子式为 $C_8H_8O_2$，在红外吸收光谱图中 1725 cm^{-1} 处有强吸收；^{1}H-NMR 谱数据为：δ 3.53（s，2H）、7.21（d，5H）、11.95（s，1H）。试推断该化合物的结构。

8. 化合物 A 的分子量为 86，在红外吸收光谱图中 1730 cm^{-1} 处有较强吸收；^{1}H-NMR 谱数据为：δ 9.7（s，1H）、1.2（s，9H）。试推断 A 的结构。

（李俊波）

主要参考文献

［1］中国化学会有机化合物命名审定委员会.有机化合物命名原则：2017.北京：科学出版社，2018.
［2］徐红，杜曦.医用化学.2版.北京：北京大学医学出版社，2018.
［3］陆阳.有机化学.9版.北京：人民卫生出版社，2018.
［4］罗美明.有机化学.5版.北京：高等教育出版社，2019.
［5］邢其毅，裴伟伟，徐瑞秋，等.基础有机化学（上下册）.4版.北京：北京大学出版社，2016.
［6］Hart D J, Hadad C M, Craine L E, et al. 有机化学.13版.陆阳，杨丽敏，等改编.北京：化学工业出版社，2016.
［7］陆涛.有机化学.9版.北京：人民卫生出版社，2022.
［8］McMurry J, Simanek E. 有机化学基础.6版.任丽君，向玉联，等译.北京：清华大学出版社，2008.
［9］唐玉海.医用有机化学.4版.北京：高等教育出版社，2020.
［10］赵俊，康威.有机化学.北京：人民卫生出版社，2021.
［11］刘俊义，董陆陆.有机化学.北京：北京大学医学出版社，2015.
［12］谷亨杰，张力学，丁金昌.有机化学.3版.北京：高等教育出版社，2016.
［13］蔡孟深，李忠军.糖化学：基础、反应、合成、分离及结构.北京：化学工业出版社，2006.
［14］吴立军.天然药物化学.4版.北京：人民卫生出版社，2006.
［15］孟繁浩，余瑜.药物化学.2版.北京：科学出版社，2016.
［16］石秀梅.有机化学.北京：人民卫生出版社，2020.
［17］董陆陆.有机化学.4版.北京：高等教育出版社，2021.
［18］张文勤.有机化学.5版.北京：高等教育出版社，2014.
［19］高占先.有机化学.3版.北京：高等教育出版社，2018.
［20］邢其毅.基础有机化学.3版.北京：高等教育出版社，2010.
［21］周公度.结构化学基础.4版.北京：北京大学出版社，2014.
［22］刘华.有机化学.北京：中国协和医科大学出版社，2019.
［23］李艳梅，赵圣印，王兰英.有机化学.2版.北京：科学出版社，2022.
［24］仲崇民，李栋，亚杰.有机化学.北京：化学工业出版社，2022.
［25］王亮，胡思前，李栋.有机化学.北京：化学工业出版社，2022.
［26］张生勇，何炜.有机化学.4版.北京：科学出版社，2015.
［27］柴逸峰、邸欣.分析化学.8版.北京：人民卫生出版社，2019.
［28］贾云宏，闫乾顺.有机化学.北京：科学出版社，2021.

附录一

常见烃基的中英文名称

结构式	英文名	中文名	英文俗名	中文俗名
CH_3—	methyl	甲基		
CH_3CH_2—	ethyl	乙基		
$CH_3CH_2CH_2$—	propyl	丙基	*n*-propyl	
$CH_3CH_2CH_2CH_2$—	butyl	丁基	*n*-butyl	
$(CH_3)_2CH$—	propan-2-yl	丙-2-基	isopropyl	异丙基
$(CH_3)_2CHCH_2$—	2-mehtylpropyl	2-甲基丙基	isobutyl*	异丁基
$CH_3CH_2CH(CH_3)$—	butan-2-yl	丁-2-基	*sec*-butyl*	仲丁基
$(CH_3)_3C$—	1,1-dimethylethyl	1,1-二甲基乙基	*tert*-butyl	叔丁基
$(CH_3)_2CHCH_2CH_2$—	3-mehtylbutyl	3-甲基丁基	isopentyl*	异戊基
$CH_3CH_2C(CH_3)_2$—	1,1-dimethylpropyl	1,1-二甲基丙基	*tert*-pentyl*	叔戊基
$(CH_3)_3CCH_2$—	2,2-dimethylpropyl	2,2-二甲基丙基	neopentyl*	新戊基
$CH_2=CH$—	ethenyl	乙烯基	vinyl	
$CH_2=CHCH_2$—	prop-2-enyl	丙-2-烯基	allyl	烯丙基
$HC\equiv C$—	ethynyl	乙炔基	acetylenyl	
$HC\equiv CCH_2$—	prop-2-ynyl	丙-2-炔基	propargyl	炔丙基
C_6H_5—	phenyl	苯基		
$C_6H_5CH_2$—	phenylmethyl	苯甲基	benzyl	苄基
—CH_2—	methanediyl	甲叉基		亚甲基
$CH_2=$	methylene	甲亚基		甲亚基
$(CH_3)_2C=$	propan-2-ylidene	丙-2-亚基	isopropylidene	异丙亚基

注：*IUPAC-2013 建议不继续保留此类俗名

附录二

常见官能团作为主体基团的优先次序

优先次序	官能团结构式	化合物类名
1	—COOH	羧酸，carboxylic acids
2	—SO₃H	磺酸，sulfonic acids
3	—C(=O)—O—C(=O)—	酸酐，anhydrides
4	—COO—	酯，esters
5	—COX	酰卤，acid halides
6	—CONH₂	酰胺，amides
7	—C(=O)—NH—C(=O)—	二酰亚胺，imides
8	—CN	腈，nitriles
9	—CHO	醛，aldehydes
10	—CO—	酮，ketones
11	—OH	醇，alcohols；酚，phenols
12	—OOH	氢过氧化物，hydroperoxides
13	—NH₂	胺，amines
14	—NH—	亚胺，imines
15	R—O—R′	醚，ether
16	\C=C/ ； —C≡C—	烯，alkenes；炔，alkynes

附录三

常见官能团作为取代基的中英文名称

官能团	取代基名
—COOH	羧基(羟羰基),carboxy-
—SO$_3$H	磺酸基,sulfo-
—COOR	烃氧羰基,R-oxycarbonyl-
RCOO—	酰氧基,acyioxy
—COX	卤甲酰基,halocarbonyl-
—CONH$_2$	氨基羰基(氨基甲酰基),aminocarbonyl-(carbamoyl-)
—CN	氰基,cyano-
—CHO	甲酰基,formyl-
=O	氧亚基(氧代),oxo-
—OH	羟基,hydroxy-
—OR	烃氧基,R-oxy-
—SH	巯基,sulfanyl-
—SR	烃硫基,R-sulfanyl-
—OOH	过羟基,hydroperoxy-
—OOR	烃过氧基,R-peroxy-
—NH$_2$	氨基,amino-
=NH	氨亚基,imino-
—F	氟,fluoro-
—Cl	氯,chloro-
—Br	溴,bromo-
—I	碘,iodo-
—NO$_2$	硝基,nitro-
—NO	亚硝基,nitroso-

注:R 代表烃基

中英文专业词汇索引

A

阿托品（atropine） 181
氨基酸（amino acid） 163
氨基酸残基（amino acid residue） 213
氨解反应（aminolysis reaction） 138
胺（amine） 142

B

巴比妥酸（barbituric acid） 155
半缩醛（hemiacetal） 119
胞苷一磷酸（cytidine monophosphate，CMP） 222
胞嘧啶（cytsine） 178
比旋光度（specific rotation） 70
吡喃糖（glycopyranose） 187
必需氨基酸（essential amino acid） 164
必需脂肪酸（essential fatty acid） 201
变性（denaturation） 225
变旋光现象（mutarotation） 187
丙二酰脲（malonyl urea） 154
伯（1°）胺（primary amine） 142

C

差向异构化（epimerization） 189
差向异构体（epimer） 189
超共轭效应（hyperconjugative effect） 40
重氮化反应（diazotization reaction） 149
重叠式构象（eclipsed conformation） 19
重排（rearragement） 36
稠杂环化合物（thick heterocyclic compound） 178
船式（boat form） 25
醇（alcohol） 94
醇解反应（alcoholysis reaction） 138

D

单分子消除（unimolecular elimination） 86
单糖（monosaccharide） 184
单体（monomer） 39
胆固醇（cholesterol） 208

胆汁酸（bile acid） 209
蛋白质（protein） 213,215
等电点（isoelectric point，pI） 166
颠茄碱（belladonna alkaloids） 181
碘仿反应（iodoform reaction） 122
碘值（iodine number） 203
电泳（electrophoresis） 166
淀粉（starch） 195
定位基（orienting group） 55
定位效应（orienting effect） 55
对称面（symmetric plane） 68
对称中心（symmetric center） 68
对映体（enantiomer） 67
对映异构（enantiomerism） 65
多肽（poly peptide） 213
多糖（polysaccharide） 184

E

二级碳原子（secondary carbon） 13
二糖（disaccharide） 193
二烯烃（diene） 30

F

翻环作用（ring inversion） 26
反应机理（reaction mechanism） 9
芳香烃（aromatic hydrocarbon） 47
非对映体（diastereomer） 72
分子离子（molecular ion） 243
酚（phenol） 94
砜（sulfone） 112
呋喃糖（glycofuranose） 187
复性（renaturation） 225

G

甘油磷脂（glycerophosphatide） 204
甘油三酯（triglyceride） 199
格氏试剂（Grignard reagent） 90
共轭体系（conjugative system） 40

共轭效应（conjugative effect） 40
共价键（covalent bond） 2
构象（conformation） 19
构象异构体（conformation isomer） 19
构型（configuration） 68
构造（constitution） 8
构造式（constitution formula） 8
构造异构（constitutional isomerism） 13
寡肽（oligopeptide） 213
寡糖（oligosaccharide） 184
官能团（functional group） 7
过氧化物（peroxide） 108
过氧化物效应（peroxide effect） 37

H

还原反应（reduction reaction） 100
核磁共振（nuclear magnetic resonance，NMR） 236
核苷（nucleoside） 220
核苷酸（nucleotide） 222
核酸（nucleic acid） 213
核糖核酸（ribonucleic acid，RNA） 219
核糖体 RNA（ribosomal RNA） 220
红外光谱（infrared spectrum，IR） 231
红移（red shift） 230
化学位移（chemical shift） 239
环烷烃（cycloalkane） 12

J

基因（gene） 225
激素（hormone） 209
极性共价键（polar covalent bond） 5
季铵（quaternary ammonium） 142
键长（bond length） 5
键的极化（polarization of bond） 6
键角（bond angle） 5
键能（bond energy） 5
交叉式构象（staggered conformation） 19
聚合反应（polymerization） 39
聚合物（polymer） 39
均裂（homolysis） 9

K

咖啡碱（caffeine） 181
开链化合物（open chain compound） 6
可可碱（theobromine） 181
醌（quinone） 125

L

蓝移（blue shift） 230
离去基团（leaving group） 81

离子型反应（ionic type reaction） 9
立体异构（stereoisomerism） 65
立体专一编号（stereo-specific numbering） 201
链引发（chain initiation） 17
链增长（chain propagation） 18
链终止（chain termination） 18
两性离子（zwitterion） 166
磷脂（phospholipid） 204
硫醇（thiol） 94
硫酚（thiophenol） 94
硫醚（thioether） 94
锍盐（sulfonium salt） 110
卤代反应（halogenation reaction） 17
卤代烃（halohydrocarbon） 77
卤仿反应（haloform reaction） 122
卵磷脂（lecithin） 205

M

麻黄碱（ephedrine） 181
麦芽糖（maltose） 193
醚（ether） 94
糜蛋白酶（chymotrypsin） 75,215

N

脑磷脂（cephalin） 205
内酰胺（lactam） 136
内消旋化合物（meso compound） 72
内酯（lactone） 136
鸟嘌呤（guanine） 179
尿嘧啶（uracil） 178
尿素（urea） 154

O

偶氮化合物（azo compoud） 152
偶极矩（dipole moment） 5
偶极离子（dipolar ion） 166
偶联反应（coupling reaction） 152

P

偏振光（polarized light） 69
平伏键（equatorial bond） 25
屏蔽效应（shielding effect） 238
葡萄糖醛酸（glucuronic acid） 190

Q

羟基（hydroxy group） 94
羟基酸（hydroxyl acid） 157
鞘磷脂（sphingomyelin） 205
亲电反应（electrophilic reaction） 9
亲电加成反应（electrophilic additive reaction） 34

亲电取代反应（electrophilic substitution reaction） 50
亲电试剂（electrophilic reagent） 34
亲核反应（nucleophilic reaction） 9
亲核加成反应（nucleophilic addition reaction） 118
亲核取代反应（nucleophilic substitution reaction） 81
亲核试剂（nucleophilic reagent） 81
取代羧酸（substituted acid） 157
去屏蔽效应（deshielding effect） 238
醛（aldehyde） 116
醛糖（aldose） 184
炔氢（acetylenic hydrogen） 45
炔烃（alkyne） 42

R

乳糖（lactose） 194

S

三级碳原子（tertiary carbon） 13
三酰甘油（triacylglycerol） 199
肾上腺皮质激素（adrenal cortical hormone） 210
生色团（chromophore） 230
生物碱（alkaloid） 180
手性（chirality） 65
手性分子（chiral molecule） 67
手性碳原子（chiral carbon atom） 67
叔（3°）胺（tertiary amine） 142
双分子消除（bimolecular elimination） 87
双螺旋（double helix） 224
水解反应（hydrolysis reaction） 80,138
顺反异构（cis-trans isomerism） 22
四级碳原子（quaternary carbon） 13
酸败（rancidity） 203
酸酐（anhydride） 133
酸式分解（acid cleavage） 162
酸值（acid number） 203
羧基（carboxyl group） 128
羧酸（carboxylic acid） 128
羧酸衍生物（derivatives of carboxylic acid） 128
羧肽酶（carboxypeptidase） 215
缩二脲反应（biuret reaction） 154
缩醛（acetal） 119

T

肽（peptide） 213
肽键（peptide bond） 213
碳环化合物（carbocyclic compound） 6
碳链异构（carbon chain isomerism） 13
羰基（carbonyl group） 116
羰基酸（carbonyl acid） 161
糖苷（glycoside） 191
糖酵解（glycolysis） 189
糖类（saccharide） 184
糖脎（osazone） 191
糖原（glycogen） 196
特性基团（characteristic group） 7
烃（hydrocarbon） 12
同系列（homologous series） 13
同系物（homolog） 13
酮（ketone） 116
酮式分解（ketonic cleavage） 162
酮糖（ketose） 184
酮体（ketone body） 162
透射比（transmittance，T） 231
脱氢酶（dehydrogenase） 101
脱羧反应（decarboxylation reaction） 134
脱氧核糖核酸（deoxyribonucleic acid，DNA） 219

W

外消旋体（racemate） 71
烷基化反应（alkylation reaction） 52
烷烃（alkane） 12

X

烯醇式（enol form） 106
烯烃（alkene） 30
纤维二糖（cellobiose） 193
纤维素（cellulose） 196
酰胺（amide） 134
酰化反应（acylating reaction） 139
酰化剂（acylating reagent） 139
酰基（acyl） 135
酰基化反应（acylation reaction） 52
酰卤（acyl halide） 133
腺苷一磷酸（adenosine monophosphate，AMP） 222
腺嘌呤（adenine） 179
消除反应（elimination reaction） 86
小檗碱（berberine） 181
偕二醇（geminal diol） 120
信使RNA（messenger RNA） 220
性激素（sex hormone） 210
胸腺嘧啶（thymine） 178
旋光度（optical rotation） 70
旋光性（optical activity） 69

Y

亚砜（sulfoxide） 112
烟碱（nicotine） 180
𨦡盐（oxonium salt） 108
氧化反应（oxidation reaction） 100
一级碳原子（primary carbon） 13

椅式（chair form） 25
异裂（heterolysis） 9
异头物（anomer） 187
优势构象（preferred conformation） 20
油（oil） 199
有机化合物（organic compound） 1
有机化学（organic chemistry） 1
有机金属化合物（organometallic compound） 90
诱导效应（inductive effect） 35

Z

杂化（hybrid） 3
杂化轨道（hybrid orbital） 3
杂环化合物（heterocycle compound） 169
杂交（hybridization） 225
杂原子（hetero atom） 169
甾醇（sterols） 208
甾族化合物（steroid） 206
皂化（saponification） 202
皂化值（saponification number） 202
蔗糖（sucrose） 194
支链淀粉（amylopectin） 195

脂肪（fat） 199
脂肪族化合物（aliphatic compound） 6
脂类（lipid） 199
直立键（axial bond） 25
直链淀粉（amylose） 195
酯（ester） 133
酯化反应（esterification） 133
酯交换反应（transesterification reaction） 138
酯缩合反应（ester condensation） 139
质谱分析法（mass spectrometry，MS） 243
仲（2°）胺（secondary amine） 142
助色团（auxochrome） 230
转化酶（invertase） 195
转化糖（invert sugar） 195
转运 RNA（transfer RNA） 220
自旋-自旋裂分（spin-spin splitting） 240
自旋-自旋耦合（spin-spin coupling） 240
自由基（free radical） 9,18
自由基反应（free radical reaction） 9
自由基链反应（free radical chain reaction） 17
紫外-可见吸收光谱（ultraviolet-visible absorption spectra，Uv-vis） 229